"十三五"国家重点出版物出版规划项目

高性能高分子材料丛书

高分子流变学

郑 强 编著

科学出版社

北 京

内 容 简 介

高分子流变学是研究高分子结构、分子运动特性和材料成形加工行为间相互关系的学科，对分子结构调控、凝聚态结构设计和制品成形加工具有重要的指导意义。本书共六章，介绍流变学基本原理和高分子材料主要流变学知识，涉及流变学基础、高分子流变行为分子量与分子结构效应、溶液与凝胶流变学、均相高分子体系流变学、非均相高分子体系流变学等。

本书可供高分子物理与化学、高分子材料、材料科学与工程、化学、化学工程等专业本科生、研究生以及流变学相关领域科研人员阅读。部分章节内容也可供高分子聚合反应和高分子材料成形加工的研究技术人员参考。

图书在版编目(CIP)数据

高分子流变学 / 郑强编著. —北京：科学出版社，2020.11（2022.8 重印）
（高性能高分子材料丛书 / 蹇锡高总主编）
"十三五"国家重点出版物出版规划项目
ISBN 978-7-03-067039-7

Ⅰ.①高⋯　Ⅱ.①郑⋯　Ⅲ.①高分子材料-流变学　Ⅳ.①TB324

中国版本图书馆 CIP 数据核字（2020）第 237892 号

丛书策划：翁靖一
责任编辑：翁靖一　付林林 / 责任校对：杜子昂
责任印制：吴兆东 / 封面设计：东方人华

科 学 出 版 社 出版

北京东黄城根北街 16 号
邮政编码：100717
http://www.sciencep.com

北京虎彩文化传播有限公司 印刷
科学出版社发行　各地新华书店经销
＊

2020 年 11 月第 一 版　开本：720 × 1000　1/16
2023 年 4 月第五次印刷　印张：20
字数：381 000

定价：149.00 元
（如有印装质量问题，我社负责调换）

总　序

　　自 20 世纪初，高分子概念被提出以来，高分子材料越来越多地走进人们的生活，成为材料科学中最具代表性和发展前途的一类材料。我国是高分子材料生产和消费大国，每年在该领域获得的授权专利数量已经居世界第一，相关材料应用的研究与开发也如火如荼。高分子材料现已成为现代工业和高新技术产业的重要基石，与材料科学、信息科学、生命科学和环境科学等前瞻领域的交叉与结合，在推动国民经济建设、促进人类科技文明的进步、改善人们的生活质量等方面发挥着重要的作用。

　　国家"十三五"规划显示，高分子材料作为新兴产业重要组成部分已纳入国家战略性新兴产业发展规划，并将列入国家重点专项规划，可见国家已从政策层面为高分子材料行业的大力发展提供了有力保障。然而，随着尖端科学技术的发展，高速飞行、火箭、宇宙航行、无线电、能源动力、海洋工程技术等的飞跃，人们对高分子材料提出了越来越高的要求，高性能高分子材料应运而生，作为国际高分子科学发展的前沿，应用前景极为广阔。高性能高分子材料，可替代金属作为结构材料，或用作高级复合材料的基体树脂，具有优异的力学性能。这类材料是航空航天、电子电气、交通运输、能源动力、国防军工及国家重大工程等领域的重要材料基础，也是现代科技发展的关键材料，对国家支柱产业的发展，尤其是国家安全的保障起着重要或关键的作用，其蓬勃发展对国民经济水平的提高也具有极大的促进作用。我国经济社会发展尤其是面临的产业升级以及新产业的形成和发展，对高性能高分子功能材料的迫切需求日益突出。例如，人类对环境问题和石化资源枯竭日益严重的担忧，必将有力地促进高效分离功能的高分子材料、生态与环境高分子材料的研发；近 14 亿人口的健康保健水平的提升和人口老龄化，将对生物医用材料和制品有着内在的巨大需求；高性能柔性高分子薄膜使电子产品发生了颠覆性的变化；等等。不难发现，当今和未来社会发展对高分子材料提出了诸多新的要求，包括高性能、多功能、节能环保等，以上要求对传统材料提出了巨大的挑战。通过对传统的通用高分子材料高性能化，特别是设计制备新型高性能高分子材料，有望获得传统高分子材料不具备的特殊优异性质，进而有望满足未来社会对高分子材料高性能、多功能化的要求。正因为如此，高性能高分子材料的基础科学研究和应用技术发展受到全世界各国政府、学术界、工业界的高度重视，已成为国际高分子科学发展的前沿及热点。

因此，对高性能高分子材料这一国际高分子科学前沿领域的原理、最新研究进展及未来展望进行全面、系统地整理和思考，形成完整的知识体系，对推动我国高性能高分子材料的大力发展，促进其在新能源、航空航天、生命健康等战略新兴领域的应用发展，具有重要的现实意义。高性能高分子材料的大力发展，也代表着当代国际高分子科学发展的主流和前沿，对实现可持续发展具有重要的现实意义和深远的指导意义。

为此，我接受科学出版社的邀请，组织活跃在科研第一线的近三十位优秀科学家积极撰写"高性能高分子材料丛书"，内容涵盖了高性能高分子领域的主要研究内容，尽可能反映出该领域最新发展水平，特别是紧密围绕着"高性能高分子材料"这一主题，区别于以往那些从橡胶、塑料、纤维的角度所出版过的相关图书，内容新颖、原创性较高。丛书邀请了我国高性能高分子材料领域的知名院士、"973"项目首席科学家、教育部"长江学者"特聘教授、国家杰出青年科学基金获得者等专家亲自参与编著，致力于将高性能高分子材料领域的基本科学问题，以及在多领域多方面应用探索形成的原始创新成果进行一次全面总结、归纳和提炼，同时期望能促进其在相应领域尽快实现产业化和大规模应用。

本套丛书于 2018 年获批为"十三五"国家重点出版物出版规划项目，具有学术水平高、涵盖面广、时效性强、引领性和实用性突出等特点，希望经得起时间和行业的检验。并且，希望本套丛书的出版能够有效促进高性能高分子材料及产业的发展，引领对此领域感兴趣的广大读者深入学习和研究，实现科学理论的总结与传承，科技成果的推广与普及传播。

最后，我衷心感谢积极支持并参与本套丛书编审工作的陈祥宝院士、李仲平院士、瞿金平院士、王玉忠院士、张立群教授、李光宪教授、郑强教授、王笃金研究员、杨小牛研究员、余木火教授、解孝林教授、王锦艳教授、张守海教授等专家学者。希望本套丛书的出版对我国高性能高分子材料的基础科学研究和大规模产业化应用及其持续健康发展起到积极的引领和推动作用，并有利于提升我国在该学科前沿领域的学术水平和国际地位，创造新的经济增长点，并为我国产业升级、提升国家核心竞争力提供该学科的理论支撑。

中国工程院院士
大连理工大学教授

前　言

一本书，为什么要写前言？我想，就两条：一是告知读者这是一本什么书，二是让读者了解一下著者的写作缘由及背景。

第一，流变学是什么？ 定义很简单，就是研究材料流动（flow）和形变（deformation）规律的科学。

第二，流变学怎么来的？ 自 1869 年英国物理学家麦克斯韦（J. C. Maxwell）提出材料可以是弹性的也可以是黏性的观点以后，人们经长期探索发现，一切材料的力学行为都有时间效应。1928 年，美国科学家 E. Bingham 教授正式提出"rheology"（流变学）一词，流变学由此应运而生。"rheology"一词源于希腊哲学家赫拉克利特（Heraclitus）的名言"Panta Rhei"（万物皆流）。

1929 年美国首先成立流变学学会（American Society of Rheology），1939 年荷兰皇家科学院成立流变学研究小组，1940 年英国成立流变学学会（British Society of Rheology）。1948 年国际首届流变学会议在荷兰举行。1973 年日本成立流变学会（The Society of Rheology，Japan）。1985 年由北京大学陈文芳教授和湘潭大学袁龙蔚教授等学者发起成立中国流变学专业委员会，是中国化学会和中国力学学会下设的专业委员会，对外称中国流变学学会（Chinese Society of Rheology）。

20 世纪 50～60 年代，中国开始有较为系统的流变学知识介绍，袁龙蔚教授、江体乾教授、郭友中教授等力学领域学者为此做了奠基性工作。同时期，钱人元院士在中国科学院化学研究所开设高分子溶液讲习班并开展相关研究，钱保功院士在中国科学院长春应用化学研究所（以下简称中科院长春应化所）进行高分子黏弹性研究，徐僖院士、张承琦教授在成都工学院（现四川大学）讲授塑料成形加工课程并开展相关研究，是中国高分子流变学的开创性工作。之后，程镕时院士、吴大诚教授、许元泽教授、赵得禄教授、周持兴教授、金日光教授、何嘉松教授、吴其晔教授、殷敬华教授等开展了承前启后的研究工作。几十年来，我国高分子流变学研究产生了若干有影响的代表性成果：如程镕时院士采用毛细管黏度计测量高分子溶液黏度，证明界面吸附效应导致聚电解质溶液黏度测量结果的特异性；杨玉良院士研究双轴拉伸聚丙烯薄膜形态与制备工艺，发展了薄膜拉伸流动稳定性理论；安立佳院士提出缠结高分子流体结构演化分析方法，证实了阶跃形变的宏观流动与缠结网络的异质性有关；张俐娜院士建立了稀溶液中复杂多糖分子尺寸和链构象模型，提出纤维素低温溶解新原理；申长雨院士构建了优化注塑冷模系统的设计方法，发展了塑料成形高效控制技术；瞿金平院士将电磁振动引入挤出加工过程，发展了高分子动态成形加工新技术；王琪院士研究高分子材料力化学加工原理，建立了规模化固相加工方法；周持兴教授和俞炜教授发展了高分子共混体系结构流变学本构方程，拓展了流变学在高分子多尺度结构与动力学方面的应用；郑强教授和宋义虎教授构建了流变性-功能参数同步测试新方法，提出了跨越类液(liquid-like)-拥堵(jamming)-类固(solid-like)转变宽浓度范围的"宋-郑两相流变模型"。

国内若干高校如四川大学、上海交通大学、浙江大学、华南理工大学、华中科技大学、北京化工大学、西北工业大学、西安交通大学、青岛科技大学、湘潭大学等高校均开设有高分子流变学专业课程教学，为我国流变学发展提供了人才储备和支撑。

无论在高分子流变学的学术研究还是教育与人才培养方面，坦率讲，我国与美国、日本等国家比尚存差距。究其缘由，我以为主要有四个原因：第一，在材料制备时重化学结构，重组成配方，相当程度上忽视了流变学是高分子加工的核心科学问题。第二，对流变学定义和内涵的理解存在偏差，多注重一般流动参数的测量，而对高速剪切、大应变下的非线性流变(nonlinear rheology)行为的研究明显不足；另外，在一定程度上忽视黏弹性与高分子材料形态结构的相关性研究。测试手段多为静态流变(稳态流)模式，而动态流变(振荡流)较少。这可从相当长时期里一些学术机构主要购置熔融指数仪、毛细管(或转矩)流变仪做流变测试和研究的状况中窥见一斑。第三，过分强调流变学对数理基础的依赖，渲染其"高深"，导致不少非数理专业或相关背景比较薄弱者望而却步。第四，由于国内外流变学和高分子加工领域专业期刊影响因子大多偏低，在国内极为看重期刊影响因子的学术氛围下，流变学研究未得到应有的重视和认同。虽看到了不足，但更要看到希望。作为当值中国流变学专业委员会主任委员，我认为，我国应在重点强化唯象流变学(phenomenological rheology)研究的基础上，大力提高结构流变学(structural rheology)的研究水平。我相信，随着高分子科学的不断发展，融合计算机模拟、3D打印、大数据、人工智能等新的科学原理和技术，尤其是随着一批流变学年轻新锐学者的涌现，中国高分子流变学的未来可期。

第三，流变学有啥用？ 流变学与力学、化学、材料学、医学、建筑学等学科紧密相关，其基本理论和实验方法广泛应用于橡胶、塑料、金属、岩土、石油等体系。食品工业、生物医学、航空航天、国防工业、石油工业以及土木工程等领域的快速发展，对流变学有着指向性需求。

无论其存在或使用状态是液体(如涂料、油漆、驱油剂)，还是固体(如塑料、纤维、橡胶)，绝大部分高分子材料的制备加工都是在溶液或熔融状态下进行的，流动和形变是最主要的科学问题。另外，外场作用下高分子材料的黏弹性弛豫

(viscoelastic relaxation)行为与性能演变密切关联。**流变学不仅可指导加工，也是研究高分子结构-性能关系的重要的、有效的方法。**若将"流"看作外场给予物质的刺激，将"变"看作外场作用的历史或快慢，无疑是对流变学理解和认识的深化。由此，可补充定义：**流变学是研究材料由外场刺激(方式和过程)所导致的结构演化和性能变化的科学。**这样的理念不仅可深化对流变学内涵的认识，更有利于从多维度认识物质特征。例如：怎样界定材料是固体还是液体？流变学观点认为，材料的形态和性质取决于外场作用(观察)时间的长短或作用的速率：作用(观察)时间无穷短，或速率无穷快，材料呈固体；相反，则为液体。所谓的硬材料、软物质(soft matter)，均是物质在有限时间维度或一定外场作用速率下(往往指人眼可视)所呈现的形态。由此可解释：①快速小切角向河面抛掷瓦片，为何瓦片能在水面飞？这是因为这种瞬时剪切作用下，水表现出固体的回弹特性；②欧洲一些 500 年以上老教堂的窗户上的玻璃，为何下部比上部明显要厚？这是缘于在如此漫长的时间内，貌似固体的玻璃在重力作用下缓慢地向下"流动"，呈现出"类液"行为。

就流变学研究对象而言，人们对高分子"情有独钟"。这是因为：基本上唯有高分子在有限时间范围存在可视的力学弛豫谱(relaxation spectrum)，呈现丰富的硬-软材料性质以及奇特的流变现象。单就动态流变学方法而言，在长时间(低频率)区域的测试数据，能灵敏地反映高分子无序-有序转变等多层次形态结构信息，如化学交联(chemical crosslinking)、相分离(phase separation)、粒子聚集(particle aggregation)、网络形成(network formation)、凝胶作用(gelation)。着眼更大的空间，我们发现，流变学无处不在：矿山坍塌和道路塌陷，是岩石和土壤应力集中和蠕变积累的结果，属岩土流变学(rheology of rock and soil)范畴；人类关节疾病，许多涉及软组织凝胶润滑与摩擦以及关节应力状态，属生物流变学(biorheology)范畴；高血压和脑血栓，多与血液黏稠度增高以及由此导致的血液流动受阻有关，属血液流变学(hemorheology)范畴。显然，对高分子而言，怎样强调流变学的重要，似乎不为过。对流变学而言，说高分子流变学占据半壁江山，好像也未有夸张。

一个人对流变学若略知一二，对其似大有益处。我工作和生活中的许多专长和乐趣，恰恰得益于流变学的启发：如打乒乓球时，其攻球杀伤力在很大程度上并非依赖于击拍力量，而是靠挥拍速度；如唱男高音时，要控制气息的稳定流动及对声带的冲击(强度)；又如习修书法时，笔画的厚重与饱满取决于笔尖对宣纸的剪切应力，笔画中出现的"飞白"取决于毛笔与宣纸的剪切速率；再如我给学生演讲之所以有好的效果，是因为能从流变学的长时演变维度客观看待事物的传承与变迁，能从高分子硬-软互变的视角释析社会问题的骤紧与松缓。

第四，为啥我要写这本书？ 一句话，是因为有点流变学的渊源，有些流变学的情结。1982年我去中科院长春应化所进行本科毕业实习，在金春山教授和程镕时院士指导下做的实验就是流变学的内容，没想到主要结果后来竟发表在当时中国高分子领域最高水平的期刊《高分子通讯》上（金春山，郑强，程镕时，等. 毛细管与凝胶色谱联用作分离和扩展效应的同时校准. 1985，4：245-251）。这应是我发表的第一篇学术论文，也是第一篇关于高分子流变学的论文。真正进入高分子流变学的大门，应从1985年我考上四川大学(原成都科技大学)研究生，师从我国著名高分子科学家徐僖院士，受教于我国著名高分子流变学家吴大诚教授、毛维友教授、林师沛副教授时算起。1992～1995年我到日本京都大学留学，在日本流变学创始人小野木重治(S. Onogi)教授之得意门生、时任国际聚合物加工学会(PPS)主席、日本流变学学会会长升田利史郎(T. Masuda)教授指导下开展高分子动态流变学研究，为我后来从事流变学研究奠定了基础。1995年，《高分子学报》和 *Chinese Journal of Polymer Science* 两刊主编、北京大学冯新德院士推荐我到浙江大学任教，同年我创建了浙江大学高分子流变学研究团队。在完成本书撰写的时候，我对将我引入流变学领域的恩师们的深情回忆和感佩之意油然而生。

20年来，我一直持续开展高分子流变学研究并为浙江大学本科生和研究生讲授高分子流变学。在从教30年而今步入花甲之时，我乐意将自己从事流变学研究的一些心得感悟写出来，与读者分享，供同仁参考。承蒙"高性能高分子材料丛书"总主编蹇锡高院士邀约我撰写此书，得到中国流变学专业委员会前两任主任委员罗迎社教授、赵晓鹏教授的鼓励与支持，荣幸邀请童真教授、俞炜教授和陈全研究员对本书进行审阅。

20多年来，我荣幸地与杨玉良院士、程镕时院士、王玉忠院士、益小苏教授、章明秋教授、张立群教授、郭少云教授、傅强教授、杨鸣波教授、乔金樑教授、于杰教授、何力教授、谭红教授、杨振忠教授、胡国华教授、李忠明教授、解孝林教授、张洪斌教授、刘琛阳教授、姬相玲教授、杨琥教授、李良彬教授、胡文兵教授、郭宝春教授、冯连芳教授、罗筑教授、陶小乐博士、陈世龙高级工程师、王跃林博士等学界和产业界同仁在多项科技部、国家自然科学基金委员会、中国石油化工集团等机构资助课题中开展合作。有幸与国际著名高分子及流变学学者瀧川敏算(T. Takigawa)教授、高桥雅兴(M. Takahashi)教授、根本纪夫(N. Nemoto)教授、程正迪(Stephen Z. D. Cheng)教授、韩志超(C. C. Han)教授、吴奇(C. Wu)院士、龚剑萍(J. P. Gong)教授、R. H. Colby教授、高平(P. Gao)教授等进行过有益的交流讨论。所有这些，为我能撰写本书所必须具备的学术实践和成果积累提供了帮助。

我的研究团队成员为本书的撰写给予了很大的支持，他们均是优秀的青年流变学者：杜淼(工学博士，副教授，博士生导师)，2004～2006年到日本北海道大学长田義仁(Y. Osada)和龚剑萍教授研究组从事高分子凝胶体系研究,近十年从事高分子材料极低摩擦表面构筑及其流变学研究。左敏(工学博士,副教授,博士生导师),2007~2009 年在香港科技大学高平教授研究组进行高分子纳米复合体系微流变研究,近十年开展纳米粒子填充高分子体系黏弹性与相容性研究。吴子良(理学博士,研究员,博士生导师),2010~2013 年在加拿大多伦多大学、法国居里研究所、日本北海道大学进行博士后研究,2014 年入选"青年千人"计划,近年从事可控形变凝胶研究。上官勇刚(工学博士,教授,博士生导师),2011~2013 年在香港中文大学吴奇院士研究组从事高分子物理及微流变研究,近年从事聚烯烃合金黏弹性与多相结构关系研究,2012 年获中国流变学青年奖。宋义虎(工学博士,教授,博士生导师),2001~2003 年到日本九州大学时任《日本流变学会会志》(日本レオロジー学会誌)主编根本纪夫教授课题组进行高分子薄膜形变机理研究,近十年开展粒子填充高分子体系流变学研究,获中国化学会 2013 年高分子科学创新论文奖、2018 年冯新德高分子最佳论文提名奖。

本书全面阐述流变学基本原理并介绍高分子材料体系流变学特性。第 1 章介绍流变学定义及高分子流变特性(杜淼、郑强执笔);第 2 章介绍高分子流变学基础,包括黏度与模量、黏弹性、次级流动与不稳定流动、稳态流变与动态流变以及流变行为的分子量与分子结构效应(上官勇刚、吴子良执笔);第 3 章介绍高分子溶液与凝胶流变学,包括稀溶液、半稀溶液、聚电解质溶液、高分子凝胶流变行为(杜淼执笔);第 4 章介绍均相高分子体系流变学及其本构方程和黏弹性模型(上官勇刚、郑强执笔);第 5 章介绍非均相高分子体系流变学,包括嵌段共聚物、高分子共混物的流变行为与相形态(左敏执笔);第 6 章介绍填充改性高分子材料流变学(宋义虎、郑强执笔)。全书由郑强统编定稿。

由于时间和水平有限,书中疏漏之处在所难免,敬请读者不吝指正,待再版时予以补充修订。

2020 年 6 月 20 日于杭州

目　录

第1章

引　言

1869 年，英国物理学家麦克斯韦(J. C. Maxwell)提出，材料可以是弹性的，也可以是黏性的。人们经长期探索发现，一切材料的力学行为都具有时间效应。作为一门独立的自然科学分支，流变学出现于 20 世纪 20 年代末。1928 年，美国宾夕法尼亚州 Lafayette 学院的 E. Bingham 教授正式提出"rheology"(流变学)一词。

流变学的起源与许多材料"奇怪"或"异常"行为以及难以回答的一些非常"简单"的问题有关，例如：

(1)橡皮泥为什么在快速扔掷时似弹性固体；静止放置时为什么又似流体一样流延？

(2)油漆显然是一种液体，但为什么又能黏在竖直的墙上而不垂滴？

(3)黏土看起来很像固体，但为什么可以形变，甚至像液体一样可盛在容器里？

(4)酸奶在罐中相当黏稠，但经过强烈搅拌后，黏度会降低(变稀)，但静止一段时间后黏度为什么又会增加(变稠)？

(5)由高分子材料(如塑料)制成的部件与金属制成的非常相似，看起来相当坚固；但金属零件受力时，形状只会轻微改变，并在相当长时间内形状保持不变，而塑料零件受力后不仅会改变形状，而且会持续改变？

(6)在建筑中广泛使用的密封胶必须呈流体状，以封闭(密封)所有空间(接缝)并填充空腔，但随后密封胶必须迅速"固化"成固体。密封剂到底是液体还是固体？

还有许多这样与真实材料相关的例子，均表现出非常复杂的类液或类固性质的交叠。这意味着仅用"液体"和"固体"两个名词来描述物质的存在形式(形态)是不够的，需要引入新的术语，才能说明上述材料以及许多其他材料的特殊行为。

怎样界定材料是固体还是液体？流变学观点认为，材料的形态和性质取决于外场作用时间(观察时间)的长短或外场作用的速率。流变学给出了在时间维度边界(端点)的材料形态的同一性条件，即作用(观察)时间无穷短，或作用速率无穷快，材料呈现为固体；相反，则为液体。所谓的硬材料(hard materials)、软物质，均是物质在有限时间维度或一定外场作用速率下(往往指人眼可视)呈现的形态。

1.1 流变学概述

流变学是自然科学的一个分支,它的研究对象是使用过程中结构发生变化的材料。当然,任何自然科学都是从现实中提炼出来的,并通过唯象模型进行处理,以用于解释现实生活中的现象。任何模型的创建并非为了反映对象的所有特征,而仅关心其中最重要的特征。液体和固体的概念也基于模型,它们的相关数学描述源自牛顿(Newton)和胡克(Hooke)的经典著作。

Newton[1]研究了液体对容器中旋转圆柱体的阻力。斯托克斯(Stokes)将其思想表达为更精确的形式,提出了一个类液体行为的定律,即 Newton-Stokes 定律[1,2]:

$$\sigma = \eta \dot{\gamma} \tag{1.1}$$

式中,σ为剪切应力;$\dot{\gamma}$为形变速率。为简便起见,可以认为这个力(或阻力)与运动速率成正比,比例系数η称为黏度(或黏度系数)。

Hooke 提出一个关于固体性质的类似建议,指出应力σ_E与形变ε成正比:

$$\sigma_E = E\varepsilon \tag{1.2}$$

比例系数E称为杨氏模量。简言之,Hooke 定律表明力与位移成正比。

上述两个模型均可相当精确地描述许多材料的特性。然而,也有许多材料并不能用 Newton-Stokes 定律和 Hooke 定律来描述。仅从液体和固体材料的经典概念出发,工程实践和日常生活中使用的大量真实材料都是"奇怪"和"不正常"的。从理论和应用两个方面,可以说流变学均涉及现实中的非 Newton 和非 Hooke 物质。

1.1.1 流变学的基本定义

Malkin[3]指出,流变学是研究材料力与形变之间关系的科学,主要研究材料流动(flow)、形变(deformation)或由力(时间)所导致的效应之间的关系。从这个意义上讲,Newton-Stokes 定律和 Hooke 定律实际上是流变学的两种极限情况。

每个模型都是采用不同程度的近似来描述(代表)真实材料的特性。Newton-Stokes 定律和 Hooke 定律对许多工业材料来说不够精确,流变学以更严格和更复杂的定律和方程,给出了比经典 Newton-Stokes 定律和 Hooke 定律更好的、更接近实际情况的描述。

Newton-Stokes 定律和 Hooke 定律这两个唯象学定律未考虑物质固有结构和性质[3]。普遍认为,物质是由分子和分子间的空位组成,这意味着现实中的任何物质体都是异质、非均相的。然而实际观测时物质多被看作是一个没有空洞和空位的、均质且连续的物体。在此，需引入空间的观测尺度概念。

当观测尺度足够大时，才可区分单个分子或链段。分子的特征尺寸(其横截面或几个键的长度)约为 1 nm。也就是说，只有当观测尺度为 10 nm 量级时，才能忽略分子本身的结构。即若想将一个物体视为均一体系，其特征体积的数量级应大于 $10^3\ nm^3$，这就是物理上一个"质点"的实际大小。而哲学或几何上的点是一个无限小或零体积的物体。物理"质点"包含约 10^4 个分子或大分子链段。在"质点"的整个体积内，所有分子尺度的涨落是平均的。如果"质点"内的分子数量足够大，可以进行平滑或平均处理。

考虑到物理质点的实际尺度，可以将无穷小量(与几何上的点有关)的数学解析方法用于物理介质中，即基于物理的分析形式外推至尺度无限小。因为几乎所有的实际应用中，极小体积内发生的现象可忽略不计。但对基于物质分子结构解释观测到的宏观事实，了解分子发生了什么变化或如何发生分子间相互作用时，需要通过包含多个分子的微观体积和平均处理来阐述物体的宏观性质，就不能用简单的外推法了。

流变学主要考虑均匀、连续的介质，关注小于 10 nm 的尺度。在更大的尺度上，物体可具有结构并呈非均相特征。例如，一个物体可以是多组分的混合物，且组分间有一定的界面过渡层。填充高分子材料(如添加矿物颗粒的塑料)就是典型的非均相体系，其中填料可形成统计学意义上的或排列规整的结构(如在增强塑料中)。某些大尺度观测中，可将介质视为均相，内部差异平均化，例如许多天文观测，太阳和地球是相当均匀的，而且可以被视为"点"。在其他情况下(如增强塑料)，则必须考虑非均相的作用。任何情况下，远远大于特征分子的尺寸才会视为非均相。

流变学研究各种真实且连续介质的行为。对于有限大小的物体，"行为"意味着外部作用(施加在物体上的力)和内部反应(物体形状的变化)之间的关系。对于连续介质，可以考察某点的力与形变之间的关系，即一个物体中两个任意点之间距离的变化，这种方法可避免考虑物体作为一个几何整体的问题，仅关心其实质性的、固有的性质。由此可给出流变学的定义：研究具有不同性质的、连续介质的力学性质，即确定"在一个参照点上"物质的力和运动之间的关系。流变学是一门研究固体、液体、中间工艺和产物(材料)力学性质的科学，且可通过模型描述这些材料行为的基本特性。材料的行为是力与形变之间的关系，模型可给出相应的数学表达式，包括由模型表示的流变特性(即数学图像)和反映材料特性的模型参数。

流变学模型与物理学的"点"有关。这个"点"是包含足够多分子的物理对象，物质的分子结构可忽略，故视为连续介质。流变学分析基于连续介质理论，即假设：

(1)从一个几何点到另一个几何点的过渡过程是连续的、不间断的,可用无穷小量的数学分析方法,不连续仅出现在边界上。

(2)材料的性质可在空间上发生变化(由于多组分物质的浓度梯度、温度分布或其他原因),但这种变化是逐渐发生的,反映在连续介质理论方程描述材料性质时的空间依赖性上。对于被不连续性边界表面包围的材料的任何部分,必须由所对应的特定模型描述。

(3)连续性理论包括沿不同方向的材料性质各向异性的概念。

材料的流变行为取决于观察(实验)时间和空间尺度。前者是衡量材料固有的过程速率与实验和/或观察时间之比的重要指标,后者决定了材料是同质还是异质结构。根据实际工艺和物质的流变特性,可对其行为进行宏观描述。在不同材料(塑料和陶瓷、乳液和分散体)的合成、加工和成形技术(如在化学和食品工业、制药、化妆品、运输、石油工业等方面,材料的长期特性)、自然现象(如泥石流和冰川的运动)以及生物问题(血液循环动力学、骨骼工作)中,流变学模型均获得广泛应用。

流变学的首要目标是寻找各种工艺和工程材料的应力-形变关系,以解决与材料的连续介质力学有关的宏观问题。流变学的第二个目标是建立材料流变特性与其分子组成之间的关系,涉及材料的定量估算、分子运动规律的理解和分子间相互作用。其中"微流变学"(microrheology)与爱因斯坦(Einstein)的经典著作有关,专门研究悬浮液的黏性性质,不仅关注物理点的运动,还关注形变中介质内部点发生的变化。

就流变学研究对象而言,由于在有限时间范围高分子存在并呈现出丰富的力学、化学及材料性质与功能的弛豫谱,丰富的硬-软材料性质以及如应变滞后(strain hysteresis)、剪切变稀(shear thinning)、离模膨胀(die swell)、爬杆效应(又称魏森贝格效应,Weissenberg effect)等奇异的流变现象,因而,高分子成为流变学最主要的研究对象之一,这是高分子长链特征、分子量宽分布以及组分(组成)的多样性所赋予的。

1.1.2　高分子流变特性及其特点

高分子材料具有低密度、易氧化降解、高电阻和介电强度等特性。与许多有机液体一样,大多数单组分高分子仅能吸收少量可见光,呈无色透明状;如果大分子链的结构规则,还可发生结晶。高分子的独特之处在于其高的分子量,可形成网状结构,在三维空间内无限延伸。大部分商业和研究工作都集中在高分子的线形结构上,并试图发展一种普适的结构或性质描述方法。理想状况下,这种普适的方法是用一个简单的公式描述大分子链行为(如链长、宽度、刚度以及相邻链的二次相互作用等)。随着对链运动和相互作用模型的研究不断深入,人们提出了许多高分子结构表征的新方法。流变行为研究成为一个重要的研究方向，主要是因为流变性与数百种商用高分子材料的物理和加工特性密切相关。可以说，正是由于高分子有别于金属和无机非金属材料的黏弹性(viscoelasticity)特征，其流变学才受到普遍关注。

对于线形高分子结构，为获得更高的机械性能，人们一般希望得到分子量高的产物，但长链分子会导致高黏度[4]。因此，化学家们致力于研究控制分子量的方法：分子量足够高以获得良好的机械性能，但同时为便于加工，分子量也不宜过高。以聚乙烯(polyethylene, PE)为例：在分子质量为 100 kDa(1Da=1.66054×10⁻²⁷kg)时，易于加工，且具有适宜的力学性能；在 1 MDa 时，强度有所提高，但加工(特别是在注射成形时)变得极为困难；在 10 MDa 的"超高"分子质量范围，力学性质优异，但难以加工。当 PE 分子质量增加 100 倍时，其黏度会增加约 40 万倍！

典型的商用高分子具有高分子量及伴生的高黏度和弹性等复杂行为。此外，由于分子量的宽分布或双峰分布，这种效应往往较为复杂。商用高分子材料通常含有第二组分高分子、固体颗粒或纤维、润滑剂以及流动改性剂等，其流变行为更为复杂。例如：

(1)悬浮的硬、软颗粒或针状物，会大大增加其黏度，并有可能形成糊状或凝胶状。

(2)尽管实验已证明，熔体中也可能出现应力诱导并形成新的相(包含高度排列分子的相)，但对熔体流变性的影响尚不完全清晰。

(3)与溶剂或胶束间的强相互作用可促进或减少分子间的相互作用。混合物中存在至少两种组分(高分子和添加剂)，且其运动的速率也存在差异甚至显著不同，由此产生的效应称为"塑化"(plastification)或"抗塑化"(antiplastification)。

(4)乙烯基嵌段高分子可用于制造软制品。具有相似结构的嵌段间无较强的相互作用或序列结构时，室温下即可流动。有机硅或氟碳与强极性高分子形成的交替共聚物中，由于与其他部分的相互作用较弱，有机硅或氟碳嵌段会形成微相结构。例如，对于氟碳化合物，即使极短的序列也足以影响其流动行为。

(5)大分子链间的强相互作用包括离子间静电作用、离子-偶极作用和氢键作用。这些相互作用由于对链的附加影响，可以显著增加黏度。

高分子流变学一般可分为两个分支：一是唯象流变学，又称宏观流变学(macrorheology)；二是结构流变学，又称分子流变学(molecular rheology)。高分子唯象流变学主要研究高分子的黏性(viscosity)和弹性(elasticity)，涉及与高分子加工过程、松弛(relaxation)行为等相关的问题。高分子结构流变学主要采用大分子流变模型来研究其材料的流变性质及其与分子结构参数(如分子量、分子量分布、链段结构参数等)之间的关系，获取描述高分子流变行为的本构方程，揭示流变行为的分子机理。

无论其存在和使用状态是液体形态（如涂料、油漆、驱油剂），还是固体形态（如塑料、纤维、硫化橡胶，以及大量的高分子共混与复合材料），绝大部分高分子的加工制备都是在溶液或熔融状态下进行并完成的，流动和形变是最主要的科学问题。涉及高分子制备和加工的流变学，属于唯象流变学范畴，也称"聚合物加工流变学"（rheology in polymer processing）。在加工条件下的非线性流变行为，对材料的链结构、聚集态结构和织态结构的形成和演化产生极为重要的影响，进而决定制品的最终使用性能。在外场作用下，高分子材料的黏弹性及其弛豫行为与性能（功能）演变密切关联。流变学不仅可指导加工，也是研究高分子结构-性能关系的重要的、有效的方法。

1.1.3　高分子流变学主要理论的产生和发展

现代高分子流变学唯象理论可追溯至 17 世纪英国科学家 Hooke 和 Newton 的奠基性工作。针对固体行为，1678 年，Hooke 提出著名的应变（strain）与应力（stress）呈正比的线性关系。针对流体行为，1687 年，Newton 在其著作 *Principia* 中提出著名的假说："流体流动阻力与流动速度成正比"（The resistance which arises from the lack of slipperiness of the parts of the liquid, other things being equal, is proportional to the velocity with which the parts of the liquid are separated from one another）。Hooke 和 Newton 的工作界定了经典弹性和流体动力学边界。1835 年，英国科学家韦伯（W. Weber）在丝绸纤维上首次观察到偏离经典弹性和黏性的力学行为。丝绸纤维受力后产生即时伸长，随后随时间缓慢伸长。该行为现称为黏弹性。1867 年，Maxwell 提出由弹簧元件和 Maxwell 单元并联而成的标准线性固体力学模型，得到经验的一阶微分方程表达式，即 UCM（upper-convected Maxwell，上随体 Maxwell）方程。满足该方程的材料，现称为"弹性-黏性液体"（elastico-viscous liquid）或"弹性液体"（elastic liquid）。英国科学家开尔文（L. Kelvin）则提出针对黏弹性固体的由一个 Kelvin 单元和一个弹簧（spring）元件串联而成的最简单的力学模型，即开尔文模型，有时也称为开尔文-沃伊特（Voigt）模型。Maxwell 模型与 Kelvin 模型界定了"线性黏弹性"（linear viscoelasticity）研究的边界。基于 Weber 与 Kohlrausch 等的工作，Boltzmann 在 1878 年提出叠加原理（principle of superposition），获得积分型线性黏弹性本构方程，统一了类固体与类液体响应。1890 年前后，Wiechert 和 Thomson 等分别独立提出松弛时间分布的概念。1902 年，Poynting 和 Thomson 提出类似于 Maxwell 模型的弹簧-黏壶模型，分别用弹簧和黏壶（dashpot）来表示胡克形变和牛顿流动。1903 年，Zaremba 将线性黏弹性拓展到非线性区，引入共转导数描述材料内部的旋转和平移。1950 年，Oldroyd 提出非线性 Jeffreys 模型，称为 Oldroyd B 模型，是计算流变学开创性的工作之一。

高分子结构流变学发展可追溯到 1934 年 Kuhn 提出的高分子无规线团模型及

随后 Kramers、Debye、Kirkwood 等在分子动力学方面的理论工作。20 世纪 50 年代 Rouse、Zimm 等在流变学本构方程方面的理论工作，以及 20 世纪 70 年代 Lodge 和 Wu 在流变学显式表达方面的理论工作，推进了相关研究。缠结体系结构流变学理论起源于英国科学家爱德华兹(S. F. Edwards)在 1965 年发表的影响重大的种子论文"浅释现代高分子问题的定量理解"(In one stroke founded the modern quantitative understanding of polymer matter)，以及基于该论文后来由日本科学家土井正男(M. Doi)与 Edwards 合作提出的理论。1967 年，Edwards 提出管道模型(tube model)。1971 年，法国科学家德热纳(P. G. de Gennes，获 1991 年诺贝尔物理奖)基于 Edwards 种子论文提出了蛇行理论(reptation model)。1978 年，Doi-Edwards 模型被拓展到高分子熔体和浓溶液，使得蛇行理论框架基本完成。

1.2　流变学基础

受外力作用时，高分子发生流动与形变，产生内应力。流变学所研究的就是流动、形变与应力间的关系。高分子的形变可分为：简单剪切形变、简单拉伸形变和体积形变。高分子对应力的响应可分为：黏性流动、弹性形变与破裂。为定量描述这些关系，即为了表达高分子的流变行为，需定义一些流变参数。

高分子流变行为常用剪切黏度表示。需要注意的是，高分子熔体与溶液在加工流场中呈现黏弹特性，黏度并不能完整地表达高分子的流变行为。因此，除黏度外，还要用其他流变参数表示高分子的流变行为，且在不同的流场中，需用不同的流变参数来表达。其他常用参数包括：第一法向应力差、第一法向应力系数、拉伸黏度、松弛时间、弹性模量等。本章将简要介绍不同流场中常用的流变参数定义与相关模型，如何选择流变参数的实验测定方法，并给出流变参数的一些相互换算公式。

1.2.1　应力和压力

应力是指对材料(包括流体和固体)施加的力。拉伸橡皮筋或涂抹油漆时就是在施加应力。力的施加可通过固体夹钳或不混流体(气体或液体)在样品表面上拉动或推动来实现。原则上讲，通过固体夹钳可在界面任何方向上施加力的作用，如推、拉、扭、滑等，而不互混流体通常仅用于推动表面。

力也可以通过物体的质量和加速度来施加，如重力。倾倒过程中的力通常是重力。例如，在旋转比萨面团过程中简单地悬挂起面团，重力加速度会导致施加在面团上的力增大。力也可通过磁场或电场施加，但对于纯高分子或均匀的高分子溶液，电磁效应较弱。"铁磁流体"(ferromagnetic fluid)是高分子流体中引入铁磁性粒子，可体现强磁效应，这一技术已用于计算机硬盘驱动器的密封。

应力和压力都表示作用在单位面积上的力。"面积"是指样品的表面,或样品与另一种材料(如钢活塞、气体或不混溶流体)之间的界面。应力也可以指均匀地施加在样品内或样品任何区域上的力。应力和压力之间的唯一区别是,前者是施加在特定方向上的力,而压力则假定在所有方向上均相等。产生应力的力可以是任何方向,如果表面受到压力,表面所产生的应力会始终垂直于表面。应力是矢量,可分解为两个分量:一个平行于表面,另一个垂直于表面。垂直于表面(平行于表面法向)的分量是法向应力,而平行于表面的分量是剪切应力。

应力和压力具有相同的量纲和单位。应力与方向有关,其定义稍显复杂。应力或压力的量纲为$[M]/([L] \cdot [t]^2)$,其中$[M]$、$[L]$和$[t]$分别表示质量、长度和时间。基本国际单位为$kg/(m \cdot s^2)$,也可以用导出单位 N/m^2 表示,其中 N 为牛顿的缩写,即力的国际单位。一个 100 g 重的物体施加大约 1 N 的力。应力的单位是导出单位,为帕斯卡,缩写为 Pa,$1 Pa = 1 N/m^2$。其他常见的应力单位包括 lb_f/in^2 或 psi 和 dyn/cm^2,其中 dyn 是 dyne 的缩写。在 20 世纪 90 年代以前多使用 dyn/cm^2。不同单位间的转换关系如下:

$$1 Pa = 10 dyn/cm^2$$
$$1 psi = 6.89 kPa (\sim 7 kPa)$$

虽然应力和压力的定义相当简单,但对于应力来说,需注意符号。通常认为,压力应是正的,压力会使样品体积减小。某种程度上,所有实际的材料均是如此[5]。应力符号的确定稍显复杂。由图 1.1 可见,垂直于样品的两个相对面上施加的力 **F**,箭头表示力 **F** 作用在虚线所示区域的中心,其面积可能非常小。从概念上讲,图中的力施加于样品的表面,这些表面紧密覆盖着一种物质来抵抗弯曲或向外弯曲,但并不阻碍沿表面的任何运动,人们将这种物质称为"理想或虚拟夹具"。图中所示力的类型称为"拉伸力"。固体材料拉伸实验给出的符号为正。但需注意,拉伸力倾向于拉动试样,就好像在其表面上施加了负压。根据这一规则,在正应力和正压力的定义上存在一定分歧,此现象称为"固体符号约定",以表示其来源于固体样品测试,与之相反的称为"流体符号约定"。当然,符号约定可用于物质的任一或两种状态。当在方程中使用固体符号约定时,方程将带有符号(ssc),而(fsc)则表示流体符号约定[6]。

在深入研究"符号问题"之前,需确定相对于其作用区域的力的定向规则。如图 1.1 所示,施加的拉力必须垂直于该区域;否则,会在平面内存在一个分量,产生剪切应力而使情况复杂化。法向力的方向与垂直于表面法向向外的方向相同,故

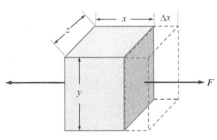

图 1.1　施加在试样外表面相反方向的力[6]

图中所示拉伸力也称为"法向"力，由此产生的拉伸应力称为法向应力。例如，在 x 方向拉伸样品，则可在相反方向施加一对法向应力(图 1.1)。为了识别该应力，需指定表面法向和力的坐标方向，即 $\sigma_{xx} = F_x/A_x$(其中，σ_{xx} 为应力；F_x 为作用在 x 方向上的力；A_x 为通过法向指向 x 方向的面积)。按照约定，σ_{xx} 中的第一个下标表示法向面的方向，第二个下标表示力的方向。例如，σ_{xy} 表示作用在 x 面上，指向 y 方向的力，即 σ_{xy} 为剪切应力。

显然，施加在样品上的力作用在一个很小的区域。受力的小立方体必须处于静态平衡，即施加到立方体上的所有力和力矩必须达到平衡，合力为零。否则，样品会发生形变。

需注意，应力的符号始终是施力方对样品的作用，而不是样品对施力方的反作用。因此，如果在两个板之间挤压样品，应力会向内作用在样品上，但样品会同时产生一个向外的反作用力。应力的符号由前者决定。对于固体符号约定(ssc)，本例中的应力为负；对于流体符号约定(fsc)，符号为正。

与在高分子熔体上施加法向应力相比，剪切应力的施加相对容易。图 1.2 给出了施加剪切应力的方法，其中一个砝码的重力通过顶部面板施加给样品，该装置可用于某些样品。但对于其他样品，必须同时对样品施加一对匹配的法向应力来限制平板，以防顶板上下移动。如果施加在顶板上的力为正 x 方向，垂直于顶板的方向(向外指向法向)为 y 方向(这些选择符合常规，可任意指定)，则按图 1.2 所示，剪切应力可表示为

$$\sigma_{yx} = \frac{F_x}{A_y} \tag{1.3}$$

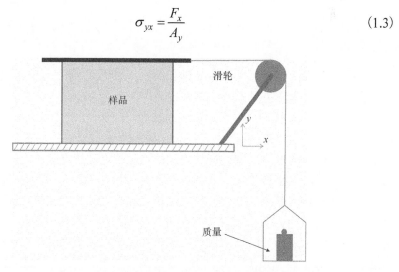

滑轮

样品

y

x

质量

图 1.2　对样品施加简单剪切应力示意图[6]

为保持简单剪切状态，顶板和底板须保持平行并维持恒定间距。对顶板施加法向力，即对试样施加一对法向应力，假设此时无面内和面外的限制

式中，力 F_x 为盘和砝码的质量与重力加速度的乘积。该方法的优点在于重力永远存在，不会消失。

图 1.2 中所示的力矩是通过上下板施加到试样上，该力矩是由一对剪切力所产生，倾向于顺时针方向扭转样品，可认为是正向。为平衡该力矩，须对板施加一定的约束，如通过仪器的框架，对试样施加一个反力矩。图 1.3 给出了对试样的剖析，可以看到存在明显的非平衡力矩，整个"三明治"结构会发生转动，破坏简单剪切的状态，故必须施加一个平衡扭矩。最简单的方法是将虚拟理想夹具（对材料性质无影响，整个接触表面上均匀地向试样传递力，保持正常方向稳定且抗弯，可根据需要在区域内自由收缩或扩大，以确保施加到样品上的应力保持均匀[7]）固定在暴露面（x 和$-x$ 方向）上，并在底板和顶板上施加大小相等而方向相反的拉力（图 1.4）。但是，简单剪切不允许垂直方向的运动，底板和顶板不能垂直旋转或移动。平衡力矩的存在使试样的运动受到限制。由此可知，"简单剪切"其实并不简单！

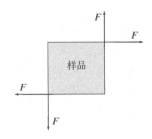

图 1.3　图 1.2 中样品的自由体图[6]
因剪切力反向平行，有沿顺时针方向的扭转趋势

图 1.4　用一个附加的虚拟理想夹具施加相反力矩产生一对平衡力[6]

如果四个面上都有理想夹具，施加图 1.4 所示的两个力矩，允许夹具自由移动时会出现一个重要但稍有不同的情况（图 1.5）。需注意，试样和施加的力矩沿图中虚线（点划线）所示的平面对称，施加的力可分解为沿对角线的一对拉力和与对角线成直角的一对压缩力（同样，假设在面外不施加或不需要任何力）。以这种方式施加的剪切力会产生与剪切应力作用面成45°的法向应力。

对脆性材料施加剪切力，可证明拉伸应力的存在。脆性材料很容易在拉伸中破碎，而非剪切或压缩[6]。韧性材料往往易在剪切中形变、破坏。若施加在原始块角上的力沿新轴分解（图 1.5），并通过每个角上的三角形材料作为夹具均匀地分布在新的、更小的立方体上，则这些力的大小是产生剪切力对的原始力的$1/\sqrt{2}$。如果原始立方体的大小为 1.0，则由简单的几何学可知，这将为新受力单元提供$1/\sqrt{2}$大小的作用力。因此，由力与面积之比得出的法向应力与施加的剪切应力大小相同。

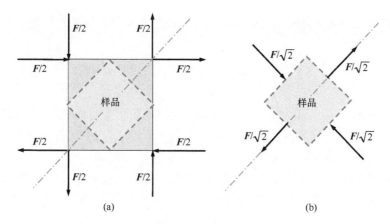

(a)   (b)

图 1.5 作用于样品的反向剪切应力对示意图[6]

力被分为两半，施加到每个角上，然后将每个角上的两个矢量相加并均匀地作用于虚线所示
较小的立方体表面。试样受到的压力为零，故为纯剪切状态

固体、高分子熔体和溶液的应力状态会随位置而变化。大多数情况下，可分析一个小立方体的受力来确定整体的受力情况，但该立方体必须极小。夹钳可看作是周围的材料，推动和拉动小体积的物体。实际上，可将周围的材料看作理想夹具，它使测量的应力和形变远离实际的夹具。例如，在拉伸测试中使用量规，若量规标记离夹子足够远，则认为在标记之间的材料受到的应力是均匀的。

1.2.2 应力张量

对现实中的三维问题需使用矩阵表示法。在三维空间内，许多高分子材料都可用相对简单的应力状态来描述。引入矩阵表示法，采用初等矩阵，即

$$\boldsymbol{X} = \begin{pmatrix} x_{11} & x_{12} \\ x_{21} & x_{22} \end{pmatrix} \tag{1.4}$$

式中，$\boldsymbol{X}$ 代表整个 2×2 矩阵，x_{ij} 为矩阵元素。三维应力情况下，相关矩阵为

$$\boldsymbol{\sigma} = \begin{pmatrix} \sigma_{11} & \sigma_{12} & \sigma_{13} \\ \sigma_{21} & \sigma_{22} & \sigma_{23} \\ \sigma_{31} & \sigma_{32} & \sigma_{33} \end{pmatrix} \tag{1.5}$$

式中，$\boldsymbol{\sigma}$ 为总应力张量。

此处，以"张量"代替"矩阵"，张量并非具有矩阵的所有性质，张量确实描述了真实三维空间中的运动，其中 1、2 和 3 与正交方向相关。通过正交，沿 1 方向的移动不影响其在 2 或 3 方向上的位置。例如，如果沿地球表面正北或正南移动，所在位置的东和西不会改变。式(1.5)中的 1、2 和 3 也可用坐标的首字母代替。圆柱坐标(r、z 和 θ)中，若对圆柱形试样(一个经典的蠕变实验)沿 z 方向施

加恒定拉应力，则 z 方向是主流动方向，应该是 1 方向，应力张量为

$$\boldsymbol{\sigma} = \begin{pmatrix} \sigma_{zz} & \sigma_{zr} & \sigma_{z\theta} \\ \sigma_{rz} & \sigma_{rr} & \sigma_{r\theta} \\ \sigma_{\theta z} & \sigma_{\theta r} & \sigma_{\theta\theta} \end{pmatrix} = \begin{pmatrix} \sigma_{\mathrm{T}} & 0 & 0 \\ 0 & 0 & 0 \\ 0 & 0 & 0 \end{pmatrix} \quad (\mathrm{ssc}) \tag{1.6}$$

式中，$\sigma_{11} = \sigma_{zz} = \sigma_{\mathrm{T}}$。因材料点沿 r 方向移动以保持样品的体积但运动幅度较小，故 r 为 2 位置。由于在 θ 方向上未运动，所以 θ 为 3 位置。如果样本以不同的方式形变(如扭曲而非拉伸)，则相应的赋值可能会发生改变。

对于通常的三维空间可按常用顺序分配，即 x, y, z 代表 1, 2, 3。表 1.1 给出了类似的约定。但根据每个方向的重要性，还可使用其他方法。

表 1.1　数字下标到坐标索引的映射示例

坐标体系	符号		
	1	2	3
常规	x	y	z
柱坐标	r	θ	z
球坐标	r	ϕ	θ

在本章前面介绍并讨论了应力的两种符号约定，并将其称为固体符号约定(ssc)和流体符号约定(fsc)。(ssc)和(fsc)分别与施加在样品上的正应力和负应力相关。同样的惯例也适用于应力张量。

1. 拉伸形变的应力张量

上述例子中，轴向上对圆柱形试样施加拉伸应力 σ_{T} (图 1.6)，总应力张量可表示为各向同性和附加应力值的总和：

$$\boldsymbol{\sigma} = \begin{pmatrix} \sigma_{\mathrm{T}} & 0 & 0 \\ 0 & 0 & 0 \\ 0 & 0 & 0 \end{pmatrix} = \begin{pmatrix} \tau_{zz} - p & 0 & 0 \\ 0 & \tau_{rr} - p & 0 \\ 0 & 0 & \tau_{\theta\theta} - p \end{pmatrix} \quad (\mathrm{ssc}) \tag{1.7a}$$

$$\boldsymbol{\sigma} = \begin{pmatrix} \sigma_{\mathrm{T}} & 0 & 0 \\ 0 & 0 & 0 \\ 0 & 0 & 0 \end{pmatrix} = \begin{pmatrix} \tau_{zz} + p & 0 & 0 \\ 0 & \tau_{rr} + p & 0 \\ 0 & 0 & \tau_{\theta\theta} + p \end{pmatrix} \quad (\mathrm{fsc}) \tag{1.7b}$$

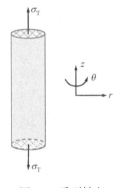

图 1.6　受到轴向拉伸应力的圆柱形试样[6]

端部装有理想夹具，曲面无应力作用

此种情况下，所有剪切应力分量(τ_{rz}、τ_{zr}、$\tau_{r\theta}$、$\tau_{\theta r}$、$\tau_{z\theta}$ 等)均为零，这些分量称为非对角线分量。

式(1.7)可分为如下两个张量：

$$\boldsymbol{\sigma} = \begin{pmatrix} \tau_{zz} & 0 & 0 \\ 0 & \tau_{rr} & 0 \\ 0 & 0 & \tau_{\theta\theta} \end{pmatrix} - p \begin{pmatrix} 1 & 0 & 0 \\ 0 & 1 & 0 \\ 0 & 0 & 1 \end{pmatrix} \quad \text{(ssc)} \tag{1.8a}$$

$$\boldsymbol{\sigma} = \begin{pmatrix} \tau_{zz} & 0 & 0 \\ 0 & \tau_{rr} & 0 \\ 0 & 0 & \tau_{\theta\theta} \end{pmatrix} + p \begin{pmatrix} 1 & 0 & 0 \\ 0 & 1 & 0 \\ 0 & 0 & 1 \end{pmatrix} \quad \text{(fsc)} \tag{1.8b}$$

第一个张量称为附加应力张量，其分项值由材料的性质和形变程度决定。第二个矩阵的对角线值等于 1，称为单位矩阵，p 为标量压力。文献中，单位矩阵可写作各种符号，如 $\boldsymbol{I}$、$\boldsymbol{I}$、$\boldsymbol{I_3}$、$\boldsymbol{1}$ 等。

以这种方式分解总应力的目的是强调应力和压力之间的关系。如果样品无形变，则不存在附加应力张量。式 (1.8) 强调了施加总应力张量 $\boldsymbol{\sigma}$ 与产生的附加应力张量 $\boldsymbol{\tau}$ 之间的差异，不同之处在于标量压力，它改变了法向应力的对角线分项。然而，式 (1.8) 并未给出总应力张量中应减去 (fsc) 或增加 (ssc) 多少压力用以产生附加应力。

原理上，总应力张量 $\boldsymbol{\sigma}$ 的各个分项都可实验确定。但为了表征材料的性质，需要知道附加应力张量 $\boldsymbol{\tau}$ 的分项。对于剪切应力很简单，因为测量的剪切应力 σ_{21} 与 τ_{21} 相同，而压力仅影响法向应力，且总是垂直于表面。多数情况下，法向应力就是将测得的应力数值减去压力。以圆柱体拉伸为例，可从 σ_{zz} 中减去 σ_{rr}。由于 σ_{rr} 为零（忽略大气压），测得的拉应力 σ_{zz} 等于 $\tau_{zz} - \tau_{rr}$。尽管这在几何学上看起来很简单，但却无法直接分离 τ_{zz} 或 τ_{rr}。下面尝试几种方法来解决这个问题。

首先，假设压力是平均法向应力，则对于柱坐标有

$$p = -\frac{\sigma_{zz} + \sigma_{rr} + \sigma_{\theta\theta}}{3} \quad \text{(ssc)} \tag{1.9}$$

该情况下，σ_{rr} 和 $\sigma_{\theta\theta}$ 均为零。经验性的研究方法是取一根乳胶管，一边有一个短纵向裂缝，拉伸管子既不会打开，也不会闭合该裂缝，故有

$$p = -\sigma_{zz}/3 \quad \text{(ssc)} \tag{1.10}$$

将该结果应用到上述问题，则

$$\sigma_{\text{T}} = \sigma_{zz} = \tau_{zz} - p = \tau_{zz} - (-\sigma_{zz}/3) \quad \text{(ssc)} \tag{1.11}$$

显然可给出

$$\tau_{zz} = \frac{2}{3}\sigma_{zz} \quad \text{(ssc)} \tag{1.12}$$

另外，σ_{rr} 为

$$\sigma_{rr} = \tau_{rr} - p \quad \text{(ssc)} \tag{1.13}$$

得圆柱体外部未施加应力情况下：

$$p = \tau_{rr} \quad (\text{ssc}) \tag{1.14}$$

获得压力 p 的第一种方法是矩阵 $\boldsymbol{\tau}$ 的迹（即 $\tau_{zz} + \tau_{rr} + \tau_{\theta\theta}$）为零，但很难通过实验来检验。第二种方法同样无法测定。如果保持形状为圆柱体（它只是变得越来越长且越来越薄），则 $\tau_{rr} = \tau_{\theta\theta}$，这意味着 $\tau_{zz} = -2p$ 和 $\sigma_{zz} = \tau_{zz} - p = -3p$。后者和式(1.10) 表明，样品内的压力大小是样品拉伸应力的 1/3，但符号为负。因此，对于该简单几何体，假设无体积变化、性质与方向无关，这两种方法给出的结果一致。然而对于真实的物体，不能仅仅依赖于这样简单的关系。

2. 剪切形变的应力张量

一般情况下，当一个均匀试样受到剪切时，在 1 方向上运动，则在 2 方向上存在速度梯度，应力状态由式(1.15)给出：

$$\boldsymbol{\sigma} = \begin{pmatrix} \sigma_{11} & \sigma_{12} & 0 \\ \sigma_{21} & \sigma_{22} & 0 \\ 0 & 0 & \sigma_{33} \end{pmatrix} = \begin{pmatrix} \tau_{11} - p & \tau_{12} & 0 \\ \tau_{21} & \tau_{22} - p & 0 \\ 0 & 0 & \tau_{33} - p \end{pmatrix} \quad (\text{ssc}) \tag{1.15}$$

对于图 1.3 中的立方体，剪切力使样品在 x(或 1)方向形变。当由 y(或 2)方向的向外指向法线定义的平面上拉动时，剪切应力的下标是 xy 或 12[式(1.15)]。如果试样不受扭矩（力矩）的影响，则 σ_{12} 和 σ_{21} 值相同。同样，张量的对角线分项是垂直于表面的应力，即垂直于表面的推力或拉力。若这些分项为零，那么应力状态即为纯剪切状态，如式(1.16)所示：

$$\boldsymbol{\sigma} = \begin{pmatrix} 0 & \sigma_{12} & 0 \\ \sigma_{21} & 0 & 0 \\ 0 & 0 & 0 \end{pmatrix} = \begin{pmatrix} 0 & \tau_{12} & 0 \\ \tau_{21} & 0 & 0 \\ 0 & 0 & 0 \end{pmatrix} \quad (\text{ssc}) \tag{1.16}$$

对于三维应力，所有非对角分项均不为零，但法向应力仍为零。这种应力状态下，样品的压力为零。

1.2.3 法向应力差

描述流体的稳态剪切时，不涉及时间参数。高分子流体的流变特征不能简单地用牛顿流体(包括广义牛顿流体)模型来描述，其主要原因是这类流体存在法向应力。各种固体受到剪切时常能观察到法向应力。但在非高分子类流体中难以观测到法向应力，一些泡沫和颗粒悬浮液有时会显示出较弱的法向应力。

1. 第一法向应力差

讨论法向应力时，要与应力张量联系起来。如前所述，有两种应力张量：总

应力张量 σ 以及附加产生的剪切应力张量 τ 。两者的区别仅仅在于前者的对角线项包括各向同性压力，但可通过减去任意两个对角线项消除压力。最常见的两个项是 σ_{11} 和 σ_{22}，由此给出了第一法向应力差 N_1，即

$$N_1 = \sigma_{11} - \sigma_{22} \quad (\text{ssc}) \tag{1.17a}$$

$$N_1 = -(\sigma_{11} - \sigma_{22}) \quad (\text{fsc}) \tag{1.17b}$$

根据定义，牛顿流体在简单剪切中因在 1 或 2 方向都未形变，故不产生法向应力。仅拉伸牛顿流体才会产生法向应力。平面拉伸中，为使流动保持在平面内，形变速率张量 $(\dot{\gamma})$ 为

$$\dot{\gamma} = \begin{pmatrix} 2 & 0 & 0 \\ 0 & -2 & 0 \\ 0 & 0 & 0 \end{pmatrix} \dot{\varepsilon} \tag{1.18}$$

式中，位置 11 和 22 分别对应拉伸和压缩方向；$\dot{\varepsilon}$ 为拉伸方向上的速度梯度。对于黏度为 η 的牛顿流体，第一法向应力差 N_1 为

$$N_1 = \sigma_{11} - \sigma_{22} = \tau_{11} - \tau_{22} = 4\eta\dot{\varepsilon} \quad (\text{ssc}) \tag{1.19a}$$

$$N_1 = -(\sigma_{11} - \sigma_{22}) = -(\tau_{11} - \tau_{22}) = 4\eta\dot{\varepsilon} \quad (\text{fsc}) \tag{1.19b}$$

因此，牛顿流体在拉伸流动中会产生一定的 N_1。简单剪切中，高分子流体的平面应力与牛顿流体在剪切中的情况相同，最大法向应力差在与剪切方向成 45°的位置，该应力差的大小为 $2\sigma_{21}$（σ_{21} 为剪切应力）。对于牛顿流体，简单剪切下的 $\sigma_{11} - \sigma_{22}$ 为零。

牛顿流体在简单剪切下产生与剪切方向成一定角度的法向应力，这是一个纯粹的几何问题，定义的 N_1 为零。然而，高分子熔体和溶液常会产生正的 N_1，即流动方向上的正（拉伸）应力 σ_{11}，就像流体在流动方向上被拉伸一样(ssc)。因测量相对运动的板块之间的应力相当困难，通常测量将板推开时的应力。应力差 $(\sigma_{11} - \sigma_{22})$ 保持不变，除非 σ_{11} 变为零（无拉或推情况下），σ_{22} 因施加了压缩以防止板分开而变为负值(ssc)。图 1.7 给出了该操作的示意图，橡皮筋绷紧，放在两个润滑板之间的固定间隙中。如果松开橡皮筋的末端，金属板将通过压缩橡皮筋的侧面防止材料回复，故板对橡皮筋施加负应力(ssc)。

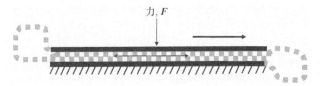

图 1.7　在拉伸橡皮筋产生的流动方向上被拉伸应力推开润滑板的示意图[6]

两端松开时，需要一个压缩法向力 F 保持间隙恒定

现在分析简单剪切中正应力的来源。与图 1.7 中的橡皮筋一样，简单剪切中的流动导致溶液或熔体中高分子的拉伸，并与剪切力的方向平行。由速度梯度施加给被拉伸分子的扭矩，使沿流动方向大分子的取向比梯度方向稍大。如果分子较长并呈伸展状态，其排列则更倾向于流动方向[8]。将荧光基团接枝在高分子长链上，然后放置在一个移动方向相反的顶板和底板组成的剪切场中，用高分辨率光学显微镜在暗场和紫外线照射下观察荧光基团产生的光点表征链的拉伸。当然，该法观察不到分子本身；但当分子伸展时，可检测到荧光基团相对位置的变化。其他方法也可观察到分子的取向，如未标记基质中的氘标记分子的中子散射[6]。

对高分子流体表现出的法向应力，可用与广义牛顿模型类似的方程进行描述。这类方程很多，但在三维空间中许多方程较为复杂。此处仅关注简单剪切中的法向应力。首先，假设法向应力与剪切方向无关；另外，剪切应力随剪切速率的变化而变化(图 1.8)。由于第一法向应力差的对称性，正材料特性 Ψ_1 应按以下方式定义：

$$\Psi_1 = N_1 / \dot{\gamma}^2 \tag{1.20}$$

故低 $\dot{\gamma}$ 下，剪切应力 τ_{21} 与 $\dot{\gamma}^1$ 成正比，而法向应力与 $\dot{\gamma}^2$ 成正比。在更大范围内，式(1.20)成立：

$$N_1 \propto \tau_{21}^2 \tag{1.21}$$

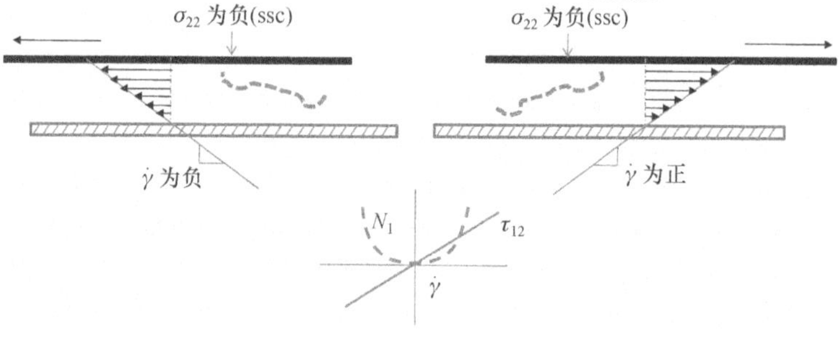

图 1.8　简单剪切中法向应力与剪切方向的关系[6]

定义从左到右为正方向。板从右到左稳定移动时，剪切应力为负。第一个法向应力差仍保留其符号。低剪切速率下 N_1 依赖于 $\dot{\gamma}^2$。图中虚线是流场中的一个高分子，无论速度梯度的符号如何，它都会在流动方向上被拉伸

上述关系对于分子量分布相当窄的线形高分子熔体成立。图 1.9 给出了聚苯乙烯(polystyrene, PS)的结果，斜率接近 2.0。为使这种关系更普适，提出了一个类似于剪切应力的 N_1 的幂律关系：

$$\tau_{21} = m\dot{\gamma}_{21}^n \quad (\text{ssc}) \tag{1.22}$$

与 $\eta = m\dot{\gamma}^{n-1}$ (其中，m 为一致性指数；n 为非牛顿指数)类比可得

$$N_1 = m'\dot{\gamma}^{n'} \quad\quad (1.23)$$

式中，$\dot{\gamma}$ 下标已删除。如果上述关系成立，法向应力与剪切应力的关系为

$$N_1 = m'\dot{\gamma}^{n'} = m'(\tau_{21} / m)^{n'/n} \propto \tau_{21}^{n'/n} \quad (1.24)$$

此关系表明，即使在高 $\dot{\gamma}$ 下，图 1.9 所示数据斜率也接近 2，其前提是 $n'/n \approx 2$。

　　尽管式 (1.20) 和式 (1.21) 表示的关系均具有幂律性质，但时间常数 t 仍可表示为

$$t = \left(\frac{m'}{2m}\right)^{1/(n'-n)} \quad (1.25)$$

该关系涉及动态振荡和稳定流动特性之间的类比。虽然上述的简单关系有助于解决某些问题，如接近简单剪切的流动，但不能简单地推广到三维。

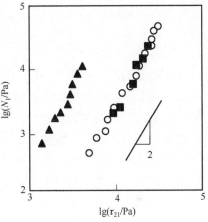

图 1.9　不同分子量阴离子聚苯乙烯正应力与剪切应力的关系[9]

三角形和正方形符号是两个阴离子 PS 样品的混合物，其分子量与空心圆样品相似

2. 第二法向应力差

第二法向应力差定义为

$$N_2 = \sigma_{22} - \sigma_{33} = \tau_{22} - \tau_{33} \quad\quad (\text{ssc}) \quad\quad (1.26a)$$

$$N_2 = -(\sigma_{22} - \sigma_{33}) = -(\tau_{22} - \tau_{33}) \quad\quad (\text{fsc}) \quad\quad (1.26b)$$

类似地，材料系数 Ψ_1 定义为

$$\Psi_1 \equiv N_2 / \dot{\gamma}^2 \quad\quad (1.27)$$

式中，N_2 可看作高分子在方向 2 的相对拉伸，即在速度梯度方向相对于方向 3 或中心方向的相对拉伸。因牛顿流体的主应力方向倾向于梯度方向，故图 1.10 给出的示意图直观表明 N_2 可能是正的；然而，对高分子流体的观测结果表明，N_2 是负的。因此，在两个板之间的流体向方向 3 伸展时有轻微的"滚动"效应。

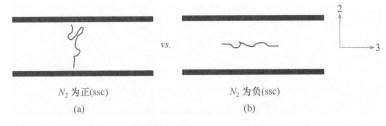

N_2 为正(ssc)　　　　　　　　　　N_2 为负(ssc)

(a)　　　　　　　　　　　　　　　　(b)

图 1.10　聚合物分子链在方向 2[竖直方向，(a)]及方向 3[水平方向，(b)]的轻微变形[6]

根据 ssc 规则，(a) 中 N_2 为正，(b) 中 N_2 为负。面内为流动方向，聚合物大分子在该方向上平行排列

如上所述，N_2 难以测量，其数值不仅很小，而且测量也只能采用间接方法。N_2 数值很小，常可忽略。但 N_2 确实会影响加工过程中的流体流动。除此之外，精确的 N_2 值也有利于检验定常剪切流中正应力理论的有效性。

1.2.4 应变与应变速率

物体受力后，会产生一定的形变，其形变程度与形变速率有关，这与测量车速和找到其所在位置之间的区别相似。对于速度，只需一个简单的速度表即可。对于位置，如果过去的位置是已知的，那么找到现在的位置则需要记录所有时刻的速度和方向，这个过程被早期的航海家称为"航位推算"。当然，现在利用全球定位系统(GPS)也很容易确定地球表面的位置，但这是一个极其复杂和昂贵的系统，至少在实验室范围内无法很好地转化为高分子流变学。事实上，流变学测量相当于以严格恒定的速度沿着非常直的道路行驶。

简单剪切中，形变速率即剪切速率，等于速度梯度 $\mathrm{d}V_x/\mathrm{d}y$（记为 $\dot{\gamma}$，γ 上的点象征时间导数）。"形变速率"的另一种说法是应变速率，主要用于固体的拉伸形变。对于后者，则使用不同的符号 $\dot{\varepsilon}$，其中应变符号常用 ε 表示。

前面的介绍中，使用了形变速率、剪切速率和速度梯度等术语。简单剪切下，这三个参数相同，故应用极为方便。这一认识使人们可以用剪切流变仪正确地描述实验结果。但对于复杂流，如拉伸流，情况就变得非常复杂。

深入研究复杂情况之前，需考虑什么移动才能产生速度梯度。对于图 1.11 所示的简单剪切，样品被牢牢地固定在底板上，并被顶板以 V_x 的速度向右拖动。顶板必须与底板严格平行，并保持固定间距（如图 1.11 中 H 所示）。不允许在第三个方向流动（向纸面内、面外），因此样品以层流方式流动，顶板表面速度为 V_x。逻辑上讲，样品内的速度应均匀地降低至底板为零，产生均匀的速度梯度，则

$$\dot{\gamma} = \frac{V_x}{H} = \frac{\mathrm{d}V_x}{\mathrm{d}y} \tag{1.28}$$

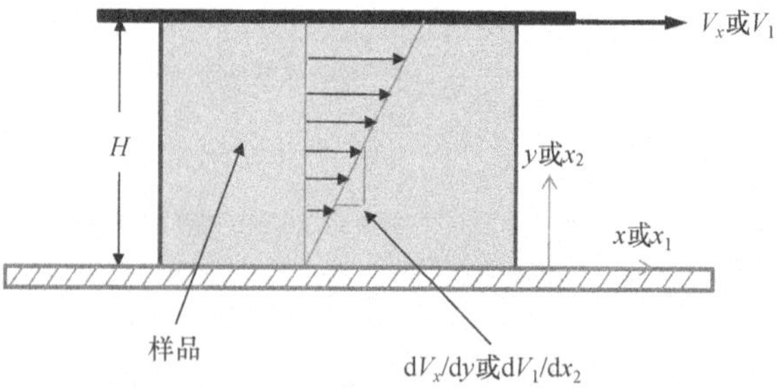

图 1.11　简单剪切中的速度和速度梯度[6]
简单剪切中无其他速度分量，故其他方向上无速度梯度

基于几何与对称性，应力在整个过程中是均匀的，故流体应以均匀的方式响应，这一结果可通过实验来证实。最简单直观的方法是观察流体中微小颗粒的运动方式。但对于复杂流体往往难以观测。某些流体即使在低应力下也可能出现滑移面或漩涡。只要颗粒小而稀疏，就可以精确地跟随材料运动，代表附着在材料上的质点。一般可假设这些质点不受布朗运动和物质扩散的影响。因此，一个微小粒子可能比一个带有标记的大分子更能代表连续体。

与应力相同，图 1.11 中所示术语的表达方式可用坐标系的传统缩写，本例中为矩形（或者使用数字表示）。对于后者，虽然 x 方向变为 x_1 等，但速度不是 V_{x_1}，而只是 V_1。根据图 1.2 可将力和面的方向结合起来，即将速度和速度梯度的方向结合起来，以较为系统的方式创建一个矩阵，用多个方向的速度描述三维情况，即速度梯度张量，矩阵如下所示：

$$\nabla V = \begin{pmatrix} \mathrm{d}V_1/\mathrm{d}x_1 & \mathrm{d}V_1/\mathrm{d}x_2 & \mathrm{d}V_1/\mathrm{d}x_3 \\ \mathrm{d}V_2/\mathrm{d}x_1 & \mathrm{d}V_2/\mathrm{d}x_2 & \mathrm{d}V_2/\mathrm{d}x_3 \\ \mathrm{d}V_3/\mathrm{d}x_1 & \mathrm{d}V_3/\mathrm{d}x_2 & \mathrm{d}V_3/\mathrm{d}x_3 \end{pmatrix} \tag{1.29}$$

此处需注意下标的顺序。虽然该张量矩阵提供了简单剪切中的形变速率（$\dot{\gamma} = \mathrm{d}V_1/\mathrm{d}x_2$）和拉伸速率（$\dot{\varepsilon} = \mathrm{d}V_1/\mathrm{d}x_1$）较为合理的形式，但作为材料形变速率的度量，有一些实际问题需考虑。因此，它在流变学中的应用相对较少。

可将式（1.29）应用到两个例子中。一个由玻璃态高分子，如聚碳酸酯（polycarbonate，PC），制成的旋转圆盘。圆盘选装非常容易，但让其发生形变却很困难，可用直角坐标系进行描述（图 1.12）。需指出，图 1.12 中存在速度梯度，表面上看与图 1.11 所示非常相似。假设在 z 方向无运动，则式（1.29）中只有位置 1、2 和 2、1 有速度梯度，而并未发生任何形变。这些梯度的大小就是 Ω，即旋转速率。

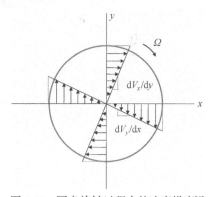

图 1.12　圆盘旋转过程中的速度梯度[6]

第二个例子是条状试样的拉伸。对于拉伸流动，拉伸应变率 $\dot{\varepsilon}$ 定义为

$$\dot{\varepsilon} \equiv \frac{\partial V_1}{\partial x_1} \tag{1.30}$$

式中，下标 1 表示拉伸方向，故拉伸应变率是沿拉伸方向的速度梯度。

考虑式（1.29）中的分项来描述拉伸方形样条过程中的状态，则

$$\nabla V = \begin{pmatrix} \dot{\varepsilon} & & \\ & -\dot{\varepsilon}/2 & \\ & & -\dot{\varepsilon}/2 \end{pmatrix} \tag{1.31}$$

式中，负号表示当样条变薄时两侧向内的速度。对于具有黏性的牛顿流体，观测到的应力为

$$\sigma_T = \sigma_1 - \sigma_2 = \tau_1 - \tau_2 = \eta[\dot{\varepsilon} - (-\dot{\varepsilon}/2)] = 3\eta\dot{\varepsilon}/2 \tag{1.32}$$

而事实上测量的应力是该结果的两倍。

从图 1.12 可知，需添加图中所示的两个速度梯度，以消除旋转与变形的混淆。在直角坐标系下，形变速率张量的形式应为

$$\dot{\gamma} = \begin{pmatrix} \dfrac{\partial V_1}{\partial x_1} + \dfrac{\partial V_1}{\partial x_1} & \dfrac{\partial V_2}{\partial x_1} + \dfrac{\partial V_1}{\partial x_2} & \dfrac{\partial V_3}{\partial x_1} + \dfrac{\partial V_1}{\partial x_3} \\[2mm] \dfrac{\partial V_1}{\partial x_2} + \dfrac{\partial V_2}{\partial x_1} & \dfrac{\partial V_2}{\partial x_2} + \dfrac{\partial V_2}{\partial x_2} & \dfrac{\partial V_3}{\partial x_2} + \dfrac{\partial V_2}{\partial x_3} \\[2mm] \dfrac{\partial V_1}{\partial x_3} + \dfrac{\partial V_3}{\partial x_1} & \dfrac{\partial V_2}{\partial x_3} + \dfrac{\partial V_3}{\partial x_2} & \dfrac{\partial V_3}{\partial x_3} + \dfrac{\partial V_3}{\partial x_3} \end{pmatrix} \tag{1.33}$$

式中，$\dot{\gamma}$ 为形变速率或应变速率张量。

式(1.33)看起来较为复杂，但该式非常有规律，即

$$\dot{\gamma}_{ij} = \frac{\partial V_i}{\partial x_j} + \frac{\partial V_j}{\partial x_i} \tag{1.34}$$

式中，i 和 j 可以取三个值(1、2 或 3)中的任意一个。通过比较式(1.33)和式(1.34)可以看出，$i \neq j$ 或 $i = j$ 均可。对于圆盘旋转，速度梯度矩阵方程(1.29)的分项分别为 1、2 和 2、1 位置处的 $\partial V_1/\partial x_2 = \Omega$ 和 $\partial V_1/\partial x_2 = -\Omega$，如式(1.34)，两者相互抵消，形变速率为零。对于样条的延伸，式(1.34)的分项可由以下方程式给出：

$$\dot{\gamma}_{11} = 2\frac{\partial V_1}{\partial x_1} = 2\dot{\varepsilon} \tag{1.35}$$

$$\dot{\gamma}_{22} = 2\frac{\partial V_2}{\partial x_2} = 2\left(\frac{-\partial V_1/\partial x_1}{2}\right) = -\dot{\varepsilon} \tag{1.36}$$

拉伸应力的预测值是 $3\eta\dot{\varepsilon}$。

考虑简单剪切的形变速率张量，可写作：

$$\dot{\gamma} = \begin{pmatrix} 0 & \partial V_1/\partial x_2 & 0 \\ \partial V_2/\partial x_1 & 0 & 0 \\ 0 & 0 & 0 \end{pmatrix} = \begin{pmatrix} 0 & \dot{\gamma} & 0 \\ \dot{\gamma} & 0 & 0 \\ 0 & 0 & 0 \end{pmatrix} \tag{1.37}$$

式中，粗体符号 $\dot{\gamma}$ 为整个形变速率张量，而无下标的符号 $\dot{\gamma}$ 为剪切速率大小。在简单剪切中，$\dot{\gamma} = \dot{\gamma}_{12} = \dot{\gamma}_{21}$；有时还使用符号 $\dot{\gamma}_{ij}$ 来表示整个形变速率张量，以及该张量的任一分量 ij。以上表示方法往往有些混乱，但通常可根据上下文来判断其意义[10]。

参 考 文 献

[1] Newton I. Principia, Section IX of Book II[M]. Cambridge: University Press, 1684.

[2] Stokes G. On the theories of the internal friction of fluids in motion[J]. Tran Camb Phil Soc, 1845, 8: 287.

[3] Malkin A Y. Rheology Fundamentals[M]. Ontario: Chem Tec Publishing, 1994.

[4] Shaw M T, McKnight W J. Introduction to Polymer Viscoelasticity[M]. New Jersey: John Wiley & Sons, Inc., 2005.

[5] Beiner M, Fytas G, Meier G, Kumar S K. Pressure-induced compatibility in a model polymer blend[J]. Phys Rev Lett, 1998, 81: 594-597.

[6] Shaw M T. Introduction to Polymer Rheology[M]. New Jersey: John Wiley & Sons, Inc., 2012.

[7] Becker G W, Krüger O. On the nonlinear biaxial stress-strain behavior of rubberlike polymers// Deformation and Fracture of High Polymers[M]. Boston: Springer, 1973.

[8] Wood-Adams PM, Costeux S. Thermorheological behavior of polyethylene: effects of microstructure and long chain branching[J]. Macromolecules, 2001, 34: 6281-6290.

[9] Oda K, White J L, Clark E S. Correlation of normal stresses in polystyrene melts and its implications[J]. Polym Eng Sci, 1978, 18: 25-28.

[10] Dealy J M. Official nomenclature for material functions describing the response of a viscoelastic fluid to various shearing and extensional deformations[J]. J Rheol,1995, 39: 253-265.

第2章

高分子流变学基础

本章主要介绍高分子受不同形式外力作用时所呈现的响应规律。如第 1 章所述,简单流体受力时通常会发生流动,而简单固体受力时如无宏观平动或转动产生,外力会导致材料发生形变。外力撤去时,流体的流动不能恢复,具有不可逆性。对于发生形变的固体而言,如果外力不足以使其结构屈服而产生塑性形变,撤去外力后这种形变往往能够回复,表现出可逆特征。流体受力时发生不可逆流动以及固体产生可回复形变的这种材料特性,分别被称为黏性和弹性。相应地,这类流体和固体分别被称为黏性液体和弹性固体。高分子材料对外力的响应介于弹性固体和黏性液体之间,兼有黏性和弹性响应的特征,是典型的黏弹性物质。因此,对高分子材料兼有的黏性和弹性性质的度量,是高分子流变学首先要解决的基本问题。

2.1　黏度与模量

要了解和评价高分子材料的黏弹性,需首先掌握如何评价流体的黏性和固体的弹性。流体黏性的度量为黏度(viscosity),而固体弹性的度量常用模量(modulus)来表示。

2.1.1　黏度

溶液和熔体是最常见的高分子流体,而离子聚合物、高分子溶胶等均具有流体性质。受到外力作用时,这些高分子流体会产生类似普通小分子流体所发生的流动现象,但会呈现出一些明显不同的流动特征。通常,可通过是否遵从牛顿流动定律——流体的剪切应力 τ 与剪切速率 $\dot{\gamma}$ 成正比[式(2.1)]来区分这种差异:

$$\tau = \eta\dot{\gamma} \tag{2.1}$$

式中, η 为切变黏度系数或牛顿黏度,是剪切应力与剪切速率关系的系数。遵从牛顿流动定律且法向应力差为零的流体称为"牛顿流体"(Newtonian fluid)。在给定温度下,牛顿流体的黏度为常数,仅与分子结构有关,而与剪切应力、剪切速率无关。因其流动过程是一个时间积累过程，流体的流动现象需要经历一定时间间隔才能观察到。从物理学角度理解，流体流动过程中出现的不可恢复的形变实际上就是外力对流体的做功累积，黏度本质上是表征流体流动难易程度的物理量，可用来反映流体抵抗外力所引起的流动形变的能力。黏度越高，流体发生流动时所需的外力越大。黏度的国际单位为帕斯卡·秒(Pa·s)，也用泊(P)和厘泊(cP 或 cPs)作为黏度单位。1 P = 1 dyn·s/cm^2 = 1 g/(cm·s)，相当于流体内相距 1 cm 处具有 1 cm/s 的速度梯度，作用着 1 dyn/cm^2 摩擦应力时的黏度值。1Pa·s = 10 P = 10^3 cP。表 2.1 给出一些常用液体的黏度。

表 2.1　部分常用液体的黏度(20 ℃)

液体	黏度/(Pa·s)	液体	黏度/(Pa·s)
蓖麻油	1.0	环己烷	0.94×10^{-3}
甘油	0.4	苯	0.6×10^{-3}
乙醇	1.19×10^{-3}	氯仿	0.56×10^{-3}
水	1.00×10^{-3}	乙醚	0.2×10^{-3}

图 2.1 中竖直液管内分别装有聚环氧乙烷(polyethylene oxide，PEO)和氯化钠的水溶液。开始(t_0)两者的液面持平，打开阀门让流体流出；t_1 时，高分子溶液流得更快，其液面明显低于氯化钠溶液；继续流出，t_2 时两者液面均继续降低，但氯化钠溶液的液面低于 PEO 溶液，表明这一阶段牛顿流体流速更快。这种奇特的现象是什么原因造成的？说明什么问题？这是因为相比氯化钠溶液中的小分子，在水中呈无规线团分布的 PEO 大分子间存在氢键作用，加之大分子链间存在缠结，初始时大分子的流体力学体积较大，黏度较高；随着溶液流动，管壁处存在对大分子的吸附作用，导致沿管径半径方向出现流体流速的分布，中心处的流速最快，靠近管壁处流速最慢，从而使得分子链发生剪切取向，导致分子链缠结和氢键作用被破坏，体系黏度逐渐降低，这种现象被称为"剪切变稀"，其结果导致高分子溶液液面低于牛顿流体。然而当管内只剩少量高分子溶液时，由于其重力变小，高分子溶液的流速逐渐减慢，使得剪切变稀程度降低，分子链因缠结回复和氢键再度形成造成流体力学体积增大，黏度因此增大，这反过来导致体系的流速进一步降低，因而 t_2 时牛顿流体氯化钠溶液的流速更快，其液面反而低于 PEO 溶液，并首先流空。可见，高分子流体在流动过程中的流动难易程度(黏度)是随速率(准确讲是剪切速率)变化的，并不是常数。因此，高分子流体的黏度并不能简单地用牛顿黏度表示，需要重新定义。

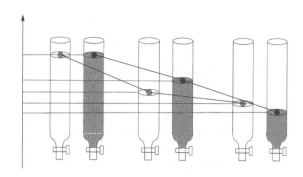

图 2.1 氯化钠水溶液(右)和 PEO 水溶液(左)在管流中的剪切变稀现象

牛顿流体在给定温度下黏度为常数,不随剪切应力和剪切速率而变化。但高分子流体的流动行为比较复杂。图 2.2 给出典型高分子流体的流动曲线。绝大多数高分子流体的流动情况与图中所示的情况类似,其流体的剪切应力 τ 与剪切速率 $\dot{\gamma}$ 呈非线性关系,不能用类似式(2.1)的简单线性关系进行描述。这里定义表观剪切黏度(apparent viscosity) η_a 为

$$\eta_a(\dot{\gamma}) = \frac{\tau(\dot{\gamma})}{\dot{\gamma}} \tag{2.2}$$

任一剪切速率下, η_a 等于曲线上一点与坐标原点的连线斜率。当 $\dot{\gamma}$ 趋近于零时,可以认为在极小 $\dot{\gamma}$ 范围内体系黏度保持常数,定义为零切黏度(zero-shear viscosity) η_0,即 τ-$\dot{\gamma}$ 关系曲线的初始斜率。牛顿流体的黏度即为 η_0。稠度(consistency) η_c 定义为给定 $\dot{\gamma}$ 的曲线上对应点对该曲线所做切线的斜率,即

$$\eta_c = \frac{d\tau}{d\dot{\gamma}} \tag{2.3}$$

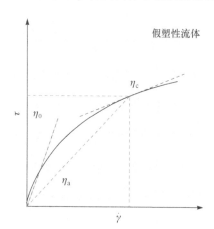

图 2.2 剪切应力与剪切速率的关系

对于该流动曲线, $\eta_a > \eta_c$。

需要说明的是,除了剪切流动方式,自然界还存在着拉伸流动的方式。将剪切应力 τ 替换为拉伸应力 σ,定义一个拉伸黏度(extensional viscosity) η_E,可得到类似于式 (2.1)的拉伸流动的牛顿定律公式。其中,线性黏弹性范围内,拉伸黏度与剪切黏度关系符合 $\eta_E = 3\eta$ 的关系。

不满足牛顿流动定律的流体统称为"非牛顿流体"(non-Newtonian fluid)。迄今已发现的非牛顿型高分子流体包括:纯黏性流体、黏弹性流体以及有时间依赖性的流体等。在流动过程中上述非牛顿流体的黏度均可发生变化。大多数的油漆、涂料等都可归为纯黏性流体,而大多数高分子溶液和熔体均是典型的黏弹性流体。

以淀粉悬浮液为代表的黏度随剪切时间延长而增大的震凝性流体(rheopectic fluid),以及以高分子悬浮体系为代表的黏度随剪切时间延长而减小的触变性流体(thixotropic fluid),是典型的具有时间依赖性的体系。以下,将以高分子溶液和熔体为代表介绍高分子流体的流动特征和黏度概念。

此前已介绍过 PEO 水溶液的剪切变稀现象。实际上绝大多数高分子流体均呈剪切变稀现象,即在剪切速率很低时,体系表观黏度近似保持常数;随剪切速率增大,剪切黏度降低。这种流动规律称为"假塑性"(pseudoplasticity),遵循这种流动规律的流体即为假塑性流体。图 2.3 给出其表观剪切黏度、剪切应力与剪切速率的关系。对于假塑性流体,其黏度即可通过 η_a 和 η_0 表示。其中 η_0 无剪切速率依赖性,常用来比较不同高分子黏性的大小。对于绝大多数假塑性高分子熔体,其 η_0 均大于 η_a。这是因为熔融态大分子链相互缠结,缠结点能有效维系着熔体结构的稳定。剪切应力或剪切速率很小且无法破坏熔体结构时,其黏度居高不下并在一定剪切速率范围内保持定值,出现类似于牛顿流体(黏度恒定不随剪切速率而变化)的现象,所以这时被称为"零切黏度"。当剪切速率继续增大,稳定的熔体结构被破坏后,黏度开始下降,所以 η_a 小于 η_0。

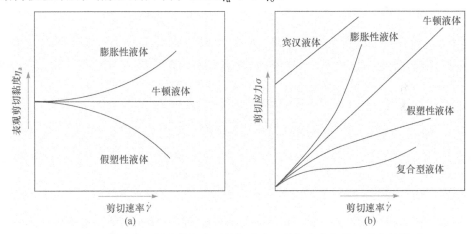

图 2.3 牛顿及非牛顿流体的表观剪切黏度、剪切应力与剪切速率的关系

除 η_a 和 η_0 外,在高分子溶液中还常用到增比黏度(specific viscosity)、比浓增比黏度(reduced specific viscosity,也称比浓黏度)及特性黏数(intrinsic viscosity)。设高分子溶液的黏度为 η,纯溶剂的黏度为 η_s,则 $\eta / \eta_s - 1$ 定义为高分子溶液的增比黏度,用 η_{sp} 表示,即 $\eta_{sp} = (\eta - \eta_s) / \eta_s = \eta_r - 1$(式中,$\eta_r = \eta / \eta_s$ 称为相对黏度)。可见,增比黏度 η_{sp} 表示溶液黏度 η 较溶剂黏度 η_s 增加的倍数。由于 η_{sp} 依赖于溶液浓度,表示溶液黏度时须说明浓度。因此,为给出单位浓度对溶液黏度的贡献,定义增比黏度与溶液浓度的比值为高分子溶液的比浓增比黏度,$\eta_{sp} / c = (\eta_r - 1) / c$,

单位 mL/g 或 dL/g。高分子溶液浓度趋于零时的比浓增比黏度 η_{sp}/c $(c \to 0)$，是反映高分子特性的黏度参数，其值不随浓度而变，以[η]表示，量纲为浓度的倒数。特性黏数反映单位质量高分子的流体力学体积，是采用黏度法测其分子量的基础。[η]与分子量 M 的关系符合马克-豪温克(Mark-Houwink)方程[1]：

$$[\eta] = K M_\eta^\alpha \tag{2.4}$$

式中，K 和 α 被称为 Mark-Houwink 参数，与高分子、溶剂和温度有关。对于给定温度下的某种高分子溶液，在一定分子量范围内，K 和 α 是与分子量无关的常数。只要已知 K 和 α 值，即可根据所测[η]计算试样分子量。

作为高分子流变特性最重要的物理参数之一，有关剪切黏度的测量方法已经发展得相当成熟。黏度受许多因素的影响，包括实验条件或生产工艺参数(如温度、压力、剪切速率或剪切应力等)、物料组成及结构参数(如组成、浓度、相互作用参数等)、大分子结构参数(如分子量、分子量分布、链柔顺性、支化程度及支链长度等)。在这里，简单介绍前两者的影响规律，有关分子量及大分子结构的影响规律留在本章最后介绍。

对于高分子流体流动过程而言，压力和温度影响尤其显著。升温过程中，如果大分子结构不发生变化，体系黏度均会下降。这是因为温度是分子热运动程度的度量。温度升高，高分子体积膨胀使得分子间的自由空间(自由体积)增大，分子运动的束缚减小，运动加快。温度远高于玻璃化转变温度 T_g($T > T_g + 100$ ℃)或熔点 T_m 时，高分子熔体黏度与温度间的依赖性可用阿伦尼乌斯(Arrhenius)方程[2]进行描述：

$$\eta_0(T) = K e^{E_\eta / RT} \tag{2.5}$$

式中，$\eta_0(T)$ 为温度 T 时的零切黏度；K 为材料常数(为温度趋于无穷大时 η_0)；R 为摩尔气体常数，8.314 J/(mol·K)；E_η 为黏流活化能，J/mol。E_η 可描述材料黏度的温度依赖性，定义为流动过程中运动单元由原位置跃迁到附近空穴用于克服能垒所需的最小能量。由此可见，E_η 实际也反映高分子流动的难易程度。高分子熔体的流动实际是由链段实现的，因此 E_η 与分子链结构有关，而与分子量关系不大。分子链柔顺性越差，极性越强或侧基位阻较大时，E_η 更高，如聚苯乙烯、聚氯乙烯(polyvinyl chloride，PVC)、纤维素等。此外，E_η 也表示黏度的温度依赖性，其值越大，说明改变温度时黏度的变化越大，即流动的温度敏感性越高。压力增大也会导致高分子流体黏度显著升高。这缘于高压导致高分子内部的自由体积减小，分子链活动能力降低，使材料 T_g 升高。

剪切速率对高分子流体黏度的影响主要缘于非牛顿流体特征，黏度与测试的剪切速率(剪切应力)相关。由于绝大多数高分子材料均呈现假塑性，要了解其流动特征时，不仅要知道在给定剪切速率下的表观黏度，更要从较宽的剪切速率范围内掌握材料黏度的剪切速率依赖性。这对于掌握和指导高分子材料的制备和加工工艺十分重要。换言之，由于高分子流体的黏度强烈依赖于剪切速率，在给出高分子流体的剪切黏度时必须同时给出剪切速率条件。对于高分子溶液，浓度也是影响其黏度的重要因素。一般而言，浓度越高，体系的黏度越高。但是，这种黏度的浓度依赖性随浓度增大呈现出浓度分区的特征，可用标度理论 (scaling theory) 进行描述。这种黏度的浓度依赖性随黏度增大而改变的现象，缘于分子链在溶液中的形态、尺寸以及相互作用方式随浓度的改变。上述黏度-浓度依赖性对于一般中性高分子的溶液是成立的，但对聚电解质的溶液，其结果有可能恰好相反，即随着浓度上升，稀溶液浓度范围内表观剪切黏度单调下降[3]。这与聚电解质在水中的解离以及表面吸附有关[4, 5]。

2.1.2 模量

单轴拉伸或单轴压缩是最简单的形变过程。以单轴拉伸为例，应力定义为

$$\boldsymbol{\sigma} = \boldsymbol{F} / A \tag{2.6}$$

式中，$\boldsymbol{\sigma}$ 为应力；$\boldsymbol{F}$ 为外力；A 为作用面的面积。

如图 2.4 所示，拉伸过程中的应变 ε 则为

$$\varepsilon = \frac{l - l_0}{l_0} = \frac{\Delta l}{l_0} \tag{2.7}$$

式中，l_0 为试样的原始长度；l 为受力拉伸后的试样尺寸。

因此，弹性模量 (elastic modulus) E 可定义为材料在受力状态下应力与应变之比：

$$E = \frac{\sigma}{\varepsilon} \tag{2.8}$$

即胡克弹性定律。E 是指材料在外力作用下产生单位弹性形变所需要的应力，是反映材料抵抗弹性变形能力的指标，相当于普通弹簧中的刚度，其值越大，意味使材料发生一定弹性形变所需要的应力也越大；即材料刚度越大，在一定应力作用下，发生弹性形变越小。需要说明的是，"弹性模量"是描述物质弹性的物理量的统称，表示方法可以是杨氏模量 (Young modulus)、体积模量 (bulk modulus)、剪切模量 (shear modulus) 等。简单拉伸给出的即是杨氏模量。拉伸弹性模量 (tensile modulus of elasticity) 的倒数称为拉伸柔量 (compliance)，用 D 表示。从微观角度来说，弹性模量是原子、离子或分子之间键合强度的反映。键合方式、化学成分、微观组织、晶体结构、温度等影响键合强度的因素均影响弹性模量。与不易受热处理状态、温度、加载速率等因素影响的金属和小分子不同，高分子材料的弹性模量随温度变化会有较大程度改变，因为温度可影响分子运动单元的类型。

除简单拉伸外，简单剪切也是一种常见的形变模式 (图 2.4)。此模式下对应的

模量称为剪切模量 G：

$$G = \frac{\tau_{xy}}{\gamma_{xy}} = \tau_{xy} \frac{l_0}{\delta} \qquad (2.9)$$

式中，τ_{xy} 为剪切应力；γ_{xy} 为剪切应变，$\gamma_{xy} = \delta/l_0$。这里的剪切模量 G 与杨氏模量 E 均为静态模量。在静态应力-应变曲线上每点的斜率称为正切模量。不同于金属材性，高分子的黏弹性导致其应力与形变关系通常不是线性的，某点的正切模量可由该点附近应力变化量与应变变化量之比计算而得。正切模量多见于工程应用，只能看作非弹性极限范围内的宏观模量的一种表述。

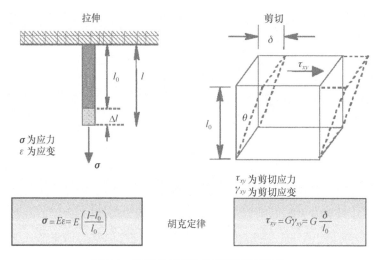

图 2.4   简单拉伸形变与简单剪切形变

上述简单拉伸和简单剪切中，应力和应变均是给定状态下的确定值，并未以时间的函数形式呈现，得到的模量无时间依赖性，称为静态模量 (static modulus)。高分子的力学行为介于弹性固体和黏性液体之间，对其施加频率为 ω 的正弦交变应力 $\sigma = \sigma_0 \sin \omega t$ 时，因内摩擦力作用，链段的运动跟不上应力的变化，以至应变落后于应力，存在一个相位差 δ，故应变为 $\varepsilon = \varepsilon_0 \sin(\omega t - \delta)$。将该式展开，得

$$\varepsilon = \varepsilon_0 \sin \omega t \cos \delta - \varepsilon_0 \cos \omega t \sin \delta \qquad (2.10)$$

可以看出，高分子应变的一部分如同一般的弹性形变，是与应力同步的；而另一部分如同一般的黏性形变，与应力的相位差为 $\pi/2$。可见，应力有两部分组成：一部分与应变同相位，幅值为 $\sigma_0 \cos \delta$，这是弹性形变的主动力；另一部分与应变相位差 $\pi/2$，幅值为 $\sigma_0 \sin \delta$，所对应的形变是黏性形变，将消耗于克服摩擦力阻力。令

$$G' = (\sigma_0/\gamma_0)\cos \delta \qquad (2.11)$$

$$G'' = (\sigma_0/\gamma_0)\sin\delta \tag{2.12}$$

式中，G'、G''分别为动态储能模量(dynamic storage modulus)和动态损耗模量 (dynamic loss modulus)，分别代表高分子材料动态剪切形变过程中的弹性部分和黏性部分。故应力-应变关系可表示为

$$\sigma = \gamma_0 G'\sin\omega t + \gamma_0 G''\cos\omega t \tag{2.13}$$

将动态模量写成复数形式，有

$$G^* = G' + iG'' \tag{2.14}$$

式中，G^*为剪切复数模量。G^*不同于$G = \sigma(t)/\gamma(t)$，是一个与时间无关但与频率有关的量，因为$\delta(\omega)$、$\delta_0(\omega)$或$\gamma_0(\omega)$均与ω有关，故$G'(\omega)$、$G''(\omega)$、$G^*(\omega)$均与ω有关。G'称为"实数"部分模量或储能模量，反映材料形变时能量储存的大小，即回弹能力；G''称为"虚数"部分模量或损耗模量，反映材料形变时能量损耗的大小，与黏性有关。

由式(2.14)可知，复数模量的模$|G^*|$为

$$|G^*| = \sigma_0/\gamma_0 = \sqrt{G'^2 + G''^2} \tag{2.15}$$

通常称为动态模量。在高频率范围，G''远比G'小得多，所以$|G^*|$近似等于G'，习惯上也将G'称为动态模量。

定义

$$\tan\delta = G''/G' \tag{2.16}$$

式中，力学损耗角δ反映力学损耗的大小，与分子链运动紧密相关。

动态力学实验通常在小形变或小应变条件下进行，高分子体系可看作线性黏弹体，此时G'和G''不随应变而改变(图 2.5)。

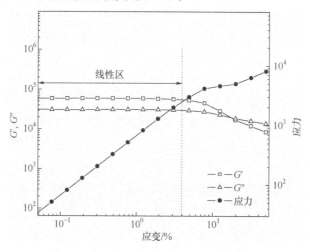

图 2.5　高分子动态模量与剪切应力的应变依赖性[6]

2.2 高分子的力学响应与黏弹性

由于具有多层次结构特征，高分子受到外力作用时，取决于作用力的时间尺度和环境条件，其结构呈现不同的力学响应。例如，外力作用时间极短时，高分子呈现的力学响应更接近固态物质。相反，外力作用非常缓慢时，高分子更多地呈现出类似流体的力学响应。如图 2.6 所示，轴线两端分别为理想弹性固体(无黏性)和理想牛顿流体(无弹性)。绝大多数高分子处于这两者中间，其对外力的响应形式介于弹性固体和黏性液体之间，兼有黏性和弹性响应的特征，是典型的黏弹性物质。所有的高分子材料都有其特定的黏性与弹性的贡献，其黏弹性不仅体现在形变过程中，也表现在流动过程中。由于形变和流动均是力学响应，有必要了解高聚物的力学响应特征。

图 2.6 高分子黏弹性示意图

2.2.1 力学响应特征

首先，高分子的力学响应具有多样性。与通常具有气、液、固三相的小分子物质不同，高分子材料不仅没有气态，也不存在严格意义上的固态和液态，其具有的多重结构特征导致高分子材料更多地呈现出类固或类液状态。大分子链和链段运动的差异必然会从宏观物理力学行为上反映出来，例如，塑料雨衣长期悬挂时由于重力作用会在悬挂方向出现尺寸增大(蠕变)，这可认为是类固塑料呈现出液体的力学行为。与此相反，在倾倒高分子熔体时，如果用一根棍子快速敲打流体，则熔体液流也会出现脆性碎裂，说明高分子流体呈现出类似固体的力学行为。这些现象均是高分子材料黏弹性的直观体现。此外，高分子还呈现包括剪切变稀、出模膨胀(die swell)、不稳定流(unsteady flow)、熔体破裂(melt fracture)、无管虹吸(tubeless siphon)、应力松弛(stress relaxation)和应力过冲(stress overshoot)等流变行为。

其次，高分子力学响应具有运动单元的多重性特征，其运动单元可分为小尺寸运动单元和大尺寸运动单元。小尺寸运动单元主要包括侧基、链节、链段、支链、晶区等。其中，链段运动是指链段发生蜷曲和伸展，对应高分子的结晶和熔融、橡胶的拉伸与回缩等。大尺寸运动单元主要指高分子整链。高分子整链的运动则对应熔体的流动。

最后，高分子力学响应具有温度依赖性。温度对其运动的影响主要体现在两方面：一是不同层次的结构单元对应不同的运动能垒，温度升高使得更大尺度的运动单元逐渐活化；二是温度升高使得高分子体积膨胀，分子间自由空间增大，分子运动的束缚减小。如前所述，高分子材料因多重运动单元而存在一些独特的力学响应特征和力学性质，可依据其力学响应特征和力学性质反映所处的物理状态。最常用的是采用热-机械特性曲线来展现。对非晶型高分子试样施加恒定外力，同时以一定的升温速率对其进行加热，则可得到随温度升高试样形状和尺寸的变化，即形变-温度曲线。图 2.7 给出非晶型高分子的形变-温度曲线。根据形变的温度变化率，整个曲线呈现三种力学状态和两个转变区，分别为玻璃态、高弹态、黏流态以及玻璃化转变区和黏流转变区。图中 T_b、T_g、T_f 和 T_d 四个温度分别为脆化温度、玻璃化转变温度、黏流温度和分解温度。可以看到，随温度上升，材料形变发展是连续的，表明这些特征转变不是相转变。温度低于 T_b 时，很小的外力即可导致大分子链结构的破坏，T_b 也是非晶型高分子材料使用的温度下限。从分子运动机理角度讲，温度处于 $T_b \sim T_g$ 时，非晶型高分子此时分子运动的能量很低，不足以克服单键内旋转的位垒，链段被冻结，仅有小运动单元(侧基、链节、支链)可以运动，不能实现构象转变，即链段运动的松弛时间无穷大，远远超过实验观测的时间尺度。由于此时链段运动处于冻结状态，分子运动层次仅表现为键长、链角的微小改变。从宏观力学响应看，高分子模量很高($10^9 \sim 10^{10}$ Pa)，受力后形变很小，形变与所受力的大小成正比；外力移除后，形变可立刻恢复，是典型的胡克弹性特征，又称普弹性。非晶型高分子力学响应处于普弹性的状态称为玻璃态。随着温度升高，超过玻璃化转变温度 T_g 时，分子热运动的能量足以克服内旋转位垒，链段即可运动，可通过单键内旋转改变构象，甚至可使部分链段产生滑移，但仍不能导致整条分子链重心发生相对位移，此时形变可以回复。然而，由于形变是分子链通过单键的内旋转和链段取向运动引起大分子构象从蜷曲状态到舒展状态，其形变可以很大。除去外力后，尽管由于链段无规热运动具有恢复大分子蜷曲构象的趋势，即恢复最大构象熵状态，使形变具有可逆性。但达到熵弹性平衡和完全回复形变都难以瞬时完成，需要经历一段时间。非晶型高分子在这种状态下的弹性被称为熵弹性(entropy elasticity)，此时高分子进入高弹态[7]，在形变-温度曲线上表现为高弹平台，其模量为 $10^5 \sim 10^7$ Pa。高弹态的宏观力学响应即表现为受力时产生大形变，外力移除后又回复，这是非晶型高分子处于高弹态特有的力学特征。温度继续升高到黏流温度后，不仅链段运动的松弛时间变短，而且整个分子链发生滑移，其松弛时间缩短到与实验观察的时间尺度同一数量级。曲线上高弹平台消失，材料发生宏观上不可逆的黏性流动，这正是整条分子链发生滑移的体现。需说明的是，这种黏性流动除含不可逆的形变部分外，还保留部分可逆的弹性形变，其流动可称为"弹性流动"或"类液流动"，这是高分子黏流态力学响应的重要特征之一。

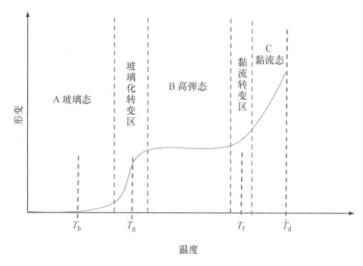

图 2.7   非晶型高分子的形变-温度曲线

绝大多数线形高分子均能呈现黏流态。对于非晶型高分子，只要温度高于黏流温度 T_f 即可发生黏性流动。对于结晶型高分子而言，其情况可能比较复杂，需要分情况讨论。对于轻度结晶(<40%)的高分子，非晶区占绝大部分，微晶区所起的交联作用极为有限，存在明显的玻璃化转变。温度升高时，非晶部分会发生从玻璃态到高弹态的玻璃化转变。试样会在形变-温度曲线上呈现高弹平台，进一步升温到 T_f 以上，则进入黏流态(图 2.8)。对于高度结晶(>40%)的高分子，微晶区彼此衔接，形成贯穿整个材料的结晶相，此时结晶相承受的应力大于非晶相，材料变硬。如果分子量较低，非晶区 T_f 低于晶区熔融温度(T_m)，温度高于 T_m 即进入黏流态；分子量足够高时，非晶区 T_f 高于晶区 T_m，则温度达到 T_m 后试样进入高弹态，升温至 T_f 以上才进入黏流态[8]。

交联高分子和体型高分子则不具有黏流态，如经过硫化的橡胶及环氧树脂、聚酯等热固性树脂，分子链间因为被化学键固定。如果这些化学键未被破坏，分子链就无法相对移动。此外，一些含强分子间相互作用的高分子材料，如聚丙烯腈(polyacrylonitrile，PAN)、聚乙烯醇(polyvinyl alcohol，PVA)、聚四氟乙烯(polytetrafluoroethylene，PTFE)等，其分解温度低于黏流温度，也不存在黏流态。

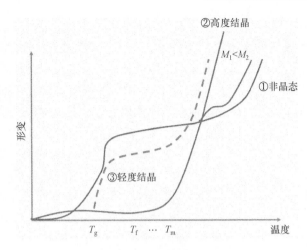

图 2.8　结晶型高分子的形变-温度曲线

需要说明的是，黏流态下大分子流动的基本单元并不是分子链，而是链段，大分子整链的运动实际上是通过链段运动来完成的。熔体分子量较低时，黏流活化能 ΔE_η 具有分子量依赖性，且随分子量增大而增加。但是当分子量达到一定值后，ΔE_η 则趋近一常数，对应一个含 20～30 个碳原子组成的链段大小，说明熔体流动的基本结构单元是链段[8]。

总之，非晶型线形高分子的三种聚集态，更多体现力学性质和力学响应的差异，而不是物理相态上热力学性质的区别，代表了高分子的典型力学形态。除温度外，其他影响动力学的因素，如力的大小和作用时间，都会影响其性质相互转换。

最后，高分子力学响应具有时间依赖性。当物质受到外场作用，从一种力学平衡状态向另一种与外界条件相适应的平衡状态转变时，小分子经历的是一个瞬变过程，其时间通常保持在 $10^{-10}\sim10^{-8}$ s。高分子的转变由于依赖于链段甚至整链运动，从一种平衡态到另一平衡态需要相当长的时间，是一个松弛时间 $10^{-1}\sim10^4$ s 的过程。其松弛时间可通过过程速率理论（Arrhenius 方程）来描述：

$$\tau = \tau_0 e^{\Delta E/RT} \tag{2.17}$$

温度较高时，松弛时间变短，在较短的时间内可观察到松弛现象。相反，温度较低时，松弛时间变长，需要较长时间才能观察到松弛现象。这实际上就是时-温叠加（time-temperature superposition，TTS）原理，将在后续章节中讨论。

2.2.2　高分子黏弹行为

高分子的特殊黏弹行为是其黏弹性的直接体现。蠕变（creep）和应力松弛常被作为高分子材料的基本力学行为用来研究其黏弹性。此外，流动过程中的

Weissenberg 效应、弹性回复、出模膨胀等现象也是黏弹性的突出体现。

蠕变是指在保持应力不变的条件下，材料应变随时间延长而增加的现象。图 2.9 分别给出线性弹性体、线性黏流体以及非晶型高分子在恒外力下的应变演化过程。由图可见，线性弹性体在 $t_1 > t > 0$ 时段受到给定应力 σ_0 时，体系呈现一个恒定的应变 ε。$t > t_1$ 时，应力释放，应变也迅速恢复变为零。相反，线性黏流体受到给定应力 σ_0，在 $t_1 > t > 0$ 时段应变 ε 随时间延长而线性增大。当 $t > t_1$ 时，应力释放，应变则保持在 $\varepsilon = \sigma_0 t_1/\eta$，呈现出典型的不可逆形变。图 2.9(c) 给出与线性弹性体和黏流体不同的两种不同分子量的高分子材料的应变演化。可见，两种高分子的应变在 $t_1 > t > 0$ 时均随时间延长而增大，但并未呈现线性关系。当 $t > t_1$ 时，应力释放，两种高聚物的应变具有相似的演化规律：应变首先迅速降低(降幅表示为 ε_1)，然后随时间延长缓慢降低，最终趋于定值(降幅分别表示为 ε_2 和 ε_3)。可见，最终仍然残余一部分应变，不能完全回复。$t_1 > t > 0$ 时高分子材料出现的应变增大现象就是蠕变，而随后的回复过程称为蠕变回复。因此，高分子的总应变 ε 可由 ε_1、ε_2 和 ε_3 之和来表示，即

$$\varepsilon = \varepsilon_1 + \varepsilon_2 + \varepsilon_3 \tag{2.18}$$

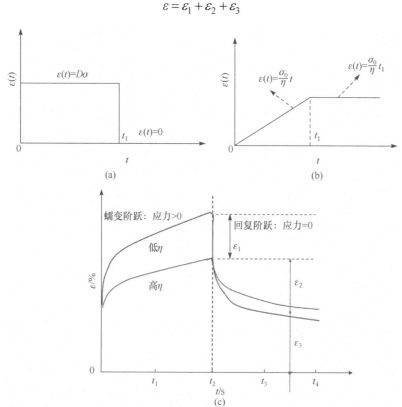

图 2.9 线性弹性体、线性黏流体与非晶型高分子在恒定外力下的应变演化过程

式中，ε_1 为应力释放后可迅速回复的弹性应变；ε_2 为与时间相关的可恢复形变；ε_3 为不可逆的残余应变。这是因为蠕变是由大分子链段运动和大分子取向重排造成的，其速率取决于作用力的大小以及分子热运动动能与分子间作用能的比值。温度升高时，蠕变能够快速发展，反之则速度缓慢；温度足够低时，大分子链段的运动被冻结，甚至观察不到蠕变发生。需要说明的是，线形高分子在刚开始受力时，链段来不及运动，仅出现接近于普弹形变的小形变。随时间延长，链段发生取向、位移和重排，大分子构象逐渐伸展，形变逐渐增大并趋于平衡，呈高弹形变特征。ε_1 和 ε_2 分别代表可回复的普弹形变和高弹形变，其差异仅仅在于高弹形变是由分子链段的运动造成，回复需要足够时间。ε_3 代表蠕变过程中应力作用下造成的分子滑移等带来的不可回复的黏流形变。

应力松弛指在给定温度和应变下材料内应力随时间而减小的过程。图 2.10 分别给出了线性弹性体、线性黏流体以及非晶型高分子在恒定应变下的应力演化过程。可以看到，线性弹性体在保持恒定应变时，其应力也维持在定值，这可以从胡克定律得到。而线性黏流体的应力则迅速下降，说明黏流体不能储能，其松弛是即刻发生的。对于高分子材料而言，其应力呈现非线性的下降，具有典型的时间依赖性。由于应力松弛也是柔性大分子链运动重排的过程，线形高分子发生迅速变形时分子链来不及舒展就会造成蜷曲的分子链强迫变形，形变由分子链中的链角、链长改变而贡献，此时的应变属于普弹形变。当应变保持时，链状分子沿应力方向逐渐舒展和移动，使起初发生的普弹形变造成的内应力逐渐消失。当时间足够长时，高弹形变的内应力被大分子间的相互滑移和解缠结消除，呈现出不可逆的黏流形变，最终的残余应力大小与高分子结构有关。实际生产中，由于熔体的冷却固化，残余应力被保存于制品中。为了描述高分子应力松弛行为，定义

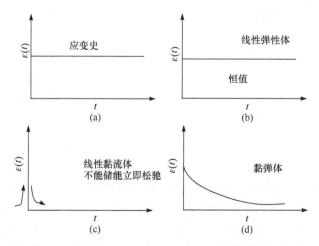

图 2.10　线性弹性体、线性黏流体及非晶型高分子在恒定应变下的应力演化过程

当应力松弛到初始应力的 0.368(1/e)倍时所需的时间为松弛时间,这是应力松弛的重要参数,将在后续章节中进行深入讨论。ε_0 很低时,其松弛行为可近似认为是线性松弛,与 ε_0 很大时造成的非线性松弛行为有显著区别。

牛顿流体在桶状容器绕轴流动时,会呈现如图 2.11(a)所示的液面情况:液面从管壁处沿圆筒容器径向逐渐降低,轴心处的液面下降明显,这是因为离心力的存在而导致的普遍现象。与牛顿流体不同,高分子流体在绕轴流动时,其轴心位置的液面不仅不会下降,反而会上升,出现如图 2.11(b)所示的情况:管壁处液面最低,而沿径向向轴心方向液面逐渐升高,似乎是沿轴向上爬。该现象称为Weissenberg 效应,也称"爬杆效应"或"包轴效应"。这一现象被归于高分子流体的弹性特征,即在旋转流动时,大分子链会沿着圆周方向取向并出现拉伸形变,从而产生朝向轴心的压力;离轴越近的地方剪切速率就越大,法向应力差效应越明显。相应地,大分子链的弹性回复力就越大,使得液体沿轴向上挤,出现爬杆现象。该现象主要缘于法向应力差,也称为法向应力效应。爬杆效应是高分子熔体和溶液弹性的体现。对于高分子流体而言是正常的,只要分子量达到一定数值即会出现。用普通黏度计来测量时,由于爬杆效应,测得的数据经常大于真实黏度,给流变测试带来很大困难。为了克服这种效应的影响,高分子流体的黏性测试不能采用同轴圆柱体转子,最简单的方法是采用锥板流变仪,并根据黏度范围选用合适的测量条件,一般建议采用低剪切速率进行测量。实际上,这种爬杆效应也有利用的价值,如在化工生产的传质过程中常用的法向应力泵即是利用了这种爬杆效应。如图 2.12 所示,物料从加料口加入,在旋转流动中沿轴爬升,而后从轴心处的排料口排出。这种机器结构简单、制造方便、性能稳定,用作橡胶加工的螺杆挤出机的喂料装置,可有效提高混合效果和改善挤出稳定性。

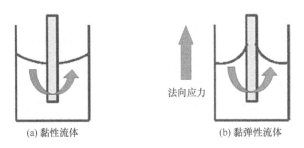

(a) 黏性流体　　　　　　法向应力　　　　(b) 黏弹性流体

图 2.11　高分子溶液的 Weissenberg 效应

牛顿流体在圆管中稳态流动时,其流速会沿圆管径向呈对称分布。由于与管壁的摩擦,靠近管壁处流速较低;沿管径半径越小处,流速逐渐增大,圆管中心的流速最快(图 2.13)。这是由层流和剪切流动的方式所决定的。从圆管切面上看,其流速从管芯沿管径呈现抛物线分布。对于高分子流体,在圆管中做稳定流动时

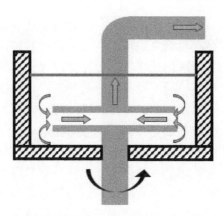

图 2.12　应用爬杆效应原理的法向应力泵示意图

流速沿管径也呈现类似的抛物线分布。但是，其中心处的流速明显降低，使得抛物线的形状变得扁平(称为弹性回复)。这是因为在流动过程中，分子链因剪切应力造成的链段沿流动方向的形变由于分子链的松弛行为而出现弹性回复，使得中心处剪切速率降低，因而与管壁处的流速相比，差值变小。需要说明的是，仅存在剪切变稀的纯黏性流体中也会出现类似的现象，速度分布的抛物线形状变得扁平不需要弹性贡献，但是靠近壁面的速度梯度(剪切速率)会增大。

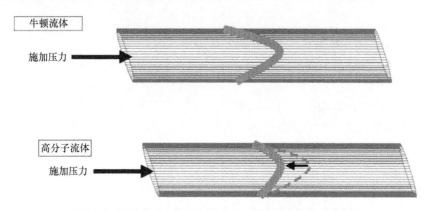

图 2.13　牛顿流体和高分子流体在圆管中的稳态流动曲线

　　出模膨胀现象也称为挤出胀大效应或 Barus 效应，指高分子熔体从小孔、毛细管或狭缝中挤出时挤出物在挤出模口后膨胀使其横截面大于模口横截面的现象。这种效应可通过胀大比 B 来定量表示(图 2.14)：

$$B = D_{max}/D \qquad (2.19)$$

式中，D_{max} 为挤出物的最大直径；D 为口模内径。出模膨胀现象常见于各种高分子熔体中，在牛顿流体中基本观察不到或者其效果极其微弱。出模膨胀效应缘于

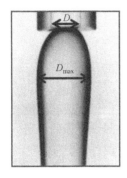

图 2.14 高分子熔体
的出模膨胀现象

高分子熔体的弹性记忆效应，这一方面是因为高分子熔体在模具或流道流动时受到强烈的拉伸及剪切作用，分子链发生取向，从而产生拉伸形变和剪切形变，这些形变在流道或口模中没有足够的时间进行松弛，在流出模口后分子链重新蜷曲，产生弹性回复效应；另一方面则是因为法向应力差的存在。法向应力差是高分子流动过程中非牛顿特性的特殊体现，也是高分子具有流体弹性的主要原因之一。其效果是，使高分子流体沿着与剪切力垂直的方向发生膨胀。可逆形变回复与法向应力差的共同作用，导致了高分子熔体的出模膨胀现象。出模膨胀受众多因素影响，影响高分子弹性或者松弛行为的因素都会导致出模膨胀比的改变。例如，随剪切速率增大，出模膨胀比增大，但达到极大值后反而下降；分子量增大，出模膨胀比增大；挤出温度升高时，出模膨胀比通常减小；挤出速率下降，胀大比也会下降。此外，通过在高分子中添加填料降低高分子熔体弹性形变，也会导致出模膨胀现象减弱。出模膨胀会影响高分子挤出制品的外观和质量，可通过考虑上述因素对高分子物性、挤出成形工艺以及口模形状等进行设计，来改善和消除出模膨胀的影响。

2.3 次级流动与不稳定流动

2.3.1 次级流动

高分子流体在非圆形管道内流动时，在主要流动方向之外往往附加出现局部区域性的环流，这被称为次级流动或者二次流动(图 2.15)。在椭圆流道中除了沿管道方向发生流动外，还产生具有封闭流线的涡流。在锥形流道内，除典型的收缩流线，在靠近入口处也产生环状封闭流线。此外，在流道截面发生变化的流道内也会发生类似现象，甚至发生更为复杂的三次、四次流动。一般认为，这是沿边界的流动受到了横向压力的作用，产生了平行于边界的偏移，靠近边界的流体层由于速度较低而比离边界较远的流体层偏移更加严重，导致叠加于主流之上的二次流动。对于牛顿流体，次级流动的主要原因是离心力。高分子流体的次级流动则主要是缘于流体的黏弹力与惯性力的共同影响。因此，这种次级流动的状态受剪切速率等工艺条件和流体性质的影响。当它是一种稳定流动时，对高分子加工性能的影响较小。在涉及高分子流动和加工的流道及模具设计中，这一点是极为重要的因素。

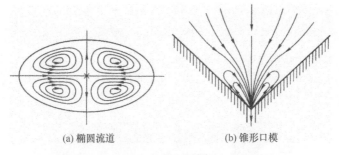

(a) 椭圆流道　　　　　　　　(b) 锥形口模

图 2.15　高分子在不同管道内的次级流动

2.3.2　不稳定流动与熔体破裂

高分子熔体在挤出加工时，当挤出速率(或应力)超过一定值时，挤出物外观就不再是由口模形状决定的光滑表面，而是开始出现粗糙表面，且随着挤出速率进一步增大，有可能出现波浪形、鲨鱼皮形、竹节形、螺旋形畸变，乃至出现形状完全无规则的挤出物破裂现象。后者称为高分子的熔体破裂。从挤出物表面出现粗糙开始，这一系列表现均属于熔体不稳定流动。图 2.16 给出线形低密度聚乙烯(linear low-density polyethylene，LLDPE)在毛细管流变仪中的挤出状况。剪切速率较小时，挤出物表面极为光滑；随剪切速率增大，表面开始变得粗糙；随剪切速率进一步增大，表面发生较为明显畸变；剪切速率达到 1120 s^{-1} 时，熔体畸变程度进一步加重。图 2.17 给出等规聚丙烯(isotactic polypropylene，iPP)经毛细管流变仪挤出的样品外观。剪切速率在 100 s^{-1} 时，试样表面平直光滑；剪切速率达 800 s^{-1} 时，表面出现不稳定迹象；剪切速率达 900 s^{-1} 时，样品出现明显的波浪状表面；剪切速率达 10^3 s^{-1} 时，出现竹节状外表，且表面不规则程度越发严重。上述两种情况下，挤出过程中均存在一个临界剪切速率值 $\dot{\gamma}_c$；超过 $\dot{\gamma}_c$，高分子熔体开始由稳定流动向不稳定流动发展。相应的剪切应力称为临界剪切应力 τ_c。对于丁二烯而言，则情况有所不同。图 2.18 给出聚丁二烯(polybutadiene，PB)在毛细管流变仪中的挤出状况。挤出速率为 0.45 mg/s 时，试样表面即已出现熔体畸变；

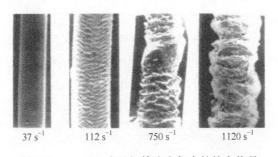

37 s^{-1}　　　112 s^{-1}　　　750 s^{-1}　　　1120 s^{-1}

图 2.16　LLDPE 在毛细管流变仪中的挤出状况

随挤出速率增大，熔体畸变程度有所改善。挤出速率为 1.70 mg/s 时，虽挤出物表面仍不光滑，但已观察不到明显的畸变；挤出速率增至 2.26 mg/s 时，挤出物外观出现新的特征：周期性地出现光滑表面，这被称为黏-滑(stick-slip)现象，也称周期性畸变。需说明的是，这种不稳定流动造成的熔体外表面劣化现象，既与高分子种类有关，也受长径比、口模形状等流道的参数影响。

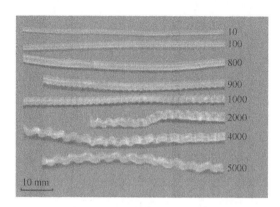

图 2.17   经毛细管流变仪挤出的 iPP 样品外观
图中数字显示剪切速率，单位为 s^{-1}

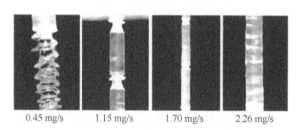

0.45 mg/s   1.15 mg/s   1.70 mg/s   2.26 mg/s

图 2.18   PB 在毛细管流变仪中的挤出状况

1. 熔体破裂的种类

不稳定流动和熔体破裂现象在高分子材料中普遍存在。对挤出实验结果进行分类，发现主要存在两类熔体破裂途径：一种以支化 LDPE 为代表——随剪切速率增大，从光滑表面发展为粗糙表面，直接发生熔体破裂现象。这类高分子还包括 PS、丁苯橡胶(styrene-butadiene rubber, SBR)、聚二甲基硅氧烷(polydimethylsiloxane, PDMS)等。另一种以线形高密度聚乙烯(high-density polyethylene, HDPE)为代表——随剪切速率增大，其不稳定流动和熔体破裂过程按光滑表面、粗糙表面、周期性畸变、第二光滑区、熔体破裂的顺序演化。这类高分子还包括 PB、PTFE、LLDPE 等。显然，相比 LDPE 类高分子，HDPE 类高分子的熔体破裂发展过程更为复杂。图 2.19 给出 HDPE 在不稳定流动时的压力振荡曲线。剪切速率低于 $\dot{\gamma}_c$ 时，样品处于光滑区；高于 $\dot{\gamma}_c$ 后，试样表面从光滑发展到粗糙，并进而进入振荡区，此时样品出现一个周期性畸变。这种畸变可能呈现多种形式，如鲨鱼皮、黏-滑转变等；剪切速率继续增大则进入滑动区，这时挤出物的表面也是光滑的，称为第二光滑区(或称为第二稳定区)。与原来的第一光滑区相比，第二光滑区的剪切速率可高 1~2 个数量级。剪切速率继续增大，熔体发生无规破裂，即进入无规破裂区。有关黏-滑转变和第二光滑区的成因将会在后面进行分析。

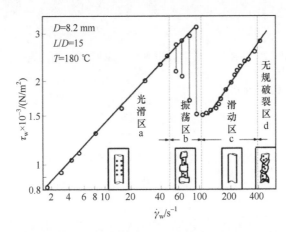

图 2.19 HDPE 发生不稳定流动时的压力振荡曲线

要了解不稳定流动和熔体破裂的规律，须了解熔体流动的具体状况。研究熔体流动的实验技术主要有两种：首先是直接观察法，通过在熔体中混入带颜色的示踪粒子或将部分高分子着色，通过透明流道和口模，利用快速摄像技术考察熔体流动情况(图 2.20)。可以清楚地看到，在低剪切速率时流线均沿流动方向分布，不存在封闭的环形流线，此时的挤出物外表平直光滑；随剪切速率增大，在靠近出口的管壁处开始出现封闭的涡流流线，且涡流流线尺寸随剪切速率增大而增大，但这时涡流流线仍保持封闭，并不进入口模，因而挤出物表面保持光滑；随剪切速率进一步增大，高于 $\dot{\gamma}_c$ 时涡流流线开始断裂并进入口模，此时熔体流动不稳定，挤出物表面粗糙。可见，涡流的出现即意味着内应力的聚集。涡流流线的封闭性被打开时，内应力将释放，剪切速率继续增大会增加不稳定流动程度，导致挤出物发生熔体破裂。另一种常用来分析流动状况的方法是流动双折射测定[9]。对于 LDPE，其双折射条纹呈轴向堆成，随流速增加，条纹数增加并在入口处集中，达到流动破裂后，双折射带断开。对于 HDPE，低流速时双折射条纹沿整个毛细管分布，平行于管壁。应力增大到临界应力 σ_c 后，入口处双折射条纹剧烈增大，处于振荡区时则在两种分布间变化。可见，支化聚乙烯、线形聚乙烯的熔体破裂机理不同：支化聚乙烯(如 LDPE)的破裂产生于入口处，而线形聚乙烯(如 HDPE)

的熔体破裂发生于毛细管壁处。这一结论被基于黏-滑现象的研究结果所佐证。

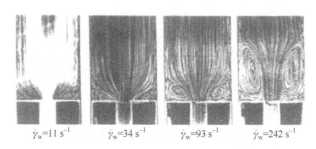

$\dot{\gamma}_\mathrm{w}=11\ \mathrm{s}^{-1}$　　$\dot{\gamma}_\mathrm{w}=34\ \mathrm{s}^{-1}$　　$\dot{\gamma}_\mathrm{w}=93\ \mathrm{s}^{-1}$　　$\dot{\gamma}_\mathrm{w}=242\ \mathrm{s}^{-1}$

图 2.20　LDPE 在收敛口模中随剪切速率增大时的流动状况

2. 熔体破裂的影响因素

总体来看，影响熔体破裂的因素有四类：温度、口模形状参数、分子结构参数以及添加物。

温度升高可以减缓熔体破裂。无论是支化聚乙烯类还是线形聚乙烯类，升高温度均可提高 $\dot{\gamma}_\mathrm{c}$ 和 τ_c。图 2.21 给出支化聚乙烯的 $\dot{\gamma}_\mathrm{c}$ 和 τ_c 的温度依赖性。可以看出，$\dot{\gamma}_\mathrm{c}$ 和 τ_c 均随温度升高而增大；但是相比较，$\dot{\gamma}_\mathrm{c}$ 的增幅更明显。正是由于温度升高可大幅提高 $\dot{\gamma}_\mathrm{c}$，在实际加工工艺中常通过提高加工温度来防止熔体破裂。当然也有反常的例子，如 HDPE 在接近熔点温度范围内（～130 ℃）比 150 ℃以上更易获得具有光滑表面的挤出物。

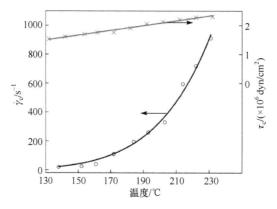

图 2.21　温度对 LDPE 的 $\dot{\gamma}_\mathrm{c}$ 和 τ_c 的影响

口模形状参数对熔体破裂有着显著影响，如管长、入口角。熔体破裂时 $\dot{\gamma}_\mathrm{c}$ 与管径关系不大，但受管长的影响较大。对于 LDPE、PS 和 PDMS，在相同 $\dot{\gamma}$ 下，延长管长后熔体破裂的程度有明显改善。可见，流道越长时，熔体应力松弛越充分，熔体破裂的程度有所降低。然而，对于线形聚乙烯而言，管长的影响却相反：

管越长，熔体破裂越严重。这一现象说明，线形 HDPE 和支化 LDPE 的熔体破裂机理的确存在差异。对入口角的研究发现，减小口模的入口角，可提高 LDPE 的 $\dot{\gamma}_c$，从而阻碍熔体破裂。这是因为在平入口（大入口角）时，入口处流速突然增大，高分子发生剧烈形变而吸收大量能量，当此能量超过临界值时就发生破裂。如果降低入口角改为斜入口（小入口角），则把原来在一段较短距离内吸收的能量，分散在一段较长的距离内，这样能量的峰值就不易突破临界值。因此，逐步降低入口角可能效果会更好。以此思路设计的二阶的喇叭形口模具有将 $\dot{\gamma}_c$ 提高一个数量级的作用，效果明显。对于线形低密度聚乙烯而言，入口角的影响比较复杂。有文献认为入口角小更好，也有文献报道临界剪切应力与入口角无关。此外，也有学者认为，调整入口角主要目的是调整"剪切"和"拉伸"两种流场的相对强度，大入口角时，拉伸流场很强，导致出现熔体破裂。

影响熔体破裂的高分子分子结构参数包括分子量、分子量分布及支化程度。分子量增大会使得 $\dot{\gamma}_c$ 或 τ_c 降低。重均分子量相同时，分子量分布更宽时挤出破裂现象明显减弱。前述内容已说明，支化和线形聚乙烯具有两种不同类型的熔体破裂途径。支化和线形聚硅氧烷这两种具有不同分子链拓扑结构的高分子，其熔体破裂状况分别与 LDPE 和 HDPE 相近，表明分子链的拓扑结构对于熔体破裂确实有着极其重要的影响。需要说明的是，在这些研究分子链拓扑结构的工作中，分子量分布并不相同。考虑到分子量分布对熔体破裂的重要影响，有关分子拓扑形态影响的研究还有待深入。

除上述因素外，加入小分子溶剂或者无机填料时，高分子的熔体破裂程度均有明显降低，但是两者的原因并不相同。对于小分子溶剂的作用，其作用在于溶剂降低了混合物的本体或熔体黏度，导致 $\dot{\gamma}_c$ 增大，从而阻碍熔体破裂；而无机填料的加入则是可以降低高分子的弹性，从而降低挤出破裂程度。如 SBR 生胶几乎无法得到具有光滑平直表面的挤出物，而添加炭黑（carbon black，CB）或白炭黑（主要成分为 SiO_2）后则很容易获得具有光滑表面的挤出物。

3. 熔体破裂机理

自 1940 年左右发现熔体破裂现象开始，其分子机理及其各种破裂现象备受关注，先后提出了雷诺湍流（Reynolds turbulence）说、黏性生热（viscous heating）说、流动取向回复（flow orientation recovery）说、空穴（hole）说等机理。经过许多研究和验证，这些说法有些被否定，有些得到了部分实验结果的支持，并提出了壁滑（wall slip）及分子不稳定（molecular instability）解释、本构方程不稳定（instability of constitutive equation）解释、空穴产生-合并（generation-combination of holes）模型、高分子分层的鲨鱼皮形成（formation of shark skin）假说以及弹性回复破裂（elastic recovery fracture）等理论，但迄今仍未形成完全统一的认识。不可否认，熔体破裂肯定与高分子熔体的黏弹性,特别是与大分子链在剪切流场中的解缠结和回复、取向和解取向及加工工艺条件有关,其问题的复杂性与大分子链构象变化及其结构松弛的滞后性有关。

从流动特征出发,Nason[10]最早认为熔体流动时形成的雷诺湍流是造成畸变的主要原因。这是因为,流体力学中当雷诺数 Re 超过临界值(1000~1500)后,稳定的层流中将会产生局部湍流。高分子熔体黏度大,临界 Re 较小(一般不超过10),但如果湍流导致了熔体破裂,则临界体积流速应与管半径及黏度成1次方关系。然而,实验结果表明临界体积流速与管半径成3次方关系,且不与黏度成正比;相反地,体积流速与黏度却成反比。因此,熔体破裂的原因不能归于雷诺湍流。有人提出,熔体的不稳定流动源于黏性生热所造成的黏度变化,但该观点也很快被实验结果所否定,因为温度的增加并不能造成黏度的大幅度改变。Uhland 等[11]发现,高分子量 HDPE 流动所造成的温度增幅不高于4℃。de Gennes[12]针对一种没有高分子吸附的理想情形,使用外推长度 b 来表示壁滑,提出界面滑动的分子机理:壁滑是吸附链与相邻的自由链解缠结造成的,而在某种条件下缠结与解缠结之间的振荡是产生鲨鱼皮的原因。对此,王十庆等[13]提出鲨鱼皮不是一种简单的界面滑动现象,不但与口模出口附近的局部壁滑程度有关,而且与出口附近本体链的解缠结和内在破坏有关。本构方程不稳定解释认为,熔体破裂是由高分子熔体本构不稳定引起的[14-16]。整体破裂发生的临界条件不受口模制造材料或流体中的外润滑剂或吸附剂等因素的影响,说明整体破裂基本上是本构不稳定性机理。但是,鲨鱼皮发生的临界条件均受上述因素的影响,所以整体破裂,既采用壁滑观点来解释,也要涉及流体本构方程的不稳定性。

基于空穴理论,Tremblay[17]提出一种类似材料破坏过程的微孔-裂纹生长机理的空穴产生-合并模型。通过对非弹性流体高压下管内流动的分析,发现在口模出口前存在一个负的静压区,因而在界面和本体产生了许多空穴;由于本体的内聚力大于模壁上的吸附力,本体内的空穴将向表面扩散,此过程中又会有空穴的合并,最终形成了挤出物表面的鲨鱼皮。观察 PDMS 熔体在线挤出发现,表面应力发白现象符合此机理,但这种解释还不能解释鲨鱼皮发生的临界条件的存在。

Chen 等[18]提出了一个鲨鱼皮形成假说,认为毛细管壁附近的高应力引起了边界薄层内大分子链从溶剂分离出来,或高分子量组分与低分子量组分的相互分离,从而引起边界层内溶剂或低分子量组分的浓度增加;由于高分子的弹性随分子量而改变,故分层可能在某些条件下导致流体动力学不稳定性,进而导致挤出物表面的形变。

Tordella 提出在口模入口处发生的 LDPE 型和在管壁处发生的 HDPE 型两类熔体破裂的见解之后,基于这两种实验结果分别发展了应力机理和黏-滑机理。前者认为,流动中心部位的高分子受到拉伸,由于其黏弹性,在流场中产生了可回

复的弹性形变，且其程度随剪切速率而增大。当剪切速率增大到一定程度，弹性
形变达到极限，熔体再不能够承受更大的形变，流线发生周期性断开，造成破裂。
图 2.22 给出 LDPE 型熔体在口模入口区的流动示意图。低流速下，口模近管壁的
死角处产生涡流或者涡流，其流线是封闭的，不会对出口处的流动产生影响，因
而流动依然是稳定的。剪切速率超过 $\dot{\gamma}_c$ 时，入口处流线拉伸形变超过熔体强度（弹
性形变极限），使得入口流线断裂，环流进入主流道，应力集中区应力得到释放。
应力释放后，又会恢复稳定流动，再次形成封闭环流，并集聚局部应力。这样交
替发生，就会使得主流道和环流区的流体分别进入口模。显然，这两种区域的流
体具有不同的形变历史，挤出后弹性松弛行为不同，不匹配的松弛行为就会造成
挤出物外表畸变乃至破裂。这里，弹性形变极限是一个关键参数。对此，许多研
究者提出了各种不同的表达形式，如弹性湍流参数、可回复弹性形变、形变模量
等。不管形式如何，它们均是描述临界的形变量。黏-滑机理则认为，由于熔体与
流道间缺乏黏着力，熔体在 τ_c 以上产生滑动，同时释放出由于流经口模而吸收
的过剩能量；能量释放后以及滑动造成的"温升"，使熔体再度黏附于管壁。这
种黏-滑过程流线出现不连续性，使得有不同形变历史的熔体段错落交替地组成
挤出物。

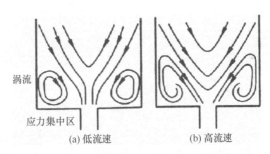

涡流

应力集中区
　　　　(a) 低流速　　　　　　　(b) 高流速

图 2.22　LDPE 型熔体在口模入口区的流动示意图

　　高分子流体的特征流变行为是其黏弹特性的体现。对于不稳定流动和熔体破
裂，虽然完整的分子机理尚有待确认，但是流动过程中因分子链缠结、拉伸、取
向、回复造成的分子弹性行为和松弛行为，无疑是壁滑、畸变、破裂等现象形成
的关键因素。这些结构因素的动力学特征以及叠加的加工条件共同造成了上述熔
体流动行为的复杂性。

4. 黏-滑转变

　　讨论黏-滑转变时，首先需知道"管壁无滑移假定"。在讨论高分子熔体流动
时，无论是剪切流动还是拉伸流动，通常均认为在管道中呈现稳定的连续流动。
稳定流动的前提是假定管壁无滑移，即最贴近管道壁或流道壁的非常薄的一层物

料与管壁之间是相对静止的。由于黏附作用，这层物料的运动速率被认为等同于管壁运动速率。然而，在实际的高分子加工和流变学测量中，物料的流动状态受许多内外因素影响，常出现不稳定流动，这时流场的边界条件就存在一个临界值，超过该临界值，则发生从层流到湍流、从稳定到波动、从无管壁滑移到有滑移的转变，不再遵从之前假定的稳定流动边界条件。图 2.23 给出了不同边界条件下管道中的流速分布状况。这里假定管壁无滑移的流场中，贴近管壁的那层物料的运动速率为零。在管壁有滑移的流场中，贴近管壁处的那层物料也在运动，其运动速率为 v_s，定义为管壁滑移速率。这种流动情况即称为管壁滑移现象。此外，还有一种情况介于两者之间，即管壁无滑移假定仍然成立，但是管壁处存在一层流速很低的物料层，使流动速率分层。添加润滑剂常会在高分子流体中造成这种情况。管壁滑移现象大多发生在具有高剪切速率和低管壁黏附的情况下。发生滑移的临界剪切应力 σ_{crit} 因高分子材料和边界条件而变化。PE 熔体的 σ_{crit} 为 0.10～0.14 MPa，PMMA 的 σ_{crit} 值较高（～0.37 MPa）。需要说明的是，熔体在管壁处的滑移速率在实验上很难测量。

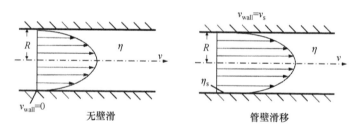

图 2.23   不同边界条件下管道中的流速分布情况

对于壁滑现象的分子水平的解释，需从两方面来讨论：一是从界面机理出发，二是从大分子链本身的结构特性出发。由于管壁处的滑移速率不易测定，针对无高分子吸附链的情况，de Gennes[12]提出用"滑移外推长度 b"来代替管壁处滑移速率 v_s。在恒速型和恒压型毛细管流变仪中，b 值有所不同。图 2.24 给出了黏动力学边界条件及在恒速/恒压型毛细管中熔体发生壁滑时的速率分布。其中，图 2.24(a)中黏动力学边界条件下的界面剪切速率 $\dot\gamma_1$ 容易得到；图 2.24(b)中相同流速下熔体在管壁发生滑移后，将速度分布曲线在管壁处的切线延长，与速度矢量端线的延长线相交，交点至管壁的垂直距离即为 b。此时，管壁处熔体的剪切速率为

$$\dot\gamma_2 = v_s / b \tag{2.20}$$

当熔体发生黏-滑转变的不稳定流动，其管壁处剪切速率就在 $\dot\gamma_1$ 和 $\dot\gamma_2$ 之间变化，导致剪切应力和毛细管压力出现振荡。图 2.24(c)给出了恒压型毛细管中熔体有壁滑时的速率分布，由于 v_s 的存在，相比无滑移时体积流量显著增大。对于简单的牛顿型流体，黏动力学边界条件下的流体速率公式可写为

$$v_{z,x} = \frac{1}{4\eta_0}\frac{\partial p}{\partial z}(R^2 - r^2) \tag{2.21}$$

发生管壁滑移时，则速率分布变为

$$v_{z,x} = v_s + \frac{1}{4\eta_0}\frac{\partial p}{\partial z}(R^2 - r^2) \tag{2.22}$$

相应地，体积流量为

$$Q_s = \pi R^2 v_s + \frac{\pi R^4}{8\eta_0}\frac{\partial p}{\partial z} = \pi R^2 v_s + Q_v \tag{2.23}$$

式中，Q_v 为黏动力学边界条件下的体积流量；Q_s 为有滑移边界条件下的体积流量。由于黏动力学边界条件下管壁处的剪切速率 $\dot{\gamma}_{w,v}^N = 4Q_v / \pi R^3$，有滑移边界条件下管壁处的表观剪切速率为

$$\dot{\gamma}_{w,s}^N = \frac{4\pi R^2 v_s}{\pi R^3} + \dot{\gamma}_{w,v}^N = \frac{4v_s}{R} + \dot{\gamma}_{w,v}^N \tag{2.24}$$

设 $b_c = v_s / \dot{\gamma}_{w,v}^N$，则有

$$\frac{\dot{\gamma}_{w,s}^N}{\dot{\gamma}_{w,v}^N} = \frac{8b_c}{D} + 1 \tag{2.25}$$

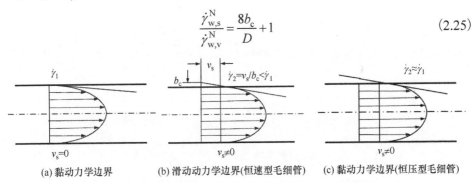

图 2.24　熔体在毛细管流变仪中无壁滑和有壁滑时的速率分布

由此可见，使用恒压型毛细管测量时，如果管壁处出现滑移，则管壁处表观剪切速率要大于黏动力学边界条件下的剪切速率，即出现表观剪切速率突变。式中 b_c 被称为黏-滑转变的临界滑移外推长度。

图 2.25 为基于上述结论提出的黏-滑转变的分子机理。剪切速率较低时，界面不滑动，且界面处分子链受拉伸发生解缠结和取向，此时为黏流体动力学边界条件；剪切速率逐渐增大且当大于 $\dot{\gamma}_c$ 时，界面发生滑动使得剪切应力迅速降低；当小于 τ_c 时，界面处分子链解取向和重新缠结，此时为滑动动力学边界条件；当剪切应力继续减小，界面停止滑动，分子链重新解缠结并发生取向，此时体系又回到黏流体动力学边界条件。周而复始，则出现连续的黏-滑转变。需要说明的是，

虽然许多高分子熔体都能发生黏-滑转变，但 LDPE、PS、SBR 等熔体挤出过程中直至熔体破裂也不发生黏-滑转变。这是因为 LDPE 型存在支链或者刚性位阻太大，严重影响分子链缠结，导致其缠结密度比 HDPE 型线形分子链小太多，故其 b_c 比 HDPE 低几百甚至上千倍，黏-滑转变幅度极小，难以被观察到。换言之，只有在缠结密度较高的高分子熔体中才可观察到明显的黏-滑转变。除涉及高分子熔体解缠结、拉伸取向、解取向、缠结外，黏-滑转变因受到界面吸附的影响，也需要分析其界面机理。通过使用直径和长径比不同的毛细管以及内壁经含氟弹性体处理的毛细管研究 HDPE 熔体挤出时的壁滑现象，发现三种情况下均出现明显的黏-滑转变。使用内壁涂有含氟弹性体的毛细管时，流动曲线变为连续的直线，黏-滑转变被抑制。然而，比较流动曲线斜率可知，熔体在毛细管中的流动实际上是一种滑动，因为含氟涂料导致毛细管内壁表面能大幅降低，在整个实验观测范围内都发生了管壁滑移；或者说，黏-滑转变的临界剪切应力发生大幅降低。这说明，黏-滑转变实际上也受到界面的极大影响。

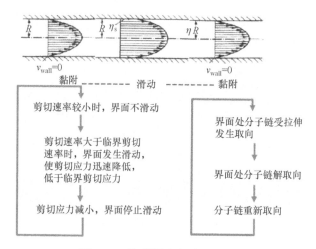

图 2.25　黏-滑转变的分子机理

除了上述分子机理和界面机理，实验还发现，在高剪切应力下剪切变稀导致熔体缠结密度下降，也会抑制壁滑现象。

2.4　稳态与动态流变行为

2.4.1　稳态流变行为

稳态流动(steady flow)是指与流动有关的参数(如速度)仅随空间位置改变而变化，与时间无关。与流体力学的稳态流动不同，高分子稳态流变行为指作用力方向不发生变化的情况下材料连续形变的过程，可用于研究连续形变下黏度 η 或应力或第一法向应力差与剪切速率 $\dot{\gamma}$ 的关系。稳态流变行为(steady rheological behavior)通常包括稳态剪切与稳态拉伸。虽然拉伸在纺丝等工艺上有重要应用，相对而言对高分子稳态流变行为的研究更多还是采用剪切模式，故这里主要介绍稳态剪切测试模式。

早期对高分子稳态流变行为的测试多采用毛细管流变仪。这种测试可提供较大的剪切速率，更接近实际加工过程。但由于旋转流变仪在稳态测试方面具有可连续长时间测试，且剪切速率更容易控制等特点，近年来成为稳态流变行为研究的主要工具。旋转流变仪可用连续的旋转来施加应变或应力，以得到恒定的剪切速率。在剪切流动达到稳态时，测量由流体形变产生的扭矩。高分子稳态流变行为的研究手段主要包括：剪切速率扫描、稳态温度扫描及触变循环测试。剪切速率扫描是指在给定温度下，通过选择合适的扫描模式(对数、线性或离散)、数据采集模式等，测定在不同剪切速率下稳定流动的剪切应力或扭矩，获得材料的流变性质。例如，高分子在宽剪切速率范围的普适流动曲线，就是通过剪切速率扫描得到的。通过给样品施加单调变化的剪切速率，测量样品在每个设定剪切速率下达到稳态流动时的应力或者扭矩，就可获得该剪切速率下的黏度数值。图 2.26 给出高分子熔体的稳态流变普适曲线。从图 2.26(a)可见，根据 $\lg\tau$-$\lg\dot{\gamma}$ 或 $\lg\eta_a$-$\lg\dot{\gamma}$ 曲线的斜率可分为三个流动区：第 I 和 III 区黏度为常数，为牛顿流动，第 II 区的黏度单调下降，呈假塑性流动特征。从图 2.26(b)可见，随剪切速率增大，假塑性流体呈现的三个区分别被称为第一牛顿区、非牛顿区及第二牛顿区。在第一牛顿区，由于剪切速率很低，剪切对分子链解缠结和取向的作用很弱，容易被分子热运动抵消，其形变与松弛相当，故黏度保持恒定；剪切速率增大，造成分子链沿流场方向解缠结和取向，而链段松弛需要更多的时间因此来不及响应，因而黏度降

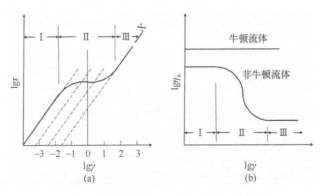

图 2.26　高分子熔体的稳态流变普适曲线

I 和 III. 牛顿流动区；II. 非牛顿流动区；X. 熔体破裂

低，出现剪切变稀；剪切速率足够高时，分子链已充分伸展并取向，剪切速率继续增大不能继续影响分子链构象，因此其黏度保持稳定，从而出现第二牛顿区。

对于高分子溶液的稳态流变行为，通常感兴趣的可能并不是绝对黏度，而是高分子进入溶液后所引起的黏度变化。对于这种变化的量度，可采取之前提到的几种黏性参数来描述，如相对黏度 η_r、增比黏度 η_{sp} 及比浓黏度 η_{sp}/c 等。

稳态温度扫描是指在恒定剪切速率或剪切应力下，对样品按一定升温或降温速率进行变温测试，以获得温度对高分子流变特性的影响规律。对于大多数高分子流体(包括熔体和溶液)，在化学结构和聚集结构不发生变化的情况下，温度升高均会导致黏度下降。这是因为温度升高不但会提高大分子链热运动能力，同时体积膨胀会带来更大的自由空间，利于链段运动，从而降低黏度。

触变循环是通过对材料施加线性增大或减小的稳态剪切速率的一种测试，通常采用剪切速率先增大后减小的模式进行。触变循环测试时需要确定温度、最终剪切速率以及达到最终剪切速率的时间。此外，也有一类触变循环是在恒温、恒剪切速率下考察流体剪切应力和表观黏度随时间的变化，即所谓的触变性，此时流变行为受应力作用时间的制约。通过反复循环剪切可得到滞后环，从而掌握材料剪切形变和形变回复的能力。绝大多数时间依赖性流体是触变性流体。此类流体流动时，结构破坏；停止流动时结构回复，但结构破坏与回复均不是立即完成的，而需要一定时间，系统的流动性质呈现明显的时间依赖性。触变性可看成系统在恒温下的"凝胶-溶胶"相互转换过程。更确切地说，物体在切力作用下产生形变，若黏度暂时性降低，则该物体即具有触变性。无限重复循环剪切可得平衡滞后环。

2.4.2 动态流变行为

动态流变行为(dynamic rheological behavior)是指材料在交变应力(或应变)作用下的力学响应。不同于稳态流变行为，动态流变行为测试可同时获得材料黏性行为和弹性行为的信息，可同时研究材料的黏性和弹性。很宽频率范围内的流变测试，按时-温等效原理可获得通常无法在实际测量中得到的宽时间范围内或宽温度范围内的材料流变数据。动态流变行为与稳态流变行为之间存在一定的对应关系，可以相互印证、相互补充，从而实现对材料流变性质的充分了解。

由于在小应变或小应力条件下进行测试，动态流变测试过程不会对材料本身结构造成影响和破坏，并且高分子材料呈现的黏弹响应对形态结构的变化十分敏感。低频区域(长时区域)为材料力学松弛提供了足够时间，其力学响应可用来考察高分子不同微结构的区别，常被作为"流变指纹"。因此，动态流变方法在研究多相/多组分高分子材料的形态结构方面具有显著的优势。动态流变学方法在多相/多组分高分子体系研究方面有独到之处[19]，能获得另一些常用研究方法不能得到的有关结构及相行为方面的有价值的信息。

均聚高分子的流变学模型可拓展到多组分高分子体系，相容性体系流变性质一般可用均聚高分子流变模型描述。然而，非均相的存在使流变行为复杂化。与均相共混体系比较，多相高分子体系均在低频区域（$10^{-2} \sim 10^{-4}$ s^{-1}），即所谓终端区域（terminal region）呈现特殊的黏弹响应，凸现出多组分高分子体系形态结构的变化与差异。

1. 均相高分子的动态流变行为

根据线性黏弹理论，在频率 $\omega \to 0$ 的终端区域，下列动态黏弹性函数关系成立：

$$G'(\omega)\big|_{\omega \to 0} = \omega^2 \int_{-\infty}^{+\infty} H(\tau) \tau^2 \mathrm{d} \ln \tau = J_e^0 \eta_0^2 \omega^2 \tag{2.26}$$

$$G''(\omega)\big|_{\omega \to 0} = \omega \int_{-\infty}^{+\infty} H(\tau) \tau^2 \mathrm{d} \ln \tau = \eta_0 \omega \tag{2.27}$$

式中，$H(\tau)$ 为松弛时间谱；τ 为松弛时间；J_e^0 为稳态柔量；η_0 为零切黏度；$G'(\omega)$ 为动态储能模量；$G''(\omega)$ 为动态损耗模量。由式(2.26)、式(2.27)可得流变参数：

$$\eta_0 = \lim_{\omega \to 0} G'' \omega^{-1} \tag{2.28}$$

$$J_e^0 = \lim_{\omega \to 0} G' \eta_0^{-2} \omega^{-2} = \lim_{\omega \to 0} A_G \eta_0^{-2} \tag{2.29}$$

式中，$A_G = \lim_{\omega \to 0} \left[G'(\omega) / \omega \right] = \int_{-\infty}^{\infty} H(\tau) \tau^2 \mathrm{d} \ln \tau$，称为弹性系数，与法向应力差成正比。在终端区域，$G'$ 与 G'' 的双对数关系为

$$\lg G' = 2\lg G'' + \lg J_e^0 \tag{2.30}$$

根据 Doi-Edwards 管道模型[14]，J_e^0 可由平台模量 G_N^0 给出：

$$J_e^0 = 6 / (5 G_N^0) \tag{2.31}$$

在终端区域（$wt_d \ll 1$，其中 τ_d 为管道分离时间），线形、柔性、缠结、单分散均聚高分子的流动可表达为

$$\lg G' = 2\lg G'' + \lg(6/5G_N^0) \tag{2.32}$$

G_N^0 表示为

$$G_N^0 = \rho R T / M_e \tag{2.33}$$

式中，ρ 为密度；R 为普适气体常数；T 为热力学温度；M_e 为缠结分子量。注意 G_N^0 与温度有关。将式(2.33)代入式(2.32)可得

$$\lg G' = 2\lg G'' + \lg(6 M_e / 5 \rho R T) \tag{2.34}$$

考虑密度 ρ 与温度 T 的反比关系，则 $\rho_1 T_1 \approx \rho_2 T_2$，表明 $\lg G'$-$\lg G''$ 关系曲线与分子量大小无关，且温度的影响几乎可以忽略。

根据 Rouse 模型[20]，线形、柔性、非缠结、单分散均相高分子的黏弹性函数为

$$\lg G' = 2\lg G'' + \lg(5M/4\rho RT) \qquad (2.35)$$

式中，M 为分子量。同理，式(2.35)表明，对于非缠结的均相高分子，$\lg G'$-$\lg G''$ 关系曲线仅与分子量大小有关，而与温度无关。

此外，式(2.34)和式(2.35)还表明，$\lg G'$-$\lg G''$ 呈线性关系，且斜率为 2。由式 (2.26)和式(2.27)还可得到 $\lg G'$、$\lg G''$ 分别与 $\lg\omega$ 的线性关系：

$$\lg G' = 2\lg\omega + \lg(J_e^0\eta_0^2) \qquad (2.36)$$

$$\lg G'' = \lg\omega + \lg\eta_0 \qquad (2.37)$$

在终端区域，其斜率分别为 2 和 1。

Masuda 等[21]和 Han 等[22]发现，即使没有达到频率 $\omega \to 0$ 条件下的终端区域，柔性、缠结的单分散均聚高分子的实验结果也能满足式(2.33)、式 (2.34) 和式 (2.35)。对于多分散高分子，假设分子量分布符合正态分布函数，那么其黏弹性函数可表示为

$$\lg G' = 2\lg G'' + \lg(6/5G_N^0) + 3.4\lg(M_Z/M_w) \qquad (2.38)$$

式中，M_Z 和 M_w 分别为 Z 均分子量和重均分子量。式(2.32)和式(2.38)表明，无论是单分散还是多分散高分子，终端区域 $\lg G'$-$\lg G''$ 斜率均为 2，且多分散高分子的 G' 值随 $3.4\lg(M_Z/M_w)$ 而增大，其变化随分散性的增加而增大。

2. 非均相高分子的动态流变行为

由于小应变条件下，动态流变测试不会对材料本身的结构造成影响或破坏，动态流变研究可有效表征填充类高聚物体系填料颗粒的分散状态。与纯的高分子相比，非均相高分子材料的流变行为表现出显著的弹性特征和长的松弛时间。窄分子量分布的均相高分子体系的低频黏弹行为满足线性黏弹关系，而非均相高分子体系低频区 G'、G''、$\tan\delta$ 呈现有别于线性黏弹行为的特殊的响应，特别是所谓的 "第二平台"（second plateau）现象，提供了与体系形态结构相关的重要信息。"第二平台"是高分子体系中凝聚结构生成时，G'、G'' 在长时区所呈现的一种特征性黏弹响应，往往表现为模量对频率依赖性的减弱。平台特征的出现是因为体系内部出现了如团聚、骨架、网络等高序结构以及相分离的缘故，上述结构的松弛远比基体大分子链缓慢。因此，包括高分子共混物、高分子复合材料、交联高分子等在内的非均相体系的结构特征均可从其动态流变行为获得丰富信息。例如，

随填料含量增加和体系内部非均相结构的形成，填充类复合材料体现出特殊的黏弹响应。这被称作是"黏弹逾渗"（viscoelastic percolation）现象，可用于研究高分子基填充复合体系的力学性能、功能特性的浓度依赖性等。

2.4.3　动态流变行为与稳态流变行为的关联

通过动态储能模量和动态损耗模量，可定义：

$$\eta'(\omega) = \frac{G''(\omega)}{\omega} \quad \eta''(\omega) = \frac{G'(\omega)}{\omega} \tag{2.39}$$

$$\eta^*(\mathrm{i}\omega) = \eta'(\omega) + \mathrm{i}\eta''(\omega) \tag{2.40}$$

式中，η' 和 η'' 均为动态黏度，前者是复数黏度的实部，后者是虚部；η^* 为复数黏度。需要说明的是，这里动态黏度 η' 反映的是材料的黏性，而 η'' 体现材料的弹性。

绝大多数高分子流体的动态黏度-频率曲线与稳态表观黏度-剪切速率曲线形状相似。在 ω 很低时，动态黏度趋于一个常数，且有

$$\lim_{\omega \to 0} \eta'(\omega) = \lim_{\dot{\gamma} \to 0} \eta_{\mathrm{a}}(\dot{\gamma}) \Big|_{\dot{\gamma}=\omega} \tag{2.41}$$

动态黏度随频率增大而减小，出现类似于"剪切变稀"现象，这也证明了动态黏度 η' 反映材料的黏性。稳态流变测试中，剪切速率低于 $0.01\ \mathrm{s}^{-1}$ 后就很难获得有效数据，因此可通过测量低频动态黏度作为零剪切速率 η_0 的补充。动态流变测试中的频率 ω 与稳态流变测试中的剪切速率 $\dot{\gamma}$ 具有相同单位，为建立动态流变行为与稳态流变行为的关联提供了可能[23]。

通过对大量稳态流变测试结果和动态流变测试结果的比较，发现可通过两个经验公式在动态流变数据和稳态流变数据间建立定量关联[24]。

1）第一 Cox-Merz 关系式

剪切速率 $\dot{\gamma}$ 与振荡频率 ω 相当时，许多高分子材料的动态复数黏度的绝对值与其稳态测试中表观黏度的值相等，即

$$\left| \eta^*(\omega) \right| = \eta_{\mathrm{a}}(\dot{\gamma}) \Big|_{\dot{\gamma}=\omega} \tag{2.42}$$

2）第二 Cox-Merz 关系式

$\dot{\gamma}$ 与 ω 相当时，许多高分子材料的 η' 值与稳态流变测试中微分剪切黏度相等：

$$\eta'(\omega) = \eta_{\mathrm{c}}(\dot{\gamma}) \Big|_{\dot{\gamma}=\omega} \tag{2.43}$$

式中，$\eta_{\mathrm{c}}(\dot{\gamma}) = \dfrac{\mathrm{d}\sigma(\dot{\gamma})}{\mathrm{d}\dot{\gamma}}$，为材料的微分剪切黏度或者稠度。

Cox-Merz 经验公式适用于大多数均聚高分子浓厚体系，包括熔体、浓溶液和亚浓溶液，在一些聚电解质体系中也适用，但不适用于高聚物稀溶液。虽是经验

公式，Cox-Merz 关系式具有重要的实用价值，其理论意义还在讨论中。它联系着两类完全不同的流变测试，提供了一种简单的从测得的稳态数据估计动态流变特性的可能性，反之亦然。更重要的是，由于稳态流变测试的剪切速率范围（主要是毛细管流变仪）为 $0.1\sim10^4\,s^{-1}$，而动态流变测试使用的转矩流变仪的剪切速率范围为 $10^{-3}\sim10^2\,s^{-1}$（实际上有效数据多在 $10^{-2}\,s^{-1}$ 附近），因此两者的测试范围有一定互补性，通过 Cox-Merz 规则使得两种方法测量的数据具有一定连贯性，拓展了测试范围，并可互相验证。在理论研究中，作为对本构方程及流变模型的验证，Cox-Merz 关系提供了联系两类不同流变函数的简单关系。至于频率和剪切速率等价的意义以及两种测试的性质异同，还有待进一步的研究。

除了稳态流变和动态流变测试外，瞬态流变（transient rheology）测试也是常用方法。该法通过施加瞬时改变的应变（速率）或应力，来测量流体的响应随时间的变化。此前介绍的蠕变和应力松弛均可归于瞬态流变测试。此外，阶跃应变速率（step strain rate）也是一种常用的瞬态流变测试手段，通过对样品施加恒定的剪切速率，测量材料应力的响应随时间的变化，需确定剪切速率、温度、取样模式（时间为对数或线性）、数据点数目及剪切速率的方向等。

2.5 分子量效应

作为最重要的结构参数之一，分子量及其分布是高分子呈现许多独特物理化学性质的最重要原因之一。分子量及其分布直接导致高分子出现许多独特的性质，例如，随分子量增大，原本以液态存在的低聚物逐渐过渡到以玻璃态存在的高聚物；分子量只有大于一定程度后，高分子才能呈现较好的力学性能，如强度、模量等；结晶型高分子的熔限随分子量分布变宽而变宽等。上述现象均是分子量效应的直接体现。为了更好地理解高分子的黏弹性质及其流变行为，本节着重讨论分子量对黏弹性和流变行为的影响。

2.5.1 对黏性的影响

通过高分子溶液增比浓度可知溶液中的高分子对黏度的贡献。在稀溶液中，每个大分子链以无规线团的形式存在，各个线团对黏度的贡献具有加和性。此时，溶液黏度 η 可在溶剂黏度 η_s 基础上通过线性加和的形式表现，有

$$\eta = \eta_s(1+[\eta]c+k_H[\eta]^2c^2+\cdots) \tag{2.44}$$

式中，$[\eta]$ 为特性黏数；k_H 为 Huggins 常数，相当于黏度的第二位力（virial）系数。通过 $\eta/\eta_s\text{-}c$ 关系作图可得到 $[\eta]$，而通过式 (2.44)（Mark-Houwink 方程）可建立 $[\eta]$ 和分子量间的关系。显然，分子量越大，$[\eta]$ 越大。考虑到 $[\eta]$ 代表单位质量高分子

的流体力学体积，所以分子量增大即会导致体系黏度的增大。实际上，除了稀溶液，在高分子浓溶液甚至熔体中也发现黏度会随分子量增大而增加。

对于高分子浓溶液和熔体，其零切黏度 η_0 与平均分子量之间符合 Fox-Flory 公式：

$$\eta_0 = \begin{cases} K_1 \bar{M}_w & (\bar{M}_w < M_c) \\ K_2 \bar{M}_w^{3.4} & (\bar{M}_w > M_c) \end{cases} \tag{2.45}$$

式中，K_1 和 K_2 为与温度、分子结构相关的常数；$\bar{M}_w$ 为重均分子量；M_c 为高分子临界缠结分子量。可以看出，$\bar{M}_w < M_c$ 时，η_0 与分子量呈 1 次方关系；$\bar{M}_w > M_c$ 时，η_0 与分子量呈 3.4 次方关系，即随分子量增大而快速增大(图 2.27)。出现该现象的原因在于，$\bar{M}_w < M_c$ 时分子间只有较弱的范德瓦耳斯力；一旦分子量开始缠结，其分子间相互作用就迅速增强，形成物理缠结网络，η_0 快速增大[25]。此外，除分子量外，缠结也与浓度和分子链刚性有关。Fox-Flory 公式的指数与通过 Rouse 模型和蛇行理论得到的熔体黏度与分子量间关系非常接近[26]。

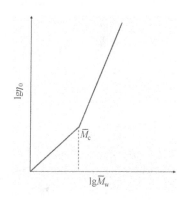

图 2.27　高分子零切黏度随重均分子量变化示意图

以上关系基于零切黏度。黏度具有剪切速率依赖性，剪切速率或剪切应力增大时，表观黏度随分子量的变化会出现两种不同的规律：一种是随剪切应力增大，表观黏度和分子量的标度关系仍然保持 3.4 次方，但 M_c 增大；另一种则是 M_c 不随剪切应力增大而变化，但随分子量增加，表观黏度对分子量的标度(值)逐渐减小。这表明，M_c 和缠结点浓度对剪切应力的敏感度不同，相当于缠结强度和数量对剪切强度的差异。

多数高分子是假塑性流体，在剪切作用下会出现剪切变稀现象。分子量增大会导致体系黏度增大；但由于黏度受剪切速率的影响，剪切变稀程度与分子量密切相关。通常，随分子量增大，开始发生剪切变稀的临界剪切速率 $\dot{\gamma}_c$ 也会降低，即分子量更高的高分子更易观察到剪切变稀或非牛顿性特征。这是因为，分子量越大其形变松弛时间越长，较小剪切导致的形变松弛都来不及迅速回复，流动阻力减小，在更低的剪切速率下就出现剪切变稀。此外，剪切变稀也受到分子量分布的影响。对于相同重均分子量的同一高分子，分布较宽的体系对剪切速率越敏感，其发生剪切变稀的 $\dot{\gamma}_c$ 更低(图 2.28)。其分子机理与上面高分子量样品易发生剪切变稀的原因相同，因为分布宽即意味着体系中有分子量更大的组分存在，这些样品更易受剪切影响，更低的 $\dot{\gamma}_c$ 导致其黏度的线性区越窄。此外，高分子黏流

活化能 ΔE_η 也具有分子量依赖性。熔体分子量较低时，分子量上升会导致 ΔE_η 增大。分子量达到一定值后，ΔE_η 趋近一常数[27]。

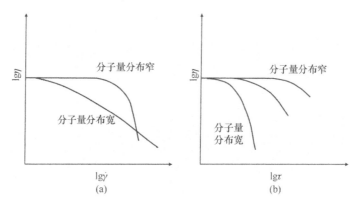

图 2.28   不同分子量分布的高分子熔体黏度
(a) 剪切速率；(b) 剪切应力

2.5.2   对力学性能的影响

对于高分子而言，强度、模量、断裂伸长率等既是重要的力学参数，也是流变学研究关心的参数。高分子的力学性能均与分子量有关。一般而言，较高的分子量会带来更高的强度和模量，但是这种趋势并非在所有分子量范围内都成立。例如，对于热塑性树脂拉伸强度，存在一个分子量的临界值，低于该值时拉伸强度随分子量增大而升高。因为分子量的增大有利于链缠结密度提高，进行拉伸实验时链缠结抑制分子链的相对滑动，从而提高拉伸强度。超过该临界值后，分子量继续增大对缠结的作用变得不明显，拉伸模量趋于平衡。至于断裂伸长率，分子量增大一般首先提高断裂伸长率，后者达到极大值后随分子量增加而逐步降低。例如，HDPE 分子量在 $(5.0 \sim 7.5) \times 10^5$ 时，断裂伸长率随分子量增大而迅速增大，继续提高分子量则会引起断裂伸长率的下降。此外，重均分子量升高会导致拉伸比降低，也影响其他机械性能。例如，宽分布 HDPE 在较高温度下拉伸，呈现超高模量。其原因在于 PE 中的高分子量部分在拉伸材料中形成连续缠结而产生高模量，而低分子部分促进链取向并阻止在高温拉伸中达到极高拉伸比时产生内部空隙。因此低分子量部分的存在也有助于提高高分子的模量。

橡胶态的高弹形变和黏流态的弹性均与分子链构象导致的熵变化有关，而高分子黏流态的力学响应兼有弹性与黏性特征。分子量及其分布影响高弹形变。2.2.1 节比较了两种不同分子量的高度结晶型高分子的形变-温度曲线的差异。对于高结晶的高分子 (结晶度大于 40%)，分子量对于材料高弹态有重要影响。由于分子量直接决定非晶区的黏流温度 T_f，较低的分子量会导致非晶区的 T_f 低于晶区熔融温

度 T_m。在 T_m 以下，非晶相被晶相网络所冻结，没有高弹态；温度达 T_m 以上时，直接进入黏流态。相反，较高的分子量会使得非晶区 T_f 高于晶区 T_m；温度达到 T_m 以上时，在 $T_m \sim T_f$ 间会存在高弹态。

2.5.3　对玻璃化转变温度的影响

非晶型高分子的玻璃化转变伴随着黏弹响应的剧烈变化。在 T_g 附近，应力松弛模量通常下降 3 个数量级，而蠕变柔量约增加 3 个数量级。另外，损耗因子在玻璃化转变区显示出一个极大值。这些变化说明了玻璃化转变对高分子黏弹性的显著影响。根据自由体积理论[28]，链末端堆砌不完整，所引入的自由体积比链其他部分的自由体积大。分子量较高时，末端浓度可忽略，T_g 与分子量无关。对于分子量与 T_g 的关系，Fox 和 Flory 根据自由体积理论提出了 Fox-Flory 方程：

$$T_g = T_g^\infty - \frac{c}{\overline{M}_n} \tag{2.46}$$

式中，$\overline{M}_n$ 为数均分子量。

2.5.4　对黏弹行为的影响

出模膨胀过程是分子链在流场中受迫形变和流动法向应力差共同作用的结果。受迫形变导致分子链储存了大量势能，一旦离开口模应力就会释放，从而引起弹性回复；法向应力差则导致离模膨胀，离开流道和口模的边界约束后就自由发展。分子量主要影响的是弹性回复，因为大分子链在外力作用下沿流场方向取向以及大分子整链的运动，是靠链段运动来实现的。分子量越大，流动过程中由链段解缠结和取向造成的熵减程度越大，储存的弹性势能就越大，出模膨胀也就越严重。如果分子量与实验条件相匹配，分子量分布较宽的，出模膨胀比更大。

因剪切速率(应力)高于临界剪切速率(应力)而导致的高分子在流道和口模内的不稳定流动甚至熔体破裂，也会受到分子量及其分布的影响。因为临界剪切速率 $\dot{\gamma}_c$ 的大小与分子量及其分布均有关系。通常，分子量越大，熔体松弛时间越长，更容易发生熔体破裂。重均分子量相同时，分子量分布宽时会导致 $\dot{\gamma}_c$ 增大，挤出破裂现象减弱。

2.6　分子结构效应

2.6.1　对特性黏数的影响

特性黏数 $[\eta]$ 是高分子稀溶液的基础参数之一，广泛用于测试高分子的分子量、分子尺寸和拓扑结构。Kirkwood-Riseman 理论或 Zimm 理论采用远场二体

Oseen 张量处理流体力学相互作用。在排水边界条件下，Zimm 理论提供了 Fox-Flory 方程

$$[\eta] = \Phi(6^{1/2}R_{\mathrm{g}})^3 / M \qquad (2.47)$$

的理论基础。式中，M 为分子量；R_{g} 为回转半径；Φ 为普适常数。在实践中，$[\eta]$-M 关系可用式 (2.4)（Mark-Houwink 方程）描述。Mark-Houwink 方程的指数 α 可表示为 $\alpha = 3v - 1$，其中 v 是标度指数。对于良溶剂中的线形高分子，$v = 0.588$，$\alpha = 0.764$。很多实验结果显示 $\alpha = 0.7 \pm 0.2$。$[\eta]$ 与临界缠结浓度 C^* 的倒数成正比，即

$$[\eta] = 3\Phi6^{1/2} / (4\pi N_{\mathrm{A}}) / C^* \qquad (2.48)$$

对于线形、梳形、H 形和星形链，斜率分别为 0.85、0.99、1.03 和 1.92[29]（图 2.29）。

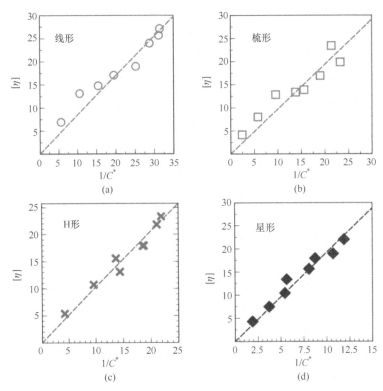

图 2.29   线形、梳形、H 形和星形高分子的 $[\eta]$-$1/C^*$ 关系[29]

分子量相同时，支化链高分子 $[\eta]$ 低于线形高分子 $[\eta]$。支化链与线形链的相对尺寸可用几何收缩因子 $g_R = \langle R_{\mathrm{g,b}}^2 \rangle / \langle R_{\mathrm{g,l}}^2 \rangle$ 或黏度收缩因子 $g_{[\eta]} = [\eta]_{\mathrm{b}}/[\eta]_{\mathrm{l}}$ 表示[30]，其下标 b、l 分别表示支化链和线形链。g_R 与 $g_{[\eta]}$ 之间存在一定的标度关系。对于 H 形和星形高分子，$g_{[\eta]}$ 分别为 0.77、0.6～0.8（图 2.30）[29]。

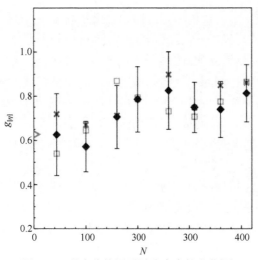

图 2.30　黏度收缩因子随聚合度的变化[29]

正方形符号(梳形高分子)、叉号符号(H 形高分子)、菱形符号(星形高分子);
三角形符号(星形高分子理论值)

　　定义支化度 DB $= (N_b + N_t)/(N_b + N_t + N_l)$，其中 N_b、N_t 和 N_l 分别为分子链中支化单元、末端单元和线形单元的数目。BD $= 0.5$ 对应无规超支化高分子，DB $= 1$ 对应树枝状高分子。随支化度增加，$[\eta]$逐渐降低，并显著偏离 Mark-Houwink 方程(图 2.31)[31]。

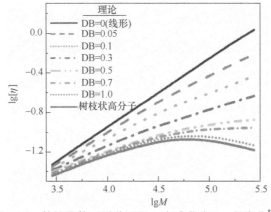

图 2.31* 特性黏数$[\eta]$随分子量 M 与支化度 BD 的变化[31]

2.6.2　对黏度的影响

　　分子结构影响熔体剪切黏度和拉伸黏度。线形分子链在 $\bar{M}_w > M_c$ 时黏度与

$\bar{M}_{\mathrm{w}}$ 呈 3.4 次方幂律关系[式(2.45)]。然而，支化高分子并不符合 Fox-Flory 公式。两种高分子的 $\bar{M}_{\mathrm{w}}$ 相同时，短支链(梳形支化)对高分子熔体黏度的影响甚微，而影响大的是长支链(星形支化)的形态和长度。一般而言，短链支化可增加分子间距，降低分子间相互作用与主链缠结密度，使黏度低于线形链高分子。利用这一特性，在橡胶胶料中加入少量支化橡胶可改善加工流动性。若支化链足够长也可形成缠结，则长链支化高分子的黏度可能高于线形链高分子，但与剪切速率有关。在高速率下，长链支化高分子黏度低于等分子量的线形高分子，且非牛顿性较强。在低速率下，与等分子量的线形高分子相比，长链支化高分子零切黏度或者低些，或者高些。长链支化可促进熔体剪切变稀，降低剪切变稀临界应变速率，且剪切柔量对分子量分布和长链支化非常敏感。一般，随长链支化程度提高，损耗角-频率关系曲线在中等频率区间会呈现一段平台区(图 2.32)，其损耗角的值与长链支化程度有关。

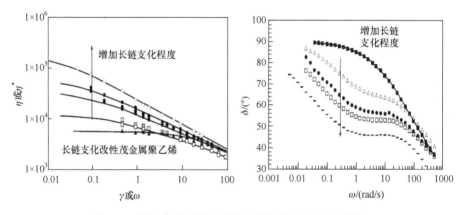

图 2.32　长链支化对茂金属聚乙烯模量与损耗角的影响

分子链结构影响黏流活化能。高分子熔体流动是由链段运动实现的，故黏流活化能与分子链结构有关。分子链柔顺性越差，极性越强或侧基位阻较大时，黏流活化能更高，如 PS、PVC、纤维素等。

分子链结构也显著影响高分子熔体的拉伸流变行为。图 2.33 给出了不同高分子拉伸(剪切)表观黏度与拉伸(剪切)应力的关系。其中，A 代表支化高分子 LDPE 和 PS，B 代表较低分子量的线形高分子 PMMA、尼龙-6(nylon 6，PA6)以及丙烯腈-丁二烯-苯乙烯共聚物(acrylonitrile-butadiene-styrene copolymer，ABS)，C 是高分子量的线形高分子 HDPE 和 PP。显然，这三类高分子具有明显的分子链结构差异：分别是支化高分子、链刚性较大的线形高分子及柔顺性较好的线形高分子。可以看出，相比剪切黏度呈现的假塑性特征，这三类体系的拉伸黏度随拉伸应力增大的变化幅度要小很多。支化高分子 LDPE 和 PS 的拉伸黏度均随拉伸应力增大而缓慢增大，较高分子量的线形高分子 HDPE 和 PP 的拉伸黏度却逐渐降低，而 PMMA、PA6 等的拉伸黏度基本不发生变化。这表明，链刚性较大时拉伸黏度对拉伸应力不敏感。相比于线形链，支化结构造成拉伸黏度上升，发生"拉伸硬化"（tensile hardening）。由于拉伸黏度与链缠结紧密相关，柔顺性好的线形链在拉伸时易解缠结，因此黏度下降；对于刚性链，一方面缘于不易产生缠结，另一方面对于拉伸应力的承受力较强，缠结情况变化不大，故黏度保持基本不变。相反，支化结构在受到拉伸应力作用后，发生拉伸硬化，一般理解是分子链间因收敛流动（支化链在垂直于拉伸方向上尺寸变小，产生类似于体积收缩效应）取向而提高了熔体强度。

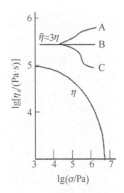

图 2.33　不同高分子拉伸（剪切）表观黏度与拉伸（剪切）应力的关系示意图

2.6.3　对玻璃化转变温度的影响

　　之前介绍了分子量对高分子 T_g 的影响。高分子量高分子的端基浓度较低，自由体积随分子量的变化不明显，其 T_g 与分子量无关。分子量较低时，T_g 与分子量的关系可用 Fox-Flory 方程描述，即 T_g 随分子量增大而增大，最后趋于定值。相比之下，分子结构对 T_g 影响的规律就相对简单。一般而言，链刚性、空间位阻越大，T_g 越高。相比长支链结构，这种空间位阻效应在短支链的支化高分子中影响更大，表 2.2 给出部分高分子的 T_g 数据。链的柔顺性反映了链段运动和构象变化的难易程度，由内旋转能垒以及主链上取代基所引起的空间位阻决定。HDPE 具有线形对称链，其低内旋转动能导致其具有较低的 T_g（约-60 ℃，虽然 HDPE 由于结晶其 T_g 的准确值仍有争论）。PP 作为 α-烯烃分子，链的柔顺性比 HDPE 要差，其 T_g 更高（约在-20 ℃）。相比 PP，PS 链刚性进一步大幅增加，其 T_g 约为 100 ℃。除取代基能影响链柔顺性外，主链上的双键也会影响[28]。双键会导致高分子异构体的存在，其中反式异构体通常比顺式异构体的刚性更大。例如，反式-聚 1,4 丁二烯的 T_g 为-48 ℃，而顺式-聚 1,4 丁二烯的 T_g 为-102 ℃。

表 2.2　部分常见高分子的玻璃化转变温度

高分子	T_g/℃	高分子	T_g/℃
聚乙烯吡咯烷酮	175	聚丙烯酸甲酯	9
聚甲基丙烯腈	120	聚偏氯乙烯	-17
聚丙烯酸	106	等规聚丙烯	-20
聚甲基丙烯酸甲酯	106	聚偏氟乙烯	-39

续表

高分子	$T_g/℃$	高分子	$T_g/℃$
聚苯乙烯	100	反式-聚 1,4 丁二烯	−48
聚丙烯腈	96	高密度聚乙烯	−60
聚乙烯醇	85	天然橡胶	−72
聚对苯二甲酸二乙酯	69	聚丁二烯	−85
聚己内酰胺	50	顺式-聚 1,4 丁二烯	−102
聚三氟氯乙烯	45	聚二甲基硅氧烷	−123
聚乙酸乙烯酯	29		

2.6.4 对黏弹性的影响

高分子黏弹性受长链分子结构和多重运动单元的共同制约。链柔顺性、拓扑形态均影响大分子链的运动和松弛。

分子链柔顺性对熔体剪切变稀行为有明显影响。剪切速率增大时，大分子逐渐从缠结网络中解缠结并发生滑移，高弹形变成分相对减少，分子间范德瓦耳斯力减弱，流动阻力减小，导致熔体黏度随剪切速率增大而逐渐降低。分子链刚性大、分子形状不对称的高分子，剪切变稀现象较为显著。

不同结构的高分子，其出模膨胀比存在明显差别。链刚性较大、侧基大的高分子的出模膨胀比通常较小。例如，与 ABS、聚碳酸酯(polycarbonate，PC)等相比，PP、HDPE 等分子链柔顺性更好的高分子具有更大的出模膨胀比。而与丁苯胶、氯丁胶、丁腈胶相比，天然胶的出模膨胀比更大，这于丁苯胶、氯丁胶、丁腈胶等具有较大的空间位阻或者分子间作用力更大，需要较长的松弛时间有关。

高分子熔体的不稳定流动和熔体破裂更是呈现出典型的分子结构效应。如前所述，熔体破裂呈现出两种不同的发展途径，即 HDPE 型和 LDPE 型。随着剪切速率增大，LDPE、PS、SBR 等从光滑表面发展到粗糙表面，然后直接发生熔体破裂；HDPE、PB、PTFE、LLDPE 等随剪切速率增大分别经过图 2.19 所示的表面光滑区、表面粗糙区、周期性畸变区、第二光滑区，最终出现熔体破裂。这是因为 LDPE 型分子有支链，或刚性位阻太大，严重影响分子链缠结，导致其缠结密度远小于 HDPE 型线形分子链，因此其临界外推滑移长度 b_c 比 HDPE 低几百甚至上千倍，其黏-滑转变幅度过小，不易被观察到。这意味着，只有缠结程度高的线形高分子才可能发生黏-滑转变。

参 考 文 献

[1]　Rubinstein M, Colby R H. Polymer Physics[M]. Oxford:Oxford University Press, 2003.

[2]　Ferry J D. Viscoelastic Properties of Polymers[M]. New York: John Wiley & Sons, Inc., 1980.

[3]　Fuoss R M. Viscosity function for polyelectrolytes[J]. J Polym Sci Polym, 1948, 3: 603-604.

[4]　Cai J L, Bo S Q, Cheng R S. A polytetrafluoroethylene capillary viscometer[J]. Colloid Polym Sci, 2003, 282: 182-187.

[5]　Yang H, Zheng Q, Cheng R S. New insight into "polyelectrolyte effect"[J]. Colloid Surface A, 2012, 407: 1-8.

[6]　Shangguan Y G, Zhang C H, Xie Y L, Zheng Q. Study on degradation and crosslinking of impact polypropylene copolymer by dynamic rheological measurement[J]. Polymer, 2010, 51: 500-506.

[7]　Flory P J. Principles of Polymer Chemistry[M]. Ithaca: Cornell University Press, 1953.

[8]　于同隐, 何曼君, 卜海山. 高聚物的黏弹性[M]. 上海: 上海科学技术出版社, 1986.

[9]　Tordella J P. Unstable flow of molten polymers//Rheology[M]. Amsterdam: Elsevier, 1969.

[10]　Nason H K. A high temperature, high pressure rheometer for plastics[J]. J Appl Phys, 1945, 6: 338-343.

[11]　Uhland E. Das anomale fließverhalten von polyäthylene hoher dichte[J]. Rheol Acta, 1979, 18: 1-24.

[12]　de Gennes P G. Viscometric flows of tangled polymers[J]. Compt Rend Acad Sci Paris B, 1979, 288: 219-220.

[13]　Wang S Q, Drda P. Molecular instabilities in capillary flow of polymer melts: interfacial stick-slip transition, wall slip and extrudate distortion[J]. Macromol Chem Phys, 1997, 198: 673-701.

[14]　Doi M, Edward S F. The Theory of Polymer Dynamic[M].Oxford: Oxford University Press, 1996.

[15]　Huseby T W. Hypothesis on a certain flow instability in polymer melts[J]. Trans Soc Rheol, 1966, 10: 181-190.

[16]　McLeish T C B, Ball R C. A molecular approach to the spurt effect in polymer melt flow[J]. J Polym Sci B Polym Phys, 1986, 24: 1735-1745.

[17]　Tremblay B. Sharkskin defects of polymer melts: the role of cohesion and adhesion[J]. J Rheol, 1991, 35: 985-998.

[18]　Chen K P, Joseph D D. Elastic short wave instability in extrusion flows of viscoelastic liquids[J]. J Non-Newton Fluid Mech, 1992, 42: 189-211.

[19]　Utracki L A. Polymer Alloys and Blends[M]. New York: Carl Hanser, 1989.

[20]　Rouse P E. A theory of the linear viscoelastic properties of dilute solutions of coiling polymers[J]. J Chem Phys, 1953, 21: 1272-1280.

[21]　Masuda T, Kitagawa K, Inoue T, Onogi S. Rheological properties of anionic polystyrenes. Ⅱ. Dynamic viscoelasticity of blends of narrow-distribution polystyrenes[J]. Macromolecules, 1970, 3: 116-125.

[22]　Han C D, Jhon M S. Correlations of the first normal stress difference with shear stress and of the storage modulus with loss modulus for homopolymers[J]. J Appl Polym Sci, 1986, 32: 3809-3840.

[23]　吴其晔, 巫静安. 高分子材料流变学[M]. 北京: 高等教育出版社, 2002.

[24]　Wu S H. Chain structure and entanglement[J]. J Polym Sci B Polym Phys, 1989, 27: 723-741.

[25]　Raju V R, Menezes E V, Marin G, Graessley W W, Fetters L J. Concentration and molecular weight dependence of viscoelastic properties in linear and star polymers[J]. Macromolecules, 1981, 14: 1668-1676.

[26]　金日光, 马秀清. 高聚物流变学[M]. 上海: 华东理工大学出版社, 2012.

[27]　卓启疆. 聚合物的自由体积[M]. 成都: 成都科技大学出版社, 1987.

[28]　Shaw M T, Macknight W J. 聚合物黏弹性[M]. 李怡宁, 译. 上海: 华东理工大学出版社, 2012.

[29]   Khabaz F, Khare R. Effect of chain architecture on the size, shape, and intrinsic viscosity of chains in polymer solutions: a molecular simulation study[J]. J Chem Phys, 2014, 141: 214904.

[30]   马德柱, 何平笙, 徐种德, 周漪琴. 高聚物的结构与性能[M]. 2 版. 北京: 科学出版社, 1995.

[31]   Lu Y Y, An L J, Wang Z G. Intrinsic viscosity of polymers: general theory based on a partially permeable sphere model[J]. Macromolecules, 2013, 46: 57315740.

第3章

高分子溶液与凝胶流变学

本章主要介绍高分子溶液的浓度体系及其分区，详细叙述高分子稀溶液、半稀溶液、聚电解质溶液及高分子凝胶的流变行为。主要描述稀溶液中大分子链动力学行为的 Rouse 模型及 Zimm 模型，并与实验结果进行比较；半稀溶液中，链滴(blob)概念的提出，标度理论和管状模型在半稀体系中的应用，θ溶剂及良溶剂中的标度关系；聚电解质溶液体系中各参数间的标度关系及不同因素(表面活性剂、小分子盐等)对其流变行为的影响；高分子凝胶的形成及其特征流变响应。

3.1 高分子溶液概述

除因高分子种类、分子量及分子量分布等不同外，高分子溶液的流变行为主要取决于溶液的浓度。本节首先介绍高分子溶液的浓度体系，然后就稀溶液和浓溶液的流变行为分别进行介绍。

在粗略的近似中，可将每个柔性的线形大分子链看作占据一个半径为 R_g 的球体(图 3.1)，每个球的体积为 b^3，则单体在该球体中的体积分数为

$$\frac{Nb^3}{R_g^3} \approx \frac{Nb^3}{(bN^v)^3} = N^{1-3v} \tag{3.1}$$

式中，对于理想链，指数 $1-3v$ 为$-1/2$，对于真实链是 $-4/5$(或-0.77，$v = 0.59$)。单体体积分数随链长而减小。真实链更为伸展，体积分数下降幅度更大，单体在球体内占比较低。对于真实链，$N = 100$ 时，体积分数为 0.029；$N = 1000$ 时，仅为 0.0049。

低浓度下，球体呈彼此分离状态。随着质量浓度 c (单位 g/mL) 的增加，变得拥挤，球最终相互接触[1]。溶液的整个体积被球体充满时的浓度称为交叠浓度 (overlap concentration) c^*，此时溶液的总浓度等于式(3.1)给出的球体内链的浓

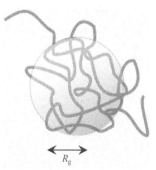

图 3.1　一个大分子链看作占据一个半径为 R_g 的球[1]

度，因此 $c^* \propto N^{1-3v}$ 。常用定量描述 c^* 的公式如下：

$$c^* \left(\frac{4\pi}{3} R_g^3 \right) = \frac{M}{N_A} \tag{3.2}$$

$$c^* \left(\sqrt{2} R_g^3 \right) = \frac{M}{N_A} \tag{3.3}$$

$$c^*[\eta] = 1 \tag{3.4}$$

式中，M/N_A 为每条链的质量；N_A 为阿伏伽德罗常数；$[\eta]$ 为特性黏数。

图 3.2 给出了柔性线形高分子溶液的三个浓度范围时大分子的形态：$c \ll c^*$，$c \approx c^*$，$c \gg c^*$。$c \ll c^*$ 时，溶液称为稀溶液，大分子链主要与溶剂分子发生溶剂化作用，链与链之间彼此分离，独立运动，互不相干，接近理想溶液。浓度高于 c^* 时，情况则有所不同，称为半稀溶液。$c \gg c^*$ 时，分子链间交叠并缠绕。与稀溶液中的分子链相比，其运动能力大大降低。半稀溶液的热力学性质与外推到相同浓度理想溶液的热力学性质大不相同。高分子溶液中，低体积分数或质量浓度下即与理想溶液发生偏差，半稀区域的存在是高分子溶液的特征之一。较高浓度 c^{**} 下，溶液进入浓溶液区，大分子链的链段无足够的运动空间。通常，c^{**} 时高分子体积分数为 0.2～0.3。分子量足够大时，c^* 和 c^{**} 之间的浓度范围很宽。例如，$M = 3 \times 10^5$ 的 PS，其 R_g 约为 21 nm，由式(3.2)给出的 c^* 约为 0.013 g/mL，而 c^{**} 则高达 0.2～0.3 g/mL。

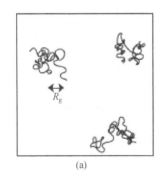 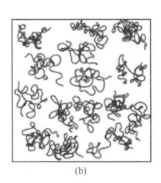 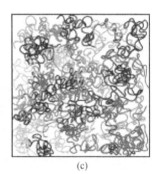

(a)   (b)   (c)

图 3.2   柔性线形高分子溶液的浓度分区[1]

(a)稀溶液，$c \ll c^*$；(b)交叠浓度时，$c \approx c^*$；(c)半稀溶液，$c \gg c^*$

用 R_g 定义 c^* 的方法可同样用于非线形高分子，如星形高分子、支化高分子和球形高分子。当链结构更趋向球形时，与相同分子量的线形高分子相比，其 R_g 较低，只能在更高的浓度下发生交叠。

刚性链高分子的浓度体系与柔性链不同。例如棒状高分子，其伸直长度(contour

length, L) 远大于相关长度 (persistence length, L_p)。一个长度为 L 的棒状细分子占据 L^3 的体积，分子可以旋转翻滚而不与其他分子发生碰撞，则交叠浓度 c^* 由式 (3.5) 得出：

$$c^* L^3 = \frac{M}{N_A} \tag{3.5}$$

图 3.3 给出棒状高分子稀溶液、c^* 溶液和半稀溶液示意图。与柔性线形分子链相比，其 c^* 要低得多。因 $L \propto M$，故 $c^* \propto M^{-2}$。相邻大分子间的作用在运动中更加明显，而热力学性质的作用相对较小。较高浓度下，溶液会变成各向异性，如排列成向列相液晶。向列相时，分子或多或少地沿一个轴排列，但它们的中心仍呈随机分布。

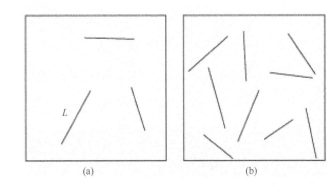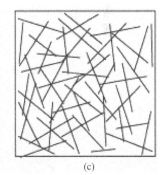

(a)　　　　　　　　　(b)　　　　　　　　　(c)

图 3.3　棒状高分子溶液的浓度分区[1]
(a) 稀溶液，$c \ll c^*$；(b) 交叠浓度时，$c \approx c^*$；(c) 半稀溶液，$c \gg c^*$

3.2　稀溶液的流变行为

3.2.1　溶液的黏度

当浓度 c (单位 g/L) 足够低时，溶液黏度 η 与纯溶剂黏度 η_s 差别不大。η 与 η_s 的比值 (η / η_s) 称为相对黏度 η_r，该比值无量纲。c 较低时，η_r 可表示为

$$\eta_r \equiv \frac{\eta}{\eta_s} = 1 + [\eta]c + K_V c^2 + \cdots \tag{3.6}$$

式中，K_V 为二阶系数，正负皆可。图 3.4 给出了 η_r 随 c 的变化。特性黏数 $[\eta]$ 可由低浓度下 η_r 对 c 曲线的斜率得到：

$$[\eta] \equiv \lim_{c \to 0} \frac{\eta_r - 1}{c} = \lim_{c \to 0} \frac{\eta - \eta_s}{c \eta_s} \tag{3.7}$$

$[\eta]$ 与浓度的标度关系是 -1，即为浓度的倒数。$[\eta]$ 取决于高分子的分子量，反映高

分子的构象。

定义增比黏度 $\eta_{sp} \equiv \eta_r - 1$，即

$$\eta_{sp} \equiv \eta_r - 1 = \frac{\eta - \eta_s}{\eta_s} = [\eta]c + K_V c^2 + \cdots \tag{3.8}$$

比浓黏度 η_{red} 定义为 η_{sp} 和 c 的比值，即

$$\eta_{red} \equiv \frac{\eta_{sp}}{c} = \frac{\eta - \eta_s}{\eta_s c} = [\eta] + K_V c + \cdots \tag{3.9}$$

η_{red} 对 c 的标度是 -1。图 3.5 给出了 η_{red} 与 c 之间的关系。

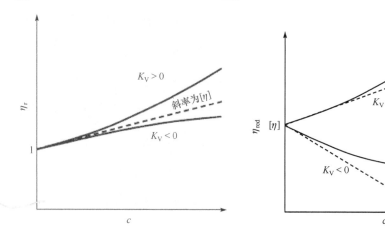

图 3.4　相对黏度与浓度的关系[1]
低浓度时的斜率为$[\eta]$，曲线偏离程度依赖于K_V

图 3.5　比浓黏度与浓度的关系[1]
交点为$[\eta]$，$c=0$ 时的斜率依赖于K_V

如式 (3.4) 所示，$[\eta]$ 的倒数常被用来表示给定高分子的重叠浓度 c^*：$c^* = 1/[\eta]$。这意味着 c^* 浓度下高分子溶液的黏性约是纯溶剂的两倍。$[\eta]$ 具有高分子的依数性特性，表示浓度升高到一定时，溶液黏度的增加。尺寸较大高分子的 $[\eta]$ 较大。实验上，常用 Mark-Houwink-Sakurada 方程表示：

$$[\eta] \equiv K_M M^\alpha \tag{3.10}$$

式中，K_M 为常数，L/g；α 为 Mark-Houwink-Sakurada 指数。K_M 和 α 的数值取决于高分子种类，同时也与溶剂有关。

确定 K_M 和 α 的方法如下。首先，采用合成或分馏获得不同分子量的高分子，然后对每一不同分子量的高分子配制不同浓度的稀溶液，测量每种溶液的黏度，将 η_{red} 对 c 作图，估算不同分子量高分子的 $[\eta]$，然后在双对数坐标中以 $[\eta]$ 对分子量作图，即可得到 K_M 和 α 值。该方法已广泛用于高分子样品的表征。指数 α 是分

子链刚性的度量。表 3.1 列出了不同构象高分子的 α。良溶剂中，柔性链高分子的 α 为 0.7～0.8，而刚性链高分子则超过 1。在θ溶剂中，柔性链高分子的 α 约为 0.5。显然，α 比广泛使用的构象更为具体，这在一定范围内是合理的。

表 3.1　高分子的 Mark-Houwink-Sakurada 指数[1]

构象	α
线形柔性高分子(θ溶剂)	0.5
线形柔性高分子(良溶剂)	0.7～0.8
刚性大分子	>1

3.2.2　Rouse 理论

1. 链动力学模型

Rouse 模型描述大分子构象的变化[2]。为简化单体复杂的运动，引入珠-簧模型，即 N 个珠子由 $N-1$ 个弹簧连接起来，弹簧代表弹性拉力，珠子代表摩擦力中心。弹簧的力常数 $k_{sp} = 3k_B T / b^2$(b 为分子链的均方末端距)。图 3.6 给出了珠子通过移动改变弹簧长度和方向的示意图。

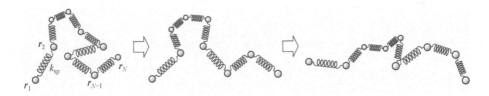

图 3.6　大分子链珠-簧模型构象随时间的变化

Rouse 模型是处理链动力学珠-簧模型的最简版本。该模型假定珠子无排除体积(本质上是一个点)，且珠子间无流体动力相互作用，将连接珠的复杂运动简化为不同模式间的转化，并在此后的模型中进行了修改，考虑了流体动力相互作用的影响。Rouse 模型不能给出质心扩散系数或构象变化的松弛时间的正确表达式。高浓度溶液和高分子熔体中的流体动力相互作用被屏蔽，故也可观察到类 Rouse 模式。

2. 运动方程

第 n 个珠($n = 2, 3, \cdots, N-1$)上的弹性力由连接相邻珠的两个弹簧施加

（图 3.7）。第 n–1 和第 n 个珠子之间的弹簧以 $k_{sp}(r_{n-1} - r_n)$ 的力拉动珠子。同样，另一个弹簧用 $k_{sp}(r_{n+1} - r_n)$ 的力拉动珠子。此外，第 n 个珠子从附近的溶剂分子接受到随时间 t 变化的随机力 f_n，与单个粒子接受到随机力近似。因此，第 n 个珠子的运动方程为

$$\zeta \frac{\mathrm{d}r_n}{\mathrm{d}t} = k_{sp}(r_{n-1} - r_n) + k_{sp}(r_{n+1} - r_n) + f_n(t) \quad n = 2, 3, \cdots, N-1 \tag{3.11}$$

式中，ζ 为溶剂中各珠子的摩擦因子。由于所关注的时间尺度（微秒到秒）上，质量项（质量加速度）可忽略不计（但在高频振动下需考虑加速度项），故式(3.11)未给出该项。珠子的运动属于过阻尼(over damping)，故处于两端的珠子($n = 1$ 和 N)有所不同，它们的运动方程分别为

$$\zeta \frac{\mathrm{d}r_1}{\mathrm{d}t} = k_{sp}(r_2 - r_1) + f_1(t), \quad \zeta \frac{\mathrm{d}r_N}{\mathrm{d}t} = k_{sp}(r_{N-1} - r_N) + f_N(t) \tag{3.12}$$

通过引入 $r_0 = r_1$ 和 $r_{N+1} = r_N$，上述两方程即可成为一般方程的一部分：

$$\zeta \frac{\mathrm{d}r_n}{\mathrm{d}t} = k_{sp}(r_{n-1} + r_{n+1} - 2r_n) + f_n(t) \quad n = 1, 2, \cdots, N \tag{3.13}$$

随机力有如下性质：

$$\langle f_n(t) \rangle = 0 \tag{3.14}$$

$$\langle f_n(t) \cdot f_m(t') \rangle = 6\zeta k_B T \delta(t - t')\delta_{nm} \tag{3.15}$$

不同珠子上的力之间不相关（仅当 $n = m$ 时，$\delta_{nm} = 1$）。随机力用于保持链的形状，如果没有随机力，珠子会发生移动，直至全部塌陷到一点上，弹性力消失。

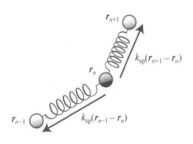

图 3.7　第 n 个珠子在两弹簧拉伸时的受力情况[1]

现需同时解式(3.13)中的 n 个方程。r_n 的变化取决于 r_{n-1} 和 r_{n+1}，而 r_{n-1} 取决于 r_{n-2} 和 r_n，依此类推，不同珠子的运动相互关联。现引入法向坐标求解上述方程。第 i 项法向坐标 $q_i(t)$ ($i = 0$, 1，…)定义为 $r_n(t)$ 的线性组合，有

$$q_i(t) = \frac{1}{N} \sum_{n=1}^{N} \cos \frac{in\pi}{N} r_n(t) \tag{3.16}$$

3. Rouse 模型的应用

将法向坐标 $q_i(t)$ 用于 Rouse 模型。$q_i(t)$ 随松弛时间 τ_i 呈指数衰减，有

$$\tau_i = \frac{\zeta N^2 b^2}{3\pi^2 k_{\mathrm{B}} T} \frac{1}{i^2} \quad i = 1, 2, \cdots \tag{3.17}$$

图 3.8 比较了 $i = 1 \sim 6$ 时的 $\langle \boldsymbol{q}_i(t) \cdot \boldsymbol{q}_i(0) \rangle$。每个 $\langle \boldsymbol{q}_i(t) \cdot \boldsymbol{q}_i(0) \rangle$ 通过第一模式的平方根 $\langle \boldsymbol{q}_1^2 \rangle$ 归一化。$\langle \boldsymbol{q}_1(t) \cdot \boldsymbol{q}_1(0) \rangle$ 衰减最慢，第二模式松弛速度是第一模式的 4 倍（$\tau_2 = \tau_1/4$），而第三模式的松弛速度是原来的 9 倍（$\tau_3 = \tau_1/9$）。

故法向坐标的涨落可表示为

$$\langle \boldsymbol{q}_i^2 \rangle = \frac{Nb^2}{2\pi^2} \frac{1}{i^2} \tag{3.18}$$

高阶模式涨落的减弱表现在曲线截距的下降。

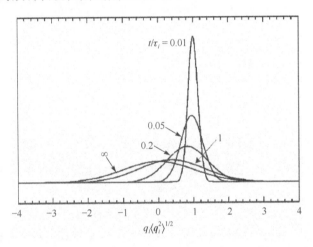

图 3.8　对于给定的 $q_i(0)$ 在 $t/\tau_i = 0.01$、0.05、0.2、1 和 ∞ 时的转变概率 q_i [1]

q_i 为矢量 $\boldsymbol{q}_i$ 在 x, y, z 方向上的分项，该例 $q_i(0) = \langle \boldsymbol{q}_i^2 \rangle^{1/2}$

末端矢量的自相关式为

$$\langle \boldsymbol{R}(t) \cdot \boldsymbol{R}(0) \rangle \approx \frac{8Nb^2}{\pi} \sum_{i:\,\mathrm{odd}} \frac{1}{i^2} \exp(-t/\tau_i) \tag{3.19}$$

第二项（$i = 3$）只有第一项（$i = 1$）强度的 1/9，其他项更小，故第一项在总和中占主导地位。因 $\sum\limits_{i:\,\mathrm{odd}} i^{-2} = \pi^2/8$，用 $\exp(-t/\tau_1)$ 替换 $\exp(-t/\tau_i)$，可得

$$\langle \boldsymbol{R}(t) \cdot \boldsymbol{R}(0) \rangle \approx Nb^2 \pi \exp(-t/\tau_1) \tag{3.20}$$

图 3.9 以虚线形式给出了 $\langle \boldsymbol{R}(t) \cdot \boldsymbol{R}(0) \rangle / \langle \boldsymbol{R}^2 \rangle$ 的确切衰减。除短时间外，$\langle \boldsymbol{R}(t) \cdot \boldsymbol{R}(0) \rangle$ 和 $\langle \boldsymbol{q}_1(t) \cdot \boldsymbol{q}_1(0) \rangle$ 的衰减速率相同。

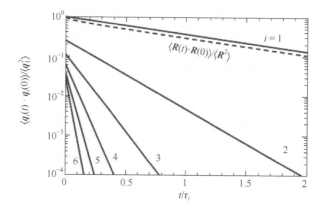

图 3.9　由 $\langle q_1^2 \rangle$ 归一化后 $i = 1\sim6$ 的 $q_i(t)$ 的自相关函数[1]

虚线表示 $\langle \boldsymbol{R}^2 \rangle$ 归一化的 $\boldsymbol{R}(t)$

Rouse 模型中心质点的扩散系数 (D_G) 可表示为

$$D_G \approx \frac{k_B T}{N\zeta} \tag{3.21}$$

D_G 等于 N 个连接珠的扩散系数，每个珠子都有独立的摩擦因子 ζ。

　　Rouse 模型描述的是 θ 条件下大分子链的静态构象，并同时尝试描述其动力学。然而 Rouse 模型中，第一模式的松弛时间 τ_1 正比于 N^2，但实验观察到 θ 溶剂中大分子链的标度是 3/2，二者有较大差异。此外，D_G 的分子量依赖性也存在差异，实验观察到 θ 溶剂中 $D_G \propto M^{-1/2}$，而 Rouse 模型中，$D_G \propto N^{-1}$。也就是说，Rouse 模型不能给出正确的标度，主要原因是 Rouse 模型忽略了流体动力相互作用。Zimm[3]考虑了珠子之间的流体力学相互作用，改进了 Rouse 模型，得到与实验结果一致的 θ 溶剂中扩散系数和弛豫时间的表达式：

$$D_G = \frac{8}{3(6\pi^3)^{1/2}} \frac{k_B T}{\eta_s b N^{1/2}} = \frac{8}{3(6\pi^3)^{1/2}} \frac{k_B T}{\eta_s R_F} \tag{3.22}$$

$$\tau_i = \frac{\zeta_i}{k_i} = \frac{1}{(3\pi)^{1/2}} \frac{\eta_s b^3 N^{3/2}}{k_B T} i^{-3/2} = \frac{1}{(3\pi)^{1/2}} \frac{\eta_s R_F^3}{k_B T} i^{-3/2} \tag{3.23}$$

　　D_G 对 N 依赖性为 $D_G \propto N^{-1/2}$。故与由 N 个独立运动的珠子(Rouse 模型)相比，流体力学相互作用增加了链的扩散性，这对于长链来说极为重要。来自周围流体作用于珠子上的摩擦力远小于珠子接受到的其他珠子流体力学相互作用的总和。Zimm 模型成功地描述了实验观察到的标度关系，即 $D_G \propto M^{-1/2}$、$\tau_1 \propto M^{3/2}$、$\tau_i/\tau_1 \propto i^{-3/2}$。

3.2.3　稀溶液的线性流变行为

1. 与分子量的标度关系

由于未考虑流体力学相互作用，Rouse 模型无法预测低剪切时的黏度（η_0）与分子量的关系。对于 Rouse 模型，可得

$$\eta_0 = G\sum_{i=1}^{N_s}\tau_i + \eta_s \approx vk_BT\tau_1\sum_{i=1}^{N_s}\frac{1}{i^2} + \eta_s = \frac{\pi^2}{6}vk_BT\tau_1 + \eta_s = \frac{\pi^2}{6}\frac{cN_Ak_BT}{M}\tau_1 + \eta_s \quad (3.24)$$

式中，单位体积质量浓度 $c = vM/N_A$，$\tau_1 \approx \zeta_0 N^2 b^2/6\pi^2 k_B T$。由于 $N \propto M$，故零剪切速率下的黏度与分子量成正比，即

$$[\eta]_0 \propto \eta_0 - \eta_s \propto M \quad （\text{Rouse 模型}） \quad (3.25a)$$

然而，实验得到的标度关系为

$$[\eta]_0 = KM^a \quad a < 1 \quad （\text{实验}） \quad (3.25b)$$

由于指数 a 总是小于 1，式 (3.25b) 与 Rouse 模型的预测不一致。θ溶剂中，$a = 0.5$；良溶剂中，高分子更倾向与溶剂分子发生作用，线团溶胀并与更多的溶剂分子发生作用，即溶剂化作用，因此良溶剂中 $a > 0.5$。但柔性高分子的 a 一般不超过 0.8。

在流体力学作用的限制下，可将高分子线团看作一个不可穿透的球体来粗略估计溶剂中高分子移动时的阻力，进一步估算黏度的标度律。高分子线团以速度 V 在溶剂中移动时的阻力 F^d 与 $6\pi\eta_s R_c V$（其中 R_c 是高分子线团半径）有关。考虑流体力学相互作用，可给出：

$$\frac{F^d}{V} \equiv \zeta_{coil} = \frac{3}{8}(6\pi^3)^{1/2}\eta_s R_c = 5.11R_c\eta_s = \frac{k_BT}{D} \quad (3.26)$$

R_c 可看作分子均方根间距，即 $R_c \equiv \langle R_c^2 \rangle_0^{1/2}$。阻力系数 $F^d/V \equiv \zeta_{coil}$，与分子扩散系数 D 的关系为 $F^d/V = k_BT/D$，则最长松弛时间 $\tau_1 \propto R_c^2/D$。高分子对黏度的贡献与 $G\tau_1$ 成正比（其中 G 是模量）。根据上述标度关系及线团半径与分子量间的关系 $R_c \propto M^v$，可得θ溶剂中，$v = 1/2$；良溶剂中，$v = 3/5$（表 3.2）。

表 3.2　稀溶液中各参数与分子量的关系[4]

指标	自由高斯链 (Rouse 理论)	θ溶剂 (Zimm 理论)	良溶剂
阻力系数 F^d/V	M	$M^{1/2}$	$M^{3/5}$
扩散系数 D	M^{-1}	$M^{-1/2}$	$M^{-3/5}$
松弛时间 τ_1	M^2	$M^{3/2}$	$M^{9/5}$
特性黏数 $[\eta]_0$	M	$M^{1/2}$	$M^{4/5}$

实验证实，流体力学相互作用为主的体系中，$[\eta]_0 \propto M^{1/2}$，略小于良溶剂中的标度(4/5)。根据柔性高分子在θ溶剂中的标度关系($[\eta]_0 = K_\theta M^{1/2}$)，可计算分子量。系数 K_θ 与溶剂种类关系不大，主要取决于高分子的化学组成，故可根据高分子基本结构性质来计算：

$$K_\theta = \Phi \left[\left\langle R_c^2 \right\rangle / M \right]^{3/2} = \Phi \left(\frac{C_\infty \ell^2}{m_0} \right) \tag{3.27}$$

式中，Φ 为通用流体动力学常数($\Phi = 2.5 \times 10^{21}\ \text{dL/cm}^3$)；$\ell$ 为键长；m_0 为单体分子量。此外，K_θ 也可从文献中查到，如 PS 的 $K_\theta = 8 \times 10^{-4}\ \text{dL/g}^3$。

2. 复数模量——Zimm 理论

图 3.10 给出了高分子量大分子在良溶剂或θ溶剂中的线性黏弹行为，可见 $\omega \sim 1/\tau_N$ 的频率范围(高频)超出了 $\lg \omega \tau_0 \approx 1$ 到 $\lg \omega \tau_0 = 2$ 间的中频范围。实验上，对于θ溶剂，中频范围内，动态储能模量 G' 和动态损耗模量 G'' 的相关参数 $G'' - \omega \eta_s$ 对 ω 的标度为 $\omega^{2/3}$，而 Rouse 模型预测值为 $\omega^{1/2}$。这表明，Rouse 模型不能正确预测线性黏弹性函数 G' 和 G'' 对 ω 的依赖关系，因而无法准确预测 $[\eta]_0$ 的分子量依赖性，必须考虑流体力学相互作用。

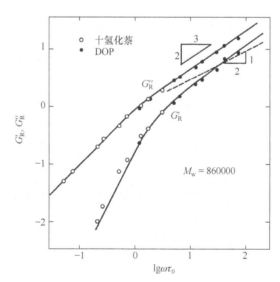

图 3.10　PS 在两种θ溶剂[十氢化萘和邻苯二甲酸二辛酯(DOP)]中的线性黏弹行为[5]

实线为考虑流体力学相互作用的 Zimm 理论的预测值(G'_R 和 G''_R 分别定义为 $G'_R \equiv [G']M / N_A k_B T$ 和 $G''_R \equiv [G'']M / N_A k_B T$，其中 $[G'_R] \equiv \lim\limits_{c \to 0}(G'/c)$ 和 $[G''_R] \equiv \lim\limits_{c \to 0}(G''/c)$，$c$ 为单位体积中高分子的量。特征松弛时间 $\tau_0 = [\eta]_0 M \eta_s / N_A k_B T$。对于 $\tau_0 \omega > 10$，G'_R 和 G''_R 正比于 $\omega^{2/3}$，这与 Zimm 理论预测值一致，而 Rouse 理论预测 $G' = G'' - \omega \eta_s \propto \omega^{1/2}$

溶剂为牛顿流体的体系中，假设力 F_c 施加到一个珠子上，该力使珠子周围的溶剂产生运动，以某一速度（可由 Stocks 方程计算）至 r 处，达到稳态，则速度张量为

$$v' = \boldsymbol{\Omega} \cdot \boldsymbol{F}_c \tag{3.28}$$

其中，$\boldsymbol{\Omega}$ 为 Orson 张量，即

$$\boldsymbol{\Omega}(r) = \frac{1}{8\pi \eta_s r}\left[\boldsymbol{\delta} + \frac{\boldsymbol{rr}}{r^2}\right] \tag{3.29}$$

式中，δ 为单位张量。珠子的影响随着与珠子间距离 r 增加以 $1/r$ 的速度衰减。如果珠子的数量（$N_s + 1$）很大，则松弛时间的长短取决于无量纲参数 $h = h^* N_s^{1/2}$，其中 $h^* \equiv \zeta_b / (12\pi^3)^{1/2} R_s \eta_s$，$\zeta_b$ 为每个珠的摩擦因子，R_s 为弹簧平衡状态下均方根长度[6]。高分子量时，$h \rightarrow \infty$。在该条件下，Zimm 发现了一系列近似的典型模式[3]，由此可得到弛豫时间，标度关系由 Rouse 的 $\tau_i \propto i^{-2}$ 变为 Zimm 的 $\tau_i \propto i^{-3/2}$。因此，在中频区域，G' 和 G'' 对 ω 的标度关系为 $\omega^{2/3}$，而非 Rouse 理论的 $\omega^{1/2}$，即

$$G'' - \omega \eta_s = \sqrt{3} G' \propto \omega^{2/3} \tag{3.30}$$

与 ω 的标度以及 $\sqrt{3}$ 的比例常数均已由图 3.10 所示的实验数据证实，且图 3.10 中实线与 $h \rightarrow \infty$ 下计算的 G' 和 $G''-\omega \eta_s$ 呈一定比例关系。这与θ溶剂中高分子量（$M_w = 860000$）PS 的实验数据一致。分子动力学模拟也支持 Zimm 理论的预测[7]。弛豫谱由 h^* 和 N_s 共同决定，不同 N_s 和 h^* 时弛豫时间集 $\{\tau_i\}$ 中，当 $h^* = 0.25$ 时，与θ溶剂中得到的实验数据吻合较好[8]。对于较低的分子量或在较高频率区域，N_s 和 h 则不能视为无穷大。

在有排除体积效应的良溶剂中，对于有限 N_s，只需下调 h^* 即可使 G' 和 G'' 符合 Zimm 模型。随着溶剂质量提高，弛豫谱更接近 Rouse 模型（$h^* = 0$）。对于良溶剂中的 PS，当 $M/N_s \approx 5000$ 时，令 $h^* = 0.15$，较宽频率范围内的模拟结果与双折射振荡实验数据相吻合。然而，将 h^* 视作一个拟合参数，在概念上存在问题，将导致最长松弛时间的分子量依赖性预测值与实测值不一致。

3. 高频率下的行为

从最大 Zimm 时间的倒数（$1/\tau_1$）到最小时间倒数（$1/\tau_{N_s}$）之间为高频区，即 $\omega \geqslant 1/\tau_{N_s}$，已超出图 3.10 涵盖的范围。此区域内，对单个分子的拉伸，珠-簧模型可预测从 $G''-\omega \eta_s \propto \omega^{2/3}$ 到 $G''-\omega \eta_s = 0$ 的交叉点（其中 η_s 是溶剂黏度）。高频率范围内，

表示黏性耗散的动态黏度 $\eta' = G''/\omega$ 等于 η_s，高分子对 η' 无贡献。珠-簧模型中，高频率下的形变太快，即使单个弹簧也无法松弛，故高分子不产生能量消耗。实验中，η' 在高频率时接近常数 η_∞'，但 η_∞' 并不等于 η_s，通常大于 η_s，但有时也小于 η_s[9]。例如，聚丁烯 (polybutylene，PB) 在多氯联苯中 $\eta_\infty' < \eta_s$，意味着高分子具有负黏性耗散，这在热力学上不成立。然而实验发现，高分子会影响溶剂的松弛。根据高分子与溶剂的相互作用，高分子能增加或减少周围溶剂中的黏性耗散，进而改变溶剂的黏度。当溶解的高分子局部弛豫速率比溶剂更快时，溶液黏度趋于下降。当高分子的玻璃化转变温度低于溶剂的玻璃化转变温度时，就会发生这种情况。

稀溶液中高分子局部运动的动力学研究表明，链的局部运动速率与溶剂黏度不成正比[10]。因此，对于高分子的局部运动 (如键的重新定向)，Stocks 定律不成立。

3.2.4　稀溶液的非线性流变行为

高分子稀溶液单向或稳定流动，且速度梯度大到足以拉伸高分子时，会观察到非线性黏弹性效应。简单的胡克哑铃 (Hookean dumbbell) 模型可定性地预测稀溶液的非线性流变行为。在稳态简单剪切流中，Hookean 哑铃模型预测剪切黏度 η 和第一法向应力系数 Ψ_1 与剪切速率无关，即

$$\eta = \eta_p + \eta_s \qquad \Psi_1 = 2\eta_p \tau \qquad (3.31)$$

式中，$\eta_p = \nu k_B T \tau$，为高分子对黏度的贡献，ν 为每单位体积的高分子数，τ 为弛豫时间。拉伸流动中，Hookean 哑铃模型预测当拉伸速率达到 $\dot{\varepsilon} = 1/2\tau$ 时，沿主拉伸方向的应力增加。稳态流中，Rouse 或 Zimm 模型预测的多重松弛时间与 Hookean 哑铃模型预测值相近。但高分子稀溶液的实际行为与模型预测有差别，如下所述。

1. 实验观察

高分子稀溶液的非线性流变特性一般很难测量。要获得极稀浓度下的流变特性参数，需在一系列低浓度下进行，然后向零浓度外推。外推前须从测量值中扣除溶剂的贡献，这会放大实验误差。另一个困难是，低黏度溶剂中，即使很长的大分子，其最长松弛时间也往往很小 (通常小于 0.1 s)。因此，要获得非线性范围内的流变特性，剪切速率必须较高 (约为 100 s^{-1} 或更高)。高剪切速率下，许多流变仪器由于惯性、黏性加热、板不稳定性等原因受到严重限制。虽然毛细管流变仪在剪切速率高达 10^4 s^{-1} 时也不会产生以上效应，但毛细管流变仪仅能获得稳态剪切黏度，无法得到法向应力和其他与时间相关的流变参数。只有特殊的狭缝流装置，能在极高剪切速率下 (约 10^6 s^{-1}) 测量第一法向应力差和剪切应力。

柏格 (Boger) 流体可克服上述实验的困难。Boger 流体是低浓度 [通常约 1000 ppm (1 ppm = 10^{-6})] 的高分子量柔性高分子溶解在黏稠的牛顿流体 (如低分

子量高分子或低聚物)中[11]。高分子量的高分子(通常以百万道尔顿计)溶解在高黏度(为数十或数百泊)溶剂中,弛豫时间可增加到约 1 s。由于弛豫时间长,非线性效应就可在传统扭摆流变仪剪切速率范围内体现出来。Boger 流体也常被用作模型流体来研究复杂的黏弹性流体,如二维、三维体系,或黏弹性流体的不稳定性。这种流体的流变行为一定程度上可用 Hookean 哑铃模型模拟。利用 Oldroyd-B 本构方程(描述 Hookean 哑铃的解)进行数值模拟即可与 Boger 流体的实验结果比较。

1) 剪切流动

图 3.11 给出低黏度溶剂(十氢化萘和甲苯)中 PS 相对黏度$[\eta]/[\eta]_0$的剪切速率依赖性。剪切速率采用无量纲形式,为

$$\beta^* \equiv \tau_0 \dot{\gamma} \tag{3.32}$$

式中,$\tau_0 = [\eta]_0 M \eta_0 / N_A k_B T$,为特征松弛时间。根据高分子流体弛豫时间谱可定义不同的"特征"弛豫时间。根据分子理论,τ_0为不同运动单元弛豫时间之和,$\tau_0 = \sum \tau_i$;也可简单地选择最长弛豫时间τ_1作为特征时间。根据 Zimm 理论,可得$\tau_0 = 2.369 \tau_1$。仅从流变数据也可定义松弛时间$\tau_{\text{eff}} = \Psi_{1,0}/2\eta_{p,0}$(其中$\eta_{p,0}$是高分子对零切黏度的贡献)。根据 Zimm 理论,$\tau_0 \approx 4\tau_{\text{eff}}$。无量纲剪切速率通常被称为"Weissenberg 数",有时也被称为"Deborah 数"。

图 3.11 给出了良溶剂甲苯和θ溶剂十氢化萘中 PS 的数据。显然,良溶剂中剪切变稀程度比θ溶剂中显著。这两种类型溶液的剪切变稀程度与高分子熔体相比较为温和。随$\dot{\gamma}$的增加,高分子熔体黏度可下降 2 个以上数量级。

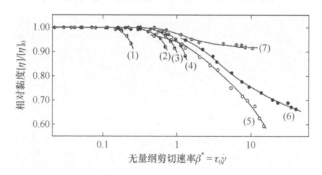

图 3.11　PS 稀溶液相对黏度随无量纲剪切速率的变化[12]
摩尔质量:(1) 690 kg/mol,(2) 1240 kg/mol,(3) 1460 kg/mol,(4) 1820 kg/mol,(5) 7500 kg/mol,
(6) 13600 kg/mol,良溶剂甲苯;(7) 13600 kg/mol,θ溶剂十氢化萘

图 3.12 给出 Boger 流体和 PS 稀溶液的线性和非线性黏弹性,即第一法向应力系数$\Psi_1(\dot{\gamma})$随$\dot{\gamma}$的变化。可见,Ψ_1曲线反映的剪切变稀起始$\dot{\gamma}$比线性黏弹性曲线$2\eta''/\omega$中剪切变稀起始$\dot{\gamma}$几乎高 2 个数量级。即使N_1/σ_p高达 20,Ψ_1仍大致

不变，其中 $N_1 \equiv \dot{\gamma}^2 \Psi_1$，$\sigma_p = \sigma - \eta_s \dot{\gamma} \approx 0.2\eta_0 \dot{\gamma}$ 为高分子对剪切应力的贡献。对缠结溶液或熔体，当 N_1 / σ_p 接近 1 时就会发生 Ψ_1 的剪切变稀。N_1 / σ_p 粗略表示的是流场中高分子拉伸程度或拉伸比。很显然，Boger 流体发生显著剪切变稀前，大分子线团被高度拉伸了（拉伸系数为 20）。

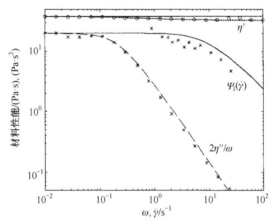

图 3.12   质量浓度为 0.05% 的 PS 溶液（分子量 2.25×10^6，溶剂是苯乙烯低聚物）动态黏度（η' 和 η''）的频率依赖性及第一法向应力系数 $\Psi_1(\dot{\gamma})$ 的剪切速率依赖性[4]

图中实线为 Zimm 理论预测的 η'、$2\eta'' / \omega$ 和 $\Psi_1(\dot{\gamma})$（修正的）；虚线为单个 Zimm 松弛模型对 $2\eta''(\omega) / \omega$ 的贡献

图 3.13 给出浓度为 1000 ppm 高分子量 PS 溶液在黏性双组分溶剂中的 Ψ_1 与

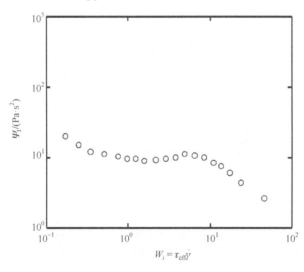

图 3.13   浓度为 1000 ppm 的 PS 溶液（分子量 2×10^7，溶剂质量浓度为 28%，$M = 48000$ 的 PS 邻苯二甲酸二辛酯溶液）第一法向应力系数 $\Psi_1(\dot{\gamma})$ 与 Weissenberg 数 $W_i = \tau_{eff}\dot{\gamma}$ 的关系[4]

$\tau_{eff} \equiv \Psi_{1,min} / 2\eta_{p,0}$，$\Psi_{1,min}$ 是局域 Ψ_1 最小值，$\eta_{p,0}$ 是高分子对零切黏度的贡献

无量纲剪切速率的关系。与图 3.11 所示低黏度稀溶液和图 3.12 中 Boger 流体相似，该溶液在高剪切速率下也发生变稀，但在剪切变稀前存在弱剪切增稠现象，此处 Ψ_1 表现出一个很小的极大值。对于其他 Boger 流体，Ψ_1 有时也会微弱升高[10]。高分子稀溶液的剪切变稀可能是由有限延伸、非平衡流体力学相互作用、排除体积和内在黏度造成的[13]，其中最主要的原因是大分子的有限延伸[14]。

2) 拉伸流动

单轴拉伸等稳态拉伸流动中，在一定应变速率（$\dot{\varepsilon}$）下，Hookean 哑铃单一松弛模型及 Rouse 和 Zimm 多重松弛模型预测的稳态拉伸黏度均为无穷大。对于 Hookean 哑铃模型，当拉伸哑铃试样时的摩擦力超过弹簧的收缩力，即当延伸率等于临界值（$\dot{\varepsilon}_c$）时，就会发生这种情况，即

$$\dot{\varepsilon}_c = \frac{1}{2\tau} \tag{3.33}$$

式中，τ 为松弛时间。当 $\tau\dot{\varepsilon} < 1/2$ 时，弹簧力占主导地位，大分子处于适度形变的线团状态。当 $\tau\dot{\varepsilon} > 1/2$ 时，阻力更重要，大分子经历线团-拉伸转变，呈高度扩展状态。拉伸流动中稀溶液的双折射测试结果与预测一致。在高 Deborah 数的拉伸流动中，$\dot{\varepsilon}\tau_1 > 1$，大分子链会发生断裂。如果应变较大，断裂通常发生在分子中间，这表明断裂发生在分子发生线团-拉伸转变后。对于分子量为 2000 万的 PS，在低黏度溶剂(十氢化萘)中，当拉伸速率高于 1000 s^{-1} 时会发生断裂。在"十字交叉槽"中，临界断裂拉伸速率 $\dot{\varepsilon}_f$ 与分子量的标度关系为 $\dot{\varepsilon}_f \propto M^{-2}$，显示出比"Zimm"更强的"Rouse"模型标度（$\dot{\varepsilon}_c \propto M^{-1.5}$），即流体力学阻力增大时，分子处于拉伸状态。大分子链断裂是高分子稀溶液在注射器中、多孔介质中和湍流状态下的一个重要实际问题。

2. 简单拉伸理论

上述稀溶液的拉伸流变数据表明，Hookean 哑铃模型的主要局限性在于假设大分子链可无限拉伸，该局限可通过弹簧力 $\boldsymbol{F}^s$ 与拉伸率 $\boldsymbol{R}$ 之间的关系（非线性）进行纠正。当分子伸展接近完全伸展长度 L 时，力变得非常大。对有多个键的自由连接链而言，力与拉伸率的关系可用朗之万(Langevin)反函数表示，其逆函数虽无解析式，但可通过华纳(Warner)弹簧定律[15][也称为有限可扩展非线性弹性(finite extensible nonlinear elasticity，FENE)]来粗略处理：

$$\boldsymbol{F}^s = \frac{2\beta^2 k_B T}{1 - (R_c/L)^2} \boldsymbol{R} \equiv H(R_c^2)\boldsymbol{R} \tag{3.34}$$

式中，$H = 2\beta^2 k_B T/[1 - (R_c/L)^2]$，为非线性弹簧系数，$\beta^2 \equiv 3/(2N_K b_K^2)$，

$L = N_\mathrm{K} b_\mathrm{K}$，$N_\mathrm{K}$ 为自由连接链的链数，b_K 为每个链的长度。图 3.14 比较了 Warner 弹簧、自由连接链和线性 Hookean 弹簧的弹簧力与拉伸率的关系。当链达到完全延伸的三分之一时，与线性行为的偏差约 10%；超过其完全延伸的一半时，偏差变大（大于 30%）。Langevin 反函数和 Warner 弹簧定律适用于大多数合成高分子，其柔性可通过自由连接链模型来近似。

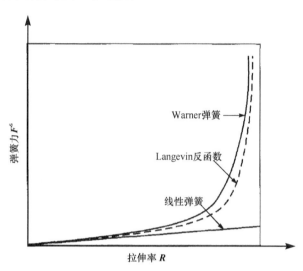

图 3.14   Warner 弹簧、自由连接链（Langevin 反函数）、线性弹簧的弹簧力与拉伸率的关系[16]

自由连接链模型最适用于合成高分子，如 PE 和 PS 等高分子。其他分子，如 DNA 和多肽，分子链的柔性最好用类蠕虫链（worm chain）模型来描述，其受力情况大致符合：

$$\frac{\boldsymbol{F}^\mathrm{s} L_\mathrm{p}}{k_\mathrm{B} T} = \frac{1}{4}\left(1 - \frac{R_\mathrm{c}}{L}\right)^{-2} - \frac{1}{4} + \frac{R_\mathrm{c}}{L} \tag{3.35}$$

式中，L 为大分子的轮廓长度；L_p 为分子链相关长度（persistence length）。显微镜下可直接测量 DNA 分子（一端与表面相连，另一端与磁珠相连）在磁场和流体力学场下的拉伸力[16]。力矢量 $\boldsymbol{F}^\mathrm{s}$ 可通过式（3.35）中的力标量乘以平行于分子末端矢量的单位矢量获得。高延伸率下，马尔科-西格亚（Marko-Siggia）表达式与 Warner 弹簧表达式给出的极限是：$F^\mathrm{s} \to (k_\mathrm{B} T / 4 L_\mathrm{p} L)(1 - R_\mathrm{c} / L)^{-2}$。

将非线性弹簧定律用于 Hookean 哑铃模型，斯莫卢霍夫斯基（Smoluchowski）方程变为

$$\frac{\partial}{\partial t}\psi = -\frac{\partial}{\partial \boldsymbol{R}}\left\{ \boldsymbol{R} \cdot \nabla v\psi - \frac{2k_\mathrm{B} T}{\zeta}\left[\frac{1}{k_\mathrm{B} T} H(R_\mathrm{c}^2)\boldsymbol{R}\psi + \frac{\partial \psi}{\partial \boldsymbol{R}} \right] \right\} \tag{3.36}$$

由于 $H(R_c^2)$ 不是常数，除非进行近似，否则无法从式 (3.36) 直接获得应力张量的解析式。常用的近似方法是用预平均值 $H(\langle R_c^2 \rangle)$ 代替 $H(R_c^2)$，该近似中，H 与 R_c^2 无关，但取决于 R_c^2 的平均值，意味着式 (3.36) 是 $\boldsymbol{R}$ 中的一个线性方程，故可求解。但如果预平均值波动较大，则误差较大。对于稳态流动，预平均值误差较小。然而，某些瞬态流中的误差较大。进行预平均后，式 (3.36) 乘以 $\boldsymbol{RR}$，然后构型空间内进行积分，可得

$$\overset{\triangledown}{\boldsymbol{S}} + \frac{1}{\tau}\left[\frac{\boldsymbol{S}}{1-(\mathrm{tr}\boldsymbol{S})/2L^2} - \beta^{-2}\boldsymbol{\delta}\right] = 0 \tag{3.37}$$

式中，$\boldsymbol{S} \equiv 2\langle \boldsymbol{RR}\rangle$；$\tau = \zeta/8k_BT\beta^2$。由于弹簧力的非线性，应力张量也不与 $\langle \boldsymbol{RR}\rangle$ 成正比，但可由式 (3.38) 得出：

$$\boldsymbol{\sigma} = vk_BT\beta^2\left(1 - \frac{\mathrm{tr}\boldsymbol{S}}{2L^2}\right)^{-1}\boldsymbol{S} \tag{3.38}$$

弹簧定律中的非线性主要表现在高拉伸率条件下，故 FENE 哑铃模型预测剪切流需从 Hookean 哑铃模型转变为高 $\dot{\gamma}$，或拉伸流动中当 $\dot{\varepsilon}$ 超过线团-拉伸转变时临界值 $\dot{\varepsilon}_c$ 时的状态。高 $\dot{\gamma}$ 的剪切流中，预平均 FENE 哑铃模型给出：

$$\frac{\eta_\infty^p}{\eta_0} = (\beta L)^{2/3}(\tau\dot{\gamma})^{-2/3}, \quad \frac{\psi_{1,\infty}}{\psi_{1,0}} = (\beta L)^{4/3}(\tau\dot{\gamma})^{-4/3} \tag{3.39}$$

该模型中第二法向应力差在不同 $\dot{\gamma}$ 下均为零。对于自由连接链，FENE 弹簧得到的是近似值，高分子在高 $\dot{\gamma}$ 下的黏度贡献与 $\dot{\gamma}^{-1/2}$ 成正比[18]，而非 $\dot{\gamma}^{-2/3}$。

拉伸流动中，高分子对第一法向正应力差的贡献为

$$\Delta\sigma_p \equiv \sigma_{11,p} - \sigma_{22,p} \propto vLF^s(R_c \to L) \approx \frac{1}{2}vL^2\zeta\dot{\varepsilon} \tag{3.40}$$

对于可伸缩弹簧，当高 $\dot{\varepsilon}$ 时，非线性弹簧系数 $H \to \zeta\dot{\varepsilon}/2$。摩擦因子与弛豫时间 τ 的关系为 $\zeta = 4H_0\tau$，其中 $H_0 \equiv 2k_BT\beta^2$，为低拉伸率下的弹簧常数。因此，高分子在高 $\dot{\varepsilon}$ 下对拉伸黏度的贡献 $\Delta\sigma_p/\dot{\varepsilon}$，接近常数

$$\bar{\eta}_p \to \bar{\eta}_{p,\infty} = \frac{1}{2}vL^2\zeta = 2vL^2H_0\tau = 2vk_BTB\tau = 2B\eta_{p,0} \tag{3.41}$$

式中，$B = 2\beta^2L^2$；$\eta_{p,0}$ 为高分子对零切黏度的贡献。因 $\beta^2 = 3/(2\langle R_c^2\rangle_0)$，则参数 B 是高分子完全延伸长度与均方末端距之比的 3 倍，即 $B = 3L^2/\langle R_c^2\rangle_0$，用 Marko-Siggia 定律可得到相同的渐近结果。合成有机柔性高分子的完全延伸长度

$L \approx 0.82n\ell$，其中 n 是骨架中 C—C 键的数目，$\ell = 1.54$ Å 是骨架键的长度[19]。θ 溶剂中的均方末端距 $\left\langle R_c^2 \right\rangle_0$ 由 $C_\infty n\ell$ 给出（C_∞ 为大分子链的特征比）。良溶剂中，$\left\langle R_c^2 \right\rangle_0$ 较大，则对于给定的分子量，$B \equiv 3L^2 / \left\langle R_c^2 \right\rangle_0$ 较小，表明高分子的"可扩展性"较小，不良溶剂中情况则相反。图 3.15 给出了 Warner 哑铃模型不同 B 值下稳态单轴拉伸黏度 $\overline{\eta}_u$ 对 $\dot{\varepsilon}$ 的依赖性。

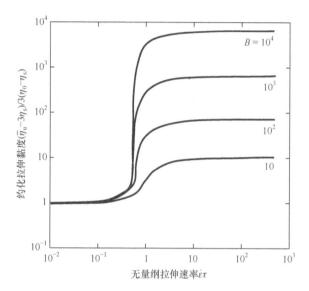

图 3.15   稳态单轴拉伸时高分子对拉伸黏度 $\overline{\eta}_u$ 的贡献与其对
零切黏度贡献 $\eta_{p,0} = \eta_0 - \eta_s$ 的比较[14]

基于哑铃模型的非线性 FENE 弹簧，$B \cong 2\beta L^2$

在十字槽装置中，可直接观察 DNA 分子（长约 20 μm）的平面拉伸流动。稳态下，分子的拉伸程度与拉伸速率的关系符合哑铃模型的非线性类蠕虫状链弹簧规律。当一个分子突然暴露在拉伸速率略高于"线团-拉伸"转变临界速率的拉伸流动时，中间部分首先被拉紧，然后不断从卷曲部分抽出而延长。这种链散开方式在性质上与 Ryskin 提出的所谓"yo-yo"模型相似[20]。此外，也会表现出其他拉伸模式，如 Deborah 数较高（$De \geqslant 10$）时常会形成折叠，这种状态很难解开[4]。

3. 阻力系数的构象依赖性

在高剪切或拉伸速率下剪切或拉伸黏度的表达式(3.39)中，弛豫时间 τ 与分子链构象无关。Zimm 模型表明，高分子在稀溶液中的松弛主要由不同链段间的流体力学相互作用来控制。当分子链在流场中延伸时，这些作用会发生变化。当大分子在流场中被拉伸时，产生的有效阻力系数和松弛时间显著增加。de Gennes[17]

提出用圆柱模型描述流体阻力和松弛的变化。该模型实际上是"硬球"模型的扩展，可描述一个高分子线团受到的阻力。未拉伸线团的流体动力阻力系数 ζ_{coil} 与其回转半径成正比，回转半径与分子长度 L 的标度关系可表示为 L^{ν}。θ溶剂中 $\nu = 0.5$。当分子完全伸展时，平动阻力系数 ζ_{rod} 应与长度为 L 的瘦圆柱杆相似，即

$$\zeta_{rod} = \frac{2\pi L \eta_s}{\ln(L/d)} = \frac{6.28 L \eta_s}{\ln(L/d)} \tag{3.42}$$

式中，D 为分子直径。

由于 $\zeta_{coil} \propto L^{\nu}$ 和 $\zeta_{rod} \propto L$，拉伸状态下的阻力系数远大于高分子线团状态下的数值。注意"高分子量"非常重要，决定式(3.42)右边对数因子 $\ln(L/d)$ 的大小。根据式(3.42)、式(3.26)，对于θ溶剂，$\zeta_{coil}/\zeta_{rod} \approx (n/C_{\infty})^{1/2}\ln(L/d)$，其中 n 为主链中 C—C 键数量。一般分子直径比 L 小(5~10 Å)，对于分子量 $10^5 \sim 10^7$ 的 PS 等典型高分子来说，L/d 为 250~25000，故 $\ln(L/d) = 6 \sim 10$。除分子量非常大的分子($M > 10^7$)，ζ_{rod} 只比 ζ_{coil} 大 2~14 倍。与此估算一致，Doyle 等[21]发现，$\zeta_{rod}/\zeta_{coil} \approx 8$ 时，具有构象依赖性的哑铃模型可很好地拟合高分子量(2×10^6)PS 的拉伸流动数据。用显微镜直接观察均匀流动中的荧光 DNA 分子拉伸，发现 $\zeta_{rod}/\zeta_{coil} = 2 \sim 3$，$L/d = 20000 \sim 75000$，与理论预测结果一致[22]。

Magda 等[23]对阻力的构象依赖性进行了更严谨的处理，提出剪切流动中阻力构象依赖性的详细理论。用非平衡、流动畸变分布函数预平均 Oseen 张量，而预平均 Oseen 张量反过来又可计算每个珠子受到的阻力，其分布函数与平均 Oseen 张量是自洽的。

图 3.16 给出了 Kishbaugh 预测的不同长度柔性大分子链的第一法向应力差系数[24]。对于 $B \equiv 2\beta^2 L^2 = \infty$，高 $\dot{\gamma}$ 下的剪切增稠是流体力学相互作用减弱使有效阻力系数增加而引起的。大分子链被大幅度延伸时会出现这种情况，即在高无因次剪切速率下才会发生。一般长度的大分子链，高 $\dot{\gamma}$ 下的延伸在进一步发生剪切变稀时会被终止。除非大分子链极长，如 $B \geqslant 3 \times 10^4$，否则由于延伸产生的剪切变稀在低 $\dot{\gamma}$ 即会发生，抑制剪切增稠现象的发生。θ溶剂中的 PS，$B = 3 \times 10^4$ 对应于约 $M = 2 \times 10^7$！因此，PS 的稀溶液只有在极高分子量下才会显示出剪切增稠。类似地，图 3.13 所示 $M = 2 \times 10^7$ 的 PS 稀溶液的 Ψ_1 与 $\dot{\gamma}$ 的关系曲线出现一个微弱的剪切增稠区(图 3.16 中预测的剪切增稠效应是由于纵坐标的放大而被夸大)。对于 $M_w < 10^7$ 的 PS 溶液(图 3.12)，可忽略剪切增稠。

对于剪切黏度曲线，实验结果(图 3.13)和理论预测(图 3.16)均显示出低 $\dot{\gamma}$ 下的弱剪切变稀区。理论分析可知，该现象的发生是由随链形变程度增加，流体力学阻力的非单调剪切诱导引起的。彼此靠近的链段流体力学相互作用在性质上与

链端的链段间相互作用不同，故可用流体力学相互作用解释低 β^* 时的剪切变稀和高 β^* 时的剪切增稠现象。

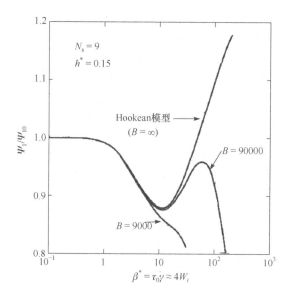

图 3.16　考虑构象依赖的流体力学相互作用和无限拉伸（$N_s = 9$），不同 B 值时珠-簧模型预测的第一法向应力差系数对无量纲剪切速率 β^* 的依赖性[24]

$$W_i \equiv \dot{\gamma} \Psi_{1,0} / 2\eta_{p,0}$$

拉伸流动中，由形变引起的流体力学阻力增加使线团-拉伸转变变陡。如果形变足够大，会产生滞后现象，上述圆柱模型可定性地描述这一效应。仅高分子量的大分子在拉伸流动中会出现该效应。

为验证珠-簧模型在描述柔性高分子形变方面的适用性，将模型预测值与恒速流中的 DNA 分子数据进行了比较。图 3.17 给出了 DNA 质量密度，即 DNA 链被固定在激光光阱小球体上的点下游位置的函数。利用分子弹性的类蠕虫链表达式 [式 (3.35)]、低 $\dot{\gamma}$ 阻力系数 [式 (3.26)] 和高 $\dot{\gamma}$ 阻力系数 [式 (3.42)] 进行了预测。等速流和平面拉伸流动理论与实验结果吻合良好，表明简单流场中大分子形变的规律可用布朗运动、非线性弹簧定律以及黏性阻力系数对分子延伸的弱依赖性相结合来描述。然而，光散射实验未显示出大分子链在剪切流甚至强拉伸流中的大幅度拉伸。

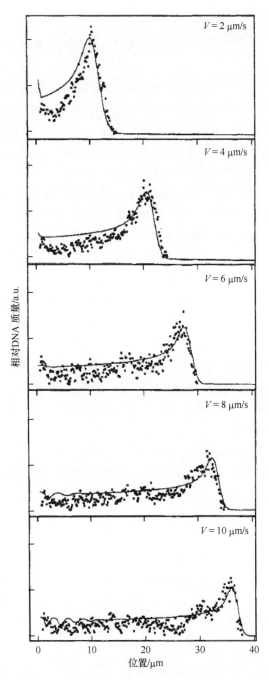

图 3.17　不同测量速度下，长度 $L = 6.72$ μm 的 DNA 分子在不同位置的珠质量分布[22,24]

实线是用类蠕虫链模型蒙特卡罗分子模拟结果。$\zeta_{coil} / k_B T$ = 4.8 s/μm² 是从 Smith 扩散实验中得到的，

$\zeta_{rod} / k_B T$ = 9.1 s/μm² 是根据式 (3.35) 全拉伸条件下得到的

3.3   半稀溶液的流变行为

稀溶液$(c < c^*)$中，高分子线团或多或少地彼此分离。半稀溶液$(c > c^*)$中，高分子线团间存在交叠，其性质与稀溶液有显著差异。理想溶液中，渗透压与 c 成正比。而半稀溶液中，浓度增加 10 倍，渗透压会增加几百倍。由于链缠结，半稀溶液中的整体链运动缓慢，高分子量样品的半稀溶液几乎不能流动，具有很高的黏性，甚至有时表现得像弹性橡胶。

渗透压和松弛时间尺度很大程度上取决于浓度和分子量。对于某一类溶液，这种依赖性是普适的；然而，有的溶液会表现出特殊的依赖性。20 世纪 70 年代，引入链滴概念、标度理论和管状模型等易于理解的概念和数学处理，很好地解释了溶液体系中复杂的性质，对这种特殊性有了较为深入的理解[25,26]。

半稀溶液$(c > c^*)$是高分子溶液特有的。高分子溶液的 c^* 一般很低，因此半稀状态范围很宽，较低浓度(以 g/L 计)的高分子溶液即可视为半稀溶液。例如，$M = 3 \times 10^5$ g/mol 的 PS，其 $c^* \approx 13$ g/L。半稀溶液的上限范围有时用 c^{**} 表示。高于 c^{**}，单体密堆积，有时被称为浓溶液(但这并非一个定义非常明确的术语)。半稀溶液中，高分子线团可与其他链交叠，但并不拥挤。而链的线团作为一个整体本身非常拥挤，因此链间相互作用很强。随着 c 进一步增加，线团间的交叠变得更加严重。与之相反，低分子量非离子化合物的溶液中，低浓度下溶质分子之间的相互作用通常较弱[1]。

半稀溶液的浓度范围通常为 $c^* \ll c < c^{**}$。例如，对于 $M = 6 \times 10^5$ g/mol 的 PS，c^* 约为 10 g/L，而 c^{**} 约为 300 g/L。虽然该双重不等式严格限定了普通高分子的半稀范围，但实际上，几倍于 c^* 浓度的溶液也看作半稀溶液。c^* 的定义有一定歧义，多高浓度才算是半稀溶液并无太大意义。

在 3.3.1 节，将主要学习线形柔性链半稀溶液的热力学。首先假设平均场理论在整个浓度范围内有效。然而应注意，该理论不能用于解释所有实验结果，如单体通过共价键组成的大分子之间的相互作用比不区分键合单体和非键合单体的平均场相互作用更强时，该理论失效。幸运的是，链滴模型和标度理论可较好地描述半稀溶液的热力学行为。3.3.2 节主要着重于动力学，讨论高度缠结链的整体波动。

本节用下标 "0" 表示稀溶液中相关量的值。例如，R_{g0} 表示浓度足够低时溶液中的均方根回转半径 R_g。低浓度下，由于溶剂化效应，分子链有一定的体积膨胀，即具有较大排斥体积，随着浓度的增加链尺寸会减小，但这种变化在高浓度下可忽略不计。

3.3.1　半稀溶液的热力学

1. 链滴理论

半稀溶液中，链非常拥挤，且与其他链高度交叠[图 3.18(a)]，经放大可见缠结链是由小链滴组成的[图 3.18(b)]。小圆点表示不同链间的交叉点，即缠结点。同一条链上的两个相邻缠结点间的链有自身的占有体积，其他链的单体或链段进入该区域的概率很小。具有自身体积的球称为链滴。同样的概念也适用于链的其他部分和其他链。下面在链滴概念的基础上讨论半稀溶液的性质。

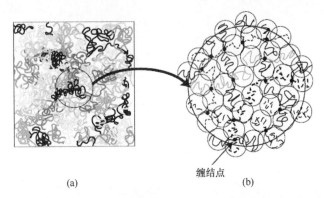

缠结点

(a)　　(b)

图 3.18　(a)半稀溶液中的高度缠结链；(b)放大后缠结链可看作由链滴组成[1]

20 世纪 70 年代引入的链滴概念方便地解决了当时看似神秘的问题[25]。链滴模型在预测高分子半稀溶液的各种静态和动态行为方面非常有效。虽然链滴模型仅限于幂律关系，但它指出了溶液性质对浓度和分子量的依赖性。本节中，首先在一定浓度下，确定给定长度的高分子半稀溶液中的链滴大小，并基于此获得半稀溶液的各种热力学物理量。

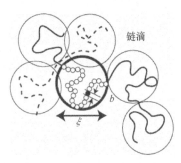

链滴

图 3.19　一个含有 g_N 个链节(尺寸为 b)且大小为 ξ 的链滴[1]

2. 链滴大小

图 3.19 为链滴的示意图。每个大分子链由 N 个大小(直径)为 b 的单体组成，且是单分散。为方便起见，定义单体密度 ρ 为单位体积内单体的数量，与质量浓度 c 有关，即

$$\frac{\rho}{N} = \frac{cN_A}{M} \tag{3.43}$$

式中，M 为分子量。公式两侧都表示单位体积内链的数量。

临界交叠浓度 c^* 下，设体积 R_{g0}^3 中含有 N 个单体，则总单体密度 ρ^* 为

$$\rho^* = Nc^* N_A / M \approx N R_{g0}^{-3} \approx b^{-3} N^{1-3\nu} \quad \text{或} \quad \rho^* \approx b^{-3} N^{-4/5} \qquad (3.44)$$

式中，$R_{g0} \approx bN^{\nu}$。第二个等式代表良溶剂中，$\nu=3/5$。下面讨论中常同时给出 ν 或 $\nu=3/5$。θ 条件下，$\nu=1/2$。

链滴尺寸 ξ 等于 ρ^* 时的 R_{g0}。随着溶液浓度增加，链之间的交叠越来越严重，当有更多的缠结点时，链滴尺寸减小（图 3.20）。

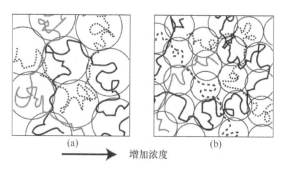

图 3.20　链滴尺寸与浓度的关系[1]
(b)图浓度大于(a)图

在上述两个假设基础上，估算半稀溶液中单体密度为 ρ 时，链滴的大小。

（1）每个链滴中，部分链的构象与独立长链相同。设每个链滴中含 g_N 个单体，则

$$bg_N^{\nu} \approx \xi \quad \text{或} \quad bg_N^{3/5} \approx \xi \qquad (3.45)$$

（2）链滴充满溶液整个体积中，无空隙。链滴中单体的密度反映了整个溶液的密度：

$$\rho \approx g_N / \xi \qquad (3.46)$$

结合上述两个方程，可得

$$\xi \approx b^{-1/(3\nu-1)} \rho^{-\nu/(3\nu-1)} \quad \text{或} \quad \xi \approx b^{-5/4} \rho^{-3/4} \qquad (3.47)$$

ρ 的负指数表示链滴随浓度增加而变小。需要指出，ξ 对 N 的依赖性不显著，一旦确定了大分子种类，ξ 仅取决于单体密度或质量浓度。

链滴尺寸与 R_{g0} 的关系为 $\xi^{1-3\nu} \approx b\rho^{\nu} \approx (\rho/\rho^*)^{\nu} b(NR_{g0}^{-3})^{\nu} \approx (\rho/\rho^*)^{\nu} R_{g0}^{1-3\nu}$，即

$$\xi \approx R_{g0}(\rho/\rho^*)^{-\nu/(3\nu-1)} \quad \text{或} \quad \xi \approx R_{g0}(\rho/\rho^*)^{-3/4} \qquad (3.48)$$

显然，式 (3.48) 仅适用于 $\rho > \rho^*$。在 c^* 以下，分子链间是分离的，整个链是一个链滴，故有 $\xi \approx R_{g0}$。图 3.21 给出了三种不同链长 [三个回转半径 $R_{g0}(1)$、$R_{g0}(2)$、$R_{g0}(3)$] 的稀溶液中链滴尺寸随浓度降低的趋势。在 $R_{g0}(2)$ 下，低浓度时 $\xi \approx R_{g0}(2)$。当 ρ 大于其重叠浓度时的密度 $\rho^*(2)$ 时，ξ 对 ρ 呈直线关系，斜率为 -3/4。在长链 [$R_{g0}(1)$] 情况下，因 $\rho^*(1)$ 较小，R_{g0} 在较低浓度下即开始下降，而在 $\rho > \rho^*$ 区，其下降直线逐渐接近 $R_{g0}(2)$ 体系并重合。短链 $R_{g0}(3)$ 的情况下，R_{g0} 在较高浓度时才发生下降，至 $\rho^*(3)$ 处才显示直线关系。需要注意的是，ξ 与 N 无关。确定 ξ 后，即可估算 g_N：

$$g_N \approx \rho \xi^3 \approx (b^3 \rho)^{-1/(3\nu-1)} \approx N(\rho / \rho^*)^{-1/(3\nu-1)} \quad \text{或} \quad g_N \approx (b^3 \rho)^{-5/4} \approx N(\rho / \rho^*)^{-5/4}$$

$$(3.49)$$

式 (3.49) 是在式 (3.44)、式 (3.46) 和式 (3.47) 基础上推得的。按照假设，交叠浓度下，$g_N \approx N$。链滴模型中，把含 N 个单体的大分子链看作由 $N / g_N \approx (\rho / \rho^*)^{1/(3\nu-1)} \approx (\rho / \rho^*)^{5/4}$ 个链滴组成的链，每个链滴由 g_N 个单体组成。随着大分子链数目增加，链滴尺寸减小。注意，ξ 和 g_N 均随浓度增加而减小，但指数不同。

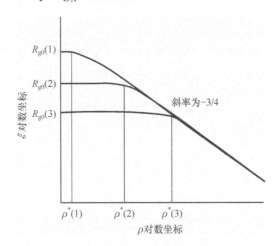

图 3.21　三种不同链长的链滴尺寸 ξ 与单体密度 ρ 的关系[1]

三种高分子在稀溶液中的回转半径分别为 $R_{g0}(1)$、$R_{g0}(2)$、$R_{g0}(3)$，交叠浓度时的密度分别为 $\rho^*(1)$、$\rho^*(2)$、$\rho^*(3)$，半稀溶液中 $\xi \propto \rho^{-3/4}$

链滴是一个想象的结构。与 R_{g0} 不同，链滴尺寸无法测量。后面的推导将表明，链滴大小等于链的相关长度，后者可用静态和动态光散射测量。

显然，链滴模型的有效浓度范围存在一个上限。随着 ρ 的增大，ξ 减小，但仍

大于单体尺寸 b。假设 $\xi \approx b$，则可推导出浓度上限（ρ^{**}），即

$$\rho^{**} \approx b^{-3} \tag{3.50}$$

与 ρ^* 不同，ρ^{**} 与 N 无关。实际高分子溶液中，ρ^{**} 对应的体积分数为 $0.2\sim0.3$。

由式（3.44）可发现：

$$\rho^{**}/\rho^* \approx N^{3\nu-1} \quad \text{或} \quad \rho^{**}/\rho^* \approx N^{4/5} \tag{3.51}$$

因此，当 $N \gg 1$ 时，半稀体系的下限和上限差异很大。处于上限状态时，$g_N \approx 1$。

3. 渗透压

渗透压反映溶液中每单位体积内独立移动单元的数量，是溶液依数性性质之一。低浓度下，大分子整链可作为一个单元移动。质心位移与整个链条位置变化相同（在小波矢极限条件下）。高分子稀溶液可看作一种理想溶液，单位体积内溶质分子的数目是 $\rho/N = cN_A/M$，其理想渗透压可表示为

$$\Pi_{\text{ideal}} = \frac{cN_A}{M}k_BT = \frac{\rho}{N}k_BT \tag{3.52}$$

半稀溶液体系，短时间内链滴中单体的运动可看作与其他链滴中的单体无关。由于链缠结，链滴内的单体重排比链滴本身的重排更容易、更快。链滴中的单体或多或少一起运动（相关运动），就像低浓度下整个链一起运动一样。也就是说，半稀溶液中链滴是一个运动单位。因此，半稀溶液的渗透压可用 k_BT 乘以单位体积中的链滴数表示：

$$\Pi \approx \xi^{-3}k_BT \tag{3.53}$$

将式（3.47）代入式（3.53），有

$$\Pi/k_BT \approx (b\rho^\nu)^{3/(3\nu-1)} \quad \text{或} \quad \Pi/k_BT \approx b^{15/4}\rho^{9/4} \tag{3.54}$$

半稀溶液中，Π 并不显著依赖于 N，它仅取决于 ρ。相同质量浓度下，无论高分子的分子量是多少，其溶液的性质相同。这意味着只要浓度在半稀范围内，含有 1000 个由 1000 个单体组成的链在热力学上等同于含有 100 个由 10000 个单体或 10 个由 100000 个单体组成的链。图 3.22 给出了三种不同链长的渗透压 $\Pi/(\rho k_BT)$ 对 ρ 的依赖性。低浓度下，短链溶液的渗透压较高，这是因为溶液的单位体积内有更多的可运动单元；当 $\rho \ll \rho^*$ 时，$\Pi/(\rho k_BT)$ 在 $1/N$ 时为常数，在 ρ^* 处开始出现偏离理想溶液的行为；对于较长的链，这种偏离在较低的浓度下即会发生；半稀溶液中，不同 N 值的 $\Pi/(\rho k_BT)$ 曲线在一定范围内重叠，公共直线的斜率为 5/4；短链的渗透压在较高浓度下才会接近直线。

实验结果支持上述渐近直线的存在。图 3.23 给出了用蒸汽压渗透法测得的 25 ℃下甲苯中不同分子量的聚α-甲基苯乙烯[poly（α-methylstyrene），PMS]的渗透压$[\Pi/(cN_Ak_BT)]$[27]与浓度的关系。低浓度下，仅在最低分子量部分才能观察到平坦的直线；高浓度下，不同分子量的数据接近一条直线，其斜率为 1.5，略大于链滴模型中预测指数 5/4。

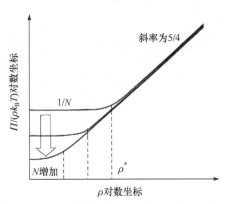

图 3.22　双对数坐标下 $\Pi/(\rho k_B T)$ 与单体密度 ρ 的关系[1]

低浓度下，$\Pi/(\rho k_B T)=1/N$，半稀溶液中，$\Pi/(\rho k_B T)\propto\rho^{5/4}$ 在 ρ^* 处交叉

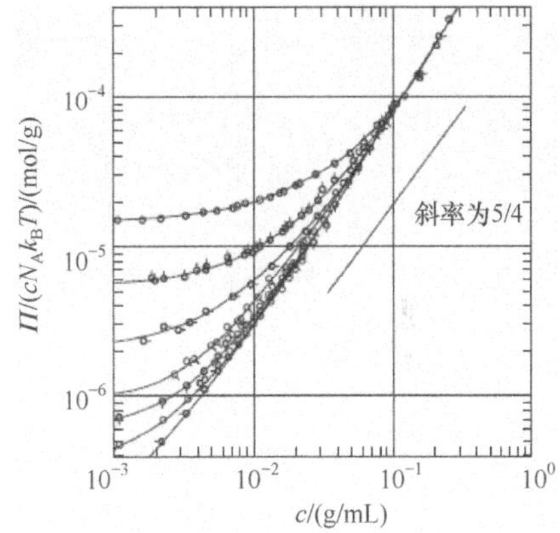

图 3.23　PMS 在甲苯溶液中 $\Pi/(cN_Ak_BT)$ 与浓度 c 的关系[27]

图中从上向下的摩尔质量为 $7\times10^4\sim7.47\times10^6$ g/mol，图中实线的斜率为 5/4

同一浓度下，半稀溶液渗透压 Π 与理想溶液 Π_{ideal} 之比为

$$\Pi/\Pi_{ideal}\approx(\rho/\rho^{**})^{1/(3\nu-1)} \quad 或 \quad \Pi/\Pi_{ideal}\approx(\rho/\rho^{**})^{4/5} \tag{3.55}$$

其中引入了式(3.44)。半稀溶液中，ρ/ρ^* 可以很大，渗透压比相同浓度的理想溶液大得多。当溶液与纯溶剂之间设置只有溶剂分子才可通过的半透膜时，大量溶剂通过半透膜进入半稀溶液。

3.3.2 标度理论和半稀溶液

前面章节中，用链滴模型推导出了描述半稀溶液的各种热力学物理量之间的幂律关系，与实验结果基本一致。事实上，也可在不用链滴假设的情况下得到相同的结果。下面将介绍标度理论。

1. 标度理论

标度理论已成功用于解释一些临界现象，即当体系接近有序-无序转变点时，物理量会发生剧烈变化。例如，磁铁中的铁磁-顺磁相变和液晶中的向列-各向同性相变、在上临界共溶温度（upper critical solution temperature，UCST）和下临界共

溶温度(low critical solution temperature，LCST)附近的两种液体混合物中的分层(分相)转变(也属有序-无序转变)。温度(T)接近临界温度(T_c)时，系统从无序相转变为有序相。无序相体系是均一的、无定形的，接近 T_c 时，局部磁化、液晶分子的局部排列或双组分液体的局部组成发生浓度涨落，越来越大的相区发展为部分有序结构。当达到 T_c 时，相区尺寸变得无穷大，整个系统成为宏观有序相。两种液体的分相过程中，会分成两个宏观相区。众所周知，T_c 附近，相区尺寸随温差 $|T - T_c|$ 增大呈指数增长。

将 $T - T_c \to 0$ 与 $N^{-1} \to 0$ 进行类比，增加链长等价于接近 T_c，标度理论可成功用于高分子体系。链滴模型与标度理论相结合，有助于阐明半稀高分子溶液的热力学和动力学行为。自 20 世纪 70 年代 de Gennes 提出以来，标度理论已得到广泛应用[25]，并成为高分子科学研究中的一种通用语言，即使缺乏理论背后的数学知识，也可从中获得启发性结果。

先考虑渗透压 Π。Π / Π_{ideal} 给出了位力扩展系数与大分子链无量纲浓度 $\rho R_{g0}^3 / N$ 的关系：

$$\frac{\Pi}{k_B T} = \frac{\rho}{N}[1 + \text{const.} \times (\rho R_{g0}^3 / N) + \text{const.} \times (\rho R_{g0}^3 / N)^2 + \cdots] \tag{3.56}$$

应注意，$\rho R_{g0}^3 / N$ 等于浓度比 $\rho / \rho^* = \phi / \phi^* = c / c^*$，"const."表示常数。通常，式中方括号内的因子是通用函数 $\rho R_{g0}^3 / N$（$\rho R_{g0}^3 / N \geqslant 0$）。"通用"是指除 $\rho R_{g0}^3 / N$ 外，其他性质或功能的形式与 N 或 b 无关。因此，只要遵循相同的统计规律，不同高分子-溶剂组合具有相同的性质或功能。通用函数可称为标度函数，用 f_Π 表示：

$$\frac{\Pi}{k_B T} = \frac{\rho}{N} f_\Pi (\rho R_{g0}^3 / N) \tag{3.57}$$

无量纲量 $N\Pi / (\rho k_B T)$ 等于另一无量纲量 $f_\Pi (x)$（其中，$x = \rho R_{g0}^3 / N$）。

当 $x \to 0$ 时，$f_\Pi (x)$ 趋近 1，即高分子的极稀溶液可看作理想溶液。假定 x 值较大时 $f_\Pi(x)$ 对 x 的标度指数为 m，有

$$f_\Pi(x) \begin{cases} = 1 & (x \to 0) \\ \approx x^m & (x \gg 0) \end{cases} \tag{3.58}$$

半稀溶液（$x \gg 1$）中，有

$$\frac{\Pi}{k_B T} = \frac{\rho}{N}(\rho R_{g0}^3 / N)^m \approx b^{3m} \rho^{1+m} N^{m(3\nu-1)-1} \tag{3.59}$$

高度交叠的溶液中，正如链滴模型所预测，热力学性质不显著地依赖于 N，仅依赖于 ρ。根据 Π/k_BT 与 N 无关，m 确定为 $m=1/(3\nu-1)$ 或 $m=5/4$，式 (3.59) 与式 (3.54) 相同。不使用链滴假设的情况下，也可得到与链滴模型相同的表达式，该一致性已在链滴模型中得到证实。显然，只有式 (3.58) 中 x 的幂可使 Π 与 N 无关。

与链滴模型一样，标度理论未给出式 (3.58) 中缺失数值系数的估算方法。该理论仅能说明当 $x\gg1$ 时，$f_\Pi(x)\propto x^{5/4}$。基于标度理论，采用实验或计算机模拟可确定精确的数值。重整化群理论可以提供缺失系数。

从 $x\ll1$ 时的 1 到 $x\gg1$ 时的 $x^{5/4}$ 的区间内，$f_\Pi(x)$ 呈平滑过渡的曲线。标度函数可由 $\Pi/\Pi_{\text{ideal}}=\Pi M/(cRT)$ 对 $\rho/\rho^*=c/c^*$ 作图给出，该类型图称为比例图（图 3.24）。图 3.22 中的三条曲线可通过重新调整横纵坐标，垂直和水平地平移叠加在一起，重叠曲线称为主曲线。

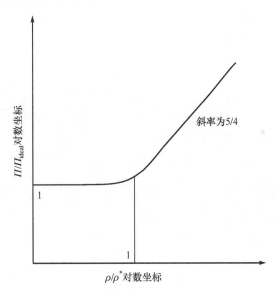

图 3.24　标度理论中渗透比 Π/Π_{ideal} 与浓度比 ρ/ρ^* 的关系[1]

双对数坐标，$\rho/\rho^*\ll1$，Π/Π_{ideal} 为 1；$\rho/\rho^*\gg1$，斜率为 5/4

Ohta 等[28]在重整化群理论基础上推导出标度函数在 $\rho\gg\rho^*$ 区域的幂次关系，结果与式 (3.58) 相同。由此，提出了一个插值公式：

$$\Pi/\Pi_{\text{ideal}}=1+\frac{1}{2}X\exp\left\{\frac{1}{4}[X^{-1}+(1-X^{-2})\ln(1+X)]\right\} \tag{3.60}$$

式中，$X=(16/9)A_2Mc$，为另一种浓度比的形式，也可用 $X=3.49(c/c^*)$。

通过重新调整每组数据的横坐标和纵坐标，获得图 3.23 数据的主曲线（图 3.25），图中采用浓度比 c/c^*。可以看到，不同分子量高分子的数据均位于主曲线上[24]。足够高的浓度下，二者呈斜率为 5/4 的直线关系。与图 3.23 相比，$c/c^* \gg 1$ 时，较高分子量部分的数据更符合标度理论的预测值。相反，图 3.23 中低分子量部分在高浓度时才逐渐接近直线关系。无论是从实验结果得到的主曲线，还是理论预测的指数，都佐证了链滴模型的可靠性及半稀溶液中渗透压与 N 无关的正确性。

2. 渗透的压缩性

高分子溶液散射强度增量 I_{ex} 对分子量和浓度的依赖因子为 $c/(\partial\Pi/\partial c)$，式中的分母为渗透的压缩性。低浓度时，$c/(\partial\Pi/\partial c) = N_A k_B T / M$，故 $I_{ex} \propto c$；半稀溶液中，$\partial\Pi/\partial c \propto c^{5/4}$，$I_{ex} \propto c^{-1/4}$。图 3.26 给出了 I_{ex} 与浓度的关系，可见 I_{ex} 在 c^* 附近达到峰值；当 $c > c^*$ 时，存在一个从 $c \propto c^{-1/4}$ 的交叉。

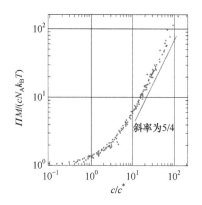

图 3.25　图 3.23 中的渗透压主曲线[27]
渗透压比 $\Pi M/(cN_A k_B T)$ 与浓度比 c/c^* 的关系，斜率为 5/4

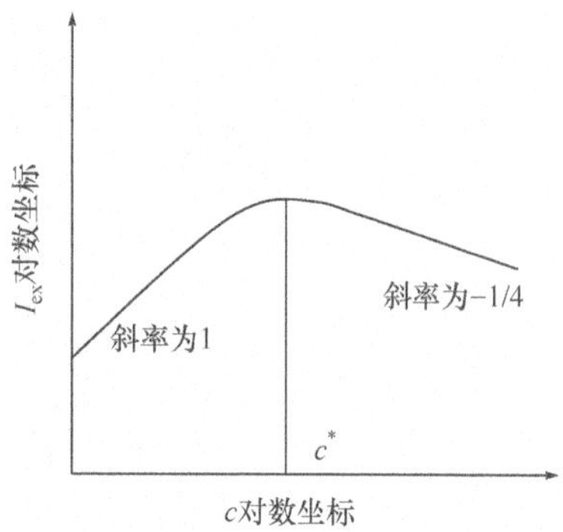

图 3.26　I_{ex} 与 c 的关系曲线[1]
c^* 处，I_{ex} 出现峰值，稀溶液中，$I_{ex} \propto c$，半稀溶液中，$I_{ex} \propto c^{-1/4}$

反过来，可由 I_{ex} 估算 $\partial\Pi/\partial c$ 的具体数值。光散射实验中，可绘制对 c/c^* 的主曲线来估算 $(M/N_A k_B T)(\partial\Pi/\partial c)$。双对数图中的主曲线在 $c/c^* \gg 1$ 时，应呈斜率为 5/4 的直线。图 3.27 给出了甲苯和甲基乙基酮中不同分子量 PS 的数据[29]。将渗透压缩比 $(M/N_A k_B T)(\partial\Pi/\partial c)_T$ 对 $(16/9)A_2 Mc$ 作图，根据散射实验数据绘制主曲线，该曲线在低浓度下斜率接近 1，半稀释状态下斜率接近 5/4，与预测值一致。

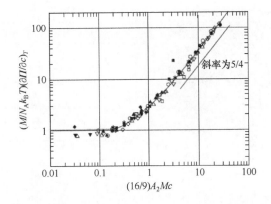

图 3.27　渗透压缩比 $(M/N_A k_B T)(\partial \Pi/\partial c)_T$ 与 $(16/9)A_2 Mc$ 的关系图[29]

根据光散射实验测试甲苯和甲基乙基酮中不同分子量 PS 的数据绘制

3. 相关长度和单体密度相关函数

用标度理论估算溶液中局部单体密度涨落的相关长度ξ(该符号与链滴尺寸的符号相同)。高分子在均匀溶液中的尺寸与单体连接长度不完全一致。单体间的连接性使在给定单体附近单体密度分布不均匀。低浓度下，链是孤立的，在给定单体附近的局部密度高于远离大分子链的密度，半稀溶液中也存在不均匀局部密度分布。图 3.28(a)描述了半稀溶液中大分子链的形态，图 3.28(b)为沿平面 a 中直线上的单体密度分布。可以看到，虽存在密度涨落，但并非完全随机，当某一点高于平均水平后会持续一段距离ξ，该距离称为相关长度。低浓度下，$\xi \approx R_{g0}$。半稀溶液中的链发生交叠时，距离大于 R_{g0} 时的密度涨落相关性迅速消失，相关长度即变短。此处引入另一个标度函数 $f_\xi(x)$，有

$$\xi = R_{g0} f_\xi(x), \quad f_\xi(x) \begin{cases} = 1 & (x \to 0) \\ \approx x^u & (x \gg 0) \end{cases} \tag{3.61}$$

式中，$x = \rho/\rho^*$。标度指数 u 为负。用 b、N 和ρ表示，ξ为

$$\xi \approx b^{1+3u} N^{\nu + u(3\nu-1)} \rho^u \tag{3.62}$$

同样，$\rho/\rho^* \gg 1$时，ξ与 N 无关，前提条件是 $\nu + u(3\nu-1) = 0$，即 $u = -\nu/(3\nu-1)$ 或 $u = -3/4$。幂律关系中的相关长度随浓度的增加而减小，指数为 $-3/4$。该标度关系与式(3.48)中链滴尺寸对浓度的依赖性完全相同。因此，链滴本质上是一个直径等于相关长度的球体，表明一个链滴内的单体是协同运动，而不同链滴内单体的运动不相关。

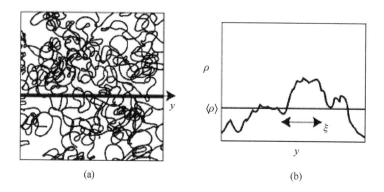

图 3.28   半稀溶液中的大分子链(a)及沿平面 a 中直线上的密度分布(b)[1]

ξ / R_{g0} 与浓度比之间的关系如图 3.29 所示。该图通过平移图 3.21 中的曲线得到。

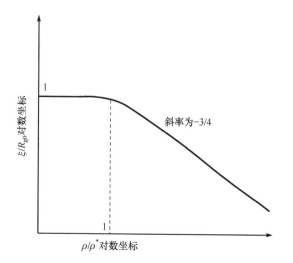

图 3.29   相关长度比 ξ / R_{g0} 与浓度比 ρ / ρ^* 之间的关系[1]

    静态光散射实验可估算高分子溶液中的相关长度。用 Ornstein-Zernike 相关函数 $g_{OZ}(\boldsymbol{r})$ 描述半稀高分子溶液中的密度涨落 $\Delta \rho(\boldsymbol{r}) = \rho(\boldsymbol{r}) - \langle \rho \rangle$ 中的 $\langle \Delta \rho(\boldsymbol{r}) \Delta \rho(0) \rangle / \rho$ 关系。Ornstein-Zernike 相关函数为

$$g_{OZ}(\boldsymbol{r}) = \frac{A}{4\pi \xi^2 r} \exp(-r / \xi) \tag{3.63}$$

式中，$r = |\boldsymbol{r}|$；A 为常数，在 $r = 0$ 处有一个奇点，但积分时会消失。图 3.30 给出了 $4\pi r^2 g_{OZ}(\boldsymbol{r})$ 与 r / ξ 之间的关系。给定距离 r 与 $r = \xi$ 之间，其他单体出现的概率为 $4\pi r^2 g_{OZ}(\boldsymbol{r}) \mathrm{d}r$，曲线的峰值为 $r = \xi$，即最有可能在 $r = \xi$ 处发现其他单体。

    此相关函数的静态结构因子 $S(\boldsymbol{k})$ 很简单，有

$$S(\boldsymbol{k}) = \int \exp(\mathrm{i}\boldsymbol{k}\cdot\boldsymbol{r})g_{\mathrm{OZ}}(\boldsymbol{r})\mathrm{d}\boldsymbol{r} = \frac{A}{1+\xi^2\boldsymbol{k}^2} \tag{3.64}$$

$S(\boldsymbol{k})$ 的倒数在图 3.31 中绘制为 k^2 的函数，呈一条直线，斜率为 ξ^2。由于 $S(\boldsymbol{k})$ 与 k^2 处的散射强度增量成正比，可利用此图在光散射实验中得到 ξ（图 3.32）。

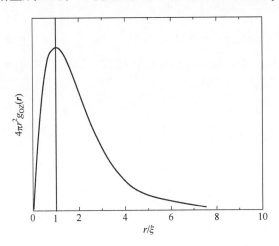

图 3.30　Ornstein-Zernike 单体密度相关函数 $g_{\mathrm{OZ}}(r)$ [1]

其他单体最有可能在 $r = \xi$ 处出现

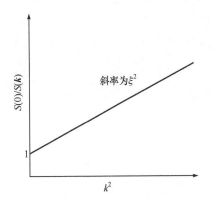

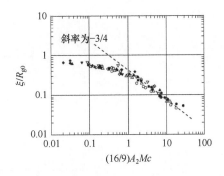

图 3.31　静态结构因子 $S(\boldsymbol{k})$ 倒数与　　　　图 3.32　光散射测试 PS 的甲苯和甲基乙基酮
　　　　　 k^2 的关系[1]　　　　　　　　　　　　　　溶液的相关长度 ξ [29]

斜率为相关长度的平方　　　　　　　　　相关长度比 ξ/R_{g0} 与 $(16/9)A_2Mc$ 的关系，虚线的斜率
　　　　　　　　　　　　　　　　　　　　为 $-3/4$

4. 分子链收缩

链长大于 ξ 时，链运动与单体浓度几乎无关，即大分子链上的单体不会与同

一链上其他链滴中的单体发生相互作用。换句话说，一个链滴与属于同一链上的其他链滴无关。排除体积主要位于不同链的链滴之间。因此，超过 ξ 后，排除体积效应（即低浓度下大分子链的溶胀）无效。

半稀溶液中，将一条链看作是由 N/g_N 个大小为 ξ 的链滴组成的理想链。当单体密度为 ρ 时，半稀溶液的回转半径 R_g 为

$$R_g^2 \approx (N/g_N)\xi^2 \approx R_{g0}^2 (\rho/\rho^*)^{-(2\nu-1)/(3\nu-1)} \quad \text{或} \quad (\rho/\rho^*)^{-1/4} \tag{3.65}$$

由于存在排除体积，链在稀溶液中呈膨胀状态，但在半稀溶液中却呈收缩状态。R_g 的收缩系数为

$$R_g/R_{g0} \approx (\rho/\rho^*)^{-(\nu-1/2)/(3\nu-1)} \quad \text{或} \quad (\rho/\rho^*)^{-1/8} \tag{3.66}$$

同样的收缩系数也适用于均方回转半径（R_F）。

图 3.33 给出了不同浓度时的收缩程度。R_g^2 与 b、N 和 ρ 的关系为

$$R_g^2 \approx (b\rho^{1-2\nu})^{1/(3\nu-1)} N \quad \text{或} \quad (b\rho^{-1/5})^{5/4} N \tag{3.67}$$

半稀溶液中，$R_g \propto N^{1/2}$，与理想链相同。随 ρ 增加，保持 $R_g \propto N^{1/2}$ 关系的同时，通过有效减小理想链的单体尺寸，使链不断收缩。在 $\rho \approx \rho^{**}$ 时，$\rho \approx b^{-3}$ 和 $R_g \approx bN^{1/2}$，与理想链 R_g 与 b 的关系相同。

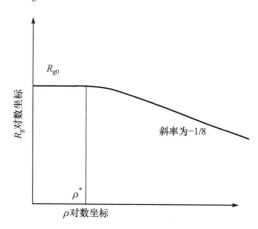

图 3.33　浓度增加时排斥体积效应导致的大分子链的收缩[1]
R_g 对 ρ 的指数是 $-1/8$

小角中子散射实验证实了链的收缩[30]。将聚合度相同的氢化聚苯乙烯（hydrogenated polystyrene，h-PS）和氘代聚苯乙烯（deuterium polystyrene，d-PS）的混合物（聚合度约为 1100）溶解在二硫化碳中。d-PS 浓度可在较宽范围内变化，而 h-PS 保持较低浓度，由此测量 d-PS 半稀溶液中每个 h-PS 的回转半径。图 3.34 给

出了 R_g^2 与浓度 c 的关系。实验结果呈一条直线，斜率为$-1/4$，符合标度理论预测值。在高于 c^{**} 的浓度范围内，可观察到相同的幂律关系。

图 3.35 给出四种不同链长的立方格上自规避行走的预测标度图。以 R_g/R_{g0} 对浓度比 ϕ/ϕ^* 作图，可得一主曲线：

$$R_g/R_{g0} = [1 + 0.96403(\phi/\phi^*) + 0.34890(\phi/\phi^*)^2]^{-1/16} \tag{3.68}$$

该式显示出与式(3.66)相同的渐近线，但在所示范围内未达到$-1/8$ 的标度关系。显然，若想观察到该指数需要更长的链。

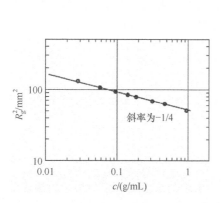

图 3.34 PS 在二硫化碳中的均方回转半径 R_g^2
与浓度 c 的关系[30]

数据来自小角中子散射实验，直线斜率为$-1/4$

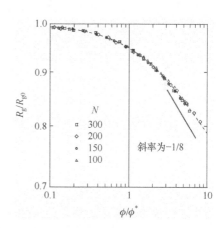

图 3.35 R_g/R_{g0} 与浓度比 ϕ/ϕ^* 的
关系[31]

数据来源：Monte Carlo 法对自规避行走的模拟，虚线为
预测的 $\phi/\phi^* \gg 1$ 时的标度关系

5. θ条件

表 3.3 列出θ溶剂及良溶剂中的幂律关系，θ条件下高分子的半稀溶液，$\nu = 1/2$。由于排除体积和单体尺寸相当，良溶剂和θ溶剂中半稀浓度的上限近似。两种溶剂中的所有热力学量均相同。与良溶剂相比，θ溶剂中的半稀范围更窄。因随浓度增加热力学性质变化更快，θ溶剂的溶液与良溶剂的溶液性质也几乎相同。与良溶剂相比，θ溶剂中ξ对浓度的依赖性更强。图 3.36 比较了良溶剂和θ溶剂中的 ξ/b。

表 3.3 半稀溶液的性质[1]

	一般形式	$\nu = 3/5$	$\nu = 1/2$
Π/k_BT	$(b\rho^\nu)^{3/(3\nu-1)}$	$b^{15/4}\rho^{9/4}$	$b^6\rho^3$
Π/Π_{ideal}	$(\rho/\rho^*)^{1/(3\nu-1)}$	$(\rho/\rho^*)^{5/4}$	$(\rho/\rho^*)^2$

续表

	一般形式	$\nu = 3/5$	$\nu = 1/2$
$\delta\mu/k_B T$	$(\rho/\rho^*)^{1/(3\nu-1)}$	$(\rho/\rho^*)^{5/4}$	$(\rho/\rho^*)^2$
ξ/R_{g0}	$(\rho/\rho^*)^{-\nu/(3\nu-1)}$	$(\rho/\rho^*)^{-3/4}$	$(\rho/\rho^*)^{-1}$
R_g/R_{g0}	$(\rho/\rho^*)^{-(\nu-1/2)/(3\nu-1)}$	$(\rho/\rho^*)^{-1/8}$	$(\rho/\rho^*)^0$

注：ρ/ρ^* 也可用 c/c^* 或 ϕ/ϕ^* 代替。

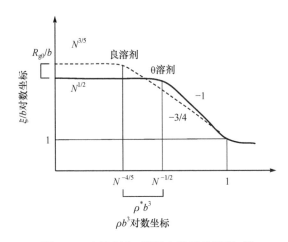

图 3.36   良溶剂和θ溶剂中的相关长度 ξ[1]

单体浓度$\rho^{**} = b^3\rho^* \approx 1$ 时，两种溶剂的差别几乎消失

3.3.3   管状模型和蛇行理论

Rouse 模型中关注的是单体在一个链滴内的短时运动，且运动不涉及整个大分子链的平移。本节主要关注链在比链滴尺寸更长距离上的整体运动。

高分子的半稀溶液(包含亚浓非缠结、亚浓缠结和浓溶液)具有很高的黏性。即使在 1 wt%(质量分数，下同)的浓度下，分子量大于数百万的高分子溶液也只能缓慢流动，在可观察时间和频率范围内表现得更像橡胶一样具有弹性。几十年来，这些特性一直难以理解，直到管状模型和蛇行理论出现，这个难题才得以解决。该模型在 20 世纪 80 年代末，由 Doi 等[26]提出、改进并应用于高分子熔体和高分子半稀溶液的黏弹性解释。

1. 管子和原始链

在众多链中挑选一个称为测试链(test chain)的单链，测试链与相邻链高度缠绕。可以想象一个管状区域，即相邻链环绕着测试链(图 3.37)。这些相邻链阻止测试链超出它们的范畴,有效地将测试链限制在一个管状区域内。虽然测试链的轮廓呈三维缠绕,但也可以绘制其二维图,测试链被约束在管中。管内测试链弯弯曲曲,管的直径沿管道轮廓变化,同时也随时间发生变化。

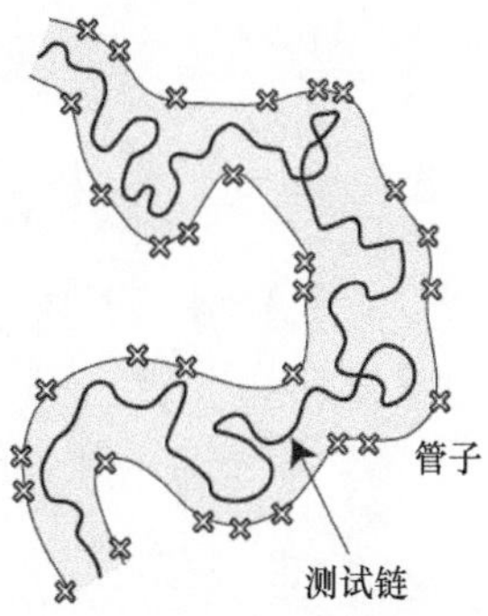

管状模型假设:

(1)较短时间内,测试链可在管内摆动,正如链滴中单体协同移动而不离开链滴;

(2)超过一定的时间范围,测试链只能沿管道移动,不能超出管子的限制;

(3)测试链的头部可自由探索下一个方向。当头部从现有管中移出时,管子将添加一个新截面。同时尾部腾出现有管的一部分。总的来说,管子的长度随时间变化不大。

图 3.37　测试链被相邻链限制在一个管状区域内(灰色区域)[1]

十字表示相邻链与测试链所在曲面的交点

遵循上述假设的测试链在溶液中可以足够长的时间进行扩散运动,尽管速度较慢,但其末端较大的自由度使链扩散成为可能。

半稀溶液中的大分子链具有理想链的构象,可用随机行走模型来构造测试链。假设随机行走由 N 个步长为 b 的独立单元构成,则测试链的轮廓长度为 Nb,均方末端距为 Nb^2。

将管子的中心线定义为原始链(primitive chain),测试链围绕原始链摆动(图 3.38)。原始链的运动只是测试链运动的一个粗视图。将短时间尺度下的摆动平均化,即形成原始链。

根据前面管状模型的三个假设,原始链只沿其轮廓移动。它的运动就像一条蛇在地球上爬行,即蛇行运动。原始链的一个末端可以探索它的运动方向,但其余部分遵循它自己的现有路径。

原始链与测试链共享统计属性,两者均为理想链,末端距相同。原始链的构象是测试链构象的粗粒度版本。当将自由行走模型用于原始链时,步长等于管直径 b_t(图 3.39)。因管子包住了测试链,故 $b_t > b$,可粗略表示原始链的性质。原始链的轮廓长度 L 比测试链短。对于轮廓长度为 L 的原始链,随机行走必须具有 L/b_t 步长,测试链和原始链的均方末端距相等,$b_t^2(L/b_t) \approx b^2 N$,则

$$L \approx b^2 N / b_t \tag{3.69}$$

与链滴大小一样,b_t 取决于单体密度而不是链长,图 3.37 中十字交叉点的密度由单体密度而不是链长决定。

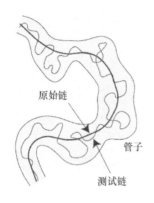

图 3.38　沿管道中心线的原始链，测试链围绕
　　　　在原始链周围[1]

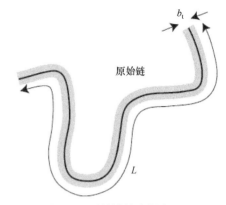

图 3.39　原始链的步长为 b_t，
　　　　轮廓长为 L[1]

2. 管子的更新

图 3.40 示意了原始链如何通过不断更新头部或尾部来改变其形状，使管与原始链一起移动。在图 3.40(a)中，原始链沿其自身轮廓滑动，前进端从现有管道中移出，并找到新的路径。在图 3.40(b)中，链随机向前移动一步，一个新的部分立即添加到管道的增长端。同时，原始链的后端腾出现有管的一部分，管的末端随之废弃。在图 3.40(c)中，当原始链反转沿其轮廓返回时，前进端(以前的后退端)不需再移回旧管中。新的推进端可以自由选择另一条路径。因此，一个新的部分总是添加到管子一端，而另一端被废弃。原始链的运动可以通过测试链的运动来实现。当测试链晃动着移出现有管时，会创建新管部分。随着管端的产生和湮灭，原始链本身一端在生长，另一端则不停地废弃。

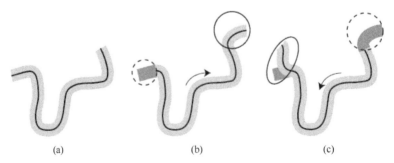

(a)　　　　　　　　　(b)　　　　　　　　　(c)

图 3.40　原始链沿其轮廓长滑动时管子的形状随之改变[1]

当原始链从(a)向(b)移动时，头部出现新的部分(实线圈内)，而另一端的尾部则消失(虚线圈内)；
当原始链继续翻转到(c)，则头部不会回到原管的部分，会出现一个新的头部，另一端的尾部消失

图 3.41 给出了管子更新的示意图。当原始链沿其自身轮廓来回移动时，链不断更新管的末端部分。每一个过程中，原始链都添加一个新的部分，并丢失旧的

一部分。图 3.41(a)描述了新管对旧管有一定记忆性，但最终如图 3.41(b)所示，旧管不留下任何痕迹。即使原始链的质心与刚开始跟踪原始链运动时的质心处于同一位置，也会发生完全更新。但更可能的是，原始链的移动距离超过其末端距，测试链也是如此。换言之，每次原始链的质心移动 $bN^{1/2}$ 的距离时，都会发生更新。

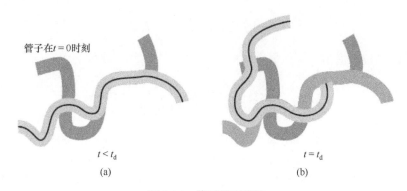

图 3.41　管子的更新[1]

(a)某一时间管子(浅灰)与 $t = 0$ 时刻的原管(深灰)部分重合；(b)管子继续更新，最后管子(浅灰)与原管无重合之处，所用时间即为解缠结时间 t_d

3. 解缠结

通过沿原始链自身轮廓的再现，可实现管的更新。为估算管更新所需的时间，要了解蛇行运动的特点。蛇行运动是沿三维空间内一条曲线的一维扩散。原始链的前后移动是随机的，反映出测试链运动的随机性。半稀溶液中，相关长度以外的距离流体力学相互作用被屏蔽，就像屏蔽排除体积一样。尽管链的运动被限制在管内空间，仍可通过 Rouse 模型近似处理测试链的动力学：Rouse 模型中，链作为一个整体运动时受到 $N\zeta$（其中 ζ 是每个珠子的摩擦因子）的摩擦；当运动仅限于原始链的曲线路径时，摩擦力相同。由于测试链在管内进行 Rouse 运动，只有沿管的运动随时间而推移时才会发生，导致原始链沿其自身轮廓的平移。原始链运动的一维扩散系数 D_c 称为曲线扩散系数，它等于 Rouse 链的扩散系数，故有

$$D_c \approx \frac{k_B T}{N\zeta} \tag{3.70}$$

原始链沿管以 D_c 滑动时，解缠结时间(t_d)为原始链管更新所需的时间：

$$t_d \approx \frac{L^2}{D_c} \tag{3.71}$$

在 t_d 时，原始链可脱离现有的管。根据式(3.70)和式(3.71)，t_d 可重写为

$$t_d \approx \frac{b^4 N^3 \zeta}{b_t^2 k_B T} \quad \text{(解缠结时间)} \tag{3.72}$$

即 t_d 与 N^3 成正比。N 的轻微增加将导致 t_d 大幅度增加，链整体运动变慢很多。

比较 t_d 与 τ_1（未缠结情况下，Rouse 链第一模式的松弛时间），由 $\tau_1 \approx \zeta N^2 b^2 / k_B T$ 可得

$$t_d / \tau_1 \approx N b^2 / b_t^2 \approx L / b_t \tag{3.73}$$

它等于随机行走模型中原始链的步数。如果链足够长，则 $L / b_t \gg 1$，故 $t_d \gg \tau_1$。

3.4　聚电解质溶液的流变行为

聚电解质是一类带有阴离子或阳离子、易溶于水、在水溶液中能电离为带电荷的大分子聚离子(polyion)和带相反电荷的小分子反离子(counterion)的高分子化合物[32,33]。聚电解质兼有高分子长链和小分子电解质电离的双重结构特征，具有普通高分子所不具备的功能特性，应用极为广泛，如污水、污泥处理剂，气体、液体分离膜，贵金属提(萃)取和水中重金属的脱除膜，温敏、湿敏、气敏、pH 敏、电敏以及生物敏感传感元件材料，以及采油、造纸、涂料和食品加工中的工业助剂等。此外，聚电解质在生物医用领域中的药物载体、药物控释膜、组织细胞培养、净化质粒 DNA 以及酶固定化中也起着独特的作用[34,35]。

3.4.1　聚电解质溶液的特性

聚电解质可分为阴离子聚电解质、阳离子聚电解质和两性聚电解质。常见的阴离子聚电解质包括聚丙烯酸、聚苯乙烯磺酸等含羧酸或磺酸基团类物质；阳离子聚电解质包括聚二甲基二烯丙基氯化铵、聚乙烯亚胺盐酸盐等含铵盐类物质；两性聚电解质包括蛋白质、核苷酸等同时含有正负电离基团类物质。

在水溶液中，聚电解质电离为聚离子与小分子反离子，反离子分布在聚离子的周围，随着溶液浓度与反离子浓度的不同，聚离子的尺寸发生变化。当浓度较低时，由于反离子远离聚电解质分子链，聚电解质分子链上的电荷产生静电排斥作用，以致分子链的构象比中性高分子更为舒展，尺寸较大[图 3.42(a)]。当其浓度升高，由于分子链相互靠近，构象变得不太舒展，而反离子浓度的增加屏蔽了聚离子，降低了分子链上的静电排斥作用，使分子链蜷曲，尺寸缩小[图 3.42(b)]。如果在聚电解质溶液中加入小分子电解质，相当于增加了溶液中的反离子浓度，增加了对聚离子的屏蔽效应，其尺寸缩小[图 3.42(c)]。当有足够量的反离子时，聚电解质的形态及其溶液性质与中性高分子相同。

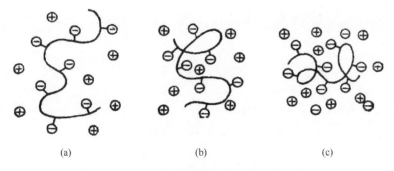

图 3.42　不同情况下聚电解质溶液的构象示意图[36]
(a)稀溶液；(b)浓溶液；(c)加盐情况下

由于聚离子与反离子之间的静电相互作用，聚电解质在溶液中表现出特殊行为，呈现一系列如黏度、渗透压与光散射等反常溶液性质，具体表现如下[37,38]：

(1)聚电解质亚浓非缠结溶液的黏度与浓度平方根成正比，$\eta \propto c^{1/2}$（Fuoss 关系）；而中性高分子溶液无该浓度区间。

(2)从稀溶液到亚浓溶液的转变浓度比中性链低得多，这是由于聚电解质在溶液中电荷的排斥作用，分子链以较伸展的形态存在，故达到临界交叠的浓度较低。

(3)均一的聚电解质溶液表现出明显的散射峰值，波矢的大小与浓度的 1/2 次方成正比，中性高分子溶液则无该峰值。

(4)无小分子盐的溶液中，聚电解质渗透压比同浓度的中性高分子高几个数量级，且随其浓度呈线性增加。宽浓度范围内，渗透压与聚电解质的分子量无关。渗透压与浓度的线性关系以及对外加盐的依赖性表明，渗透压主要由抗衡离子贡献。

(5)聚电解质亚浓溶液的非缠结区很宽，缠结浓度 c_e 比临界交叠浓度 c^* 高很多，该现象与聚电解质分子链之间的电荷排斥相关。

3.4.2　聚电解质溶液中电荷的凝聚和屏蔽

由于电荷的存在，聚电解质溶液中存在两个效应：

(1)聚电解质链上离子化基团沿链的间距短，每个单体单元对抗衡离子表现出强烈的吸引力，以防止其扩散；其中一部分抗衡离子作为凝聚物(condensate)紧密包围在聚离子周围从而减小有效电荷密度。这意味着带基本电荷的单元仅出现在沿链比单体长度大的距离 ξ_D，该特征最小距离是比耶鲁姆(Bjerrum)长度 ξ_B。

(2)链上所固定的电荷通常不产生相应的库仑力，而是被一层抗衡离子所屏蔽。在所有电解质中均发现带相反电荷云(聚离子和低摩尔质量离子)的形成，导致某一距离范围之外库仑力消失。该距离是德拜(Debye)屏蔽长度 ξ_D，描述了电荷补偿云的尺寸，随活动离子总浓度所决定的离子强度而变。

电解质中的阳离子被一层阴离子所包围，反之亦然。结果将导致单电荷产生的静电势改变。在介电常数为 ε 的电中性溶剂中产生一个孤立的正基本电荷时，势能 $V(r)$ 为

$$V(r) = \frac{e}{4\pi\varepsilon_0\varepsilon_r} \tag{3.74}$$

式中，e 为基本电荷；ε_0 为真空介电常数；ε_r 为相对介电常数。电解质溶液中多重阴阳离子的存在屏蔽了该势能，其空间依赖性变为

$$V(r) = \frac{e}{4\pi\varepsilon_0\varepsilon_r} \exp\left(-\frac{r}{\xi_D}\right) \tag{3.75}$$

这一改变意味着，源自阳离子的库仑力在距离 r 超过 ξ_D 后将消失。该效应可用 Debye 和 Hückel 于 1923 年提出的著名理论来解释：电荷屏蔽主要影响聚离子上固定电荷之间的静电排斥力，这些力被所有移动离子，即抗衡离子和可能存在的其他低摩尔质量离子所屏蔽。围绕聚离子电荷的移动离子屏蔽云的尺寸同样由 Debye 长度所给出并由离子强度确定[39]。

3.4.3　链伸展和盐效应

高度稀释的溶液中单个中性大分子链呈线团构象，其尺寸可用 θ 溶剂和良溶剂中的标度律 $R = a_0 N^{1/2}$ 和 $R = a_F N^{3/5}$ 来描述（a_0 与主链上单体单元的键长相近，a_F 为每个单体单元的有效长度）。高度稀释条件下，假设有 $\phi_{io} N$ 个离子化基团沿链规则分布，其间距为 l_{io}，且 $l_{io} > \xi_B$，所有的抗衡离子都扩散开去，故在溶液中的浓度可忽略不计[39]。如果这些条件下未出现屏蔽，则链所固定的电荷间的库仑力会发挥作用，故链呈伸展状态，末端距 R 正比于聚合度，有

$$R \propto N \tag{3.76}$$

此外，还需求出导致链扩张的库仑排斥力 f_P^e，该力应与作用在相反方向的橡胶熵弹性力保持平衡。存储在直径为 R 数量级的总静电能为

$$f_P^e \approx \frac{1}{4\pi\varepsilon_0\varepsilon}\frac{e^2}{R}(N\phi_{io})^2 = \frac{kT\xi_B}{R}(N\phi_{io})^2 \tag{3.77}$$

这意味着数量级为 $e^2/(4\pi\varepsilon_0\varepsilon R)$ 的库仑相互作用能来自链内 $(N\phi_{io})^2$ 离子对间的排斥相互作用。另外，橡胶熵弹性力 f_P^S 导致末端距为 R 的大分子链的自由能增加到

$$f_P^S \approx \frac{kT}{Na_0^2}R^2 \tag{3.78}$$

R 值服从

$$\frac{\mathrm{d}}{\mathrm{d}R}(f_P^e + f_P^S) = 0 = -\frac{kT\xi_B}{R^2}(N\phi_{io})^2 + \frac{2kTR}{Na_0^2} \tag{3.79}$$

从式(3.79)可得

$$R^3 \approx N^3 \xi_B a_0^2 \phi_{io}^2 \tag{3.80}$$

即 $R \propto N$，表示一个伸展的链构象。若链未完全伸展，其 R 与轮廓长度 Na_0 之比为

$$\frac{R}{Na_0} = \left(\frac{\xi_B \phi_{io}^2}{a_0}\right)^{1/3} \tag{3.81}$$

由于沿链的电荷距离 $l_{io} = a_0 / \phi_{io}$ 总是大于 ξ_B，有

$$\frac{R}{Na_0} < 1 \tag{3.82}$$

这表明一条孤立聚电解质链的构象由蜷曲的亚单元构成，一个蜷曲的亚单元由 n 个单体单元序列构成，静电能来自内排斥力 f^e，且大小等于热能，即 $kT \approx f^e$。

对于一个理想线团，式(3.77)可与 $R = a_0 n^{1/2}$ 联立，得

$$kT \approx \frac{kT\xi_B}{n^{1/2} a_0}(n\phi_{io})^2 \tag{3.83}$$

亚单元中的单体数为

$$n^{3/2} \propto \frac{a_0}{\phi_{io}^2 \xi_B} \tag{3.84}$$

伸展的亚单元序列的长度则为

$$R = \frac{N}{n} a_0 n^{1/2} \propto N\xi_B^{1/3} a_0^{2/3} \phi_{io}^{2/3} \tag{3.85}$$

该式与式(3.80)相符。根据式(3.84)，亚单元的尺寸仅依赖于 ϕ_{io}。对于 ϕ_{io} 较小的带弱电荷的聚电解质链，亚单元可以相当大。

稀溶液中聚电解质链呈伸展状态，但实验难以验证。可是确定溶液中大分子链尺寸的主要技术(散射实验)的敏感度不够，需极高的稀释程度才行。较低但不极低的聚电解质浓度范围，散射实验可研究加盐效应的影响。加盐体系中，库仑力被屏蔽，大分子链发生收缩。例如，加入溴化钠(浓度为 c_s)会导致溴化聚乙烯吡啶 (polyvinylpyridine bromide，PVPB)稀溶液回转半径 R_g 降低(图 3.43)。

将聚电解质链看作蠕虫状链，其弯曲模量 E_b 与链骨架所给予的链内刚性和链固定电荷之间库仑排斥力均有关，后者依赖于 l_{io} 及 ξ_D。随着加入盐离子强度的增加，ξ_D 及其对 E_b 的贡献将减小，图 3.43 中数据点与理论预测线非常吻合。但值得注意的是，蠕虫状链模型不包括链单元间体积排斥力。而实际上，静电力不仅增大了 E_b，对排斥体积效应的大小也有贡献。

　　随着聚电解质溶液的浓度增加，聚离子浓度增大，抗衡离子浓度也随之增加。体系离子强度同样增大，造成 ξ_D 减小，出现屏蔽效应。较高浓度下，$R \gg \xi_D \gg l_{io}$（$\geqslant \xi_B$），链发生蜷曲，既可以是理想的，也可呈扩展状态，主要取决于溶剂种类和浓度。用光散射实验表征聚电解质溶液的性质，发现散射曲线上出现一个相当尖锐的峰，表明聚电解质链的有序程度比中性高分子的相应溶液高。应用布拉格（Bragg）定律对图 3.44 中聚苯乙烯磺酸钠（sodium polystyrene sulfonate，SPSS）的无盐水溶液的小角中子散射曲线峰位置进行处理，可推导出特征距离 d 随浓度的变化，即 $d \propto c_m^{-1/2}$（图 3.45），这一关系表明，棒状链至少在 $10 \sim 100$ nm 范围内发生了平行堆砌[42]。

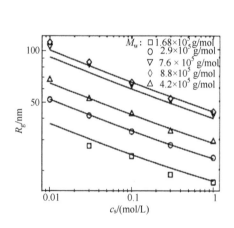

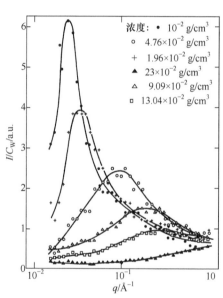

图 3.43　PVPB（$\bar{M}_w = 1.68 \times 10^5 \sim 8.8 \times 10^5$ g/mol）在水溶液中的回转半径随溴化钠浓度的变化[40]

图 3.44　由 SPSS（$\bar{M}_w = 3.54 \times 10^5$ g/mol）的无盐水溶液得到的小角中子散射曲线[41]
浓度在 1.0×10^5 g/L（实心圆）和 2.3×10^4 g/L（实心三角）之间

　　每个链固定电荷平均体积的数量级约为 $l_{io}d^2$，溶液中聚电解质链均匀分布，这意味着

$$l_{io}d^2 \approx \frac{1}{c_m \phi_{io}} \tag{3.86}$$

式中，$c_m \phi_{io}$ 项描述链上固定离子和抗衡离子的浓度。其离子强度 I_{io} 为

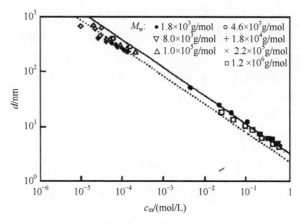

图 3.45　不同摩尔质量的 SPSS 溶液的小角中子散射曲线峰位置
推导得到的距离 d 的浓度依赖性[42]

$$I_{io} = e^2 c_m \phi_{io} \tag{3.87}$$

则 ξ_D 为

$$\xi_D = \left(\frac{\varepsilon_0 \varepsilon kT}{I_{io}} \right)^{1/2} \tag{3.88}$$

或引入 Bjerrum 长度

$$\xi_D = \left(\frac{e^2}{4\pi \xi_B I_{io}} \right)^{1/2} \tag{3.89}$$

结合式 (3.87)，可写出

$$\xi_D = \left(\frac{1}{4\pi \xi_B c_m \phi_{io}} \right)^{1/2} \tag{3.90}$$

再结合式 (3.86)，可得

$$\xi_D \approx \left(\frac{l_{io} d^2}{\xi_B} \right)^{1/2} \tag{3.91}$$

对于由电荷凝聚所致 $l_{io} \approx \xi_B$ 的强电解质，有

$$d \approx \xi_D \tag{3.92}$$

即链相互间隔距离等于 ξ_D。对于弱电解质，$l_{io} > \xi_B$，则 $d < \xi_D$。

3.4.4　渗透压

如前所述，中性不解离的高分子溶液渗透压很低，稀溶液渗透压 $\Pi = kT \dfrac{c_m}{N}$
（其中，c_m/N 为高分子的数密度）。对于聚电解质，其行为完全不同，可移动的抗衡离子产生了一个近似于低摩尔质量溶液的渗透压，这一现象比较容易理解。即使存在一个允许小尺寸抗衡离子穿过半透膜的通道，由于强静电力要保持电中性，抗衡离子也不会离开溶液。由于大尺寸，聚离子不能离开所在的半边空间，抗衡离子也不能离开，故体系的渗透压由两部分组成，即

$$\frac{\Pi}{kT} = \frac{c_{\mathrm{m}}}{N} + \phi_{\mathrm{io}} c_{\mathrm{m}} \tag{3.93}$$

对应抗衡离子的第二项起主要作用，有

$$\frac{\Pi}{kT} \approx \phi_{\mathrm{io}} c_{\mathrm{m}} \tag{3.94}$$

式(3.94)成立的前提是，沿链可离子化基团的距离大于 ξ_{B}，即 $l_{\mathrm{io}} > \xi_{\mathrm{B}}$，以保证抗衡离子不凝聚。

聚电解质加盐后情况有所变化[43]。图 3.46 给出了添加 NaCl 的 SPSS 水溶液渗透压的浓度依赖性。对于无添加的体系，渗透压与浓度符合式(3.94)的标度关系，斜率约为 9/8，接近 1；添加 10^{-2} mol/L NaCl 的体系，浓度依赖性与中性高分子相符，即 $\frac{\Pi}{kT} \propto c_{\mathrm{m}}^{9/4}$，这与盐离子屏蔽链的固定电荷有关。当 $\xi_{\mathrm{D}} < l_{\mathrm{io}}$，$Na^+$ 和 Cl^- 可自由穿过半透膜，两半边容器中均可存在。然而，由于两边要保持电荷中性，等量的正、负盐离子必须沿各个方向穿过半透膜。该情况下，抗衡离子几乎不起作用。盐的解离与聚电解质共同抑制了抗衡离子的渗透压贡献，刚性的聚电解质链转化成更柔顺的准中性链，体现出中性高分子在亚浓范围内相关的标度关系[43]。

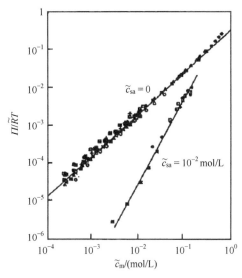

图 3.46 添加 NaCl 的 SPSS 水溶液渗透压的浓度依赖性[43]

3.4.5 聚电解质溶液中的标度关系

从动力学的标度关系可推导出流变行为的特征参数，如松弛时间 τ、模量 G、牛顿黏度 η 和扩散系数 D。由于聚电解质溶液的特殊行为，其标度关系与中性高分子的标度关系存在较大差异。本节简单总结无盐和有盐存在下，聚电解质溶液在不同的浓度区间，特征参数与聚电解质浓度 c、聚合度 N 之间的标度关系。作为对比，中性高分子的标度关系也一并给出。其中，ξ 为亚浓溶液的相关长度，c_s 为溶液中小分子盐的摩尔浓度，A 为相邻电荷之间的单体数（外加盐为 $c \ll 2Ac_s$ 时）。表 3.4～表 3.6 给出良溶剂中聚电解质与中性高分子稀溶液、亚浓非缠结溶液与亚浓缠结溶液的标度关系。聚电解质溶液标度关系的具体推导可参见 Dobrynin 等的相关文献[37]，中性高分子标度关系的具体推导参见 de Gennes 的 *Scaling Concepts in Polymer Physics*[25]与 Rubinstein 等的 *Polymer Physics*[44]。

表 3.4　聚电解质稀溶液在加和未加盐情况下的标度关系
与中性高分子在良溶剂中的标度关系[45,46]

特征参数	聚电解质稀溶液		中性高分子
	无外加盐	外加盐	
松弛时间	$\tau \propto N^3$	$\tau \propto c_s^{-3/5} N^{9/5}$	$\tau \propto N^{9/5}$
模量	$G \propto cN^{-1}$	$G \propto cN^{-1}$	$G \propto cN^{-1}$
增比黏度	$\eta_{sp} \propto cN^2$	$\eta_{sp} \propto cc_s^{-3/5} N^{4/5}$	$\eta_{sp} \propto cN^{4/5}$
扩散系数	$D \propto N^{-1}$	$D \propto c_s^{1/5} N^{-3/5}$	$D \propto N^{-3/5}$

表 3.5　聚电解质亚浓非缠结溶液在加和未加盐情况下的标度关系与中性高分子在
良溶剂中的标度关系[45,46]

特征参数	聚电解质亚浓非缠结溶液		中性高分子
	无外加盐	外加盐	
相关长度	$\xi \propto c^{-1/2}$	$\xi \propto c^{-3/4} c_s^{1/4}$	$\xi \propto c^{-3/4}$
松弛时间	$\tau \propto c^{-1/2} N^2$	$\tau \propto c^{1/4} c_s^{-3/4} N^2$	$\tau \propto c^{1/4} N^2$
模量	$G \propto cN^{-1}$	$G \propto cN^{-1}$	$G \propto cN^{-1}$
黏度	$\eta \propto c^{1/2} N$	$\eta \propto c^{5/4} c_s^{-3/4} N$	$\eta \propto c^{5/4} N$
扩散系数	$D \propto N^{-1}$	$D \propto c^{-1/2} c_s^{1/2} N^{-1}$	$D \propto c^{-1/2} N^{-1}$

表 3.6 聚电解质亚浓缠结溶液在加和未加盐情况下的标度关系与中性高分子在良溶剂中的标度关系[45,46]

特征参数	聚电解质亚浓缠结溶液		中性高分子
	无外加盐	有外加盐	
相关长度	$\xi \propto c^{-1/2}$	$\xi \propto c^{-3/4} c_s^{1/4}$	$\xi \propto c^{-3/4}$
松弛时间	$\tau \propto N^3$	$\tau \propto c^{3/2} c_s^{-3/2} N^3$	$\tau \propto c^{3/2} N^3$
模量	$G \propto c^{3/2}$	$G \propto c^{9/4} c_s^{-3/4}$	$G \propto c^{9/4}$
黏度	$\eta \propto c^{3/2} N^3$	$\eta \propto c^{15/4} c_s^{-9/4} N^3$	$\eta \propto c^{15/4} N^3$
扩散系数	$D \propto c^{-1/2} N^{-2}$	$D \propto c^{-7/4} c_s^{5/4} N^{-2}$	$D \propto c^{-7/4} N^{-2}$

Colby 等[45,46]用流变实验方法给出了无盐情况下聚电解质溶液在稀溶液、亚浓非缠结溶液以及亚浓缠结溶液的 η_{sp} 与 c 的标度关系：$\eta_{sp} \propto c$、$\eta_{sp} \propto c^{1/2}$ 与 $\eta_{sp} \propto c^{3/2}$ (图 3.47)，实验结果与聚电解质标度关系吻合。

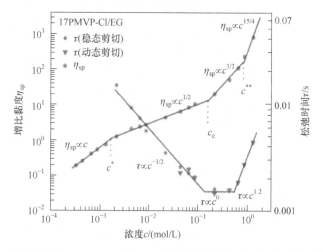

图 3.47 聚电解质 17PMVP-Cl 在 EG 中增比黏度和松弛时间的浓度依赖性[45]
符号代表实验数据，实线代表标度理论预测值

3.4.6 聚电解质-表面活性剂的流变学

表面活性剂加入到聚电解质溶液中，将改变聚电解质分子链的结构，引起聚电解质溶液流变行为的变化。流变行为在表面活性剂-聚电解质复合体系的研究中是非常重要的部分，已有的研究大多集中在聚电解质稀溶液和亚浓非缠结溶液。对于带相反电荷的聚电解质与表面活性剂复合体系，表面活性剂的加入会使聚电解质溶液黏度下降[47]，主要是聚电解质吸附胶束导致有效链长的减小。Lim 等[48]发现，随着十六烷基三甲基溴化铵(cetyltrimethylammonium bromide，C_{16}TAB)含量

的增加，聚丙烯酸(polyacrylic acid，PAA)黏度下降，且纯 PAA 溶液剪切变稀现象会随之消失，表明 PAA 构象随着 $C_{16}TAB$ 含量的增加而减小；表面活性剂使聚电解质黏度下降的浓度对应聚电解质收缩起点，与临界聚集浓度(critical aggregation concentration，CAC)存在区别。

1. 相反电荷表面活性剂对聚电解质亚浓溶液流变行为的影响

相反电荷表面活性剂使聚电解质黏度下降的原因主要有：①聚电解质吸附包裹在表面活性剂胶束上，吸附在胶束上的聚电解质分子链发生塌陷(collapsed)，导致聚电解质分子链的有效链长减小；②带相反电荷表面活性剂的加入，使体系中的离子强度增加(相当于小分子盐含量增加)，屏蔽效应增强。图 3.48 给出了添加表面活性剂聚电解质溶液的物理图像[49]。据此，建立了相反电荷表面活性剂-聚电解质复合的黏度模型，可得到相反电荷表面活性剂加入聚电解质稀溶液[式 (3.95)]与亚浓非缠结溶液[式(3.96)]的黏度与表面活性剂浓度的表达式：

$$\frac{\eta_{sp}(c_{surf})}{\eta_{sp}(0)} = \left[1-\left(\frac{c_{surf}}{\alpha c_p}\right)\right]^{4/5} \left\{1+\frac{2c_{surf}}{fc_p\left[1-\left(\frac{c_{surf}}{\alpha c_p}\right)\right]}\right\}^{-3/5} \qquad (c_p < c^*) \qquad (3.95)$$

$$\frac{\eta_{sp}(c_{surf})}{\eta_{sp}(0)} = \left[1-\left(\frac{c_{surf}}{\alpha c_p}\right)\right] \left\{1+\frac{2c_{surf}}{fc_p\left[1-\left(\frac{c_{surf}}{\alpha c_p}\right)\right]}\right\}^{-3/4} \qquad (c^* < c_p < c_e) \qquad (3.96)$$

式中，c_{surf} 为表面活性剂浓度；c_p 为聚电解质单体浓度；f 为有效电荷密度；α 为聚电解质的中和度；$\eta_{sp}(c_{surf})$ 与 $\eta_{sp}(0)$ 分别为表面活性剂浓度为 c_{surf} 与 0 时聚电解

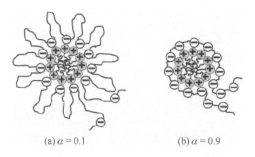

(a) $\alpha = 0.1$ 　　　　　　　 (b) $\alpha = 0.9$

图 3.48　与聚电解质带相反电荷的表面活性剂胶束对
不同中和度的聚电解质的作用示意图[49]

质溶液的增比黏度。该模型较好地解释了分子量较低的聚电解质与表面活性剂复合体系的黏度变化，但对分子量较大的聚电解质体系，该表达式过高地估计了吸附塌陷的作用。

　　PAA 为常见的线形阴离子聚电解质，结构简单，电荷密度可通过调节 NaOH 与丙烯酸单体的摩尔比进行控制。十二烷基三甲基溴化铵（dodecyl trimethyl ammonium bromide，$C_{12}TAB$）与 $C_{16}TAB$ 为常见的阳离子表面活性剂，其物理性质可从文献中直接获得。因此，$PAA-C_nTAB$ 体系是常见的相反电荷聚电解质-表面活性剂体系，已有的研究多集中在 PAA 稀溶液与亚浓缠结溶液体系。当中和度 $\alpha > 0.6$ 时，PAA 溶液黏度随浓度的变化符合聚电解质的标度关系；当 $\alpha = 0$ 时，表现出中性高分子的标度关系。对于亚浓缠结聚电解质溶液（10 wt% PAA 溶液），CAC 与 PAA 中和度无关[50]。

　　随着 c_{surf} 增加，PAA 溶液的零切黏度 η_0 的变化分为两个阶段（对应的临界表面活性剂浓度为 C_c）：当 $c_{surf} < C_c$ 时，黏度变化不明显；当 $c_{surf} > C_c$ 时，黏度随 c_{surf} 增加有显著提高（图 3.49）。对于 α 相同的 PAA 溶液，$c_{surf} > C_c$ 时，$\lg\eta_0$-$\lg c_{surf}$

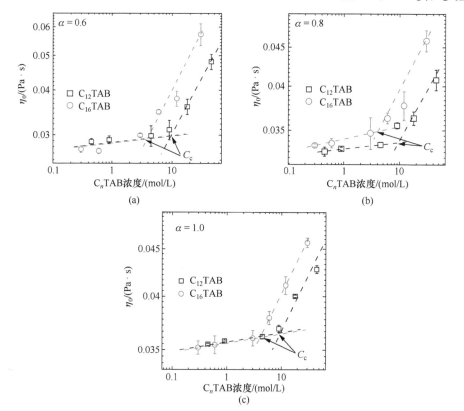

图 3.49　表面活性剂（$C_{12}TAB$ 和 $C_{16}TAB$）对不同中和度 PAA 溶液零切黏度的影响[50]

曲线呈现的斜率基本相等，表明 PAA-C_nTAB 复合体系黏度变化的标度关系与表面活性剂的烷基链长无关。C_c 值大于相应体系的 CAC，表明体系黏度上升需要吸附一定含量的胶束。同时发现，α 较低的 PAA-C_nTAB 复合体系的 η_0 对 c_{surf} 更敏感。通过温度变化测试，发现氢键是影响 PAA-C_nTAB 复合体系黏度变化的一个重要因素。

2. 聚电解质亚浓缠结溶液中添加相反电荷表面活性剂动力学

PAA-CTAB 与 NaCMC-CTAB 流变行为显示，随着表面活性剂浓度的增加，复合体系的结构会发生两次变化。在 Leibler 等[51]提出的"黏滞性蛇行"(sticky reptation)模型的启发下，Wu 等[52]引入了静电相互作用持续时间(life time)的概念，以亚浓缠结溶液的"管状模型"为基础，得到了表面活性剂吸附亚浓缠结区聚电解质溶液的动力学模型，图 3.50 给出了缠结聚电解质在有与没有表面活性剂吸附情况下的示意图。

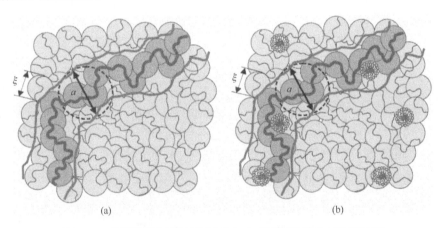

图 3.50　缠结聚电解质溶液(a)和加入表面活性剂的亚浓缠结聚
电解质溶液(b)的动力学模型[52]

聚合物亚浓缠结溶液的标度关系为

$$\tau_e \approx \tau_0 \cdot N_e^2 \tag{3.97}$$

$$\tau_{rep} \approx \tau_e \cdot (N / N_e)^3 \tag{3.98}$$

$$\tau_{rep} \approx \tau_0 \cdot N^3 / N_e \tag{3.99}$$

对于良溶剂的亚浓缠结溶液而言，有

$$\tau_{rep}^0 \approx \tau_0 \cdot \frac{N^3}{N_e} \cdot \varphi^{3/2} \tag{3.100}$$

添加相反电荷表面活性剂的聚合物亚浓缠结溶液的标度关系，当 $N > N_s > N_e$ 时，N_s 之间缠结单元的松弛时间为

$$\tau_{rep}^{e} \approx \tau_0 \cdot \frac{N_s^3}{N_e} \cdot \varphi^{3/2} \tag{3.101}$$

当缠结单元的松弛时间大于静电相互作用的持续时间（$\tau_{rep}^{e} \approx \tau_0 \cdot N_s^3 / N_e > \tau$）时，有

$$\tau_{rep}^{s} \approx \tau_0 \cdot \frac{N^3}{N_e} \cdot \varphi^{3/2} \tag{3.102}$$

则 $\tau_{rep}^{s} \approx \tau_{rep}^{0}$。当缠结单元的松弛时间小于静电相互作用的持续时间（$\tau_{rep}^{e} \approx \tau_0 \cdot N^3 / N_e < \tau$）时，有

$$\tau_{rep}^{s} \approx \tau \left(\frac{N}{N_s} \right)^3 \tag{3.103}$$

当 $N > N_e > N_s$ 时，有

$$\tau_e \approx \tau \cdot \left(\frac{N_e}{N_s} \right)^2 \tag{3.104}$$

$$\tau_{rep}^{s} \approx \tau \cdot \left(\frac{N_e}{N_s} \right)^2 \cdot \left(\frac{N}{N_e} \right)^3 \approx \frac{\tau \cdot N^3}{N_s^2 N_e} \cdot \varphi^{5/4} \tag{3.105}$$

式中，N 为聚合物分子链的聚合度；τ_{rep} 为聚合物分子链的蛇行松弛时间；N_e 为熔体中缠结点之间的聚合度；τ_0 为单体单元的松弛时间；τ_e 为缠结点之间的松弛时间；N_s 为相邻静电相互作用点之间的聚合度；τ 为静电相互作用点的持续时间；φ 为聚电解质在溶液中的体积分数。模型的示意图与上述估算结果列于图 3.51。

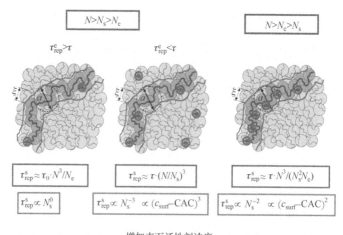

图 3.51　添加相反电荷表面活性剂的亚浓缠结聚电解质溶液特征参数与浓度的关系

由于表面活性剂胶束在聚电解质溶液中形成了网络, 复合体系的模量可由缠结和由胶束形成的网络提供, 即 $G = G_e + G_{surf} = ck_BT(1/N_e + 1/N_s)$。因为 $\eta = \tau \cdot G$, 故可通过模量与松弛时间的关系得到黏度的变化。

由于 PAA 浓度太高 $(>0.9 \text{ mol/L})$, 表面活性剂加入最大量 (50 mmol/L) 时吸附点的含量仍然极小, 即体系极可能处于示意图的第一个状态。图 3.52 给出了 PAA-C_nTAB 体系 $\eta(c) - \eta(0)$-c_{surf} 之间的标度关系, 发现 $\eta(c) - \eta(0) \propto c_{surf}^1$。图 3.53 为 Plucktaveesak 的数据[53], 也表明 $\eta(c) - \eta(0) \propto c_{surf}^1$。这证明, 在 $N > N_s > N_e$, $\tau_{rep}^e \approx \tau_0 \cdot N_s^3 / N_e > \tau$ 时的模型推导是可信的。

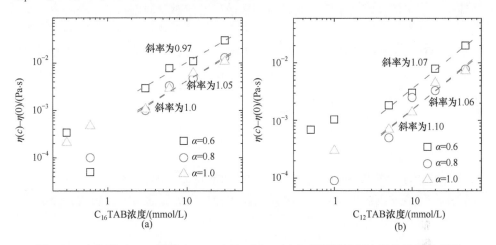

图 3.52　中和度对 PAA 溶液 $(10 \text{ wt\%})$ 的 $\eta(c) - \eta(0)$ 与表面活性剂浓度关系的影响[53]

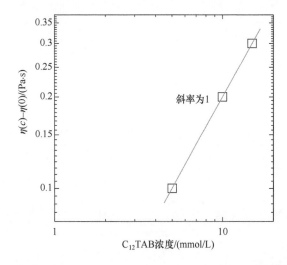

图 3.53　中和度为 0.6 的 2 mol/L PAA 溶液 $\eta(c) - \eta(0)$ 与 C_{12}TAB 浓度的关系[53]

3.4.7　"聚电解质效应"的新解释

聚电解质水溶液的比浓增比黏度在稀浓度区域会随着浓度降低而增大（图 3.54）。绝大多数学者认为，这种现象是由分子内静电相互排斥作用引起的，并称之为"聚电解质效应"[54]，同样在中性高分子极稀浓度区域也观察到此异常现象。近年来，程镕时等[55-57]对高分子溶液黏度理论做了系统研究，在中性高分子溶液基础上，从理论和实验两方面阐明了高分子溶液黏度测量过程中的界面效应，提出了高分子溶液黏度的团簇理论，对高分子溶液浓度区间作合理划分并解释了前人所观察到的许多黏度异常行为。在此基础上，进一步研究了聚电解质溶液体系，指出聚电解质水溶液在稀溶液区域出现的黏度异常行为也是由界面效应引起的，从而去诠释"聚电解质效应"的本质。基于这一观点，重新审视了原有的黏度数据，发现这些黏度数据并不"异常"，还包含了丰富的高分子在溶液和毛细管界面上的结构状态信息，这正是过去文献中往往因为难以处理而忽略掉的数据。根据这一原理，程镕时等系统地研究了聚电解质材料，包括合成聚电解质、天然高分子聚电解质以及蛋白质两性大分子稀溶液的黏度行为，讨论了其在毛细管界面上的吸附行为和结构变化等问题。

根据上述原理，从 Einstein 黏度方程出发，考虑界面效应对高分子稀溶液黏度测量的影响，通过 Langmuir 吸附模型对所测得的表观相对黏度数据进行校正，得到一个能描述溶液实验黏度（$\eta_{r,exp}$）和真实黏度（$\eta_{r,true}$）的定量表达式[56]；进一步，根据团簇理论得到：

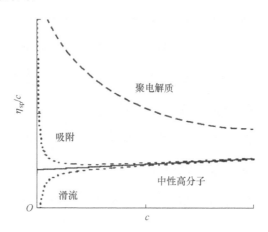

图 3.54　中性高分子和聚电解质溶液的黏度降低与浓度的关系[56]

$$\eta_{r,exp} = \left(1 + [\eta] \cdot c + 6 \cdot K_m \cdot [\eta] \cdot c^2\right) \cdot \left(1 + \frac{k \cdot c}{c_a + c}\right) \tag{3.106}$$

式中，$\left(1+\dfrac{k \cdot c}{c_a + c}\right)$ 为界面效应对高分子溶液相对黏度的贡献；c_a 为表征溶液所接触黏度计内壁的一半被溶质吸附时溶液的浓度；k 为毛细管管壁吸附饱和后溶剂流过时间与干净黏度计中溶剂流过时间相比的增量分数，其中，k 为正值时，为吸附模式，k 为负值且 c_a 等于 0 时，为滑流模式；K_m 为自缔合常数，反映高分子在溶液中链间发生缔合或形成团簇体能力的大小。因而在玻璃表面上溶质的有效吸附层厚度 (b_{eff}) 可从界面作用参数 k 和毛细管半径 R 估算，即

$$b_{eff} = R \cdot \left[1 - \frac{1}{(1+k)^{\frac{1}{4}}}\right] \tag{3.107}$$

大分子链间的缔合使得高分子溶液黏度数据偏离 Einstein 黏度方程。

　　聚电解质水溶液中，聚离子带有同种电荷。稀溶液条件下，由于静电排斥作用，大分子链间不可能发生缔合作用，故 $K_m = 0$，式 (3.106) 可进一步简化为

$$\eta_{r,exp} = \left(1 + [\eta] \cdot c\right) \cdot \left(1 + \frac{k \cdot c}{c_a + c}\right) \tag{3.108}$$

从式 (3.108) 可见，仅需 3 个参数 ($[\eta]$、k 和 c_a) 即可描述聚电解质稀溶液的黏度行为，且这 3 个参数分别反映了高分子在溶液及毛细管壁的结构状态。

3.5　高分子凝胶的流变行为

3.5.1　概述

　　凝胶化是通过组成液体的分子或粒子之间形成化学或物理键网络，且将液体转化为无序固体的过程。液体前驱体被称为"溶胶"(sol)，由它形成的固体是"凝胶"(gel)[4]。凝胶可以像修补儿童玩具的环氧树脂胶一样普通，也可以像高级烹饪专家的蛋白酥皮和蛋羹一样精致。凝胶形成的关键是支化或多功能性。一个分子的功能性 f 是它能与其他分子形成的键数，图 3.55 给出了 $f = 4$ 的典型高分子凝胶网络示意图。

　　产生支化结构的化学反应通常有三种。第一种支化反应是缩合反应——其中一个分子包含三个或更多个反应基团，如羟基与交联剂反应。第二种支化反应是加成聚合——通过自由基反应打开双键，形成共价键，将单体连接在一起。如果每个单体只有一个双键，这种反应只生成线形链；但如果有两个或更多的双键，则可能发生支化。第三种支化的方法——从线形高分子前驱体开始，引入可将它们结合在一起的化学键来交叉连接或硫化。

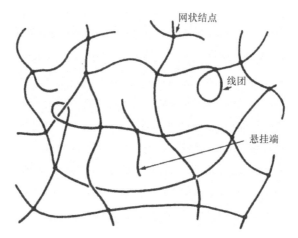

图 3.55   典型的高分子凝胶网络[25]

物理凝胶是通过分子间相互作用形成的网络结构(图 3.56)，分子间交联通常是较弱、可逆的键或范德瓦耳斯力、静电作用及氢键。对物理交联进而凝胶化(而非相分离)而言，至关重要的是交联点间的分子不能过长，需采取一定措施抑制交联区域的增长，限制其大小。de Gennes 提出了三种可导致凝胶化的物理相互作用：①形成局部螺旋结构，即一个分子缠绕在另一个分子周围；②形成微晶；③形成结节相，链的化学结构不均匀，仅在链的特定位置发生聚集而成相。例如，水溶性缔合增稠剂的亲水链上有疏水位点，低浓度下，它可大大提高水的黏度，常作为食品、洗发水和其他个人护理产品的添加剂，或油田生产中的流变调节剂。此外，这类增稠剂还能形成"可流动网络"，沉积在毛细管中，用于电泳分离 DNA。与此类结构相反，疏水分子中具有亲水性位点，则可形成氢键作用或离子静电作用。

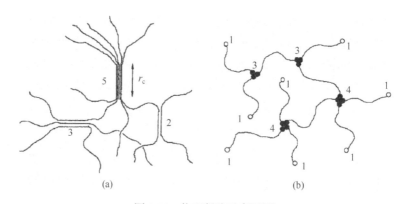

图 3.56   物理凝胶示意图[58]

(a)微晶区为连接点；(b)高分子端电荷相互作用形成的连接点。各交联点的 f 用数字标注

　　物理凝胶交联点是动态的，故制备方法对其性能影响巨大。例如，在"干燥"状态下制备的凝胶，无溶剂，用溶剂溶胀会显示出不同于含有溶剂交联凝胶的模量。物理凝胶对制备条件也极其敏感，相关实验往往难以精确重现。

　　凝胶通常在有溶剂条件下制备，然后将溶剂除去，得到具有应用价值的固体。在正常条件下蒸发除去溶剂时，液体/空气界面处存在毛细管力会导致凝胶结构收缩，形成中等或低密度干凝胶(xerogel)。为防止形成液态空气弯月面，采用超临界干燥法去除溶剂，得气凝胶(aerogel)，其固体体积分数可低至 1%[59]。

　　当浸入亲水介质中时，某些主链上有带电基团的高分子凝胶会因温度、酸碱度或电场的变化而大幅收缩或膨胀，这种"智能凝胶"能够对电场或温度做出足够快的反应，可制造"人造肌肉"[60]。

3.5.2　凝胶理论

1. 渗流理论

　　de Gennes[25]指出了凝胶化和键渗流之间的联系。图 3.57 中方格上的每个位置(或晶格点)代表一个多功能分子单元，相邻单元之间的连接代表化学键，化学反应则对应未填充键到填充键的转换。当填充键的分数 p 增加时，越来越多的单元连接在一起，产生键簇；并最终在渗流转变 $p = p_c$(对应凝胶点)时，出现无限晶格连通簇。通常，渗流是随机填充晶格上的键(或位置)或随机填充空间区域形成网络的过程。对于正方形上的键渗流而言，$p_c = 0.5$。在其他二维晶格上，经验值 $p_c \approx 2/z$(其中 z 是晶格配位数)；在三维晶格上，$p_c \approx 1.5/z$。虽然凝胶体系中存在分子扩散运动和其他复杂现象，但渗流理论仍可提供较为有效的预测，特别是凝胶点附近的性质。

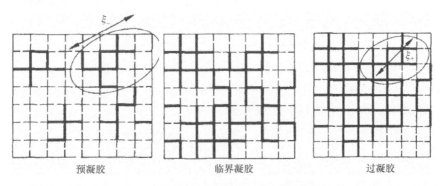

图 3.57　晶格中无规填充形成的相邻键[61]

低 p 时，仅有相关长度为 ξ 的分离簇；当 $p > p_c$，出现连通簇；当 $p = p_c$ 时，ξ 无限大，其他情况 ξ 有确定的数值

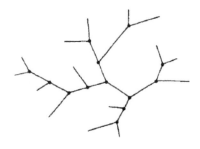

图 3.58   树状凝胶簇的示意图[25]

2. Flory-Stockmayer 理论

早期观察凝胶化的方法是由 Flory 和 Stockmayer[62,63]考虑大尺寸簇的形成，忽略环状结构，认为成键过程实际上是树状的(图 3.58)。树上每一个新枝条均像前一个枝条一样自由地生长新的枝条，而不受体积排斥或环状结构形成的限制。由于不存在闭环，可通过分析类树簇的统计性质，用 Flory-Stockmayer 模型来确定凝胶过程的本质。

经典理论中的凝胶点定义为

$$p_c = \frac{1}{f-1} \tag{3.109}$$

式中，f 为树的配位数，是网络中每个点可形成的键数。如果凝胶通过前驱体分子(A)与化学交联剂(B)反应而成，则形成凝胶时，A 反应位点的分数 $p_{c,A}$ 取决于 A 和 B 的官能度(f_A 和 f_B)，即

$$p_{c,A} = \frac{1}{\sqrt{(f_A - 1)(f_B - 1)/r}} \tag{3.110}$$

其中，r 为 B 与 A 反应的"化学计量比"，即

$$r = \frac{f_B n_B}{f_A n_A} \tag{3.111}$$

式中，n_A 和 n_B 分别为反应物中 A 和 B 的摩尔数。尽管经典理论存在局限性(如忽略了闭环)，上述关于 p_c 的公式仍相当准确。

然而，经典理论由于忽略环的形成而显著影响近凝胶点时簇的大小分布和其他性质。表 3.7 列出经典理论和 $p = p_c$ 附近的渗流理论中描述相关性质的"临界指数"。其中，$\varepsilon \equiv |p - p_c|$，$N(m)$ 为含 m 键的簇的数目，R 为分子量为 M 簇的半径，M_Z 和 M_w 分别为簇的 Z 均分子量和重均分子量，即

$$M_Z = \frac{\sum m^3 N(m)}{\sum m^2 N(m)} \qquad M_w = \frac{\sum m^2 N(m)}{\sum m \, N(m)} \tag{3.112}$$

当 $p > p_c$ 时，可将 $P(p)$ 定义为无限大簇键的分数。渗流理论预测的弹性模量 G、最长松弛时间 τ 和黏度 η 取决于是否使用 Rouse-Zimm (R-Z)理论或类电网络(EN)模型。如果键弯曲占主导，则 G 的指数大于其中任何一个(即约 3.7)[64]。

表 3.7　凝胶的经典和渗流理论中的标度关系[4]

指数	标度关系	经典数值	渗流理论值		实验值
λ	$N(m) \propto m^{-\lambda}$	5/2	2.20		2.18~2.3
σ	$M_z \propto \varepsilon^{-1/\sigma}$	1/2	0.45		—
γ	$M_w \propto \varepsilon^{-\gamma}$	1	1.76		1.0~2.7
ν	$R_z \propto \varepsilon^{-\nu}$	1	0.89		—
D_f	$R^{D_f} \propto M$	4	2.5		1.98
β	$P \propto \varepsilon^{\beta}$	1	0.39		—
			R-Z	EN	
t	$G \propto \varepsilon^{t}$	3	2.7	1.94	1.9~3.5
ζ	$\tau \propto \varepsilon^{-\zeta}$	3	2.7~4.0	2.6	3.9
$k = \zeta - t$	$\eta \propto \varepsilon^{-k}$	0	0~1.35	0.75	0.75~1.5

表 3.7 所示树簇各种性质的标度关系是由其分形特征或自相似特征引起的。自相似特性意味着，在凝胶点附近形成的巨大簇在任何放大倍率下观察起来均相同。如果将在 ε_1 形成的所有簇均匀放大，则在 $\varepsilon(\varepsilon_1)$ 时形成簇的大小分布与 $\varepsilon(\varepsilon_2)$ 时的分布完全相同。表 3.7 中指数 D_f 称为簇的分形维数 (fractal dimension)。对于任何密集的三维 ($D = 3$) 物体，$D_f = D = 3$；$D_f < D$ 的团簇为分支开放结构。

3.5.3　化学凝胶的流变学

由小分子或高分子组成的液态前驱体交联形成凝胶过程中，流变性为从黏性液体转变为弹性固体。因此，在凝胶点附近，液体的黏度增到无穷大，低频模量 (G_0) 从零升至极大值 (图 3.59)。完全固化时弹性固体的模量可用式 (3.113) 估算[65]：

$$G_0 = \nu k_B T \tag{3.113}$$

式中，ν 为单位体积的有效弹性网络数。式 (3.113) 假设网络的交叉点或连接点以仿射方式移动，或与宏观应变成比例移动，这仅在网络官能度较高时才会出现。对于官能度较低的连接点，易发生非仿射移动而产生较低的整体应力。如果在不相互干扰的情况下发生连接点和链非仿射移动，则式 (3.113) 中的 ν 应替换为 $\nu - \mu$（其中，μ 是单位体积的连接数）[66]。由于存在"死缠结"和其他因素，可在式 (3.113)中引入额外的前置因子。此外，"悬挂链"并非"弹性有效"，须在 ν 中去除这一部分。凝胶点附近，这种"无效"键很常见，其凝胶模量遵循如表 3.7 所示的标度关系 $G \propto |p - p_c|^t$。

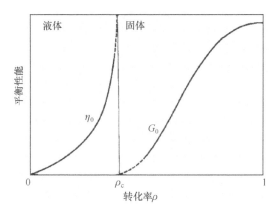

图 3.59　交联体系中零切黏度 η_0 和平衡模量 G_0 对转化率 p 的依赖性示意图[67]

根据经典仿射运动橡胶弹性理论，高分子凝胶大形变下的应力张量为

$$\boldsymbol{\sigma} = G_0\boldsymbol{B} \qquad (3.114)$$

然而，式(3.114)并不能很好地描述真实凝胶。穆尼-里夫林(Mooney-Rivlin)的经验表达式更为合适：

$$\boldsymbol{\sigma} = 2C_1\boldsymbol{B} + 2C_2\boldsymbol{C} \qquad (3.115)$$

式中，$\boldsymbol{C} \equiv \boldsymbol{B}^{-1}$，为柯西(Cauchy)张量，芬格(Finger)张量的倒数；C_1 和 C_2 为由 Horkay 和 McKenna 给出的不同凝胶的经验常数[68]。

部分固化或轻微交联的材料不仅在科学上很有意义，而且在工程方面上也很重要。例如，黏合剂非常黏稠，流变性介于液体和固体之间。图 3.60 给出了四硅烷交联的 PDMS 在确定频率下储能模量 G' 和损耗模量 G'' 与反应时间的关系。交联开始时，材料是 $G'' \gg G'$ 的液体；随着反应的进行，G' 从接近零上升到约 10^5 Pa。在标记为 t_c 点上，G' 和 G'' 发生交叉，出现从液态到固态的转变。

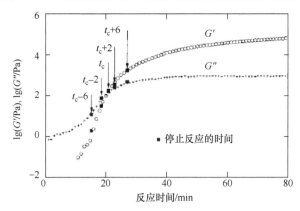

图 3.60　PDMS 在一定频率下 $G'(\circ)$ 和 $G''(+)$ 与反应时间的关系[69]
t_c 为凝胶点

　　图 3.61 给出反应过程中从 t_c 前 6 min 到 t_c 后 6 min 区间 G' 和 G'' 在不同时间的频率 ω 依赖性（t_c 为"凝胶点"），整个 ω 范围内，G' 和 G'' 遵循幂律关系。当 $t < t_c$（标记为 -2 和 -6）时，低 ω 时曲线向下，显示出典型的液体流变特征；"凝胶点"后，$t > t_c$（标记为 $+2$ 和 $+6$），G' 在低 ω 时变平，显示出固体流变行为的特征。整个 ω 范围内，具有幂律 ω 依赖性的中间状态是液体与固体流变行为之间的过渡状态，以此定义凝胶点。该方法确定的凝胶点与常规值一致，即部分交联体系在良溶剂中可完全溶解的最大固化程度。

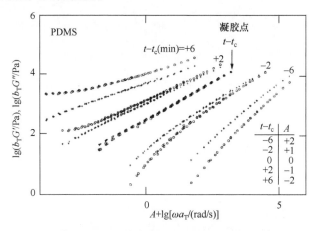

图 3.61　不同反应时间下 PDMS 体系 G'（○）和 G''（+）的频率依赖性[69]
时-温叠加参考温度 T_{ref} 为 34 ℃。为防止曲线重叠，横坐标移动参数为 A，
纵坐标移动因子 b_T 由 $\rho(T_{ref})T_{ref}/\rho(T)T$ 确定，其中 ρ 是密度

　　通过简单的幂律关系可描述凝胶点处过渡态的松弛模量为

$$G(t) = St^{-n} \tag{3.116}$$

式中，S 为凝胶的松弛强度。对于图 3.60 和图 3.61 的数据，式（3.116）中松弛指数 n 为 0.5。化学交联体系的 n 值在 0.19～0.92 较宽范围内。物理胶凝体系中，n 值甚至更低。根据 Kramers-Kroening 关系，式（3.116）意味着

$$G'(\omega) = \frac{G''(\omega)}{\tan(n\pi/2)} = \Gamma(1-n)\cos\left(\frac{n\pi}{2}\right)S\omega^n \tag{3.117}$$

式中，$\Gamma()$ 为伽马函数。当 $n < 0.5$ 时，$G' > G''$，而当 $n > 0.5$ 时，$G' < G''$。图 3.62 给出 n 和 S 随聚己内酯（polycaprolactone，PCL）前驱体分子量的变化。当 M_n 大于缠结分子量（～6600）时，n 同时受交联剂与前驱体化学计量比的影响。显然，前驱体的缠结会使临界凝胶时弹性更大，导致 n 较低。将 r 定义为交联剂反应端基与前驱体反应端基的摩尔比，$r = 1$ 对应"平衡"化学计量。完全反应时，前驱体与交联剂均不过量。图 3.63（b）表明，n 随化学计量比增加而降低。当前驱体末端基团（低 r）过量，t_c 时凝胶更像流体。图 3.63（a）显示，随着 r 增加，n 的减少伴随

式(3.116)中参数 S 的增加。S 可用完全固化凝胶的低频模量 G_0 和未反应溶胶或预聚物的黏度 η_{sol} 来估算：

$$S \approx G_0 \left(\frac{\eta_{\text{sol}}}{G_0} \right)^n \tag{3.118}$$

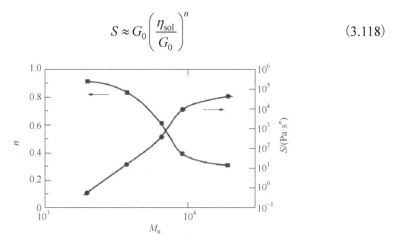

图 3.62　松弛因子 n 和强度 S 与 PCL 前驱体分子量的关系[70]

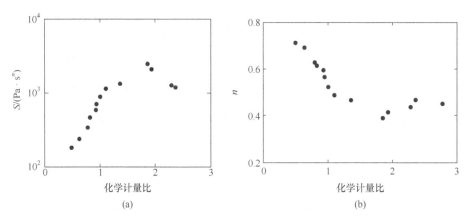

(a)　　　　　　　　　　　　　　(b)

图 3.63　PDMS 体系松弛强度 S 和因子 n 与化学计量比（交联剂末端基团摩尔数/预聚物端基的摩尔数）的关系[71]

凝胶点附近黏弹谱的幂律关系主要来自凝胶团簇的分形尺度特性。Adolf 等[57]从凝胶点附近的渗流分形聚集体的普适尺度上推导标度指数 n。利用 Rouse 理论计算弛豫时间对簇分子量的依赖关系，可得 $n = D/(2 + D_f) = 2/3$，其中 $D_f = 5/2$ 是簇的分形维数（表 3.7），$D = 3$ 是空间维数。仅一小部分体系接近理论值 $n = 2/3$。图 3.64 给出的 Adolf 和 Martin 研究的部分交联环氧树脂体系，$n \approx 2/3$，可根据时间-固化叠加来处理不同固化程度的样品。利用幂律标度关系 $\tau \propto |p - p_c|^{-3.9}$、$G_{\text{char}} \propto |p - p_c|^{2.8}$ 对数据进行水平和垂直位移。指数–3.9 和 2.8 接近由凝胶团簇的

Rouse 理论预测的–4 和 8/3（≈ 2.67）。此外，凝胶点附近，$G' \propto G'' \propto \omega^{0.72}$，也与 Rouse 理论对分形团簇的预测值 $n = 2/3$ 相近。类似的时间-固化叠加适用于固化程度较低情况（低于凝胶点），但不适用于低频终端区（即类液体）的行为。凝胶点附近的黏度，$\eta_0 \propto |p - p_c|^{1.1}$，其中指数 1.1 接近预测值 4/3。然而正如前面所述，许多胶凝体系，特别是具有相对较大前驱体分子的体系，指数 n 可能远小于理论值 $n = 2/3$。

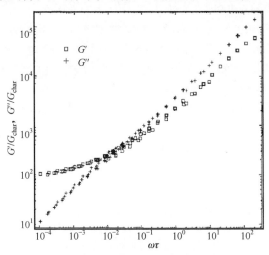

图 3.64　环氧部分交联体系的时间-固化叠加曲线[64]

横坐标为 $\omega\tau$，其中 $\tau \propto \varepsilon^{-3.9}$，纵坐标为 G'、G'' 和 G_{char} 的比值，其中 $G_{char} \propto \varepsilon^{2.8}$，$\varepsilon \equiv p - p_c$，
幂律区，$G' \propto G'' \propto \omega^{0.72}$

3.5.4　物理凝胶的流变学

物理凝胶的交联可由局部螺旋结构、微晶或结节状区域所形成。螺旋结构如何发生凝胶化尚不十分清楚。许多高分子的凝胶化与螺旋的形成有关，如 PMMA 在甲苯、溴苯和邻二甲苯中，等规 PS 在二硫化碳、顺式十氢化萘、反式十氢化萘和 1-氯癸烷中，琼脂糖在水/二甲基亚砜混合溶剂中以及多肽在水中。虽然形成这类凝胶的"两步"过程已经提出，但分子间精确联系的结构尚不确定。显然，规整性对凝胶的形成至关重要，这与螺旋结构形成的条件一致。无规 PS 也可在多种溶剂中形成凝胶；也就是说，即使结构不规整的 PS 分子链上的短间规序列也能诱导物理凝胶化。凝胶化通常是溶剂特有的，超出一般"溶剂质量"的范围。这表明，在某些情况下可能形成了溶剂-高分子复合物。聚氯乙烯溶解在邻苯二甲酸二辛酯、草酸二乙酯和丙酮中，会由于物理作用形成"片状结构"（可能类似于微晶），表明具有一定刚性的大分子更易发生物理凝胶化[4]。

可形成结节状区域的高分子一般具有特定的基团，或是"黏着物"（adhesion material）间通过物理方式相互结合形成网络结构。例如，含疏水基团的水溶性高分子，疏水基团在水中缔合作为物理交联点，形成凝胶状网络。这类物质在低浓度(0.5 wt%～5 wt%)下即可大大提高体系黏度，常用作涂料、纸涂层和类似产品中的增稠剂。相反，疏水性高分子也可以附着亲水性基团，熔融状态下，亲水性基团可发生缔合。一些离聚物，如聚苯乙烯磺酸盐或磺化乙烯–丙烯–二烯，通过偶极–偶极相互作用发生聚集。此外，氢键相互作用也可形成聚集。室温下，氢键的焓仅为 3～6 kcal/mol[或仅为$(5～10)k_BT$]，极不稳定；但若沿主链可形成多个氢键，则大分子链的扩散会大大减慢。尿唑中含有可形成氢键的基团，当它与 PB 链相连时，形成氢键尿唑二聚体(图 3.65)。含氢键的高分子常用作"防雾"添加剂，防止燃料从破裂的油箱(如受损飞机上的油箱)中雾化成小的、高度易燃的液滴。

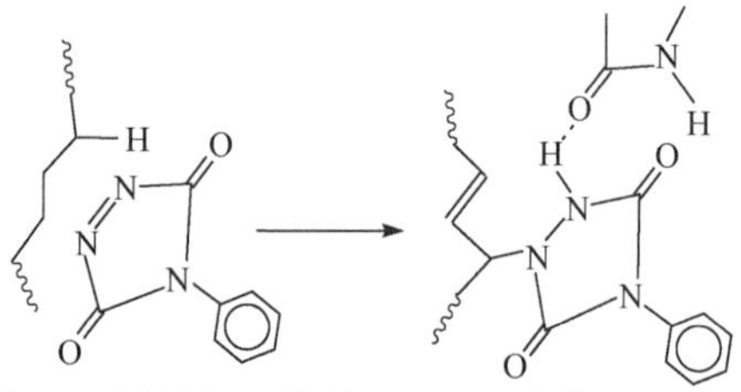

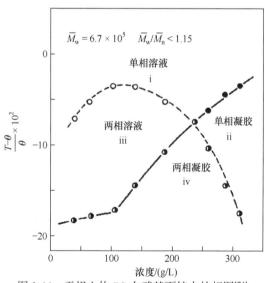

图 3.65   聚丁二烯链与 4-苯基-1,2,4-三唑啉-3,5-二酮基反应[72]
该基团连接到聚丁二烯链上，含有一个氢原子和一个氧原子，它们都可与其他链上的该基团形成氢键(用虚线表示)

　　高分子间的相互吸引可促进凝胶化或相分离，相同条件下可能发生相分离，也可能发生凝胶化。图 3.66 给出硝基丙烷中无规 PS 的相分离和凝胶化相图。均

图 3.66   无规立构 PS 在硝基丙烷中的相图[74]
θ 温度为 200 K

相(单相)和两相区域内均会发生凝胶化。通过旋节分离发生一级固-液相分离,可能形成刚性的且不能粗化的网络,是动力学控制的类凝胶物质[73]。从样品浊度或收缩趋势(溶剂从凝胶团的缓慢渗出)能推断体系中相分离的发生。即使网络结构形成过程中不发生本体相分离,凝胶时无限大团簇的形成也有可能导致热力学奇点。凝胶化过程在 Tanaka-Stockmayer 模型中的级数,取决于形成凝胶的主链是多分散还是单分散[58]。Tanaka-Stockmayer 模型预测的相图与实验观察结果在定性上一致(对比图 3.67 和图 3.66)。

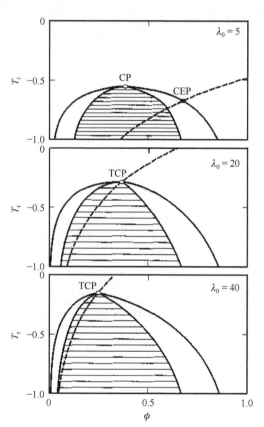

图 3.67 不限连接点官能度,由低分子量分子制备物理凝胶的相图预测[58]

ϕ 为高分子总体积分数,$T_r = 1 - \Theta/T$(Θ 为 θ 温度,T 为温度),参数 λ_0 是控制平衡各种不同尺寸聚集体间的常数。外实线为双节线,峰内实线为旋节线,虚线为凝胶化转变点。CP 是临界溶解点,CEP 是二线临界终点,TCP 是三线临界端点

聚 γ-苄基-L-谷氨酸盐[poly(γ-benzyl-L-glutamate),PBLG]在二甲基甲酰胺(dimethylformamide,DMF)、苯甲醇或甲苯等溶剂中的溶液行为可较好地说明凝胶化和相分离之间的关系[75]。图 3.68(a)给出 DMF 中 PBLG 的相图。PBLG 分子刚性大,在溶液中浓缩时可形成手性向列相。高温下,高分子体积分数为 0.08~

0.15 时会发生各向同性到液晶相的相变，该过程主要取决于温度，且两相间隙非常窄。高温下，两相均为流体，如果整体组成在两相的窄缝隙(图中的"烟囱")中，随着时间推移，两相会从宏观上彼此分离。较低温度下，两相间隙很大，该宽组成区域内主要形成黏性"凝胶"，即使高分子浓度低至 1% 也是如此。上例得到的相图与 Flory[76] 的预测在定性上是一致的[图 3.68(b)]。Flory 理论中，溶剂中棒状分子的非热自由能由溶剂–高分子相互作用项来补充，与相互作用参数 χ 成正比。理论与实验相结合给出了凝胶体系的典型形式 $\chi = -3.51 + 1035/T$，同时该结果也支持核磁共振测量的结论。尽管相图下部区域无宏观相分离，但实际上是两相区域。这意味着低温下形成的高度浓缩的有序相刚性太大，无法宏观上从溶剂中分离，从而形成包含在溶剂中的刚性网络。该法获得的材料具有凝胶的流变性质。例如，当"含蜡原油"冷却时，就会形成类似的"凝胶"；长的石蜡组分结晶，形成刚性网络，浸渍在油中，使油显示出较大的屈服应力。

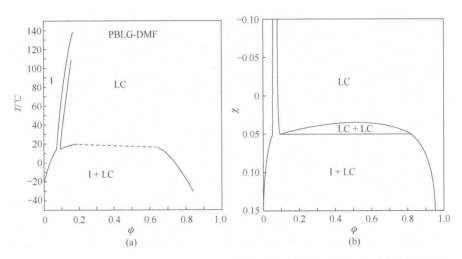

图 3.68　(a) DMF 中 PBLG ($M_w = 310000$) 的温度-体积分数相图，其中 I 表示各向同性相，LC 表示手性向列相液晶相，I + LC 是"凝胶"，是两个不能宏观分离的共存相；(b) χ-体积分数相图，Flory 理论预测的长径比为 150 的刚性高分子的相图[75]

　　除与相分离有关外，物理凝胶在某种意义上也与玻璃相似[25]。玻璃是液体自由度随温度降低逐渐冻结而形成的无序固体。玻璃松弛缓慢，在观察时间尺度内无法松弛，而导致体系呈现液体结构状态。物理凝胶化是指由于形成一个缓慢松弛的网络结构而导致流动性骤减。与玻璃不同，物理凝胶中有网络结构存在。但所谓的高强玻璃也被认为是形成了网络结构。因此从概念上讲，玻璃和凝胶之间无显著区别。可将凝胶化和玻璃化视为一个连续体的两端：一端为不可逆化学键形成的网络，称为强凝胶化，另一端由分子堆砌或"自由体积"的变化而导致分子运动逐渐且可逆地减慢，称为"易碎玻璃化"。中间区域为物理键形成的网络，其强度可能是 $(5\sim30)k_BT$，称为"弱凝胶"或"强玻璃"。但"弱凝胶"与"强玻璃"有所区别，前者是溶剂中的高分子网络，后者是小分子或离子网络。因此，玻璃通常比凝胶模量更大，表现为硬物质。

缔合高分子的流变学非常复杂：可能是流动时断裂的固体，或静置时的高流动性，或虽可流动却形成凝胶。其流变行为的再现性(reproducibility)差，很大程度上取决于缔合基团沿链的分布以及分子量、浓度和溶液制备方法。例如，样品会"老化"，或随时间缓慢变化，尤其是当存在可从大气中吸收水分的离子基团时。此外，缔合基团的存在使链与链之间具有较强的相互作用，也会导致相分离[77]。

1. 遥爪高分子的流变学

遥爪高分子(telechelic polymer)是仅在链端含有"缔合"基团的线形链。稳定剪切流动下，遥爪高分子溶液的黏度通常随剪切速率 $\dot\gamma$ 增加而增大(剪切增稠)，随着 $\dot\gamma$ 继续增加再降低(剪切变稀)。图 3.69 给出了疏水改性乙氧基化聚氨酯(hydrophobically modified ethoxylated urethane，HEUR)的典型结构[78]。其亲水端由脂肪族醇、烷基酚组成。含烷烃的端基聚集在一起形成球状"胶束"(micelle)，显著提高了溶液的黏度。添加这类物质配制的涂料，在滚涂到表面上时飞溅较小。

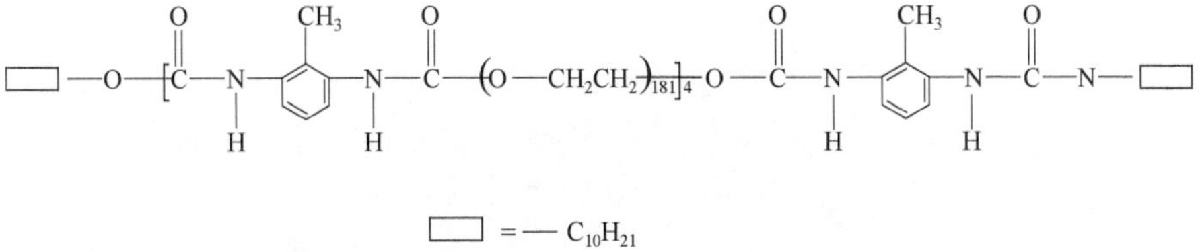

$$\square = —\ C_{10}H_{21}$$

图 3.69　HEUR 的结构示意图[78]

遥爪高分子形成的胶束不同于小分子表面活性剂形成的胶束，这是因为遥爪链的亲水"头"基团是长大分子链，而小分子中，"头"基团是小的离子或亲水非离子基团。此外，遥爪链有两个疏水的"尾"基团。胶束中所含疏水单元的数量 N_{agg} 与每个疏水基团的体积 v 和胶束的表面积 a 有关。a(单位是 nm²)由分子亲水部分的体积决定。球形胶束的 N_{agg} 由 $N_{agg}=36\pi v^2/a^3$ 给出。对于烷烃疏水基团，$v\approx27n_c$ Å³(其中 n_c 是烷烃链中的碳原子数)。对于 $n_c=16$，$N_{agg}\approx20/a^3$ 成立。遥爪"表面活性剂"的"头"基团较长，与小分子表面活性剂相比，每条链占据胶束表面的面积较大，故遥爪高分子"胶束"的聚集数明显小于相当大小的疏水基团小分子胶束。Yekta 等[79]推导出每个胶束的 $N_{agg}=18\sim28$，而流变建模结果表明，$N_{agg}\approx7$，数值较小。显然，遥爪高分子的聚集数比普通表面活性剂胶束小得多。遥爪高分子与三嵌段共聚物相似，不同之处在于脂肪族"尾"基团较短。因此，遥爪高分子是介于表面活性剂和嵌段共聚物之间的物质，即两个表面活性剂大小的疏水基团连接到大分子的亲水基团上。

图 3.70 给出的遥爪高分子两个"尾"基团之间由一条长亲水链隔开，形成的胶束有可能包含"环"和"桥"结构。亲水链可在相邻胶束之间架桥，而环在浓度较低时占主导地位。孤立的、环为主的胶束称为"花"。据预测，在某一浓度范围内，"花"胶束内富相会与贫相发生分离，高浓度(＞20 wt%)还有可能形成有序的立方阵桥接胶束[80]。普通表面活性剂的水溶液中也会出现类似的有序胶束。

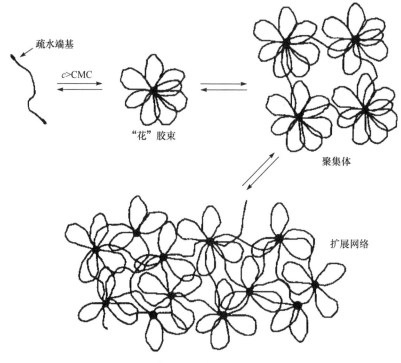

图 3.70　遥爪高分子缔合模型与浓度的关系[81]
由于强相互作用，浓度稍大于 CMC 时可形成孤立的"花"胶束，其大小通常为 2～10 ppm。
较高浓度下，这些"花"有望通过"桥"连接起来

图 3.71(a)给出单个遥爪分子的各种形状。在足够高浓度下，遥爪分子可能形成网络[图 3.71(b)]。如果分子量足够低，或在溶液中的浓度足够高，遥爪链不发生缠结；当基团试图从一个胶束拖出时，网络连接处会迅速发生松弛，这种网络的流变特性相对简单。Annable 等[82,83]认为，网络结构的弛豫可由单个"麦克斯韦模型"(Maxwell model)描述(图 3.72)，然而这种单一松弛时间行为极为少见。网

络的弛豫时间 τ 是端基与胶束解离的时间常数 τ_{diss}，与解离活化能垒（胶束化自由能）$\Delta\mu$ 有关，即

$$\tau_{\mathrm{diss}} = \Omega_0^{-1}\mathrm{e}^{\Delta\mu/k_{\mathrm{B}}T} \tag{3.119}$$

式中，Ω_0 为基本振动频率（$\sim 10^{-10}\ \mathrm{s}^{-1}$）。对烷烃链而言，每个 CH_2 单元的 $\Delta\mu$ 增加约 $1.5k_{\mathrm{B}}T$。与此一致，典型遥爪聚合物 HEUR 溶液的松弛时间和零切黏度随"头"基团中 CH_2 单位的数量呈指数增加，对含有 $12\sim22$ CH_2 单位的"头"基团，每 CH_2 单位 $\Delta\mu$ 增量约为 $0.9k_{\mathrm{B}}T$[83]。

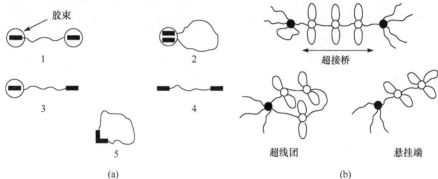

图 3.71 （a）遥爪分子链缔合形式；（b）溶液中可形成的链结构，其中官能度大于 2 形成的网络结构以黑点表示[83]

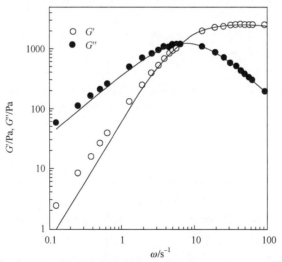

图 3.72 7%（w/v）HEUR 缔合增稠剂（$M_{\mathrm{w}} = 33100$，$M_{\mathrm{w}}/M_{\mathrm{n}} = 1.47$）在 25 ℃下用十六烷醇封端的 G' 和 G''[83]
用麦克斯韦模型拟合

当 $\Delta\mu/k_{\mathrm{B}}T \gg 1$ 时，自由缔合很少。根据经典凝胶理论，遥爪高分子凝胶的模

量可由式(3.113)给出，$G_0 = vk_BT$（其中，v是单位体积弹性活性链的数量），而零切黏度$\eta_0 = G_0\tau$。如果所有链均呈弹性"活性"，则模量与v成正比。然而，虽然链是"活性的"，但只有当链的两个"头"基团在不同胶束中才会对模量起作用，如图3.71(a)中结构1所示。图3.71(a)中的结构2和5是非活性环状结构。如果溶液浓度足够稀，平均而言，链间距约等于或大于链的回转半径，大多数链必须拉伸才能连接独立胶束，因此环状结构的形成概率很大，胶束大多形成无桥接的"花"（图3.70）。链的回转半径R与链长平方根成正比，这意味着当$c\sqrt{M}$增加时（c是高分子的浓度，M是其分子量），链活性也增加。图3.73(a)证实G_0/vk_BT随c增加而增加，同时弛豫时间也随c的增加而延长[图3.73(b)]。一般认为，低c时τ减小是因为环状结构导致的"超级桥"，很多链像纸娃娃一样串在一起[图3.71(b)]。当组成桥接的n条链中任何一条上的"头"基团从胶束中释放时，桥接就会断裂，使松弛时间比简单桥接快一倍。图3.73中的实线为模型预测，与实验值符合较好。同时，还证实了τ是组合变量$c\sqrt{M}$的函数。

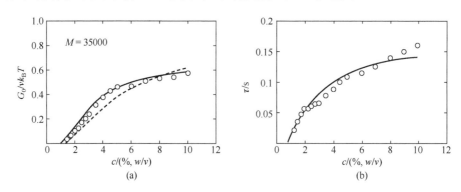

图3.73　G_0/vk_BT (a) 和松弛时间τ (b) 与图3.72中高分子浓度的关系[83]
实线和虚线分别是对70%和100%端基效率的预测值

　　图3.74给出模型高分子HUER黏度与剪切速率$\dot{\gamma}$的关系，并与动态频率ω扫描结果进行了比较。当频率高于动态黏度开始下降的频率（$\omega \approx 1\ \text{s}^{-1}$），Cox-Merz规则不适用；当$\omega > 1\ \text{s}^{-1}$后，稳态剪切黏度随$\dot{\gamma}$增加而增大，$\dot{\gamma}$进一步增加后发生剪切变稀。缔合高分子中，常观察到先剪切增稠，后剪切变稀的现象。剪切变稀一般是由剪切诱导凝胶结构破裂造成的。"头"基团的缔合能远大于k_BT时，仅当链完全伸展时，凝胶网络才有可能在剪切作用下断裂。剪切变稀开始的临界剪切速率$\dot{\gamma}_c$约为$N_K^{1/2}/\tau$（其中N_K为遥爪高分子中"Kuhn"链节的数目），松弛时间τ可由动态黏度开始剪切变稀时ω的倒数来估算(图3.74)。

　　图3.75为HEUR溶液的剪切黏度及结构变化示意图。Marrucci等[84]认为，弱剪切增稠时结构的变化如图3.74和图3.75所示，可用拉伸至极限拉伸率一半时的

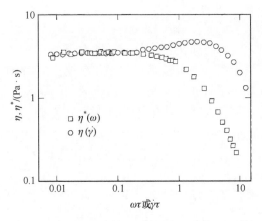

图 3.74　浓度为 1.5% HEUR（图 3.72）溶液剪切黏度 $[\eta(\dot{\gamma})]$ 和动态黏度 $[\eta(\omega)]$ 与 $\dot{\gamma}\tau$ 或 $\omega\tau$ 的关系[83]

非 Hooken 弹性行为来解释，即剪切增稠发生的 $\dot{\gamma}$ 略低于 $\dot{\gamma}_c$，高度拉伸的线团从胶束中拉出。荧光研究发现，在整个 $\dot{\gamma}$ 范围，"头"基团的缔合程度未发生改变，表明剪切变稀区发生的桥接减少伴随着环的形成，自由端难以单独存在。因此高 $\dot{\gamma}$ 下，"花"可能占主导地位。

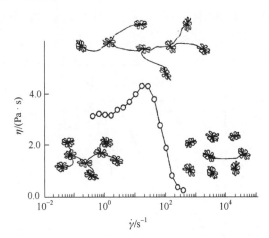

图 3.75　1.0 wt% HEUR（$M_n = 51000$，$M_w/M_n = 1.47$）的黏度与剪切速率之间的关系[79]
温度 22 ℃，十六烷醇端基的高分子。图中所示为剪切速率增加时发生的结构转变，首先
桥接链被拉伸，产生剪切增稠，随后桥接链在一端从所连接的胶束中被拉出，并发生剪切变稀

一些缔合高分子表现出很强的剪切增稠现象。较窄 $\dot{\gamma}$ 范围内，黏度可增加一个数量级以上。因高分子中含有多个可缔合基团沿链长分布，故大幅度剪切增稠现象很常见。在 Green 等[85]的观点基础上，Tanaka 等[86]以及 Marrucci 等[84]提出了可有效预测遥爪高分子流变行为的瞬态网络动力学模型。

2. 可缠结的缔合链

遥爪高分子的末端只有短头基，分子量通常很小，不能发生缠结，可通过不同方法在长大分子链上引入缔合基团，并使几个或多个基团沿链长随机排列。缔合基团可直接连在高分子骨架上，或用非缔合的"间隔区"分开。各种组分的巧妙平衡使其呈现特殊溶液性质，具有重要的技术应用前景。例如，"疏水性碱膨胀乳液"（hydrophobic alkali-swellable emulsion，HASE）高分子在平衡组成中含有羧基和丙烯酸酯基，该高分子在低 pH 下会折叠成不溶性球，但在 pH > 6 时会发生膨胀并溶解[87]。

理论上，首先考虑更简单的情况：多个缔合点有规律地沿足够长且集中的大分子链分布。PB 与随机附着的尿唑基团的熔体中，每个尿唑基团能与另一个尿唑基团形成两个氢键。图 3.76 给出了不同摩尔比尿唑改性 PB 的 G' 与 ω 关系，发现加入尿唑显著减缓了松弛，改变了流变曲线的形状，末端行为 $G' \propto \omega^2$ 的过渡变缓。低 ω 下，G'-ω 曲线形状与分子量多分散性间的关系类似。这种样品的 G''-ω 曲线通常呈现两个峰值，一个对应分子的最长弛豫时间，随链上尿唑基团的数量增加，该峰移至较低 ω（较长弛豫时间）；另一个出现在 0 ℃附近，ω 约为 $2 \times 10^4 \ \text{s}^{-1}$，与尿唑基团数量无关，而与两个尿唑基团间缔合寿命相关。多缔合基团体系与遥爪高分子的流变行为显著不同，未缠结遥爪体系的弛豫时间常数等于或小于缔合时间。

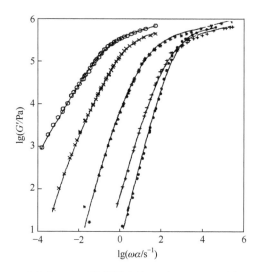

图 3.76　4-苯基-1,2,4-三唑啉-3,5-二酮基团改性 PB（$M_n = 26000$）在 0 ℃附下的 G' 主曲线[88]
各曲线移动因子 $x = 0$（•）、0.5（+）、2（*）、5（×）和 7.5（○），其中 $x = 7.5$ 对应于每个链上含 36 个功能基团

造成这种差异可能的原因是，含多个缔合基团的长链被缔合基团锚定在一定

位置上，同时长链与其他链间的缠结限制在"管状"区域，基团与另一基团间的解离会限制整条链的松弛。其他基团缔合和缠结也会阻止长链在新缔合形成前扩散太远（图 3.77）。仅当所有缔合基团被释放时，大分子链才能松弛。Ballard 等[89]指出，一条有多个缔合基团的长链可以像蜈蚣一样移动，任一时刻，只有少数蜈蚣的腿能自由移动，但这种动物比较灵活，每条腿最终都会转动一圈，使整个动物体慢慢地向前蛇行。同样，即使只有一小部分缔合基团在任何时刻均能自由移动，高分子也可改变形状和质心的位置，以适应缔合基团的移动。随时间的推移，整个链条在管内缓慢地来回移动，就像迷宫中醉酒的蜈蚣，缓慢地松弛结构。

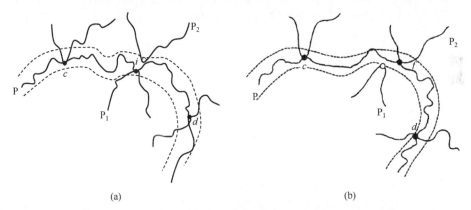

(a)   (b)

图 3.77   "黏滞性蛇行"[51]

(a) 链 P 在 i 处与链 P_1 交叉链接；(b) 原链接解离，链 P 在 f 处与链 P_2 缔合

Leibler 等[51]提出了描述该过程的"黏滞性蛇行"（sticky reptation）模型。对有多个缔合基团的长链，黏滞性蛇行链的自扩散系数为

$$D_{\text{self}} \approx \frac{a^2}{2\tau_{\text{diss}}S^2}\left(1 - \frac{9}{p} + \frac{12}{p^2}\right) \tag{3.120}$$

式中，a 为"管直径"；S 为每条链的缔合基团数量；p 为给定时间内缔合基团的平均分数；τ_{diss} 为缔合寿命。除 p 外，式(3.120)与普通蛇行的扩散系数 $D_{\text{self}} = (a^2/\tau_e)(N_e/N)^2$ 相似。式(3.120)中的 S 决定每条链的缠结数目 N/N_e（N 为每个大分子上的单体数目，N_e 为处于缠结点间的单体数目），而 τ_{diss} 决定缠结点链段平衡的时间 τ_e。

对于蛇行或"黏滞性蛇行"的链，松弛时间（$\propto N^{3.5}$）与扩散系数（$\propto N^{-2}$）的关系为

$$\tau \approx \left(\frac{N}{N_e}\right)^{1.5}\frac{a^2}{D_{\text{self}}} = \left(\frac{N}{N_e}\right)^{1.5}\frac{2S^2\tau_{\text{diss}}}{1 - 9/p + 12/p^2} \tag{3.121}$$

式(3.121)的预测与尿唑改性聚丁烯的实测 τ 值吻合良好。

平台模量可由缠结高分子的常用公式 $G_0^N \approx \nu k_B T$ 给出。其中，ν 为每单位体积熔体的缠结链数，即 $\nu = N\nu_m / N_e$，ν_m 为每单位体积的分子数，且 $\nu_m = \rho N_A / M$，ρ 为熔体密度，M 为链的分子量。零切黏度可由 $\eta_0 \approx G_0^N \tau$ 给出。

含有多个缔合基团的高分子剪切增稠是剪切诱导引起的分子内和分子间缔合之间的平衡。低 $\dot{\gamma}$ 下，分子内缔合为主，对黏度几乎无贡献。剪切流拉伸分子，使分子间缔合成为可能，黏度增加。黏度的增加导致长链伸展性更大，又会促进更多链间的缔合，极端的结果是黏度急剧增加，或剪切诱导形成凝胶。虽然该剪切增稠机制较为合理，但还无法通过直接探测链的缔合行为来证实。这种体系中的剪切增稠可能伴随着长链平均延伸率的变化，意味着只有一小部分链参与了剪切诱导增稠现象，而其余链仍聚集在自缔合簇中。另一种解释是，具有足以产生显著剪切增稠效应的缔合链可能更易发生相分离，这也导致该类溶液样品制备的再现性和敏感性差[4]。严重的剪切增稠最有可能发生在含多个缔合基团的缠结链上。对于这类长链，缔合基团解离后的松弛比重新缔合慢，因此长链在拉伸状态下重新缔合，使黏度提高。另外，未缠结的遥爪高分子中，链松弛的速度应足够快，以至当链重新结合时，链不会被拉伸，剪切增稠也不显著。

化学和物理凝胶从溶胶到凝胶的转变过程中，G' 和 G'' 均具有幂律频率依赖性，可由幂律指数 n 和弛豫强度 S 来表征。常数 n 和 S 可由预聚物的分子量和预聚物与交联剂的比例决定。

3.5.5   纳米粒子悬浮体系凝胶

含纳米粒子的低聚物或高分子溶液体系在日常生活中十分常见，广泛应用于涂料、油墨、日用化学品等传统领域以及锂电池、液体防弹衣等前沿领域。纳米粒子悬浮体系呈现复杂多变的流变行为，包括静置下的溶胶、凝胶及剪切过程中的屈服、触变、剪切变稀与剪切增稠等。悬浮流变行为与粒子-粒子、粒子-高分子间复杂的相互作用关系紧密。另外，纳米粒子会显著影响分子链的松弛行为，使粒子表面形成吸附层，显著影响高分子的流体力学体积。

若粒子间引力(范德瓦耳斯力、氢键作用等)与斥力(静电斥力、体积排斥力等)相平衡，粒子不发生絮凝，而形成稳定的悬浮体系。当应力 τ 较小时，非絮凝高浓悬浮体系可能出现近似于牛顿流体的类牛顿平台或假塑性流体的剪切变稀行为。类牛顿行为源于黏性应力，而剪切变稀源于粒子间的弱引力作用或粒子热运动过程中无规碰撞熵力随剪切的减小。然而，τ 达到临界应力 τ_c 时，η 会随 τ 增大而增大，τ-$\dot{\gamma}$ 稳态流变曲线呈现与假塑性流体相反的趋势，称为剪切增稠或胀流(dilatant)现象。

当粒子间引力作用较强、粒子间无法提供有效斥力平衡粒子间吸引力时，粒子发生絮凝。稳态剪切测试中，絮凝体系常表现为类塑性流体或类假塑性流体行为，且往往具有触变性。触变性凝胶的流变行为可简单类比为塑性流体，τ-$\dot{\gamma}$ 关系为不通过原点的直线，只有当 τ 大于屈服应力 τ_y 时才发生流动。在 $\tau < \tau_y$，体系边缘区域开始发生变形流动，内部粒子结构并没有完全破坏，仍按原结构形式向前运动，称为"塞流"。η 随 $\dot{\gamma}$ 增大持续减小；τ 大于层流切力 τ_m 时，粒子絮凝结构被完全打散，τ 随 $\dot{\gamma}$ 线性增加，η 不再随 $\dot{\gamma}$ 发生变化。塑性流体的流变方程可表示为

$$\tau - \tau_y = \eta_p \dot{\gamma} \quad (\tau > \tau_m) \tag{3.122}$$

在动态应变扫描中，塑性流体在小应变下呈现明显的线性黏弹区；当应变幅度 γ 增大至一阈值后，动态模量才开始下降，对应悬浮体系凝胶的破坏；悬浮体系凝胶 G' 与 G'' 均呈现无频率依赖性的模量平台，且 $G' > G''$，与刚性固体的弹性响应相同。塑性行为产生是因为粒子网络结构发生破坏。在随后的流动过程中，网络结构的破坏与重组同时进行，随 τ 增加，结构破坏占主导，至 $\tau > \tau_m$ 时，破坏与重组达到平衡，η 不再变化。

悬浮体系凝胶的触变性与结构变化有关。普遍认可的机理为：胶体粒子因相互间较弱的引力而形成絮凝体(flocs)，胶体粒子足够多时，絮凝体进一步发展为逾渗网络结构；粒子间的弱相互作用可在体系流动时发生破坏；剪切停止时，絮凝体及网络结构在同向(orthokinetic)及异向(perikinetic)絮凝效应下重新形成。纳米粒子填充高分子熔体、高分子溶液以及低聚物体系，若粒子间引力作用占主导，往往形成絮凝体或网络结构，在剪切作用下表现触变性。

类似于化学凝胶，悬浮体系物理凝胶在临界凝胶点附近的线性动态流变行为符合标度关系[式(3.117)][90]。大幅振荡剪切法可用于研究盐浓度对锂藻土(laponite)/悬浮体系的结构及非线性黏弹性的影响。童真等采用响应应力的 Fourier 变换三次谐波的相对振幅 $I_{3/1}$ 与 Lissajous 曲线定量参数最小应变模量 $G_M = \sigma/\gamma|_{\gamma = \pm\gamma_0}$、大应变模量 $G_L = d\sigma/d\gamma|_{\gamma = 0}$、最小应变速率黏度 $\eta_M = d\sigma/d\dot{\gamma}|_{\dot{\gamma} = 0}$、大应变速率黏度 $\eta_L = \sigma/\dot{\gamma}|_{\dot{\gamma} = \pm\dot{\gamma}_0}$ 描述凝胶的非线性黏弹行为(图 3.78)。悬浮体系凝胶的非线性黏弹性与凝胶网络结构有关。随粒子间静电相互作用距离缩短，粒子间距减小，更紧密的网络结构在较大的应变下容易被破坏，出现非线性黏弹性[91]。

为统一絮凝和非絮凝悬浮体系截然不同的流变学响应，Brown 等尝试将非絮凝体系的动态拥堵与絮凝体系的屈服相关联，绘制了包括剪切变稀、剪切增稠及拥堵行为的动态相图(图 3.79)[92]。仅当 τ_c 小于某临界值时，体系才发生不连续剪切增稠；随 τ_c 的改变，高浓体系的流变行为可在塑性流体、胀流流体间相互转换。宋义虎、郑强等在研究白炭黑/聚氨酯预聚体悬浮体系的流变行为时发现，黏度横跨 4 个数量级的溶胶、凝胶体系均具有相同的软化临界应变能。应变软化的等能

特征是远未达到拥堵转变的溶胶与凝胶共有的性质(图 3.79)[93]。

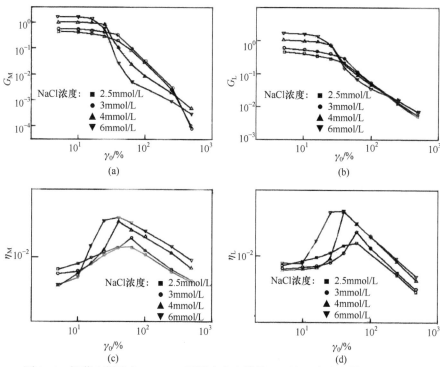

图 3.78　锂藻土凝胶在 0.5 rad/s 下最小应变模量 G_M(a)、大应变模量 G_L(b)、
最小应变速率黏度 η_M(c)、大应变速率黏度 η_L(d)随应变幅度γ_0的变化[91]

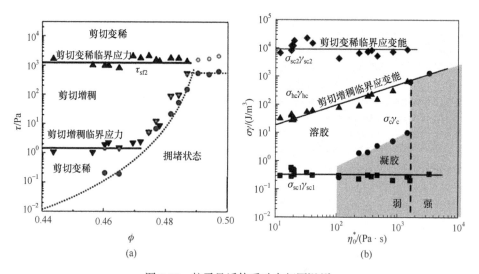

图 3.79　粒子悬浮体系动态相图[92,93]
(a)玻璃球/矿物油体系；(b)白炭黑/聚氨酯预聚体体系

迄今，尚未能很好解释物理凝胶（如主链或末端有缔合基团的高分子、不同拓扑结构的纳米粒子悬浮体系）的流变特性，部分原因是结构对制备和测试条件的敏感性而造成再现性较差。末端含有缔合基团的遥爪高分子可通过瞬时网络模型来描述，其弛豫主要由胶束中缔合基团的解离速率决定。若分子骨架上有多个缔合基团，则其流变特性取决于基团的数量及解离速率。采用"黏滞性蛇行"模型可模拟具有多个缔合基团的大分子的流变行为。稳态剪切下，遥爪高分子和其他缔合高分子通常表现出先剪切增稠，后剪切变稀的流变行为。剪切变稀可能是由剪切应力引起的网络破裂造成的。粒子悬浮体系凝胶的流变行为则与粒子浓度、界面相互作用等多种因素有关。

参 考 文 献

[1] Teraoka I. Polymer Solution: an Introduction to Physical Properties[M]. New York: John Wiley & Sons, Inc., 2002.

[2] Rouse P E. A theory of the linear viscoelastic properties of dilute solutions of coiling polymers[J]. J Chem Phys, 1953, 21: 1272-1280.

[3] Zimm B H. Dynamics of polymer molecules in dilute solution: viscoelasticity, flow birefringence and dielectric loss[J]. J Chem Phys, 1956, 24: 269-278.

[4] Larson R G. The Structure and Rheology of Complex Fluids[M]. Oxford: Oxford University Press, 1999.

[5] Johnson R M, Schrag J L, Ferry J D. Infinite-dilution viscoelastic properties of polystyrene in θ-solvents and good solvents[J]. Polym J, 1970, 1: 742-749.

[6] Amelar S, Eastman C E, Morris R L, Smeltzly M A, Lodge T P, von Meerwall E D. Dynamic properties of low and moderate molecular weight polystyrenes at infinite dilution[J]. Macromolecules, 1991, 24: 3505-3516.

[7] Pierleoni C, Ryckaert J P. Relaxation of a single chain molecule in good solvent conditions by molecular-dynamics simulation[J]. Phys Rev Lett, 1991, 66: 2992-2995.

[8] Sahouani H, Lodge T P. Onset of excluded-volume effects in chain dynamics[J]. Macromolecules, 1992, 25: 5632-5642.

[9] Morris R L, Amelar S, Lodge T P. Solvent friction in polymer solutions and its relation to the high frequency limiting viscosity[J]. J Chem Phys, 1988, 89: 6523-6537.

[10] Zhu W, Ediger M D. Viscosity dependence of polystyrene local dynamics in dilute solution[J]. Macromolecules, 1997, 30: 1205-1210.

[11] Mackay M E, Boger D V. An explanation of the rheological properties of Boger fluids[J]. J Non-Newton Fluid Mech, 1987, 22: 235-243.

[12] Noda I, Yamada Y, Nagasawa M. Rate of shear dependence of the intrinsic viscosity of monodisperse polymer[J]. J Phys Chem, 1968, 72: 2890-2898.

[13] Larson R G, Khan S A, Raju V R. Relaxation of stress and birefringence in polymers of high molecular weight[J]. J Rheol, 1988, 32: 145-161.

[14] Bird R B, Curtiss C F, Armstrong R C, Hassager O. Dynamics of Polymeric Liquids[M]. 2nd ed. New York: John Wiley & Sons, Inc., 1987.

[15] Warner H R. Kinetic theory and rheology of dilute suspensions of finitely extendible dumbbells[J]. Ind Eng Chem Res Fundamen, 1972, 11, 3: 379-387.

[16] Tanner R I. Engineering Rheology[M]. Oxford: Oxford University Press, 1985.

[17] de Gennes P G. Coil-stretch transition of dilute flexible polymers under ultrahigh velocity gradients[J]. J Chem Phys, 1974, 60(12): 5030-5042.

[18] Doyle P S, Shaqfeh E S G, Gast A P. Dynamic simulation of freely draining flexible polymers in steady linear flows[J]. J Fluid Mech, 1997, 334: 251-291.

[19] Flory P J. Statistical Mechanics of Chain Molecules[M]. New York: John Wiley & Sons, Inc., 1969.

[20] Ryskin G. Calculation of the effect of polymer additive in a converging flow[J]. J Fluid Mech, 1987, 178: 423-440.

[21] Doyle P S, Shaqfeh E S G, McKinley G H, Spiegelberg S H. Relaxation of dilute polymer solutions following extensional flow[J]. J Fluid Mech, 1998, 76: 79-110.

[22] Larson R G, Perkins T T, Smith D E, Chu S. Hydrodynamics of a DNA molecule in a flow field[J]. Phys Rev E, 1997, 55: 1794-1797.

[23] Magda J J, Larson R G, Mackay M E. Deformation-dependent hydrodynamic interaction in flows of dilute polymer solutions[J]. J Chem Phys, 1988, 89: 2504-2513.

[24] Kishbaugh A J, McHugh A J. A discussion of shear-thickening in bead-spring models[J]. J Non-Newt on Fliud, 1990, 34: 181-206.

[25] de Gennes P G. Scaling Concepts in Polymer Physics[M]. Ithaca: Cornell University Press, 1979.

[26] Doi M, Edwards S F. The Theory of Polymer Dynamics[M]. Oxford: Oxford University Press, 1986.

[27] Noda I, Kato N, Kitano T, Nagasawa M. Thermodynamic properties of moderately concentrated solutions of linear polymers[J]. Macromolecules, 1981, 14: 668-676.

[28] Ohta T, Oono Y. Conformation space renormalization theory of semidilute polymer solutions[J]. Phys Lett, 1982, 89A: 460-464.

[29] Wiltzius P, Haller H R, Cannell D S, Schaefer D W. Universality for static properties of polystyrenes in good and marginal solvents[J]. Phys Rev Lett, 1983, 51: 1183-1186.

[30] Daoud D, Cotton J P, Farnoux B, Jannink G, Sarma G, Benoit H, Duplessix R, Picot C, de Gennes P G. Solutions of flexible polymers. Neutron experiments and interpretation[J]. Macromolecules, 1975, 8: 804-818.

[31] Wang Y, Teraoka I. Structures and thermodynamics of nondilute polymer solutions confined between parallel plates[J]. Macromolecules, 2000, 33: 3478-3484.

[32] Barrat J L, Joanny J F. Theory of polyelectrolyte solutions[J]. Adv Chem Phys, 1996, 94: 1-66.

[33] Holm C, Joanny J F, Kremer K, Netz R R, Reineker P, Seidel C, Vilgis T A, Winkler R G. Polyelectrolyte theory[J]. Adv Polym Sci, 2004, 166: 67-111.

[34] Petzold G, Mende M, Lunkwitz K, Schwarz S, Buchhammer H M. Higher efficiency in the flocculation of clay suspensions by using combinations of oppositely charged polyelectrolytes[J]. Colloid Surface A, 2003, 218: 47-57.

[35] Klitzing R V, Tieke B. Polyelectrolyte membranes[J]. Adv Polym Sci, 2004, 165: 177-210.

[36] 何曼君, 张红东, 陈维孝, 董西侠. 高分子物理[M]. 上海: 复旦大学出版社, 2008.

[37] Dobrynin A V, Rubinstein M. Theory of polyelectrolytes in solutions and at surfaces[J]. Prog Polym Sci, 2005, 30: 1049-1118.

[38] Fuoss R. Viscosity function for polyelectrolytes[J]. J Polym Sci, 1948, 3: 603-604.

[39] 斯特罗伯. 高分子物理学——理解其结构和性质的基本概念[M]. 胡文兵, 蒋世春, 门永锋, 王笃金, 译. 北京: 科学出版社, 2009.

[40] Volk N, Vollmer D, Schmidt M, Oppermann W, Huber K. Polyelectrolytes with defined molecular architecture Ⅱ

[M]. New York: Springer, 2004.

[41]　Nierlich M, Williams C E, Boue F, Cotton J P, Daoud M, Farnous B, Jannink G, Picot C, Moan M, Wolff C, Rinaudo M, de Gennes P G. Small angle neutron scattering by semi-dilute solutions of polyelectrolyte[J]. J Phys, 1979, 40: 701-704.

[42]　Förster S, Schmidt M. Polyelectrolytes in solution[J]. Adv Polym Sci, 1995, 120: 51-133.

[43]　Wang L, Bloomfield V A. Osmotic pressure of polyelectrolytes without added salt[J]. Macromolecules, 1990, 23: 804-809.

[44]　Rubinstein M, Colby R H. Polymer Physics[M]. Oxford: Oxford University Press, 2003.

[45]　Dou S C, Colby R H. Charge density effects in salt-free polyelectrolyte solution rheology[J]. J Polym Sci B Polym Phys, 2006, 44: 2001-2013.

[46]　Dou S, Colby R H. Solution rheology of a strongly charged polyelectrolyte in good solvent[J]. Macromolecules, 2008, 41: 6505-6510.

[47]　Mata J, Patel J, Jain N, Ghosh G, Bahadur P. Interaction of cationic surfactants with carboxymethyl cellulose in aqueous media[J]. J Colloid Interf Sci, 2006, 297: 797-804.

[48]　Lim P F C, Chee L Y, Chen S B, Chen B H. Study of interaction between cetyltrimethylammonium bromide and poly(acrylic acid) by rheological measurements[J]. J Phys Chem B, 2003, 107: 6491-6496.

[49]　Plucktaveesak N, Konop A J, Colby R H. Viscosity of polyelectrolyte solutions with oppositely charged surfactant[J]. J Phys Chem B, 2003, 107(32): 8166-8171.

[50]　Wu Q, Du M, Shangguan Y, Zhou J, Zheng Q. Investigation on the interaction between C_{16}TAB and NaCMC in semidilute aqueous solution based on rheological measurement[J]. Colloid Surface A, 2009, 332: 13-18.

[51]　Leibler L, Rubinstein M, Colby R. Dynamics of reversible networks[J]. Macromolecules, 1991, 24(16): 4701-4707.

[52]　Wu Q, Shangguan Y G, Du M, Zhou J F, Song Y H, Zheng Q. Steady and dynamic rheological behaviors of sodium carboxymethyl cellulose entangled semi-dilute solution with opposite charged surfactant dodecyl-trimethylammonium bromide[J]. J Colloid Interf Sci, 2009, 339: 236-242.

[53]　Plucktaveesak N. Solution rheology of polyelectrolytes and polyelectrolyte-surfactant systems[D]. Commonwealth of Pennsylvania: Pennsylvania State University, 2003.

[54]　Fuoss R M, Strauss U P. Electrostatic interaction of polyelectrolytes and simple electrolytes[J]. J Polym Sci, 1948, 3: 602-603.

[55]　Cheng R S. Polymers and Organic Solids[M]. Beijing: Science Press, 1997.

[56]　Pan Y, Cheng R S. A novel interpretation of concentration dependence of viscosity of dilute polymer solution[J]. Chinese J Polym Sci, 2000, 18(1): 57-67.

[57]　Adolf D, Martin J E. Time-cure superposition during cross-linking[J]. Macromolecules, 1990, 23: 3700-3704.

[58]　Tanaka F, Stockmayer W H. Thermoreversible gelation with junctions of variable multiplicity[J]. Macromolecules, 1994, 27: 3943-3954.

[59]　Brinker C J, Scherer G W. Sol-Gel Science: the Physics and Chemistry of Sol-Gel Processing[M]. New York: Academic Press, 1990.

[60]　Osada Y, Ross-Murphy S B. Intelligent gels[J]. Sci Am, 1993, 268(5): 82-87.

[61]　Hess W, Vilgis T A, Winter H H. Dynamical critical-behavior during chemical gelation and vulcanization[J]. Macromolecules, 1988, 21(8): 2536-2542.

[62] Flory P J. Constitution of three-dimensional polymers and the theory of gelation[J]. J Phys Chem, 1942, 46: 132-140.

[63] Stockmayer W H. Theory of molecular size distribution and gel formation in branched-chain polymers[J]. J Chem Phys, 1943, 11: 45-55.

[64] Martin J E, Adolf D. The sol-gel transition chemical gels[J]. Annu Rev Phys Chem, 1991, 42: 311-339.

[65] Treloar L R G. The Physics of Rubber Elasticity[M]. Oxford: Clarendon Press, 1975.

[66] Ferry J D. Viscoelastic Properties of Polymers[M]. 3rd ed. New York: John Wiley & Sons, Inc., 1980.

[67] Winter H H. Encyclopedia of Polymer Science and Engineering[M]. New York: John Wiley & Sons, Inc., 1989.

[68] Horkay F, McKenna G B. Physical Properties of Polymers Handbook[M]. New York: AIP Press, 1996.

[69] Winter H H, Chambon T. Analysis of linear viscoelasticity of cross-linking polymer at the gel point[J]. J Rheol, 1986, 30: 367-382.

[70] Izuka A, Winter H H, Chambon T. Molecular-weight dependence of viscoelasticity of polycaprolactone critical gels[J]. Macromolecules, 1992, 25: 2422-2428.

[71] Scanlan J C, Winter H H. Composition dependence of the viscoelaticity of end-linked poly(dimethylsiloxane) at the gel point[J]. Macromolecules, 1991, 24: 47-54.

[72] Stadler R, de Lucca Freitas L. Thermoplastic elastomers by hydrogen-bonding 1. Rheological properties of modified polybutadiene[J]. Colloid Polym Sci, 1986, 264: 773-778.

[73] Prasad A, Marand H, Mandelkern L. Supermolecular morphology of thermoreversible gels formed homogeneous and heterogeneous solutions[J]. J Polym Sci Poly Phys Ed, 1993, 32: 1819-1835.

[74] Tan H M, Moet A, Hiltner A, Baer E. Thermoreversible gelation of atactic polystyrene solutions[J]. Macromolecules, 1983, 16: 28-34.

[75] Miller W G, Wu C C, Wee E L, Santee G L, Rai J H, Goebel K G. Thermodynamics and dynamics of polypeptide liquid-crystals[J]. Pure Appl Chem, 1974, 38: 37-58.

[76] Flory P J. Statistical thermodynamics of semi-flexible chain molecules[J]. P Roy Soc A: Math Phy & Eng Sci, 1956, 234: 60-73.

[77] Witten T A. Associating polymers and shear thickening[J]. Journal De Physique, 1988, 49(6): 1055-1063.

[78] Lundberg D J, Glass J E, Eley R R. Viscoelastic behavior among HEUR thickeners[J]. J Rheo, 1991, 35(6): 1255-1274.

[79] Yekta A, Xu B, Duhamel J, Adiwidjaja H, Winnik M A. Fluorescence studies of associating polymers in water-determination of the chain-end aggregation number and a model for the association process[J]. Macromolecules ,1995, 28: 956-966.

[80] Abrahmsen-Alami S, Alami E, Francois F. The lyotropic cubic phase of model associative polymers: small-angle X-ray scattering (SAXS), differential scanning calorimetry (DSC), and turbidity measurements[J]. J Colloid Interf Sci, 1996, 179: 20-33.

[81] Winnik M A, Yekta A. Associative polymers in aqueous solution[J]. Curr Opin Colloid Interface Sci, 1997, 2(4): 424-436.

[82] Jenkins R C, Silebi C A, El-Asser M S. Steady-shear and linear-viscoelastic material properties of model associative polymer-solution[J]. ACS Symp Ser, 1991, 462: 222-233.

[83] Annable T, Buscall R, Ettelaie R, Whittlesone D. The rheology of solutions of associating polymers—comparison of experimental behavior with transient network theory[J]. J Rheol, 1993, 37: 695-726.

[84] Marrucci G, Bhargava S, Cooper S L. Models of shear-thickening behavior in physically cross-linked networks[J]. Macromolecules, 1993, 26: 6483-6488.

[85] Green M S, Tobolsky A V. A new approach to the theory of relaxing polymer media[J]. J Chem Phys, 1946, 14: 80-92.

[86] Tanaka F, Edwards S F. Viscoelastic properties of physically cross-linked networks-transient network theory[J]. Macromolecules, 1992, 25: 1516-1523.

[87] Winnik M A, Yekta A. Associative polymers in aqueous solution[J]. Curr Opin Colloid Interf Sci, 1997, 2: 424-436.

[88] Freitas L L D, Stadler R. Thermoplastic elastomers by hydrogen-bonding 3. Interrelations between molecular-parameters and rheological properties[J]. Macromolecules, 1987, 20: 2478-2485.

[89] Ballard M J, Buscall R, Waite F A. The theory of shear-thickening polymer-solution[J]. Polymer, 1988, 29: 1287-1293.

[90] Winter H, Mours M. Rheology of Polymers Near Liquid-Solid Transitions[M]. Berlin, Heidelberg: Springer, 1997.

[91] 杨燕瑞, 孙尉翔, 黄丽滇, 疏瑞文, 童真. 利用大幅振荡剪切研究 Laponite 凝胶的流变性质[J]. 高等学校化学学报, 2012, 33: 818-822.

[92] Brown E, Forman N A, Orellana C S, Zhang H, Maynor B W, Betts D E, DeSimone J, Jaeger H M. Generality of shear thickening in dense suspensions[J]. Nat Mater, 2010, 9: 220-224.

[93] Ma T T, Yang R Q, Zheng Z, Song Y H. Rheology of fumed silica/polydimethylsiloxane suspensions[J]. J Rheol, 2015, 59: 971-993.

第4章

均相高分子体系流变学

本章主要讨论均相高分子体系的流变行为及其黏弹机制。均相高分子体系既包括无定形的单组分高分子体系[即均聚物(homopolymer)]，也包括相容的多组分体系。相容性体系流变性质一般可以用均聚高分子流变模型描述。然而，结晶型高分子在黏流状态下其体系内部可以认为是均质结构；但由于通常条件下结晶型高分子难以完全结晶，而是处于结晶相与非晶相共存的状态。严格讲，其结晶态下并不是均质结构，即不能认为是均相体系。相比非均相体系所呈现的结构复杂性，均相体系中质点的物理状态和性质更容易确定。因此，高分子流变学的相关研究，无论是从唯象性出发还是从分子论出发，均首先以均相体系为研究对象。

4.1 本 构 方 程

本构方程(constitutive equation)又称为流变状态方程，是描述一类材料受力后所呈现的力学响应规律的关系式。由于其物理化学性质不同，不同材料所使用的本构方程也不同，如胡克弹性体的本构方程为 $\sigma = E\varepsilon$，牛顿流体为 $\tau = \eta_0 \dot{\gamma}$。由于反映的是材料的物理化学性质，本构方程实际上就是材料研究的理论基石。对于高分子流变学而言，其中心任务是确立能够准确描述高分子材料黏弹响应规律的本构方程。这也是建立和发展高分子流变学理论的基础。根据理论力学原理建立本构方程，应遵守以下基本限制性要求[1]：

(1)决定性原理。与胡克弹性体和牛顿流体(现在时刻的应力只与现在时刻的形变率或应变张量有关)不同，黏弹体的应力与形变历史有关，物质微元在此时刻 t 的应力状态由该微元在 t 时刻以前的全部形变历史决定。也就是说，应力是全部形变经历的泛函数。

(2)局部作用原理。物体内质点 P 的应力仅由该点周围无限小邻域内的全部形变历史决定。因为分子间作用是近程作用，且应力是接触力，所以 P 点的应力与有限远的其他质点的形变历史无关，这就是局部作用原理，这一原理保证了应力分布的连续性。由于是局部作用，这种应力分布的连续性不意味着均一性，物体内各质点的应力-应变关系可以不同。

(3) 客观性原理。与其他物理规律的特点一样，本构方程必须与参考坐标系的选择无关，即本构方程表达的关系应与观察者的位置无关。这既说明本构方程应在不同的惯性参考系中具有相同的基本形式，也说明本构方程与物质体系整体的平动或转动无关，两个任意的观察者均可以在同一质点上找到相同的应力。这就是客观性原理。

符合上述原理的流体被称为"简单流体"或"记忆流体"(memory fluid)，是本章讨论的对象范围。实际上，本构方程的建立还需要满足其他一些原则，例如：①相容性原则，即所有本构方程应与守恒定律(质量守恒、动量守恒、能量守恒)相容，不能相互矛盾；②等存在原则，即每个本构方程都应该包括全部独立的本构变量，直到能证明与某一变量无关方可消去，预防随意去掉某个本构变量。

建立本构方程的基本途径可分为唯象性方法和分子论方法。唯象性方法不追求和强调材料的微观结构，而是强调实验事实，现象性地推广流体力学、弹性力学、高分子物理学中关于线性黏弹性本构方程的研究结果，直接给出描写非线性黏弹性流体应力、应变、应变速率间的关系，以本构方程中的参数(如黏度、模量、松弛时间等)表征材料特性。分子论方法则强调建立能够描述高分子材料大分子链运动特征的正确模型，研究微观结构对材料形变和流动的影响，采用热力学和统计学方法，将宏观流变性能与分子结构参数(如分子量、分子量分布、链段结构参数等)联系起来。因此，这种方法的关键就是提出或找到能准确描述大分子链运动特征的模型。需要指出，有时即使一个本构方程能够与实验数据符合较好，但是模型不能正确反映大分子的链状运动特征，这个方程也不是一个好的本构方程。从唯象性方法和分子论方法出发，以连续介质力学的基本法则(如质量守恒定律、线动量守恒定律、角动量守恒定律和能量守恒定律等)和高分子物理的基本理论为基本框架，加上边界条件和出发点，就可以探寻和建立高分子流动和形变的本构方程[1]。

根据研究对象的不同，高分子流变本构方程可分为稀溶液(研究高分子稀溶液流变特性)理论和浓厚体系(高分子浓溶液和熔体)理论。尽管唯象性方法和分子论方法的出发点不同，逻辑推理思路也不尽相同，但是两者的某些结论却十分接近，表明两者均可得到基本正确的结果。相比稀溶液体系，目前有关浓厚体系流变学的研究更加活跃，这些大量积累的数据和成果，不但能够对已有本构方程理论成果进行有效检验，也将推动本构方程研究继续前进。

根据方程形式的不同，本构方程可以分为微分型(也称速率型)本构方程和积分型本构方程。微分型本构方程指方程中包含应力张量或形变速率张量的时间微商，或同时包含这两个微商。积分型本构方程则利用迭加原理，把应力表示成应变的历史积分，或者用一系列松弛时间连续分布的模型的叠加来描述材料的非线性黏弹性，这里的积分包括单重积分和多重积分。微分型本构方程与积分型本构方程在本质上是等价的。本章将重点介绍用唯象性方法对一般非线性黏弹性流体建立的本构方程，并简单介绍分子论方法的模型以及其与唯象学模型的关系。

4.2   线性黏弹性

线性黏弹性(linear viscoelasticity)是指在应变(或应变速率)均很小的条件下，可近似地通过一个常微分方程来描述和时间相关的应力与应变(或应变速率)之间的关系。针对高分子材料本体的线性黏弹行为，已经提出了一些模型，如 Maxwell 模型、Voigt 模型、Jeffreys 模型及广义 Maxwell 模型等。

4.3   线性黏弹模型

第 2 章中介绍的简单拉伸行为遵循胡克弹性定律的物体，统称为胡克弹性材料，可用一个纯胡克弹簧的力学单元表示(图 4.1)。该力学单元首先是纯弹性的，且忽略了所有的惯性影响。根据胡克定律，如果该力学单元受到一个瞬时应变 ε_0，它将立即产生一个应力 σ_0，其值等于 $E\varepsilon_0$(E 为杨氏模量)。实际上，绝大多数物质并不严格遵循胡克定律，但是刚性较大的材料在低应力和低应变时其力学行为非常接近胡克定律的描述。

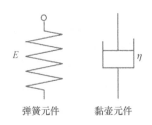

弹簧元件   黏壶元件

图 4.1   弹簧、黏壶模型

相反，牛顿定律描述的是线性黏流体的运动，第 2 章中式(2.1)给出简单剪切流动的牛顿定律形式。流动也可以是拉伸造成的，故牛顿流动定律有着更一般的广义三维形式，即

$$\tau_{ij} = \eta \left(\frac{\mathrm{d}v_i}{\mathrm{d}x_j} + \frac{\mathrm{d}v_j}{\mathrm{d}x_i} \right) \tag{4.1}$$

式中，v_i 为速度，如果取其剪切模式，就是式(2.1)的剪切流动的牛顿定律；如果取其简单拉伸形式，则式(4.1)变为

$$\sigma_{11} - \sigma_{22} = 3\eta \frac{\mathrm{d}v_1}{\mathrm{d}x_1} \tag{4.2}$$

如果定义拉伸黏度 η_E，则可得到

$$\sigma_E = \eta_E \frac{\mathrm{d}\varepsilon}{\mathrm{d}t} = \eta_E \dot{\varepsilon} \tag{4.3}$$

为了与剪切速率 $\dot{\gamma}$ 相区别，拉伸形变速率使用 $\dot{\varepsilon}$，剪切应变使用 γ 表示。

　　因此，可以将牛顿流体的黏性运动用如图 4.1 所示的黏壶运动来代替。这里的黏壶是一个有活塞的，充满了剪切黏度为 η 或拉伸黏度为 η_E 的流体的圆筒。需要说明的是，相对于弹簧和黏壶的拉伸及剪切性质，弹簧和黏壶的几何形状并不重要。由于高分子是兼有黏性和弹性响应特征的典型黏弹性物质，仅用弹簧或仅用黏壶均难以完整表征其力学响应，因此把高分子简化成如胡克弹簧的理想弹性体和牛顿黏壶的理想黏性体的组合，是采用唯象性方法构建黏弹性流体本构方程的前提。

　　若将高分子简化成理想弹性体和理想黏性体的组合[2]，则其弹性和黏性可分别表示为

$$\sigma(t) = G\gamma(t) \tag{4.4a}$$

$$\sigma(t) = \eta \frac{\mathrm{d}\gamma(t)}{\mathrm{d}t} \tag{4.4b}$$

式中，σ 为剪切应力；G 为剪切模量；γ 为剪切应变；η 为黏度；$\mathrm{d}\gamma(t)/\mathrm{d}t$ 为应变速率，即剪切速率。

4.3.1　Maxwell 模型

　　将胡克弹簧和牛顿黏壶进行串联组合，用于模拟和解释高分子力学响应的近似模型就是 Maxwell 模型，也称为 Maxwell 单元(图 4.2)。用该模型描述拉伸响应或剪切响应，则弹簧的瞬时拉伸模量 E 或剪切模量 G 规定了弹性行为，黏壶的拉伸黏度 η_E 和剪切黏度 η 代表了黏性特征。由于是串联，黏壶和弹簧受到的应力相同，等于总应力；总应变等于黏壶应变和弹簧应变之和：

$$\gamma = \gamma_1 + \gamma_2 \tag{4.5}$$

式中，γ_1 为弹簧的应变；γ_2 为黏壶的应变。对其求时间导数，即得到 Maxwell 模型的运动方程：

$$\frac{\mathrm{d}\varepsilon}{\mathrm{d}t} = \frac{1}{E}\frac{\mathrm{d}\sigma}{\mathrm{d}t} + \frac{\sigma}{\eta_E} \tag{4.6a}$$

$$\frac{\mathrm{d}\gamma}{\mathrm{d}t} = \frac{1}{G}\frac{\mathrm{d}\tau}{\mathrm{d}t} + \frac{\tau}{\eta} \tag{4.6b}$$

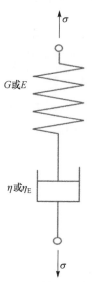

图 4.2　Maxwell 模型

这里，式(4.6a)代表拉伸响应，式(4.6b)代表剪切响应，两者本质上是相同的。

　　对式(4.6b)进行变换，有

$$\eta\dot{\gamma} = \frac{\eta}{G}\frac{\mathrm{d}\tau}{\mathrm{d}t} + \tau \tag{4.7}$$

式中，$\dfrac{\mathrm{d}\tau}{\mathrm{d}t}$ 为剪切应力对时间的微商，定义 $\lambda = \eta/G$ 为 Maxwell 单元松弛时间。式 (4.6a) 也有类似的形式，其松弛时间则为 $\lambda = \eta_E/E$。

　　下面结合具体实验边界条件加以讨论。根据 Maxwell 模型对黏弹体的力学响应的描述，分别就蠕变、应力松弛和动态实验过程进行分析。这里使用拉伸形变，实际上剪切形变也同样适用。

　　蠕变过程是在恒定应力 σ_0 下应变随时间延长而变化的现象，因此式 (4.6) 可写为

$$\frac{\mathrm{d}\varepsilon}{\mathrm{d}t} = \frac{1}{E}\frac{\mathrm{d}\sigma}{\mathrm{d}t} + \frac{\sigma_0}{\eta_E} = \frac{\sigma_0}{\eta_E} \tag{4.8}$$

对式 (4.8) 两侧同除以 σ_0，并对其在 $0\rightarrow t$ 进行积分，可得

$$\frac{\varepsilon(t)}{\sigma_0} = \frac{t}{\eta_E} + \frac{\varepsilon_0}{\sigma_0} \tag{4.9}$$

式中，右边第二项 ε_0/σ_0 为弹簧元件模量 E 的倒数，即弹簧元件拉伸柔量 D。而式左边是与时间相关的拉伸蠕变柔量 $D(t)$，因此 Maxwell 模型对蠕变实验的响应可简化为

$$D(t) = \frac{t}{\eta_E} + D \tag{4.10}$$

　　图 4.3 给出了用不同坐标的 Maxwell 单元的蠕变响应。可见，在 Maxwell 模型中，体系的柔量随时间无限增大。

　　在应力松弛中，材料内应力在给定应变 ε_0 下随时间逐渐变化。弹簧单元在应力 σ_0 作用下产生这种瞬时应变，然后由黏壶逐渐松弛这种应力。

　　保持应变，则 $\mathrm{d}\varepsilon/\mathrm{d}t$ 等于零，式 (4.6a) 可变为

$$\frac{1}{E}\frac{\mathrm{d}\sigma}{\mathrm{d}t} = -\frac{\sigma}{\eta_E} \tag{4.11}$$

将 $\lambda = \eta_E/E$ 代入式 (4.11)，得

$$\frac{\mathrm{d}\sigma}{\sigma} = -\frac{\mathrm{d}t}{\lambda} \tag{4.12}$$

对式 (4.12) 从 $0\rightarrow t$ 进行积分，有

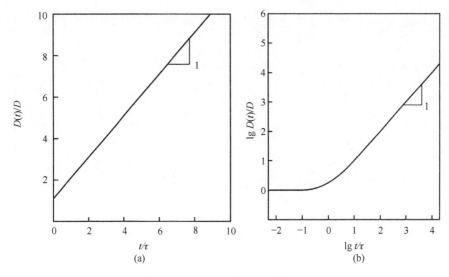

图 4.3　Maxwell 单元的蠕变响应

(a)线性坐标；(b)对数坐标

$$\ln\sigma\left(t\right)=\ln\sigma_0-\frac{t}{\lambda}\qquad(4.13)$$

写成指数形式，得

$$\frac{\sigma\left(t\right)}{\varepsilon_0}=\frac{\sigma_0}{\varepsilon_0}\mathrm{e}^{-\frac{t}{\lambda}}\qquad(4.14)$$

式中，σ_0/ε_0 为弹簧元件模量 E，而等式左边为拉伸应力松弛模量 $E(t)$：

$$E\left(t\right)=E\mathrm{e}^{-\frac{t}{\lambda}}\qquad(4.15)$$

第 2 章中提到，应力松弛模量是非线性衰减的。从 Maxwell 模型的表达式可看出，应力松弛是按时间指数衰减的。图 4.4 给出了 Maxwell 单元的应力松弛响应。观察时间比松弛时间 λ 短很多时，Maxwell 单元的松弛行为更接近一个单独的弹簧；观察时间比松弛时间 λ 长很多时，Maxwell 单元的松弛行为更接近一个单独的黏壶。在观察时间与松弛时间 λ 差处于同一尺度时，Maxwell 单元的松弛行为取决于弹簧与黏壶单元的共同作用[3]。

　　如果在 Maxwell 单元上施加动态的正弦应力作用，则应变也应该是正弦的，但与应力之间存在一个相位差 δ，即有

$$\sigma\left(t\right)=\sigma_0\mathrm{e}^{\mathrm{i}\omega t}\qquad(4.16)$$

式中，σ_0 为应力振幅；ω 为角频率，rad/s。代入式(4.6)，可得

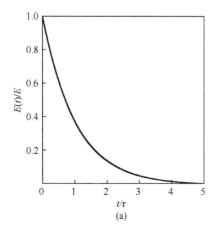 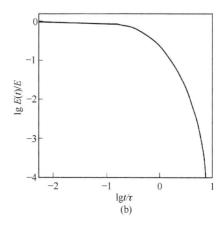

图 4.4   Maxwell 单元的应力松弛响应

(a)线性坐标；(b)对数坐标

$$\frac{\mathrm{d}\varepsilon(t)}{\mathrm{d}t} = \frac{\sigma_0}{E}\mathrm{i}\omega\mathrm{e}^{\mathrm{i}\omega t} + \frac{\sigma_0}{\eta_E}\mathrm{e}^{\mathrm{i}\omega t} \tag{4.17}$$

当应变为 $\varepsilon(t_1)$ 和 $\varepsilon(t_2)$，对其在 t_1 和 t_2 间进行积分，得到

$$\varepsilon(t_2) - \varepsilon(t_1) = \frac{\sigma_0}{E}(\mathrm{e}^{\mathrm{i}\omega t_2} - \mathrm{e}^{\mathrm{i}\omega t_1}) + \frac{\sigma_0}{\mathrm{i}\omega\eta_E}(\mathrm{e}^{\mathrm{i}\omega t_2} - \mathrm{e}^{\mathrm{i}\omega t_1}) \tag{4.18}$$

对此式用应力增量除以应变增量，并化简可得

$$\frac{\varepsilon(t_2) - \varepsilon(t_1)}{\sigma(t_2) - \sigma(t_1)} = D - \mathrm{i}\frac{D}{\lambda\omega} = D^* \tag{4.19}$$

式中，$D^* = D' - \mathrm{i}D''$，为复数拉伸柔量。定义储能柔量和损耗柔量分别为

$$D' = D \quad D'' = \frac{D}{\lambda\omega} = \frac{1}{\omega\eta_E} \tag{4.20}$$

复数模量 E^* 是 D^* 的倒数，故

$$E^* = \frac{1}{D - \dfrac{\mathrm{i}D}{\lambda\omega}} = \frac{E\lambda\omega}{\lambda\omega - \mathrm{i}} \tag{4.21}$$

利用共轭复数乘法可将复数模量 E^* 表达为储能模量 E' 和损耗模量 E'' 的形式：

$$E^* = \frac{E\lambda^2\omega^2}{1 + \lambda^2\omega^2} + \frac{\mathrm{i}E\lambda\omega}{1 + \lambda^2\omega^2} = E' + \mathrm{i}E'' \tag{4.22}$$

故可得

$$E' = \frac{E\lambda^2\omega^2}{1+\lambda^2\omega^2} \quad E'' = \frac{E\lambda\omega}{1+\lambda^2\omega^2} \tag{4.23}$$

对于 Maxwell 单元的损耗角正切，可写为

$$\tan\delta = \frac{E''}{E'} = \frac{1}{\lambda\omega} \tag{4.24}$$

式(4.23)和式(4.24)提供了非常重要的动态流变信息。当 ω 足够低时，黏弹性流体的 E' 依赖于 ω 的二次方，而 E'' 与 ω 呈线性关系。

符合 Maxwell 模型的流体称为 Maxwell 流体。Maxwell 模型将黏壶与弹簧串联，有单独承受应力的阻尼元件，在应力作用下不能保持任何有限形变，只能运动，故呈现流体特征。需要说明的是，由于 Maxwell 模型中黏度是常数，能描述简单剪切流场中牛顿流体的流动，也能够描述高分子液体在极低剪切速率 $\dot{\gamma}$ 下(零切黏度范围内)的流动状态。

4.3.2　Voigt 模型

另一种常用的描述线性黏弹性的力学单元是 Voigt 模型。它也由弹簧和黏壶元件组成，只是组成方式不是串联而是将其并联(图 4.5)。Voigt 模型又称 Kelvin 模型，这种组成方式以最简单的可能形式代表了黏弹性固体。并联导致黏壶和弹簧两个元件的应变是相同的，但应力是两个元件各自应力之和。因此，拉伸或剪切过程的 Voigt 模型运动方程分别为

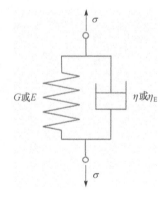

$$\sigma(t) = E\varepsilon(t) + \eta_E\frac{\mathrm{d}\varepsilon(t)}{\mathrm{d}t} \tag{4.25a}$$

$$\tau(t) = G\gamma(t) + \eta\frac{\mathrm{d}\gamma(t)}{\mathrm{d}t} \tag{4.25b}$$

图 4.5　Voigt 模型示意图

Voigt 模型的运动方程常用来研究蠕变过程，而不宜用于应力松弛过程。将 Voigt 模型用于研究黏弹体的蠕变行为时，使用剪切而不是拉伸方式更容易理解。

蠕变实验中应力是常数，则有

$$\frac{\tau_0}{\eta} = \frac{\gamma(t)G}{\eta} + \frac{\mathrm{d}\gamma(t)}{\mathrm{d}t} \tag{4.26}$$

由前面可知，$G/\eta=1/\lambda$，故式(4.26)可写为

$$\frac{\tau_0}{\eta} = \frac{\gamma(t)}{\lambda} + \frac{\mathrm{d}\gamma(t)}{\mathrm{d}t} \tag{4.27}$$

该式是一个线性微分方程，可用积分因子 $\mathrm{e}^{t/\lambda}$ 来积分，在 $0 \to t$ 区间进行积分，得到

$$\gamma(t)\mathrm{e}^{\frac{t}{\lambda}} = \frac{\sigma_0}{G}\left(\mathrm{e}^{\frac{t}{\lambda}} - 1\right) \tag{4.28}$$

对于剪切模式，按照类似拉伸柔量 D 的形式，也可定义剪切模量的倒数为剪切柔量 J。由此，式(4.19)可简化为

$$\frac{\gamma(t)}{\sigma_0} = J\left(1 - \mathrm{e}^{-\frac{t}{\lambda}}\right) = J(t) \tag{4.29}$$

对恒应变下的应力松弛过程，Voigt 模型的运动方程等价于胡克定律。显然，真正黏弹体的应力松弛式不可能按 Voigt 单元来进行，因为黏壶不可能施加一个阶跃的应变变化。

Voigt 模型对于动态实验的描述情况与 Maxwell 模型类似，其结果与蠕变、应力松弛的结果一并列于表 4.1。可知，Maxwell 模型和 Voigt 模型对于黏弹体的几种基本力学响应可以实现简单、清楚的描述。但对大多数分子量足够高的线形高分子而言，均呈现至少两个转变(玻璃化转变和黏流转变)，而这两个模型只能显示一种转变。此外，Maxwell 模型在时间略大于松弛时间 λ 时，模量的衰减要比真实高分子迅速得多。究其原因，还是这两种模型过于简单：一种 λ 只能反映一种结构单元的特性，仅能进行定性分析，不能为真实高分子的黏弹行为描述提供定量结果。

表 4.1 **Maxwell 模型和 Voigt 模型的力学响应**[3]

力学响应种类	Maxwell 单元	Voigt 单元
应力松弛	$E(t) = E\mathrm{e}^{-t/\lambda}$	—
蠕变	$D(t) = D + t/\eta_E$	$D(t) = D(1 - \mathrm{e}^{-t/\lambda})$
动态实验	$D' = D$	$D' = D(1 + \omega^2\tau^2)$
	$D'' = 1/\omega\eta_E$	$D'' = D\omega\tau(1 + \omega^2\tau^2)$
	$E' = E\omega^2\tau^2/(1 + \omega^2\tau^2)$	$E' = E$
	$E'' = E\omega\tau/(1 + \omega^2\tau^2)$	$E'' = \omega\eta_E$

4.3.3　广义 Maxwell 模型

由于 Maxwell 模型只能给出一个松弛时间，而高分子流体结构和运动单元具有多重性特征，其松弛时间也应有多个，故 Maxwell 模型在描述真实高分子流变行为方面存在明显局限。将经典的 Maxwell 单元进行唯象推广，可得到广义 Maxwell 模型。它是由 n 个 Maxwell 单元并联而代替其单一单元来描写材料的非线性流变行为(图 4.6)。这里每个 Maxwell 单元都有自己独立的松弛时间 λ_i(所含弹簧模量 E_i 与黏壶黏度 $\eta_{E,i}$)，相当于大分子链上一种运动单元模式，其力学响应可以用式(4.6)表示。由于并联，整个广义 Maxwell 模型所承受的总应力等于各个 Maxwell 单元应力之和，而各个单元的应变相同。广义 Maxwell 方程既可以用微商形式表示，也可以写成积分形式。下面首先给出微分型表达形式。

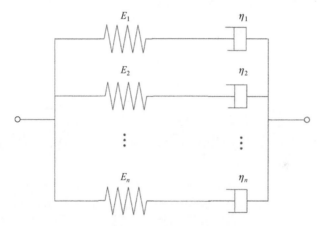

图 4.6　广义 Maxwell 模型

总应力是每个 Maxwell 单元应力之和，故有

$$\sigma = \sigma_1 + \sigma_2 + \sigma_3 + \cdots + \sigma_i + \cdots + \sigma_n \tag{4.30}$$

由于每个 Maxwell 单元应变相同，则

$$\frac{\mathrm{d}\varepsilon(t)}{\mathrm{d}t} = 0 = \frac{1}{E_1}\frac{\mathrm{d}\sigma_1}{\mathrm{d}t} + \frac{\sigma_1}{\eta_{E,1}} = \frac{1}{E_2}\frac{\mathrm{d}\sigma_2}{\mathrm{d}t} + \frac{\sigma_2}{\eta_{E,2}} = \cdots$$

$$= \frac{1}{E_i}\frac{\mathrm{d}\sigma_i}{\mathrm{d}t} + \frac{\sigma_i}{\eta_{E,i}} = \cdots = \frac{1}{E_n}\frac{\mathrm{d}\sigma_n}{\mathrm{d}t} + \frac{\sigma_n}{\eta_{E,n}} \tag{4.31}$$

将式(4.31)的分应力 σ_i 代入式(4.30)并除以恒定应变 ε_0，可得到松弛模量为

$$E(t) = \frac{\sigma(t)}{\varepsilon_0} = \frac{\sigma_1(0)}{\varepsilon_0}\mathrm{e}^{-\frac{t}{\lambda_1}} + \frac{\sigma_2(0)}{\varepsilon_0}\mathrm{e}^{-\frac{t}{\lambda_2}} + \cdots + \frac{\sigma_i(0)}{\varepsilon_0}\mathrm{e}^{-\frac{t}{\lambda_i}} + \cdots + \frac{\sigma_n(0)}{\varepsilon_0}\mathrm{e}^{-\frac{t}{\lambda_n}} \tag{4.32}$$

式中，σ_i 为在时间 $t = 0$ 时第 i 个单元上的应力。总模量是各 Maxwell 单元响应之和，故

$$E(t) = \sum_{i=1}^{n} E_i e^{-\frac{t}{\lambda_i}} \tag{4.33}$$

这是广义 Maxwell 模型的离散求和形式。图 4.7 给出了一个两单元的广义 Maxwell 模型的力学响应行为，它可再现在真实高分子中观察到的模量的两个衰变过程。

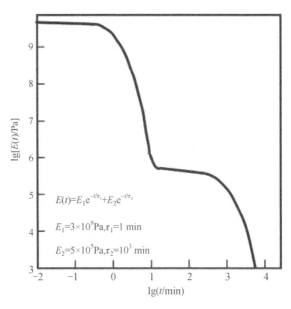

$E(t) = E_1 e^{-t/\tau_1} + E_2 e^{-t/\tau_2}$

$E_1 = 3 \times 10^9 \text{Pa}, \tau_1 = 1 \text{ min}$

$E_2 = 5 \times 10^5 \text{Pa}, \tau_2 = 10^3 \text{ min}$

图 4.7 　两单元广义 Maxwell 模型的应力松弛

在介绍广义 Maxwell 模型的积分形式前，首先需介绍 Boltzmann 叠加原理。Boltzmann 叠加原理是高分子物理中最简单但最有效的原理之一，它描述了非牛顿流体力学响应的"记忆"特点。该原理认为，对于流体而言，作用于其上的在两个不同时刻的应力可以独立地发生作用，所得到的应变可以线性叠加。因此，Boltzmann 叠加原理可表述为：在时间序列中输入一系列阶跃应变（或应力），体系在 t 时刻产生的应力（或应变）响应，可以表示为不同时刻 $t'(t' < t)$ 的一系列单独响应的线性叠加。由于 Boltzmann 叠加属于线性叠加，原则上仅适用于小形变（小应变）过程。

设 t' 为过去的时刻序列[从遥远过去 $(-\infty)$ 演化到现在时刻 t 间的某一点]。对一系列的过去应变 ε'，体系在 t 时刻的应力总响应按 Boltzmann 叠加原理可记为

$$\tau(t) = \int_{-\infty}^{t} m(t - t') \gamma(t') \mathrm{d}t' \tag{4.34}$$

或

$$\tau(t) = -\int_{-\infty}^{t} G(t-t')\dot{\gamma}(t')\mathrm{d}t' \tag{4.35}$$

式中，$G(t)$ 为剪切应力松弛模量；$m(t)$ 为记忆函数，即

$$m(t) = -\frac{\mathrm{d}G(t)}{\mathrm{d}t} \tag{4.36}$$

可见，$m(t)$ 实际是松弛模量的微分，表示过去时刻的应变对现在时刻应力响应的贡献，仅为历史 $(t-t')$ 的函数。而 $G(t-t')$ 是材料与时间成果相关的松弛模量，表征材料的弹性记忆能力。由黏弹性固体 $\mathrm{d}\tau = \gamma \mathrm{d}G$，可得

$$\mathrm{d}\tau = \gamma \mathrm{d}G = -m\gamma \mathrm{d}t \tag{4.37}$$

定义持续时间 $s = t-t'$，则式 (4.34) 变为

$$\tau(t) = -\int_{0}^{\infty} m(s)\gamma(t-s)\mathrm{d}s \tag{4.38}$$

即线性黏弹行为的一维连续模型。

考虑到高分子结构的复杂性和运动单元的多重性，其流变行为可以采用一系列松弛不同的 n 个 Maxwell 单元，故式 (4.34) 可以写为

$$\tau(t) = 2\int_{-\infty}^{t} \sum_{i=1}^{n} G_i(t-t')\gamma(t')\mathrm{d}t' \tag{4.39}$$

定义

$$m(t-t') = \sum_{i=1}^{n} G_i \tag{4.40}$$

为整个材料的记忆函数。代入推迟时间，则式 (4.39) 可写为

$$\tau(t) = 2\int_{-\infty}^{t} m(t-t')\gamma(t')\mathrm{d}t' = -2\int_{0}^{\infty} m(s)\gamma(t-s)\mathrm{d}s \tag{4.41}$$

此为广义 Maxwell 模型的积分形式。实际上，n 值很大时，将式 (4.33) 加和形式直接代替为积分形式，有

$$E(t) = \int_{0}^{\infty} E_{\mathrm{D}}(\lambda)\mathrm{e}^{-\frac{t}{\lambda}}\mathrm{d}\lambda \tag{4.42}$$

不同 Maxwell 单元的 E_i 可用一个松弛时间的离散函数 $E_{\mathrm{D}}(\lambda)$ 来表示，该函数称为松弛时间的分布函数。这里 $E_{\mathrm{D}}(\lambda)$ 不代表模量，而是概率密度，相当于总松弛模量集合中松弛时间在 $\lambda + \mathrm{d}\lambda$ 之间的部分。除分布函数 $E_{\mathrm{D}}(\lambda)$ 外，还常用一个类似的连续函数 $H(\lambda)$，其定义为

$$H(\lambda) = \lambda E(\lambda) \tag{4.43}$$

式中，$H(\lambda)$ 具有模量的量纲。式 (4.42) 可写为

$$E(t) = \int_0^\infty \frac{H(\lambda)}{\lambda} e^{-\frac{t}{\lambda}} \mathrm{d}\lambda = \int_{-\infty}^\infty H(\lambda) e^{-\frac{t}{\lambda}} \mathrm{d}\ln\lambda \tag{4.44}$$

关于 $H(\lambda)$ 的详细应用将在松弛谱部分讨论。

4.3.4　Voigt-Kelvin 模型

与广义 Maxwell 模型类似，对 Voigt 模型也可以唯象地推广。将若干个 Voigt 单元串联得到的模型称为 Voigt-Kelvin 模型，或广义 Kelvin 模型 (图 4.8)。Voigt-Kelvin 模型中，总应变为各个 Voigt 单元应变的和：

$$\varepsilon(t) = \sum_{i=1}^n \varepsilon_i(t) \tag{4.45}$$

第 i 个 Voigt 单元的本构关系可写成

$$\sigma_i(t) = E_i\varepsilon_i(t) + \eta_{\mathrm{E},i} \frac{\mathrm{d}\varepsilon_i(t)}{\mathrm{d}t} \tag{4.46}$$

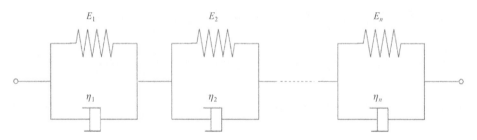

图 4.8　Voigt-Kelvin 模型示意图

定义 $\mathrm{D}(\ ) = \dfrac{\mathrm{d}}{\mathrm{d}t}(\ )$ 为时间微分算子，此处需注意与拉伸柔量的区别 (拉伸柔量用斜体)。D 可以像参数一样参加代数运算，则式 (4.46) 可以写为

$$\sigma_i(t) = E_i\varepsilon_i(t) + \eta_{\mathrm{E},i}\mathrm{D}\varepsilon_i(t)\varepsilon_i(t) = \frac{\sigma_i(t)}{\eta_{\mathrm{E},i}\mathrm{D} + E_i} \tag{4.47}$$

将式 (4.47) 代入式 (4.45)，整理后即可得到 Voigt-Kelvin 模型的微分本构方程：

$$\varepsilon(t) = \sum_{i=1}^n \frac{\sigma_i(t)}{\eta_{\mathrm{E},i}\mathrm{D} + E_i} \tag{4.48}$$

利用 Voigt-Kelvin 模型可以很容易得到柔量的函数，但是其模量函数却相当

复杂。表 4.2 给出了用 Voigt-Kelvin 模型与广义 Maxwell 模型对黏弹性流体力学响应描述的结果。

表 4.2　**Voigt-Kelvin 模型与广义 Maxwell 模型对黏弹性流体的力学响应**[3]

力学响应种类	广义 Maxwell 模型	Voigt-Kelvin 模型
应力松弛	$E(t)=\sum_{i=1}^{n}E_i\mathrm{e}^{-\frac{t}{\lambda_i}}$	—
蠕变	$D(t)=\sum_{i=1}^{n}D_i\left(1+\dfrac{t}{\lambda_i}\right)$	$D(t)=D(1-\mathrm{e}^{-t/\lambda})$
动态实验	$E'=\sum_{i=1}^{n}\dfrac{E_i\omega^2\lambda_i^2}{1+\omega^2\lambda_i^2}$	$D'=\sum_{i=1}^{n}\dfrac{D_i}{1+\omega^2\lambda_i^2}$
	$E''=\sum_{i=1}^{n}\dfrac{E_i\omega\lambda_i}{1+\omega^2\lambda_i^2}$	$D''=\sum_{i=1}^{n}\dfrac{D_i\omega\lambda_i}{1+\omega^2\lambda_i^2}$

4.3.5　Jeffreys 模型

Jeffreys 模型也是一种较为常用的线性黏弹模型，由一个 Voigt 单元黏壶和一个弹簧并联后再串联一个黏壶所成(图 4.9)，相当于在 Voigt 模型上额外加上一个黏壶。模型中有单独承受应力的阻尼元件，在应力作用下不能保持任何有限形变，只能运动，具有流体特征，也称三元件液体模型。

Jeffreys 模型的三维张量模式本构方程为

$$\boldsymbol{\sigma}+\lambda_1\left(\frac{\partial\boldsymbol{\sigma}}{\partial t}\right)=2\eta_0\left[\boldsymbol{d}+\lambda_2\left(\frac{\partial\boldsymbol{d}}{\partial t}\right)\right]\qquad(4.49)$$

式中，$\boldsymbol{\sigma}$ 为应力张量中的偏应力张量；$\boldsymbol{d}$ 为速度梯度张量中的形变率张量，且 $\boldsymbol{d}=(\boldsymbol{L}+\boldsymbol{L}^{\mathrm{T}})/2$。可以看出，Jeffreys 模型相当于在 Maxwell 模型基础上引入了右式最后一项对形变率张量的偏微分，同时引入了第二时间参数 λ_2。Jeffreys 模型实际上有三种等价形式。相对而言，引入形变率张量的表达最为简单。

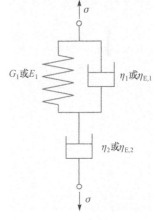

图 4.9　Jeffreys 模型示意图

4.3.6　动态线性黏弹模型

在介绍 Maxwell 模型时已提到，若在 Maxwell 单元上施加动态的正弦应力作用，应变也应该是正弦的。由此，可将拉伸模量 E 分为代表材料弹性的储能模量

E' 和代表材料黏性的损耗模量 E''。其实其他模型如 Voigt 模型、广义 Maxwell 模型和 Voigt-Kelvin 模型等，也可得到类似的结果。基于这样的思想形成了完整的动态流变学方法。

根据线性黏弹理论，在 $\omega \to 0$ 的末端终端区域，式 (2.26)、式 (2.27) 所示的动态黏弹性函数关系成立。由此可得到下列两个流变参数：

$$\eta_0 = \lim_{\omega \to 0} \eta' = \frac{\lim_{\omega \to 0} G''}{\omega} = \int_{-\infty}^{+\infty} H(\tau) \tau \, \mathrm{d}\ln\tau \tag{4.50}$$

$$J_e^0 = \lim_{\omega \to 0} J'^{(\omega)} = \lim_{\omega \to 0} \left[\frac{G'^{(\omega)}}{\left| G^*(\mathrm{i}\omega) \right|^2} \right] = \frac{A_G}{\eta_0^2} \tag{4.51}$$

式中，A_G 为弹性系数。$G'(\omega)$ 与 $G''(\omega)$ 的对数关系为

$$\lg G' = 2\lg G'' + \lg J_e^0 \tag{4.52}$$

根据 Doi 和 Edwards 的管道模型，J_e^0 可由平台模量 G_N^0 给出

$$J_e^0 = \frac{6}{5G_N^0} \tag{4.53}$$

结合式 (4.52) 和式 (4.53)，得到适用于线形、柔性、非缠结、单分散均相高分子的黏弹函数关系[4]：

$$\lg G' = 2\lg G'' + \lg\left(\frac{6}{5G_N^0}\right) \tag{4.54}$$

考虑到平台模量 G_N^0 与温度相关：

$$G_N^0 = \frac{\rho RT}{M_e} \tag{4.55}$$

式中，ρ 为密度；R 为普适气体常数；T 为热力学温度；M_e 为缠结分子量。结合式 (4.54) 和式 (4.55) 得

$$\lg G' = 2\lg G'' + \lg\left(\frac{6M_e}{5\rho RT}\right) \tag{4.56}$$

类似地，根据 Rouse 模型，可得到适用于线形、柔性、非缠结、单分散均相高分子的黏弹性关系：

$$\lg G' = 2\lg G'' + \lg\left(\frac{5M}{4\rho RT}\right) \tag{4.57}$$

式中，M 为分子量。

考虑到密度 ρ 与温度 T 的反比关系，即 $\rho_1 T_1 = \rho_2 T_2$。式（4.56）和式（4.57）表明，$\lg G'$ 与 $\lg G''$ 关系曲线几乎不存在温度依赖性，且呈斜率为 2 的线性关系。此外，$\omega \to 0$ 时，$\lg G'$ 与 $\lg \omega$ 和 $\lg G''$ 与 $\lg \omega$ 均呈线性关系，其斜率分别是 2 和 1，即

$$\lg G' = 2\lg \omega + \lg\left(J_e^0 \eta_0^2\right) \tag{4.58}$$

$$\lg G'' = \lg \omega + \lg \eta_0 \tag{4.59}$$

单分散均聚物以及相容的高分子共混体系遵循线性黏弹性关系。但对于粒子填充高分子体系、多相及非均相共聚物体系而言，非均相的存在使其流变行为复杂化，在低频区域，即所谓的长时区域（终端区域）呈现特殊的"第二平台"响应[5-11]。

4.3.7　其他线性模型

以上介绍的描述黏弹体的 Maxwell 模型、Voigt 模型、广义 Maxwell 模型等都是使用最为广泛的几种模型。其中，Maxwell 模型和 Voigt 模型是最简单的二元件模型，而 Jeffreys 模型是三元件液体模型。此外，还有一些线性黏弹模型也常被提及，这里简单介绍如下。

将 Voigt 模型与弹簧元件串联的模型称为三参量固体模型（图 4.10）。显然，这也是一个与 Jeffreys 模型类似的三元件模型。根据其组成方式，其应力和应变关系为

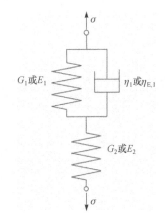

$$\varepsilon = \varepsilon_1 + \varepsilon_2, \sigma = E_2\varepsilon_2, \sigma = E_1\varepsilon_1 + \eta_1\dot{\varepsilon}_1 \tag{4.60}$$

将后两式中 ε_1 和 ε_2 代入第一式，则得本构方程：

$$\left(E_1 + E_2\right)\sigma + \eta_1\dot{\sigma} = E_1 E_2\varepsilon + \eta_1 E_2\dot{\varepsilon} \tag{4.61}$$

图 4.10　三参量固体模型示意图

将其改写成

$$\sigma + p_1\dot{\sigma} = q_0\varepsilon + q_1\dot{\varepsilon} \tag{4.62}$$

式中，$p_1 = \eta_1/(E_1 + E_2)$；$q_0 = E_1 E_2/(E_1 + E_2)$；$q_1 = \eta_1 E_2/(E_1 + E_2)$。

这里使用了消去元件变量的方法建立本构方程。如果元件多且方程复杂，可以像处理 Voigt-Kelvin 模型的式（4.46）一样，引入时间微分算子，借助微分算子表示需要消去的元件应力导数及应变导数，将其代入到总体变量关系中从而得到本构方程。例如，式（4.60）借助微分算子可以表达为

$$\sigma = E_1\varepsilon_1 + \eta_1\mathrm{D}\varepsilon_1 = (E_1 + \eta_1\mathrm{D})\varepsilon_1 \tag{4.63}$$

除了三参量固体模型外，还有其他的三元件模型和四元件模型。例如，Bergers

模型就是四元件模型，也是四参量流体模型。元件个数的增加必然会带来模型参数的增加，一般而言随着元件增加可以使模型得到改进，但其本构方程的表达也越复杂。

除了相对简单的三元件模型和四元件模型，广义 Maxwell 模型也有其他的推广形式，如 White-Metzner 模型[12]和 Dewitt 模型[13]。纯黏性流体由于无记忆特性，其应力仅依赖于形变速率，故采用固定空间坐标系比较方便。对于黏流体，其应力不仅与即时形变有关，还依赖形变历史，采用固定空间坐标系对其进行描述极为困难。为此，考虑采用一种镶嵌在所考察的流体单元上的，且随材料一起运动的坐标系作为参考，在此参照系中考察形变。这种参照系被称为随流坐标系。由于可以摆脱平动和转动速率的影响，在随流坐标系中讨论流体元的形变有极大优势。这就要求实现在随流坐标系与固定空间坐标系之间的转换。White-Metzner模型采用对应力张量求 Oldroyd 随流微商代替一般偏微商，实现了 Maxwell 模型的推广。与之类似，Dewitt 模型在 Maxwell 方程中对应力张量求时间微商这一项，用共旋随流微商代替一般微商。通过使用共旋随流微商，这个模型在对法向应力差的求解方面表现出优势。具体详细的内容可参考有关张量和流体力学的专著[1,2,14,15]。

4.3.8 松弛谱

通过广义 Maxwell 模型的推导和应用可见，无论是对于其离散表达式还是积分表达式，均有 n 个松弛时间不同的运动单元。式(4.40)给出的记忆函数实际上是材料 n 个不同运动模式的弹性松弛模量之和，也可写作：

$$m\left(t-t'\right)=\sum_{p=1}^{n}\frac{\eta_{p}}{\lambda_{p}}\mathrm{e}^{-\frac{t-t'}{\lambda_{p}}}=\sum_{p=1}^{n}G_{p}=G\left(t-t'\right) \tag{4.64}$$

如前所述，若 n 足够大以致松弛时间序列构成连续分布，记忆函数可写成积分形式：

$$m\left(t-t'\right)=\int_{0}^{\infty}\frac{H\left(\lambda\right)}{\lambda}\mathrm{e}^{-\frac{t-t'}{\lambda}}\mathrm{d}\lambda \tag{4.65}$$

这与通过式(4.44)表达模量时的松弛时间的分布函数是一致的。其中，$H(\lambda)$ 为松弛谱函数，是连续分布的松弛时间 λ 的函数。与式(4.64)相比较可知，$H(\lambda)\mathrm{d}\lambda$ 相当于黏度 η_{p}，即松弛时间在 $\lambda \rightarrow \lambda + \mathrm{d}\lambda$ 区间内的所有 Maxwell 运动模式对应的黏度之和。式(4.44)还可写为

$$m(t-t')=\int_{-\infty}^{+\infty}H\left(\ln\lambda\right)\mathrm{e}^{-\frac{t-t'}{\lambda}}\mathrm{d}\ln\lambda \tag{4.66}$$

$H(\ln\lambda)$ 也是松弛谱函数的一种形式。将记忆函数代入，则 Maxwell 模型的本构方程变为

$$\sigma(t) = 2\int_{-\infty}^{t}\int_{0}^{\infty}\frac{H(\lambda)}{\lambda}\mathrm{e}^{-\frac{t-t'}{\lambda}}\dot{\gamma}(t')\mathrm{d}\lambda\mathrm{d}t' \tag{4.67}$$

松弛时间谱是材料的本征性质，是描述材料黏弹性对时间或 ω 依赖关系的最一般函数关系——材料的全部特性均表现在松弛时间各不相同的所有运动模式的和的贡献中。实际上，各种实验测得的材料流变特性均是松弛谱上不同运动模式力学响应的叠加体现。因此，松弛时间谱是全部黏弹性函数的核心，通过它可以把各种函数统一和联系起来。下面将从几个例子说明松弛时间谱和材料黏弹函数之间的关系。

首先由松弛时间谱求稳态流动的零切黏度 η_0。在此区间流体属线性范畴，故 η_0 为常数。通常在低 $\dot{\gamma}$ 下，形变速率很小，且不随形变历史变化，故可用如式 (4.67) 的 Maxwell 模型讨论，有

$$\begin{aligned}
\sigma(t) &= 2\int_{-\infty}^{t}\int_{0}^{\infty}\frac{H(\lambda)}{\lambda}\mathrm{e}^{-\frac{t-t'}{\lambda}}\dot{\gamma}(t')\mathrm{d}\lambda\mathrm{d}t' \\
&= 2\dot{\gamma}\int_{0}^{\infty}\int_{-\infty}^{t}\frac{H(\lambda)}{\lambda}\mathrm{e}^{-\frac{t-t'}{\lambda}}\mathrm{d}t'\mathrm{d}\lambda \\
&= 2\dot{\gamma}\int_{0}^{\infty}H(\lambda)\mathrm{d}\lambda
\end{aligned} \tag{4.68}$$

由于在 η_0 范围内高分子材料一般表现为牛顿流体，且满足牛顿流动定律：

$$\sigma = 2\eta_0\dot{\gamma} \tag{4.69}$$

对比式 (4.68) 和式 (4.69) 可得

$$\eta_0 = \int_{0}^{\infty}H(\lambda)\mathrm{d}\lambda = \int_{-\infty}^{\infty}H(\ln\lambda)\lambda\mathrm{d}\ln\lambda \tag{4.70}$$

此式的流变学意义在于，对于难以由实验直接测量 η_0 的体系，一旦从实验测得或从其他流变性质的实验数据确定了松弛时间谱，就可获得 η_0。

此外，可以由松弛时间谱求动态黏弹函数 $G'(\omega)$、$G''(\omega)$、$\eta'(\omega)$。在 Maxwell 模型表达动态测试时，可使用拉伸模式得到动态拉伸储能模量 $E'(\omega)$ 和动态拉伸损耗模量 $E''(\omega)$。可以理解，利用剪切模式也可以得到类似式 (4.22) 和式 (4.23) 所示形式的 $G'(\omega)$、$G''(\omega)$：

$$G'(\omega) = \int_{-\infty}^{\infty}\frac{H(\ln\lambda)\omega^2\lambda^2}{1+\omega^2\lambda^2}\mathrm{d}\ln\lambda \tag{4.71}$$

$$G''(\omega) = \int_{-\infty}^{\infty}\frac{H(\ln\lambda)\omega\lambda}{1+\omega^2\lambda^2}\mathrm{d}\ln\lambda \tag{4.72}$$

$$\eta'(\omega) = \int_{-\infty}^{\infty} \frac{H(\ln\lambda)\lambda}{1+\omega^2\lambda^2}\,\mathrm{d}\ln\lambda \tag{4.73}$$

类似地，由其他流变本构模型也可得到相应的松弛时间谱与黏弹函数之间的关系。例如，知道材料的某种黏弹函数的解析形式，也可反向求得材料的松弛时间谱。当然，最好是直接得到松弛时间谱的解析表达式。但是，由于高分子材料结构的复杂性以及运动单元的多样性，各种运动单元之间松弛时间跨度大(可从 $10^{-6}\sim10^{6}$ s)，求得松弛时间谱的精确表达较为困难，寻找某种程度的近似可能才是更可行的途径。目前从实验数据求解松弛时间谱的方法多为采用稳态应力松弛实验或者动态剪切测试求得稳态松弛模量函数或者动态模量函数 $G'(\omega)$、$G''(\omega)$，由这些函数可求得松弛时间谱 $H(\lambda)$ 的各次近似解。表 4.3 给出了松弛时间谱 $H(\lambda)$ 的近似公式，表中 $H(\lambda)$ 的下标代表近似次数，上标 " $'$ " 和 " $''$ " 分别意味是由 $G'(\omega)$ 和 $G''(\omega)$ 求得的。需要说明的是，这些近似方法有时会产生较大的误差，使用时须予以注意。

表 4.3   松弛时间谱 $H(\lambda)$ 的近似表达式[3]

实验	近似次数	$H(\lambda)$ 的近似表达式	公式编号
稳态应力松弛	1	$H_1(\lambda) = -\dfrac{\mathrm{d}G(t)}{\mathrm{d}\ln t}$	(4.74)
	2	$H_2(\lambda) = -\left[\dfrac{\mathrm{d}}{\mathrm{d}\ln t} - \dfrac{\mathrm{d}^2}{\mathrm{d}(\ln t)^2}\right]G(t)$	(4.75)
动态剪切流动	0	$H_0''(\lambda) = \dfrac{2}{\pi}G''(\omega)\Big|_{1/\omega=\lambda}$	(4.76)
	1	$H_1'(\lambda) = \dfrac{\mathrm{d}G'(\omega)}{\mathrm{d}\ln\omega}\Big|_{1/\omega=\lambda}$	(4.77)
	2	$H_2''(\lambda) = \dfrac{2}{\pi}\left[1 - \dfrac{\mathrm{d}^2}{\mathrm{d}(\ln\omega)^2}\right]G''(\omega)\Big|_{1/\omega=\lambda}$	(4.78)
	3	$H_3'(\lambda) = \left[\dfrac{\mathrm{d}}{\mathrm{d}(\ln\omega)^2} - \dfrac{1}{4}\dfrac{\mathrm{d}^3}{\mathrm{d}(\ln\omega)^3}\right]G'(\omega)\Big|_{1/\omega=\lambda}$	(4.79)

4.3.9   时-温等效原理

由图 2.7 给出的非晶型高分子的形变-温度曲线可知，随着温度升高，材料形变在不同区间表现出极大差异，形变能力变化意味着材料模量的改变。在这些不同区间高分子有着迥然不同的力学状态。由于模量是温度的函数，也依赖于时间，因此对于高分子材料模量的完整论述应该是：模量是时间和温度的二元函数。基于这样的认识，自然就有一个问题：在恒定温度下模量与时间之间的函数关系与在恒定时间下测量的模量与温度之间关系是否有相似之处？理论上，可得到给定温度下任一高分子完整的模量-时间曲线，但实际上要从实验中获得一个长达数十年的观察时间窗口是很难实现的。从图 4.11 中可以看出，任意一个温度下所能测得的时间窗口并不大，但通过不同温度下的曲线似乎可以发现当时间窗口扩大后的力学行为。事实上，在一个恒定的温度下通过某种"曲线平移"，确实可以构筑一条观测时间足够长的"主曲线"（master curve），即完整的模量-时间曲线。这个经验方法被称为时间-温度叠加法，而其遵循的法则被称为时间-温度等效原理（time-temperature equivalent principle），简称时-温等效原理。

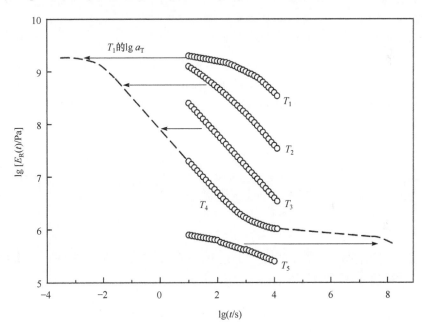

图 4.11　不同温度下的拉伸应力松弛数据及其主曲线

　　时-温等效原理给出了在给定温度下获得比实验能测的应力松弛时间范围更宽的时间尺度（更长或更短时间）内高分子行为的策略：第一是改进实验技能，直接扩大测量时间范围。然而，延长时间意味着所需要的观测时间可能是呈指数上升的（扩大一点时间范围就要耗费大量的时间），或者缩短时间会带来仪器灵敏度、仪器和夹具的惯量问题更加突出（实验上往往是瓶颈），都是极难实现的。第二是按照时-温等效原理，提高测试温度相当于在给定温度下延长测试时间或者降低测试温度相当于在给定温度下缩短观察时间。因此，将时-温等效原理应用到高分子力学响应的实验测量上，可在实验上可行的时间尺度内获得宽时间范围内完整的应力-应变关系曲线。

综上所述，实现时-温叠加至少意味着两个问题：一是可将在不同温度下测得的数据叠加成一条主曲线，二是这条曲线可表示在某一温度下高分子材料的实际松弛过程。许多实验研究发现，时-温等效可成功应用到非晶型高分子，这证明了时-温等效原理的有效性。基于上述讨论，时-温等效原理可以表达为如下的数学形式：

$$G(t, T_1) = G(t/a_\mathrm{T}, T_2) \qquad (4.80)$$

这里的应力松弛模量是温度和时间的二元函数。可以看出，改变温度相当于对时间标度乘以一个因子，两者同时变化的后果是不改变函数表达式。这里的表达式使用了剪切模量，实际上对于拉伸模量、柔量或者动态函数也同样成立。需要说明，在对曲线进行"平移"时补偿了温度改变所导致的时间标度的变化，但是温度的变化实际上也会引起模量的微小变化。因此，要完整地表达时-温等效原理必须考虑用垂直移动来补充因温度改变引起的模量变化。由于高分子的体积是温度的函数，由单位横截面积确定的模量将不得不随单位体积中所包含的物质的量而变化，使用密度可描述这种单位体积的质量随温度的变化。故时-温等效原理有更一般的表达形式：

$$\frac{G(t, T_1)}{\rho(T_1)T_1} = \frac{G(t/a_\mathrm{T}, T_2)}{\rho(T_2)T_2} \qquad (4.81)$$

式中，a_T 为移动因子 (shifting factor)，是温度的函数。a_T 除以温度，是基于对由温度引起的模量变化的修正；除以密度，是对单位体积内链数目随温度变化的修正[3]。

为了构筑主曲线，需要确定一个参考温度 T_r。在 T_r 下观测的任一时间的模量与在不同温度 T 下观测的模量值间具有如下的关系：

$$G(t, T_\mathrm{r}) = \frac{\rho(T_0)T_0}{\rho(T)T} G(t/a_\mathrm{T}, T) \qquad (4.82)$$

根据式 (4.82) 可构筑主曲线。图 4.11 即是采用图中 T_4 为参考温度得到的主曲线。已知所有温度下的密度，就可得到垂直移动因子。对 T_4 而言，这个垂直移动因子等于 1。关于移动因子 a_T，其值由两个温度所决定。通过将温度高于 T_4 的 T_5 的曲线右移，把温度低于 T_4 的 T_3 的曲线左移，就可以得到一条光滑的曲线，依次处理其他温度下的曲线，则最后得到 T_4 下能覆盖 $10^{-2} \sim 10^8$ s 较宽时间范围内的主曲线。显然，任一温度都可以被选择为参考温度。除实验操作温度外，其他在温度范围内的温度均可使用。

相对于垂直移动因子，在时-温叠加等效原理使用过程中，更为重要的是温度的移动因子。基于自由体积理论，所有非晶型高分子被认为在玻璃化转变温度 T_g 处均具有相同的自由体积分数，即"等自由体积"(iso-free-volume) 概念，具有类

似的黏弹行为。由此在许多有关蠕变或应力松弛的研究中，需选择一个温度为参
考温度 T_r，大多选择 T_g 作为 T_r。在此情况下，利用温度 T 与 T_g 的数据，建立最
简单的移动因子 a_T 关系，这就是由 Williams、Landel 和 Ferry 于 1955 年提出，使
用最为广泛的 Williams-Landel-Ferry 方程（简称 WLF 方程）的最简单形式[4]：

$$\lg a_T = \frac{-C_1(T-T_g)}{C_2+T-T_g} \tag{4.83}$$

对于非晶型高分子，式中的 C_1 和 C_2 通常是常数：$C_1=17.4$，$C_2=51.6$。因此，式(4.83)
可写为

$$\lg a_T = \frac{-17.4(T-T_g)}{51.6+T-T_g} \tag{4.84}$$

理论上，在考察温度范围内的任意温度都可以被选为 T_r。但更多的研究发现，
存在着一个特别的参考温度 T_s，通常 $T_s=T_g+50$。此时的 WLF 方程参数 $C_1=8.86$，
$C_2=101.6$，更适合作为"普适"参数。由此得到 WLF 方程的另一表达式[4]：

$$\lg a_T = \frac{-C_1(T-T_s)}{C_2+T-T_s} = \frac{-8.86(T-T_s)}{101.6+T-T_s} \tag{4.85}$$

根据 Doolittle 提出的关于液体黏度与自由体积的半经验方程[17]，对于 WLF
方程中 C_1、C_2 作为经验参数时，C_1、C_2 取决于参考温度 T_r 的取值，与 T_r 下自由
体积热膨胀系数 a_f 和自由体积分数 f_r 有关，$C_1=\frac{B}{2.303f_r}$，$C_2=\frac{f_r}{a_f}$。由此可知，
C_1 和 C_2 的乘积满足以下关系：$C_1 \cdot C_2 = \frac{B}{2.303a_f}$。其中 B 为经验常数，对于绝大多
数材料取 $B=1$，$a_f=4.8\times10^{-4}$。因此，通常 $C_1 \cdot C_2 = \frac{B}{2.303a_f} \approx 900$。需要说明的是，
虽然 WLF 方程是经验公式，但是此后十多年发展起来的 Adam-Gibbs 理论中的协同
重排区概念以及自由体积理论在一定程度上为 WLF 方程找到合理的理论解释[16]。此
外，实际上使用时-温等效处理时不仅可用于模量，也可使用黏度或者扩散系数。
在讨论高分子自由体积时，需要首先介绍描述液体黏度与自由体积的半经验的
Doolittle 方程[17]：

$$\ln\eta = \ln A + B\left(\frac{V-V_f}{V_f}\right) \tag{4.86}$$

式中，A 和 B 为常数；V 为总体积；V_f 为液体的自由体积。式(4.86)说明液体的黏
度(流动性)与自由体积密切相关，自由体积增加则黏度下降。定义自由体积分数
$f=V_f/V$，则式(4.86)可 写为

$$\ln \eta = \ln A + B\left(\frac{1}{f} - 1\right) \tag{4.87}$$

假设 $T > T_g$ 时，f 随温度呈线性增加，即

$$f = f_g + a_f(T - T_g) \tag{4.88}$$

式中，f_g 为温度为 T_g 时的自由体积分数；a_f 为在温度高于 T_g 以上时的自由体积热膨胀系数。可知，对于 $T = T_g$ 和 $T > T_g$，通过式（4.87）可得出以下关系：

$$\ln \frac{\eta(T)}{\eta(T_g)} = B\left[\frac{1}{f_g + a_f(T - T_g)} - \frac{1}{f_g}\right] \tag{4.89}$$

该式可简化为

$$\ln \frac{\eta(T)}{\eta(T_g)} = \lg a_T = -\frac{B}{2.303 f_g}\left(\frac{T - T_g}{f_g/a_f + T - T_g}\right) \tag{4.90}$$

可见，式（4.90）与 WLF 方程的形式类似。对其进行变换，即可得到 WLF 方程的另一种等价形式，即 Vogel-Fulcher-Tammann-Hesse（VFTH）方程[18]：

$$\eta(T) = \eta_0 \exp\frac{B}{T - T_\infty} \tag{4.91}$$

式中，T_∞ 为 Vogel 温度，是指由链段运动引起的构象熵完全消失时的温度；B 为与材料相关的常数。对于绝大多数高分子，T_∞ 通常被认为在其 T_g 以下 $50\sim60\ ℃$。当 $C_1 = \dfrac{B}{2.303(T_s - T_\infty)}$，$C_2 = T_s - T_\infty$ 时，VFTH 方程[如式（4.91）]即可转换为式（4.85）的 WLF 方程形式。可以看出，T_∞ 的定义和 WLF 方程一致。

如前所述，对于 WLF 方程的一般形式，C_1、C_2 取决于参考温度 T_s 的取值，与 T_s 下自由体积热膨胀系数 a_f 和自由体积分数 f 有关，C_1 和 C_2 的乘积为常数，即

$$C_1^g \cdot C_2^g = C_1^s \cdot C_2^s = C_1^1 \cdot C_2^1 = C_1^2 \cdot C_2^2 = C_1^i \cdot C_2^i = \cdots\cdots = C_1^n \cdot C_2^n \tag{4.92}$$

式中，i 为任一温度。国内教科书在介绍 C_1、C_2 的求解方法时，多采用由式（4.93）给出的 WLF 方程的变形式，即通过实验数据的平移绘制（拟合）主曲线，得到 a_T，再由 $-1/\lg a_T$ 对 $1/(T - T_r)$ 作图，由线性拟合直线的斜率 C_2/C_1 和截距 $1/C_1$ 可求得 C_1、C_2（方法 I）。而国外教科书，特别是流变学专业教材中多推荐采用由式（4.94）给出的 WLF 方程的另一变形式，即由 $-(T - T_r)/\lg a_T$ 对 $(T - T_r)$ 作图，由线性拟合直线的斜率 $1/C_1'$ 和截距 C_2'/C_1' 得到 C_1'、C_2'（方法 II）。

$$-\frac{1}{\lg a_T} = \frac{C_2}{C_1} \cdot \frac{1}{T - T_r} + \frac{1}{C_1} \tag{4.93}$$

$$-\frac{T-T_{\mathrm{r}}}{\lg a_{\mathrm{T}}}=\frac{T-T_{\mathrm{r}}}{C_1'}+\frac{C_2'}{C_1'} \tag{4.94}$$

需要指出的是，无论是国内国外高分子学科领域的著作，还是《高分子物理》教科书，均未对方法Ⅰ和方法Ⅱ是否等同或孰优孰劣进行过说明。郑强等[19]在教学和科研实践中发现，虽然方法Ⅰ的数学解析式简单，且其数据线性相关度（R^2）高，但所得 C_1、C_2 的乘积显著偏离黏弹常值 900，不满足其黏弹含义。方法Ⅱ的数据线性相关度较低，但 $C_1' \cdot C_2'$ 相对接近黏弹常值 900，且其拟合结果的平均相对残差更小，故推荐采用方法Ⅱ的求解，似更为严谨准确。

人们偏爱高线性相关度 R^2，并简单地认为线性相关度高的方法可信度更高。如仅基于此，得出的结论是方法Ⅰ可信度更高。然而，WLF 方程为非线性方程，而方法Ⅰ、方法Ⅱ采用的数学形式，实际上是对非线性方程进行线性拟合。经过数学变化后，用于方法Ⅰ、方法Ⅱ线性拟合的数据已无直接物理意义，其 R^2 不宜直接作为评价两种方法孰优孰劣的判据。由此进一步地提出方法Ⅲ，即直接用 WLF 方程对数据组进行非线性拟合，求解参数为 C_1、C_2。应选取 WLF 方程中具有直接物理意义的 $\lg a_{\mathrm{T}}$，并通过计算该物理量的拟合值与实验值的偏差来判定求解结果的可信度。计算评价系数 J，且 J 越小，偏差越小，有

$$J=\frac{1}{N}\sum_{t=1}^{N}|\delta_t / h(T)| \tag{4.95}$$

式中，$h(T)$ 为温度 T 时 $\lg a_{\mathrm{T}}$ 的实验值；δ_t 为在相同温度时其拟合值 $\lg \hat{a}_{\mathrm{T}}$ 与实验值 $h(T)$ 的残差；N 为实验数据总数。从物理标准看，三种方法与黏弹常数 $C_1 \cdot C_2 \approx 900$ 的接近程度排序为：方法Ⅲ＞方法Ⅱ＞方法Ⅰ；从数学标准看，评价系数 $J_{\mathrm{III}}＜J_{\mathrm{II}}＜J_{\mathrm{I}}$。故综合考虑，三种方法的优劣排序为：方法Ⅲ＞方法Ⅱ＞方法Ⅰ[20]。

综上所述，对于 WLF 方程，采用不同的数学形式，即方法Ⅰ、方法Ⅱ或方法Ⅲ求解时，将得到可信度不同的结果。应选择 WLF 方程的原始测量值 $\lg a_{\mathrm{T}}$，计算其拟合值与实验值的偏差；偏差越小则可信度越高。由此，方法Ⅰ、方法Ⅱ、方法Ⅲ有了统一的合理的判定标准，且方法Ⅲ可信度最高。考虑教学与实验的实用与简捷，选用方法Ⅱ也是可行的。

由于 WLF 方程或 VFTH 方程实际上是描述高分子黏弹性质满足时-温等效原理的工具，在满足 WLF 方程使用温度范围的任一实验条件下，高分子的完整黏弹响应可以从已知的下列三个函数中的任何两个得到：任意温度下的模量-时间（频率）曲线，对于任一参考温度的移动因子以及选定温度下的主曲线（图 4.12）。例如，通过测试 PC 在不同温度下的应力松弛曲线，通过计算选择室温（25 ℃）为

参考温度下的移动因子，即可得到在室温条件下从 $10^{-4}\sim10^{8}$ s 范围内的应力松弛主曲线。由此可得到不同高分子结构松弛单元在不同时间尺度上所呈现的松弛特征。

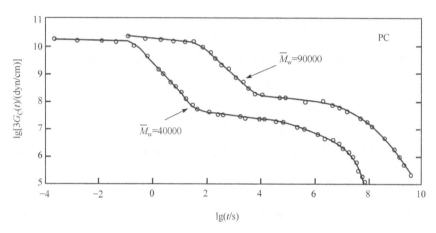

图 4.12　不同分子量的 PC 在室温下的拉伸应力松弛曲线

　　一直以来，对 WLF 方程的应用均是针对非晶型高分子材料，其使用温度范围也被限制在 $T_g < T < T_g +100\ ℃$，超出此范围则发现进行叠加时会出现偏离。对这一现象目前虽然还没有定论，但是从运动活化能方面已经可以进行理论解释。对于非晶型高分子的松弛行为，除了玻璃化转变附近及其高弹态外，更低运动单元的松弛行为（如次级松弛）和更大尺度的松弛行为（如终端流动）均可用 Arrhenius 形式函数描述为

$$\lambda = \lambda_0 \exp\frac{E_a}{RT} \tag{4.96}$$

式中，λ 为温度 T 时的松弛时间；λ_0 为指前因子；E_a 为松弛活化能；R 为普适气体常数。Arrhenius 函数中 E_a 是与温度无关的常数，应用于高分子的黏流态即为黏流活化能 E_η。对于次级松弛和终端流动，其 E_a 和 E_η 的确与温度无关。但是对于接近玻璃化转变时的高分子，其分子弛豫的表观活化能将显著增加，这在本质上阻碍了 Arrhenius 方程在玻璃态液体中的应用。反过来，这也可解释为什么 WLF 方程可以成功描述玻璃态固体向玻璃态液体转变及玻璃态液体的松弛行为，但不能描述具有固定活化能的固态或液态高分子的松弛行为。这是因为 WLF 方程描述的是活化能变化体系的松弛行为[21]。虽然高分子熔体的流动实际上也是由链段运动完成，但由第 2 章讨论可知，E_η 的大小与分子链结构有关而与分子量关系不大。因此，当分子链结构确定后，其 E_η 即为定值。

　　数学上可证明，以上 Arrhenius 函数实际上是当 $T_\infty = 0$ 时 VFTH 方程的极限形

式。T_∞ 定义的是链段运动引起的构象熵完全消失时的温度，也可认为是自由体积为零的温度。由于 Arrhenius 函数、WLF 方程和 VFTH 方程使用时温度均要使用热力学温度，$T_\infty = 0$ 即意味着绝对零度开始[21]。因此，存在取 $T_\infty = 0$ 即可将 Arrhenius 函数与 VFTH 方程统一起来，从而描述从高分子次级松弛、玻璃化运动到终端流动的可能。通过将 Arrhenius 函数的指前因子代入到 WLF 方程[式(4.83)]，可得扩展的 WLF(DWLF)方程：

$$\lg a_{\mathrm{T}} = -\frac{0.434\dfrac{E_{\mathrm{a}}}{RT_{\mathrm{s}}}(T - T_{\mathrm{s}})}{T_{\mathrm{s}} + (T - T_{\mathrm{s}})} = -\frac{C_1'(T - T_{\mathrm{s}})}{C_2' + (T - T_{\mathrm{s}})} \tag{4.97}$$

式中，$C_1' = 0.434\dfrac{E_{\mathrm{a}}}{RT_{\mathrm{s}}}$，$C_2' = T_{\mathrm{s}}$ 时即为 Arrhenius 函数。在更普遍意义下，式(4.97)要适用于玻璃态液体和高温下的终端流动，必须满足 $C_2' \leqslant T_{\mathrm{s}} \leqslant T + C_2'$。图 4.13 给出了乙丙橡胶(ethylene propylene rubber，EPR)($T_{\mathrm{g}} \approx -40\ ^\circ\mathrm{C}$)在 300～450 K 范围内 G' 和 G'' 的时-温叠加结果，可以看到，当参考温度选择为 333 K 时，整个考察范围内曲线叠加得很好。PS、PMMA 等在宽温域范围内的松弛行为也可以用式(4.97)进行叠加，获得主曲线。

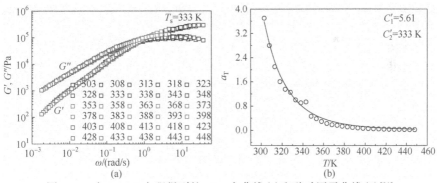

图 4.13　由 DWLF 方程得到的 EPR 主曲线(a)和移动因子曲线(b)[21]

参考温度为 333 K

　　除了非晶型高分子的次级松弛、玻璃化运动以及终端流动外，结晶型高分子在熔融温度附近，即更高温度时的力学行为、高分子共混物的相分离行为也可以用 DWLF 方程进行描述[22]。图 4.14 分别给出了 PMMA/苯乙烯-马来酸酐共聚物 [poly(styrene-*co*-maleic anhydride)，SMA]共混物的相分离行为的时-温叠加处理，以及等规聚丙烯(isotactic polypropylene，*i*PP)在熔点以上的动态力学函数的时-温叠加处理。可以看到，共混物的相分离行为和结晶型高分子的力学响应均可以用 DWLF 方程处理后得到归一化的主曲线；其他如 PMMA/苯乙烯-丙烯腈共聚物[poly(styrene-

co-acrylonitrile)，SAN]、PP/EPR 共混物的相分离动力学，HDPE 和 LDPE 等结晶型高分子的动态力学测试结果均可类似处理，得到良好的叠加处理结果。这表明，对于相分离和高分子晶体熔融这类由分子运动和松弛实现的物理行为，其机理和玻璃化运动、黏流流动等是一致的。虽然一些理论基础尚需要完善，但无疑为拓展高分子的时-温叠加的使用提供了可能。

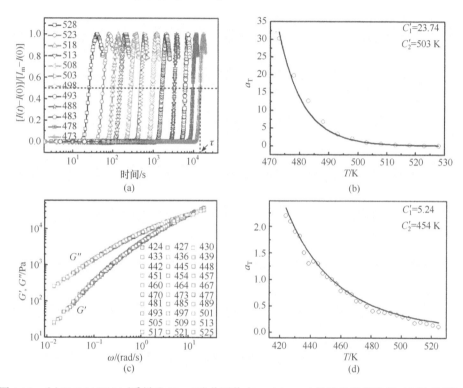

图 4.14　(a) PMMA/SMA (质量比 80∶20) 共混物在 q=4.0 μm^{-1} 处的光散射强度时间演化[10]；(b) PMMA/SMA (质量比 80∶20) 共混物移动因子的 DWLF 曲线[10]；(c) 等规聚丙烯的 G' 和 G'' 在 454 K 下的主曲线[9]；(d) 等规聚丙烯时-温叠加的移动因子曲线，参考温度 454 K[21]

4.4　非线性黏弹模型

前述的高分子材料的应力与应变历史均为线性关系，属于线性黏弹性范畴。实际上，高分子材料的许多流变行为不能用线性函数关系描述。偏离应力-应变线性关系的流变行为称为非线性黏弹行为，高分子呈现非线性黏弹行为的力学性质被称为非线性黏弹性。在高分子材料的加工成形如挤出、注塑、吹塑、纺丝等过程中，材料均可能呈现出典型的非线性黏弹行为，因此对高分子非线性黏弹性的研究对于理解高分子材料结构与流变行为、指导成形加工、调控高分子产品性能等方面均具有重大的科学意义和应用价值。当然，在仅需讨论材料黏性而忽略材料弹性或者弹性非常小的场合，可以直接采用描述流体黏性的本构方程，如牛顿流动定律、幂律方程等。牛顿流动定律可以描述线性黏性流体，而幂律方程可以描述非线性黏性流体，这也是通常最希望的情况。但是，事实上在高分子熔体加工过程中弹性因素的贡献往往无法忽视，因此探寻和建立能描述高分子非线性黏弹性的本构方程就十分必要。

4.4.1　非线性形变

如果其结构(包括化学结构和凝聚态结构)未发生改变，高分子材料受应力或应变作用时的应力与应变历史大多均呈现线性关系，而当所受的应力或应变历史足够导致其结构发生变化时，其应力-应变关系则不再保持线性规律，此时发生的应变称为非线性形变。常见的非线性形变包括剪切变稀、剪切增稠、应变软化和应变硬化等。除此之外，高分子流体的 Weissenberg 效应、出膜膨胀、次级流动等也是非线性形变的复杂形式。

剪切增稠是指体系黏度随着剪切速率或剪切应力的增加展现出数量级增加的非牛顿流体行为。具有剪切增稠效应的悬浮体系被称为剪切增稠液。传统的非牛顿流体剪切增黏实际上包括体系黏度随剪切速率增大而增加的胀流性(dilatancy)和恒定剪切速率下体系黏度随剪切时间延长而增加的震凝性负触变性两种，且具有可逆性特征，即剪切撤除后体系黏度会自发回复。因此，呈现剪切增黏行为的流体也分别被称为胀流型流体(dilatant fluid)和震凝型流体(rheopexy 或 negative thixotropy fluid)。剪切增稠体系主要包括高浓度粒子(包括无机粒子和高分子微粒)悬浮液体系、高分子溶胶/溶液等体系。目前，在悬浮液体系的剪切增黏现象、机理、影响因素及实践应用方面已取得重要进展，如高浓度粒子分散体系构成的剪切增稠液(shear thickening fluid, STF)可用于制备液体防弹衣。除粒子悬浮液外，一些高分子稀溶液或半稀溶液也呈现剪切增黏现象。自 Eliassaf 等[23]发现聚甲基丙烯酸(polymethacrylic acid, PMA)溶液因分子缔合作用可自发回复的剪切增黏现象以来，各种因疏水作用、氢键、金属络合作用导致剪切增黏的体系被陆续报道，如溴化十六烷三甲基铵(cetyltrimethylammonium bromide，CTAB)/水杨酸钠(sodium salicylate，NaSal)的稀溶液[24,25]、部分水解聚丙烯酰胺(partially hydrolyzed polyacrylamide，HPAM)溶液[26]、两亲性 N, N-二甲基丙烯酰胺-丙烯酸共聚物(N, N-dimethylacrylamide-acrylic acid copolymer，DMA-AA)水溶液[27,28]、低甲氧基果胶水溶液[29]等。这些体系的剪切增稠均呈现剪切依赖性和自发回复性，其增稠行为大多来自大分子在溶剂中的构象转变或者因分子拉伸和取向导致的分子缔合等。

应变软化(strain softening)是指材料经一次或多次加载和卸载后，进一步形变所需的应力比原来的要低，即应变后材料变软的现象。应变软化过程中，随着应力的加大，应变增长的速率加快。动态恢复、动态重结晶作用以及流体的加入等都有利于应变软化。高分子材料对应变的阻力随应变的增加而减小的现象，可表现为高分子受应力作用超过屈服点时其应力-应变曲线斜率（或仅仅是应力本身）减小。当应力用表观应力表示时，它可简单地解释为样品截面积的减小而使表观应力值下降；但它也可以是一种固有的应变软化，因为在时间-应力曲线上可以观测到这种现象。应变软化可引起局部应变即不均匀应变现象。应变软化现象是由较大应变时，大分子链各物理交联点发生重新组合，形成有利于形变发展的超分子结构所致。玻璃态高分子的高度应变软化是导致形成剪切带的重要原因；其程度和剪切带的严重程度，不仅与高分子的化学组成有关，也与温度、应变速率和高分子材料的热历史有关。

经过屈服滑移之后，材料要继续发生应变必须增加应力，这一阶段材料抵抗形变的能力得到提高，通常称为强化阶段，也称为"应变硬化"（strain hardening）。换言之，在材料的拉伸压缩实验中，材料经过屈服阶段之后，又增强了抵抗变形的能力，即要使材料继续变形需要增大应力。

4.4.2　微分型本构方程

广义的 Maxwell 模型是通过用多个 Maxwell 模型并联的方式来描述非线性黏弹性质的。而其线性黏弹性本构方程中都含有时间偏导数 $\dfrac{\partial \tau_{ij}}{\partial t}$，意味着现在时刻 t 的应力与此前的形变历史有关，具有记忆效应（memory effect），所以线性黏弹性流体也称为"记忆流体"。对于高分子流体流动中出现的 Weissenberg 效应、出模膨胀、次级流动等非线性流变现象，第 2 章中已经介绍了这些现象与高分子的弹性密切相关，因此对其进行解释时需要考虑第一或第二法向应力差系数不为零，或者两者都不为零的情况，需要推导新的本构方程。

微分型本构方程意味着 t 时刻的应力只与现在时刻的形变率相关，而与此前的形变历史无关，是一种无记忆效应本构方程。为了使含有时间偏导数 $\dfrac{\partial \tau_{ij}}{\partial t}$ 的线性黏弹性本构方程满足微分型本构方程，需引入一种新的时间导数，既可反映弹性，又能保持随时间变化速率的物理意义。如 4.3.7 节所述，通过随流坐标系采用 Oldroyd 导数（也称共形变导数，这里使用上随体导数 $\dfrac{\Delta}{\Delta_t}$）或 Januman 导数（也称共旋转导数，$\dfrac{\delta}{\delta_t}$）的形式引入时间导数[30]：

$$\frac{\Delta \tau_{ij}}{\Delta_t} = \frac{\partial \tau_{ij}}{\partial t} + v_k \frac{\partial \tau_{ij}}{\partial x_k} - \tau_{kj} \frac{\partial v_i}{\partial x_k} - \tau_{ik} \frac{\partial v_j}{\partial x_k} \tag{4.98}$$

引入式 (4.7)，即可得到 UCM 模型 (upper convected Maxwell model)：

$$\eta \dot{\gamma}_{ij} = \lambda \frac{\Delta \tau_{ij}}{\Delta_t} + \tau_{ij} \tag{4.99}$$

UCM 模型可以预测剪切流动下的材料特性，但它给出的黏度和第一法向应力差系数均为常数，故不能描述高分子流体的剪切变稀等特性。

通过引入不变量并变换坐标系，从 Nvier-Stokes 方程出发，Oldroyd 提出了微分型的 Oldroyd-B 模型[31]，即

$$\tau + \lambda \frac{\xi \tau}{\xi_t} = 2\eta \left[\boldsymbol{D}(v) + u \frac{\xi \boldsymbol{D}(v)}{\xi_t} \right] \tag{4.100}$$

式中，$\dfrac{\xi}{\xi_t}$ 为目标导数；$\boldsymbol{D}(v)$ 为形变张量。Oldroyd-B 流体可描述应力松弛和法向应力差，但不能描述剪切变稀或剪切增稠。因此，该模型相当于 UCM 模型的一个推广，符合 Oldroyd-B 模型的流体被称为 Oldroyd-B 流体。

Rivlin-Ericksen 等[32]从另一种观点发展了描述高分子非线性黏弹性的理论。对于材料微元而言，在现在时刻 t 时的应力分量仅由微元在 t 时刻的位移、速度、加速度等决定，与此前的形变历史无关，可称为"无记忆性流体"（memoryless fluid）。这类流体的位移梯度、速度、加速度等可用各阶 Rivlin-Ericksen 张量表示，其本构方程一般形式为

$$\tau_{ij} = f\left(\boldsymbol{A}_{(1)}, \boldsymbol{A}_{(2)}, \cdots, \boldsymbol{A}_{(n)} \right) \tag{4.101}$$

式中，$\boldsymbol{A}_{(1)}$、$\boldsymbol{A}_{(2)}$、$\cdots$、$\boldsymbol{A}_{(n)}$ 为各阶 Rivlin-Ericksen 张量。式 (4.101) 被称为 Rivlin-Ericksen 流体方程。从其形式即可知，Rivlin-Ericksen 模型意味着材料微元在某时刻的应力状态仅取决于该时刻的各阶 Rivlin-Ericksen 张量。其展开形式有一阶流体方程、二阶流体方程乃至三阶流体方程等，其中一阶流体就是牛顿流体。而广义的二阶流体方程可表示为

$$\tau = a_1(\dot{\gamma}) \boldsymbol{A}_{(1)} + a_2(\dot{\gamma}) \boldsymbol{A}_{(1)}^2 + a_3(\dot{\gamma}) \boldsymbol{A}_{(2)} \tag{4.102}$$

式中，$a_1(\dot{\gamma})$、$a_2(\dot{\gamma})$、$a_3(\dot{\gamma})$ 不是常数而是剪切速率的函数，一般用 $\boldsymbol{A}_{(1)}$ 的第二张量不变量表示。由此方程得到不可压缩流体在简单剪切流场中的三个材料函数分别为

$$\eta(\dot{\gamma}) = a_1(\dot{\gamma})，\ \psi_1(\dot{\gamma}) = -2a_3(\dot{\gamma})，\ \psi_2(\dot{\gamma}) = a_2(\dot{\gamma}) + 2a_3(\dot{\gamma}) \tag{4.103}$$

式中，$\psi_1(\dot{\gamma})$ 和 $\psi_2(\dot{\gamma})$ 分别为第一和第二法向应力差。若 $a_3(\dot{\gamma}) = 0$，则有

$$\tau = a_1(\dot{\gamma}) \boldsymbol{A}_{(1)} + a_2(\dot{\gamma}) \boldsymbol{A}_{(1)}^2 \tag{4.104}$$

式 (4.104) 被称为 Reiner-Rivlin 流体方程，符合此式的流体被称为 Reiner-Rivlin 流体。对于牛顿流体，式 (4.102) 可以简化为只含 $A_{(1)}$ 的线性方程。为了表达在稳态简单剪切流动中 $\eta(\dot{\gamma})$、$\psi_1(\dot{\gamma})$ 和 $\psi_2(\dot{\gamma})$ 对 $\dot{\gamma}$ 的依赖性，也可以用三阶流体方程表示。

基于依赖形变的液滴概念，Giesekus 提出了描述高分子流体行为的简单本构方程 Giesekus 模型[30,33]，其一般表达式为

$$\tau_{ij} + \lambda \frac{\Delta \tau_{ij}}{\Delta_t} + \frac{a}{G_0}\left(\tau_{ik}\tau_{kj}\right) = \eta\dot{\gamma}_{ij} \tag{4.105}$$

式中，$\dfrac{\Delta}{\Delta_t}$ 为上随体导数；λ 为松弛时间；a 为 Giesekus 参数；G_0 为剪切模量。Giesekus 模型描述的是周围分子取向对大分子本身松弛的影响，可以反映各向异性的松弛行为，相当于在 UCM 模型上添加了一个应力张量的二次项。在简单剪切流动中，能够描述剪切变稀和第一法向应力系数。

为了描述长支链高分子在单轴拉伸时出现的应变硬化现象，Mcleish 等[34]基于 Doi-Edwards 的蛇行理论提出了 Pom-Pom 模型。该模型中主链的拉伸和取向的松弛时间相互分离，因而能很好地描述具有长支链的 LDPE 熔体的拉伸流变行为。相比常用于描述线型高分子流变行为的 K-BKZ 模型，对因拉伸流动而出现的熔体应变硬化的预测要更加准确。但是，Pom-Pom 模型在高应变速率下取向方程无边界，其剪切流动模式不包括第二法向应力差，且求解拉伸流动时具有不连续性。因此，许多研究者对其进行了进一步的完善。Verbeeten 等[35,36]借助于局部支点位移概念，对其进行改进，提出了 XPP 模型 (extended Pom-Pom model)，很好地解决了上述问题。XPP 模型可写为

$$\frac{\Delta \tau}{\Delta_t} + \lambda^{-1}(\tau)\tau = 2G\boldsymbol{d} \tag{4.106}$$

式中，Δ/Δ_t 为上随体导数；τ 为应力；G 为剪切模量；$\boldsymbol{d}$ 为形变速率张量，$\boldsymbol{d} = \dfrac{1}{2}(\boldsymbol{L} + \boldsymbol{L}^{\mathrm{T}})$。张量 I^{-1} 是应力不变量的函数。上随体导数可写为

$$\frac{\Delta \tau}{\Delta_t} = \frac{\partial \tau}{\partial t} + (v \cdot \nabla) - \tau \boldsymbol{L}^{\mathrm{T}} - \boldsymbol{L}\tau \tag{4.107}$$

式中，v 为流体速率，$\boldsymbol{L} = (\nabla v)^{\mathrm{T}}$，实际上式 (4.104) 和式 (4.107) 是等价的。

基于橡胶网络理论，Tanner[30]提出并发展了 PTT (Phan-Thien Tann) 模型，通过分析网络结点的形成率和破坏率描述稳态剪切流和拉伸流动的情况。其一般表达式可写为

$$\lambda\frac{\Delta\tau}{\Delta_t} + H\tau = 2\eta_0\boldsymbol{d} \tag{4.108}$$

式中，Δ/Δ_t 为上随体导数；H 为网络节点破坏函数；η_0 为黏度常数；$\boldsymbol{d}$ 为形变速率张量。根据 H 的不同，PTT 模型可表述为多种形式，广泛应用于高分子熔体流道流动和出口胀大的计算机模拟，能较为准确地预测黏弹流动过程。需要说明的是，PTT 模型未考虑分子结构的影响。将 PTT 模型与 XPP 模型结合而提出的所谓 PTT-XPP 模型，结合了 XPP 模型所具有的蛇行理论和 PTT 模型的网络理论。已有研究结果表明，使用 PTT-XPP 模型模拟熔体弹性回复现象比 XPP 模型要精确得多，但是该模型也存在参数冗余等缺陷。

4.4.3　积分型本构方程

在线性黏弹模型中已介绍了广义 Maxwell 模型的积分形式。积分型本构方程与微分型本构方程是等价的。积分型本构方程的优点是，只要知道形变经历，应力可由积分得到。相比较而言，若从微分型本构方程中求出应力，往往需要解出非线性偏微分方程组，这在数学上存在许多困难。对于复杂流动行为，其形变历史也是极其复杂的，这使得通过积分型本构方程求解应力实际上也存在很大困难。从已有的积分型本构方程中可知，其被积函数总是由两部分组成，一般形式可以写为如式 (4.34) 所示的应力，由记忆函数与形变经历的积分形式表达或者如式 (4.35) 所示的松弛函数与形变率经历的积分形式表达。下面将介绍几种常见的描写高分子非线性黏弹性的本构方程理论。

Lodge[37]将橡胶高弹性理论推广，提出了一种描述高分子流体非线性黏弹性的积分型本构方程，即类橡胶液体理论，认为橡胶弹性主要与微观的分子链结构相关。对于交联橡胶，已证实其高弹性缘于分子链相互交联形成的网络结构，而高弹态的高分子本体具有的高弹性则是分子量足够大、分子链足够长从而相互缠结形成网络所导致。也可以认为，高分子液体所具有的弹性也是因为分子链以某种形式相互连接形成了网络结构而产生的结果。通过计算并比较单位体积液体形变前后网络的构象熵，可由构象熵之差求出弹性应力响应的大小。从这个角度出发，高分子液体被称为类橡胶液体。由于高分子液体中的分子链的网络结构与交联橡胶及高弹态高分子本体的网络结构存在显著区别，若要建立结构模型，必须设立边界条件，因此提出以下假设：

(1)高分子液体中网络结点是由沿分子链的区域性强烈交换作用形成，是具有寿命的物理缠结或者交联点，而不是永久性的化学交联点。此外不再存在其他分子间或者分子内作用力；分子链具有幻影链(ghost chain)特征，即可以自由地相互穿过或者穿过自身。

(2)受分子链热运动或者外部作用影响，网络结点处于破坏-形成的动态过程。结点的形成和破坏可用形成速率 N_i 和松弛时间 λ_i 表示（i 代表具有不同松弛时间的不同类型结点的序号），N_i 和 λ_i 可视为常数。

(3)网络结点形成的瞬间满足各向同性分布函数，即存在一个自由的、无载荷的结点分布函数。

(4)形变时，网络结点的运动和宏观形变一致，符合仿射形变特征。

(5)结点的网链长度远大于结点间距，网链为自由连接的高斯链。

基于上述假定，Lodge 推导出了一个描述类橡胶液体应力-应变关系的本构方程：

$$\tau(t) = \int_{-\infty}^{t} m(t-t')\left[\boldsymbol{C}_{(t)}^{-1}(t') - \boldsymbol{I} \right] \mathrm{d}t' \tag{4.109}$$

记忆函数 $m(t-t')$ 的表达式可写为

$$m(t-t') = \sum_{i=1}^{n} \frac{\eta_i}{\lambda_i^2} \mathrm{e}^{-(t-t')/\lambda_i} \tag{4.110}$$

需要注意的是，式(4.110)与式(4.40)相比差了一个松弛时间参数。这里的记忆函数仅为时间间隔 $(t-t')$ 的函数，与形变程度无关。式(4.109)中 $\boldsymbol{C}_{(t)}^{-1}$ 称为相对 Finger 张量，$\boldsymbol{I}$ 为单位张量。在稳态简单剪切流动中，材料函数可表示为

$$\eta(\dot{\gamma}) = \mu_1 ， \quad \psi_1(\dot{\gamma}) = \mu_2 ， \quad \psi_2(\dot{\gamma}) = 0 \tag{4.111}$$

在 Lodge 网络模型中，材料函数均为常数。因此，从类橡胶液体理论得到的网络模型确实可以描述黏弹性液体流动时的黏弹性效应，但是，式(4.109)中得到的黏度为常数，第一法向应力差也为常数，第二法向应力差为零，这与大多数高分子流体的黏弹行为不符，仅能描述低流速(剪切速率)下的流动行为。

Lodge 模型出现上述不足的原因与其假设有关，特别是第 2 条关于物理结点的形成速率与破坏速率均为常数的假设，与实际流动过程无关，这一条与实际存在很大出入。实际上作为物理结点，其形成与破坏理应与流动状态有关，不可能不受 $\dot{\gamma}$ 的影响。因此，记忆函数不应只是 $(t-t')$ 的函数，也应是 $\dot{\gamma}$ 的函数。此外，Lodge 模型中第 4 条仿射形变的假定也应受到怀疑。实际上，材料的宏观形变和微观形变不可能同步，特别是对于高黏度的高分子体系，当宏观形变速率快时，分子链松弛时间仍然较长，因此采用与材料松弛时间相关的"非仿射形变假定"可能更为合理。已有许多从这两点出发对类橡胶液体理论进行改进的工作，以期能更好地描述高分子流体的非线性黏弹性。

Meister 模型[38]实际上是通过修改 Lodge 模型第 2 条假定对记忆函数进行改造后所得的改进模型。在 Meister 模型中，记忆函数不仅是流动历史 $(t-t')$ 的函数，

也是形变速率张量的函数，即 $m[(t-t')，\boldsymbol{d}]$。为更好地表达和理解 Meister 模型，需介绍张量不变量。实际上，在介绍 Rivlin-Ericksen 二阶方程时已经提到了第二张量不变量。由建立本构方程的客观性原理可知，任何一种本构方程的形式都不能因坐标系的不同而发生变化。但是，由于形变速率张量可能受观察者所选坐标系的不同而出现差异，因此记忆函数中引入形变速率张量后给记忆函数和本构方程的表达带来很大困难。因此，可考虑舍去形变速率张量而把记忆函数表达为形变速率张量的不变量的函数。这样做的合理性来源于张量的一个特性，即任意一个非奇异的二阶张量均存在三个坐标变换不变量，即张量的各分量在坐标变换时会发生改变，但分量的某些组合在坐标变换时可保持不变。例如：

第一种张量不变量表示法：设 $\boldsymbol{D}$ 为二阶张量，它的三个不变量分别记为

$$I_1^* = D_{xx} + D_{yy} + D_{zz} = \mathrm{tr}\boldsymbol{D} \tag{4.112a}$$

$$I_2^* = D_{xx}D_{yy} + D_{yy}D_{zz} + D_{xx}D_{zz} = \frac{1}{2}(\mathrm{tr}\boldsymbol{D})^2 - \frac{1}{2}\mathrm{tr}\boldsymbol{D}^2 \tag{4.112b}$$

$$I_3^* = D_{xx}D_{yy}D_{zz} = \det\boldsymbol{D} \tag{4.112c}$$

式中，$\mathrm{tr}\boldsymbol{D}$ 称为张量 $\boldsymbol{D}$ 之迹，为张量 $\boldsymbol{D}$ 主对角线元素之和；$\det\boldsymbol{D}$ 为张量 $\boldsymbol{D}$ 组成的行列式的值。三个张量不变量之间的关系，可用 Cayley-Hamilton 定理表示：

$$\boldsymbol{D}^3 - I_1^*\boldsymbol{D}^2 + I_2^*\boldsymbol{D} - I_3^*\boldsymbol{I} = 0 \tag{4.113}$$

式中，$\boldsymbol{I}$ 为单位张量。Cayley-Hamilton 定理表明，任何一个张量高于三次的幂均可以用低次幂降幂处理，故在流变方程中张量的幂不必出现高于三次的情况。

根据张量不变量，可将 Meister 模型中作为形变历史和形变速率张量二元函数的记忆函数表示为形变历史和形变速率张量的第二不变量 I_2^* 的函数（其他张量不变量均为零），由此得到的记忆函数为

$$m[(t-t'), I_2^*(t')] = \sum_{i=1}^{n} \frac{G_i}{\lambda_i} \exp\left[-\int_{t'}^{t}\left(\left\{1 + C\left[I_2^*(\xi)^{\frac{1}{2}} \cdot \lambda_i\right]\right\}/\lambda_i\right)\mathrm{d}\xi\right]$$

$$= \sum_{i=1}^{n} \frac{G_i}{\lambda_i} \exp\left(-\frac{t-t'}{\lambda_i}\right)\exp\left\{-\int_{t'}^{t}C[I_2^*(\xi)^{\frac{1}{2}}]\mathrm{d}\xi\right\} \tag{4.114}$$

式中，C 为常参数。因此可得到 Meister 模型的本构方程形式：

$$\tau(t) = \int_{-\infty}^{t} m[(t-t'), I_2^*(t')] \cdot [C^{-1}(t,t') - \boldsymbol{I}]\mathrm{d}t' \tag{4.115}$$

在稳态简单剪切流场中应用 Meister 模型，得到的材料函数为

$$\eta(\dot{\gamma}) = \sum_{i=1}^{n} \frac{G_i \lambda_i}{(1 + C\lambda_i \dot{\gamma})^2}$$

$$\psi_1(\dot{\gamma}) = \sum_{i=1}^{n} \frac{2G_i \lambda_i^2}{(1 + C\lambda_i \dot{\gamma})^3} \tag{4.116}$$

$$\psi_2(\dot{\gamma}) = 0$$

Meister 模型可很好地描述高分子液体的非线性黏弹性，即剪切变稀行为、弹性特征，以及第一法向应力差函数随 $\dot{\gamma}$ 增大而减小的现象。第二法向应力差函数等于零，是因为在设计模型时考虑到高分子的第二法向应力差一般比第一法向应力差小很多，为了使模型尽可能简单，而忽略了对 $\psi_2(\dot{\gamma})$ 的描述。

Bird 和 Carreau 等[39]也修改了记忆函数，提出基于 Lodge 模型的 Bird-Carreau 模型。其记忆函数表达为

$$m[(t-t'), I_2^*(t')] = \sum_{i=1}^{n} \frac{\eta_i}{\lambda_{2i}^2} \frac{\exp[-(t-t')/\lambda_{2i}]}{[1 - 2I_2^*(t')\lambda_{1i}^2]} \tag{4.117}$$

其中，

$$\eta_i = \eta_0 \lambda_{1i} \Big/ \sum_{i=1}^{n} \lambda_{1i} \tag{4.118}$$

$$\lambda_{1i} = \lambda_1 \left(\frac{1+n_1}{i+n_1} \right)^{a_1} , \quad \lambda_{2i} = \lambda_2 \left(\frac{1+n_2}{i+n_2} \right)^{a_2} \tag{4.119}$$

式中，η_0、λ_1、λ_2、a_1、a_2、n_1 和 n_2 等为常参数，时间常数 λ_{1i} 与网络形成的速率相关，λ_2 与网络破坏的速率相关。由此可以得到 Bird-Carreau 模型的本构形式：

$$\tau(t) = \int_{-\infty}^{t} m[(t-t'), I_2^*(t')] \cdot \left[\left(1 + \frac{\varepsilon}{2} \right) C_{(t)}^{-1}(t') + \frac{\varepsilon}{2} C_{(t)}(t') \right] dt' \tag{4.120}$$

式中，ε 为可调参数，可使得 $\psi_2(\dot{\gamma})$ 为很小的负值但不等于零。将 Bird-Carreau 模型应用于简单剪切流场，取 $n_1 = n_2 = 0$，$\lambda_1 \neq \lambda_2$，$a_1 \neq a_2$，可得材料函数为

$$\eta(\dot{\gamma}) = \sum_{i=1}^{n} \frac{\eta_i}{(1 + \lambda_{1i} \dot{\gamma})^2}$$

$$\psi_1(\dot{\gamma}) = \sum_{i=1}^{n} \frac{2\eta_i \lambda_{2i}}{(1 + \lambda_{1i} \dot{\gamma})^2}$$

$$\psi_2(\dot{\gamma}) = -\varepsilon \sum_{i=1}^{n} \frac{\eta_i \lambda_{2i}}{(1 + \lambda_{1i} \dot{\gamma})^2} \tag{4.121}$$

可见，Bird-Carreau 模型不仅可以描述高分子黏弹性流体的剪切黏度和第一法向应力差函数的非线性变化规律，第二法向应力差函数也不为零。

K-BKZ 类模型也被认为是对复杂流动预测最为成功的积分本构模型之一，对剪切流动和拉伸流动均可较好描述[30]。其模型也有许多形式，其中最为常用的是 Wagner 形式的偏应力表达式：

$$\tau(t) = \int_{-\infty}^{t} m(t-t') h(I_1, I_2) C_{(t)}^{-1}(t') \mathrm{d}t' \tag{4.122}$$

式中，$m(t-t')$ 为记忆函数；I_1、I_2 分别为 $C_{(t)}^{-1}$ 的第一、第二不变量；$h(I_1, I_2)$ 为依赖于 I_1、I_2 的衰减函数；$C_{(t)}^{-1}$ 为 Finger 应变张量。衰减函数的表达式可以有多种，其中 Soskey 等给出的表达式[40]为

$$h(I_1, I_2) = \frac{1}{1 + a(I-3)^{b/2}} \tag{4.123}$$

式中，a、b 为材料常数；I 为 Wagner 广义不变量，有

$$I = \beta I_1 + (1-\beta) I_2 \tag{4.124}$$

积分型 K-BKZ 模型在模拟高分子熔体剪切变稀和挤出胀大时获得了很好的结果。由于采用了多种衰减模式，K-BKZ 本构模型可以描述不同材料的流变特性。

以上介绍的描述均相体系的线性和非线性黏弹性的本构方程均是从唯象方法推导而来。除此之外，根据分子论方法，从高分子的链状分子结构特征出发，提出了基于高分子稀溶液、亚浓溶液和浓厚体系（包括浓溶液和熔体）的不同物理模型和处理方法[41]，以研究分子链结构、构象及运动特征对高分子流变特性的影响，获得链段和分子链层次的结构参数与材料宏观流变性质的定量关联，如 Rouse-Zimm 的珠-簧链模型[42]、de Gennes[43] 和 Doi-Edwards 等[18]建立的蛇行管道模型。值得强调的是，Zimm 模型能较好地描述有流体力学相互作用的高分子稀溶液的运动特征，Rouse 模型能够描述无流体力学相互作用的高分子浓溶液体系，而蛇行管道模型用于缠结体系的分子运动学，获得了很有价值的研究结果。

参 考 文 献

[1]　黄宝宗. 张量和连续介质力学[M]. 北京：冶金工业出版社，2012.

[2]　于同隐，何曼君，卜海山. 高聚物的黏弹性[M]. 上海：上海科学技术出版社，1986.

[3]　Shaw M T, Macknight W J. 聚合物黏弹性[M]. 李怡宁，译. 上海：华东理工大学出版社，2012.

[4]　Ferry J D. Viscoelastic Properties of Polymers[M]. New York: John Wiley & Sons, Inc. , 1980.

[5]　Takahashi M, Li L, Masuda T. Nonlinear viscoelasticity of ABS polymers in molted state[J]. J Rheol, 1989, 33: 709-724.

[6]　Han C D, Kim J K. On the use of time-temperature superposition in multicomponent/multiphase polymer

systems[J]. Polymer, 1993, 34: 2533-2539.

[7]　Aranguren M I, Degroot J V, Macosko C W. Effect of reinforcing fillers on the rheology of polymer melts[J]. J Rheol, 1992, 36: 1165-1182.

[8]　Vinckier I, Moldenaers P, Mewis J. Relationship between rheology and morphology of model blends in steady shear fow[J]. J Rheol, 1996, 40: 613-631.

[9]　Lacroix C, Bousmina M, Carreau P J. Relationships between rheology and morphology for immiscible molten blends of polypropylene and ethylene copolymers under shear flow[J]. J Rheol, 1998, 42: 41-62.

[10]　Svoboda P, Ougizawa T, Inoue T, Kressler J, Ozutsumi K. FTIR and calorimetric analyses of the specific interactions in poly(ε-caprolactone)/poly(styrene-co-acrylonitrile) blends using low molecular weight analogues[J]. Macromolecules, 1997, 30: 1973-1979.

[11]　Bates F S, Roselale J A, Fredrickson G A. Fluctuation effects in a symmetric diblock copolymer near the order-disorder transition[J]. J Chem Phys, 1990, 92: 6255-6270.

[12]　White J L, Metzner A B. Development of constitutive equations for polymeric melts and solutions[J]. J Appl Polym Sci, 1963, 7: 1867-1889.

[13]　de Witt T W. A rheological equation of state which predicts non-Newtonian viscosity normal stresses, and dynamic moduli[J]. J Appl Phys, 1955, 26: 889-894.

[14]　吴其晔，巫静安. 高分子材料流变学[M]. 北京：高等教育出版社，2002.

[15]　金日光，马秀清. 高聚物流变学[M]. 上海：华东理工大学出版社，2012.

[16]　Rubinstein M, Colby R H. Polymer Physics[M]. Oxford: Oxford University Press, 2003.

[17]　卓启疆. 聚合物的自由体积[M]. 成都：成都科技大学出版社，1987.

[18]　Doi M, Edward S F. The Theory of Polymer Dynamic[M]. Oxford: Oxford University Press, 1996.

[19]　郑强, 叶一兰, 林宇. 再议 WLF 方程的系数求解[J]. 高分子通报, 2010, 10: 111-115.

[20]　林宇, 叶一兰, 郑强, 上官勇刚, 左敏, 张小虎. 高分子物理教学中 WLF 方程的系数求解与分析[J]. 高分子通报, 2010, 6: 99-105.

[21]　Shangguan Y G, Chen F, Jia E W, Lin Y, Hu J, Zheng Q. New insight into time-temperature correlation for polymer relaxations ranging from secondary relaxation to terminal flow: application of a universal and developed WLF equation[J]. Polymers, 2017, 9: 567.

[22]　Zheng Q, Peng M, Song Y, Zhao T J. Use of WLF-like function for describing the nonlinear phase separationbehavior of binary polymer blends[J]. Macromolecules, 2001, 34: 8483-8489.

[23]　Eliassaf J, Silberberg A, Katchalsky A. Negatice thixotropy of aqueous solutions of polymethacrylic acid[J]. Nature, 1955, 4493: 1119.

[24]　Keller S L, Boltenhagen P, Pine D J, Zasadzinski J A. Direct observation of shear-induced structures in wormlike micellar solutions by freeze-fracture electron microscopy[J]. Phys Rev Lett, 1998, 80: 2725-2728.

[25]　Liu C H, Pine D J. Shear-induced gelation and fracture in micellar solutions[J]. Phys Rev Lett, 1996, 77: 2121-2124.

[26]　Hu Y, Wang S Q, Jamieson A M. Rheological and rheooptical studies of shear-thickening polyacrylamide solutions[J]. Macromolecules, 1995, 28: 1847-1853.

[27]　Lele A, Shedge A, Badiger M, Wadgaonkar P, Chassenieux C. Abrupt shear thickening of aqueous solutions of hydrophobically modified poly(N, N'-dimethylacrylamide-co-acrylic acid)[J]. Macromolecules, 2010, 43: 10055-10063.

[28]　Cadix A, Chassenieux C, Lafuma F, Lequeux F. Control of the reversible shear-induced gelation of amphiphilic polymers through their chemical structure[J]. Macromolecules, 2005, 38: 527-536.

[29]　Kjoniksen A L, Hiorth M, Roots J, Nystrom B. Shear-induced association and gelation of aqueous solutions of pectin[J]. J Phys Chem B, 2003, 107: 6324-6328.

[30]　Tanner R I. Engineering Rheology[M]. 2nd ed. Oxford:Oxford University Press, 2000.

[31]　Oldroyd J G. On the formulation of rheological equations of state[J]. Proc R Soc London, Ser A, 1950, 200: 523-541.

[32]　Rivlin R S, Ericksen J L. Stress-deformation relations for isotropic materials[J]. J Rat Mech Anal, 1955, 4: 323-425.

[33]　Giesekus H. A simple constitutive equation for polymer fluidsbased on the concept of deformation-dependent tensorial mobility[J]. J Non-Newton FluidMech, 1982, 11: 69-109.

[34]　Mcleish T C B, Larson R G. Molecular constitutive equations for a class of branched polymers: the Pom-Pom model[J]. J Rheol, 1998, 42: 81-110.

[35]　Verbeeten W M H, Peters G W M, Baaijens F P T. Differential constitutive equations for polymer melts: the extended Pom-Pom model[J]. J Rheol, 2001, 45: 823-844.

[36]　Verbeeten W M H, Peters G W M, Baaijens F P T. Viscoelastic analysis of complex polymer melt flows using the extended Pom-Pom model[J]. J Non-Newton FluidMech, 2002, 108: 301-326.

[37]　Lodge A S. A network theory of flow birefringence and stress in concentrated polymer solutions[J]. Trans Faraday Soc, 1956, 52: 120-130.

[38]　Meister B J. An integral constitutive quation based on molecular network theory[J]. Trans Soc Rheol, 1971, 15: 63-80.

[39]　Bird R B, Carreau P. A nonlinear viscoelastic model for polymer solutions and melts- I [J]. Chem Eng Sci, 1968, 23: 427-434.

[40]　Soskey P L, Winter H H. Large step strain experiments with parallel disk rotational rheometers[J]. J Rheol, 1984, 28: 625-645.

[41]　Colby R H. Breakdown of time temperature superposition in miscible polymer blends[J]. Polymer, 1989, 30: 1275-1278.

[42]　Rouse P E. A theory of the linear viscoelastic properties of dilute solutions of coiling polymers[J]. J Chem Phys, 1953, 21: 1272-1280.

[43]　de Gennes P G. Scaling Concepts in Polymer Physics[M]. Ithasa and London: Cornell University Press, 1979.

第5章

非均相高分子体系流变学

根据热力学相容性，高分子体系分为均相和非均相两类。非均相体系内通常存在两相或多相结构，该类体系可能是单组分体系(如半晶高分子)，也可能是多组分体系(如不相容的高分子共混体系、嵌段共聚物、接枝共聚物、互穿网络高分子等)。由于非均相结构的存在，其流变行为往往呈现与均相高分子体系不同的响应，如在低频区域明显偏离线性黏弹响应。通常，高分子体系的流变性质与其组分间相互作用、相形态密切相关，其流变响应可准确反映形态结构的变化[1-3]。由于其流变行为的多样性、复杂性，非均相体系相行为、形态、结构与流变行为的关联一直是多组分高分子研究领域的热点之一。本章主要归纳了嵌段共聚物、部分相容共混体系和不相容共混体系等不同非均相体系的流变行为。

5.1　嵌段共聚物

嵌段共聚物是由两种或两种以上化学性质不同的嵌段链以不同的方式连接在一起所形成的高分子。然而由于不同嵌段之间存在热力学的部分相容性或不相容性，嵌段共聚物在熔体和选择性溶剂中可发生微相分离，能在纳米尺度自组装成具有独特微观结构的聚集体。这种特殊的结构可赋予嵌段共聚物若干特性和性能，具有广阔的应用前景[4-6]。

流变学不仅是研究线形均聚高分子有效的理论和方法，也是一种研究嵌段共聚物相行为灵敏有效的手段。嵌段共聚物具有丰富的微相结构，表现出较为复杂的流变行为[7]。至今，已有大量的实验与理论研究尝试将嵌段共聚物的流变行为与其微观结构相关联，探测其无序-有序转变来确定相转变温度，研究不同有序结构的相转变动力学。

5.1.1　嵌段共聚物的相行为

由于各嵌段链间的部分相容或不相容性，嵌段共聚物会在一定条件下发生微相分离形成有序结构。嵌段共聚物的相行为依赖于其聚合度 N、嵌段结构数、嵌段的体积分数 f 以及嵌段之间的相互作用参数 χ。根据嵌段共聚物的混合热力学，其混合熵和焓对于自由能的贡献分别与其 N、χ 有关；以 χN 为参数，可以区分嵌段共聚物的微相分离程度[8]。通常，根据 χN 值将嵌段共聚物的相图分为弱分离极限（weak segregation limits，WSL，$\chi N < 10\sim15$）和强分离极限（strong segregation limits，SSL，$\chi N > 100$）。在 WSL 区，二嵌段共聚物由均相状态转为微相分离状态，各嵌段间相互作用较弱，相界面较为模糊，其相区尺寸（d）与 $N^{1/2}$ 成正比；在 SSL 区，各嵌段间的强相互作用使嵌段间的界面宽度较窄，中间相形态主要由其体积分数决定，d 正比于 $N^{2/3}$。

已有大量关于二嵌段共聚物的微相分离行为的理论与实验工作[8-12]。较为完整地建立相图，并通过理论预测与实验研究，发现存在四种典型的平衡态纳米结构。嵌段共聚物的微相分离与微区形貌，可通过调节嵌段的体积分数和嵌段间的相互作用程度控制。图 5.1 给出了二嵌段共聚物的相图及微区形貌的转变。可见，当温度低于有序-无序转变温度（order-disorder transition temperature，T_{ODT}）时，随嵌段体积分数逐渐由 0 增至 0.5，二嵌段共聚物会依次出现体心立方球状（body centered cubic sphere，BCC）结构、六角柱状（hexagonal cylinders，HEX）结构、双螺旋（gyroid，GYR）结构及层状（lamellae，LAM）结构的中间相[4]。对于多嵌段共聚物，虽然其热力学的相互作用仍然可以采用 χN 来表示，但嵌段数目的增加和嵌段间的界面能差异，使得多嵌段共聚物表现出更为复杂的相行为，至今尚没有系统的、成熟的理论来描述。

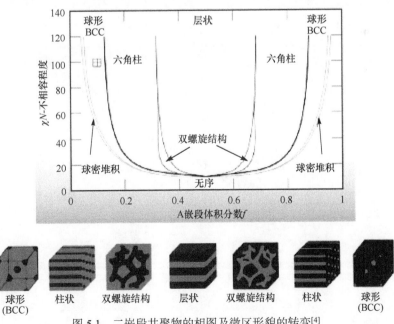

图 5.1 二嵌段共聚物的相图及微区形貌的转变[4]

5.1.2 嵌段共聚物的线性流变行为

　　流变学可以灵敏地探测嵌段共聚物的有序-无序转变,不同的有序相、无序相和有序相间的转变动力学以及不同有序相间的转变动力学,而这种敏感性则来源于不同相之间的黏弹性的巨大差异[7,13-15]。因此,嵌段共聚物丰富的中间相结构使其呈现出复杂的流变行为,大量工作均试图建立嵌段共聚物的流变行为与形态结构之间的关联性。嵌段共聚物流变行为的影响因素众多,主要包括:相区的尺寸和形状、微相分离的强度、分子中的嵌段数、不同化学组成嵌段松弛时间的差异、高次结构的拓扑缺陷等[7,9,13,16]。对嵌段共聚物流变行为的认识是所有复杂流体中最少的[16]。

　　由于其有序结构和无序结构对温度具有不同的依赖性,嵌段共聚物的流变行为具有明显的热流变(thermorheology)复杂性,难以在所有温度下实现流变行为的时-温叠加。采用流变学方法探测嵌段共聚物的微观结构,可通过在线性黏弹范围(低应变区域)内对样品施加不同温度下小幅振荡剪切的频率扫描。无序嵌段共聚物的黏弹响应通常与均聚物的黏弹响应相似。在高频与中频区域,链段松弛与链松弛分别影响体系的黏弹响应。然而,某些情况下,链段松弛区域也会由于单体性质而出现加宽或分叉现象。温度 $T > T_{ODT}$,时-温叠加成立,储能模量(storage modulus) G' 和损耗模量(loss modulus) G'' 对频率 ω 的依赖性呈现线形聚合物典型的类液体终端行为($G' \propto \omega^2$,$G'' \propto \omega$)。然而时-温叠加在宽的温度区间内会由于有序-无序转变(即由无序态向微相分离态转变)而失效。$T < T_{ODT}$,低频区域的模量呈现出微弱的频率依赖性,是介于牛顿流体和固体之间的黏弹响应。图 5.2 给出了

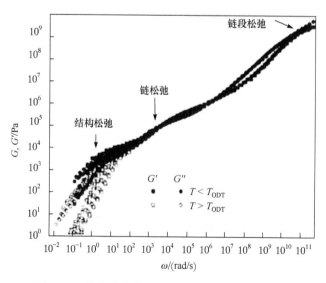

图 5.2　二嵌段共聚物动态模量的时-温叠加曲线[17]

二嵌段共聚物(聚甲基苯基硅氧烷-聚苯乙烯, polymethylphenylsiloxane-polystyrene, PMPS-PS)在不同温度下动态模量的时-温叠加曲线[17]。可由主曲线在低频区域的失效和分叉来判断嵌段共聚物微相分离的发生, 从而确定微相分离温度[13-18]。

　　二嵌段共聚物在低频区域的黏弹响应可与其微观相形态相关联, 低频区域动态模量对频率的依赖性不同恰恰反映了长程有序的不同微相结构的松弛行为[19]。如图 5.3 所示, 当微相形态为三维有序的体心立方球状结构时, 体系会在很宽的频率区域表现出类固的黏弹行为, 即 $G' \propto \omega^0$; 当微相形态为二维有序的柱状结构时, $G' \propto \omega^{1/3}$; 当微相形态为一维有序的层状结构时, $G' \propto \omega^{1/2}$。

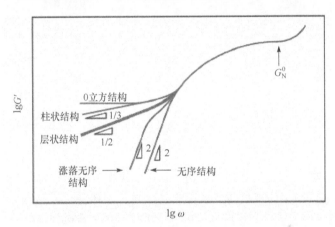

图 5.3　不同微相结构的二嵌段共聚物储能模量对频率的依赖性[19]

　　此外, 可以通过动态频率扫描的 G' 与 G'' 的双对数叠加曲线(Han 曲线)在较低动态模量下的分叉来判定嵌段共聚物的无序-有序转变[20-23]。图 5.4 给出二嵌段共聚物的 Han 曲线和 G' 随温度变化的曲线。当不同温度下曲线重合在一起, 且其末端斜率接近于 2 时, 嵌段共聚物在这些温度处于无序均相状态; 当曲线在较低的动态模量下出现分叉时, 则对应于微相分离状态[21][图 5.4(a)]。其中, 曲线开始分叉的温度则对应于体系的微相分离温度。此外, 如图 5.4(b)所示, 还可以通过低频条件下的温度扫描来确定嵌段共聚物的微相分离温度, 因为体系在发生无序-有序转变时, G' 会出现急剧的变化, 而 G' 对温度的斜率转变点即对应于嵌段共聚物的微相分离温度[23]。

　　基于有序相和无序相间巨大的黏弹性差异, 还可以探明嵌段共聚物的有序化动力学。测试温度从无序相跳到有序相过程中, 动态模量随时间演化曲线的形状可用于分析其有序化动力学[24]。图 5.5 给出了对称苯乙烯-异戊二烯(polystyrene-b-polyisoprene, PS-PI)二嵌段共聚物(M_n = 12200, PS 含量 f_{PS} = 0.51)的动态模量对时间的依赖性。可见, G' 和 G'' 均呈现出 S 形曲线, 在短时和长时区域分别出现明

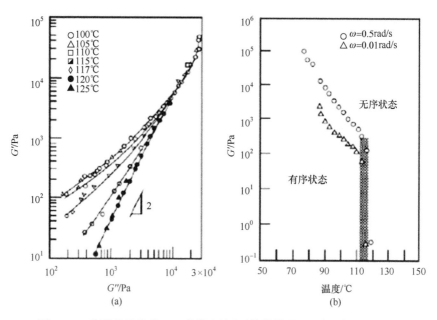

图 5.4 二嵌段共聚物的 Han 曲线(a)[21]及储能模量(b)随温度的变化[23]

显的平台[24]。通常,短时区域模量平台被认为是描述非晶相在退火温度下的响应;长时区域的平台则是体系最终微相分离态的表征。中间区域呈现的是有序相和无序相混合体系的行为,其比例随时间变化,导致其流变响应有所改变。浅退火条件下,所观察到的长"诱导"时间以及曲线的整体形状[图 5.5(a)]则指向成核增长的有序化机理。根据成核增长机理(Avrami 方程)来分析嵌段共聚物的有序化动力学,可以给出有序相的体积分数 $\phi(t)$ 随时间的演化:

$$\phi(t)=1-\exp(-zt^n) \tag{5.1}$$

式中,z 为速率常数;n 为 Avrami 指数。前者常表示为半时间 $t_{1/2}=(\ln2/z)^{1/n}$,而后者反映生长维度和成核增长过程时间依赖性的信息。根据一些关于构成相($t=0$:无序相,$t=\infty$:有序相)的简单动态力学模型(串联和并联,如示意图 5.6 所示),可由动态模量和 $\phi(t)$ 间的关系[式(5.2)和式(5.3)][25]获得 $\phi(t)$ 随时间的演化关系[图 5.5(b)]。两个模型得到的结果差异很小。

串联:

$$\frac{1}{G(t)}=\frac{1-\phi(t)}{G_0}+\frac{\phi(t)}{G_\infty} \tag{5.2}$$

并联:

$$G(t)=G_0\left[1-\phi(t)\right]+\phi(t)G_\infty \tag{5.3}$$

式中，$G(t)$ 为复数模量的绝对值；G_0 和 G_∞ 分别为初始无序相（$t=0$）和最终有序相（$t=\infty$）的模量。

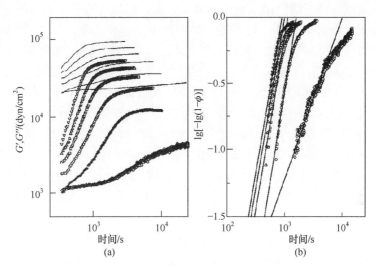

图 5.5　PS-PI 二嵌段共聚物在不同退火温度下（▽：363 K；△：364 K；□：365 K；○：366 K；◇：368 K；无序态 $T_i = 378$ K）G'（符号）和 G''（线）随时间的演化曲线（a），以及有序相体积分数 $\phi(t)$ 的 Avrami 曲线（b）[24]

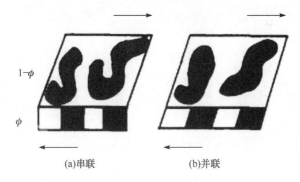

(a)串联　　(b)并联

图 5.6　最简单的串联和并联力学模型[25]

5.1.3　嵌段共聚物的非线性流变行为

大幅振荡剪切（large amplitude oscillatory shear，LAOS）可用于研究并量化嵌段共聚物的非线性黏弹行为，而大应变下所测得的模量与小应变下所测得的模量的物理含义不同。随着振荡剪切流动中应变幅度的增加，应力不再是正弦曲线，而高阶谐波的存在会导致线性黏弹性失效[26]。可借助傅里叶转变（Fourier transform，FT）流变学分析应力信号的非线性响应[27]。Hyun 等[28]考察了不同温度下聚氧化乙烯-聚氧化丙烯-聚氧化乙烯（polyethylene oxide-polypropylene oxidepolyethylene oxide，PEO-PPO-PEO）三嵌段共聚物 20 wt%水溶液的 LAOS 流变响应。随温度的改变，LAOS 测试中存在弱凝胶和强凝胶间的转变。在转变温度以下，溶胶呈现牛顿行为；随着温度升高，软凝胶形成，呈现出单调的应变软化行为。温度进一步升高，在大应变处会呈现强应变过冲，G' 和 G'' 出现局部最大值[图 5.7(a)]。软凝胶的 LAOS 特征表现为单调应变行为和强应变过冲行为的结合，其 FT 流变谱中显示软凝胶的高阶谐波强度（3 阶、5 阶和 7 阶）随应变增大先达到最大值后降低，再随应变的进一步增大而轻微增加[图 5.7(c)]；然而，随着温度进一步升高，强应变过冲响应变弱，在软凝胶转变至硬凝胶温度处应变过冲效应会消失；最后，硬凝胶会表现出随应变增大 G' 单调下降，而仅 G'' 出现局部最大值[图 5.7(b)]。硬凝胶的高阶谐波强度对应变的依赖性与软凝胶不同，随应变单调增大直至达到平衡值[图 5.7(d)]。上述复杂的 LAOS 流变响应与嵌段共聚物的微观结构变化有关。无应变时，软凝胶的微区是由胶束的聚集体组成的；小应变时，胶束的聚集体动态模量为常数（处于线性区域）；随着应变增大，聚集体沿流动方向排列从而出现应变行为，聚集体周围更易聚集的 PEO 使聚集体继续增大，且流动会有利于胶束间的接触，导致动态模量的增大，出现应变过冲现象；大应

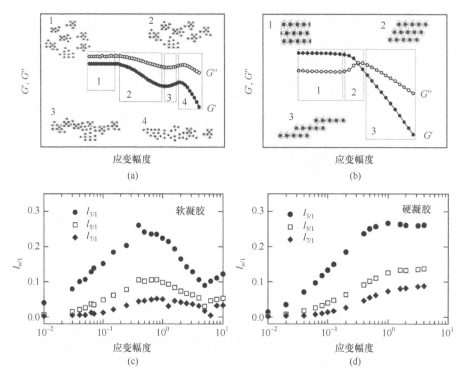

图 5.7　软凝胶(a)、硬凝胶(b)的 LAOS 图案以及微观结构解释；
软凝胶(c)、硬凝胶(d)的 FT 流变谱对应变的依赖性[28]

变时，聚集体解离或沿流动方向排列，出现第二个应变行为软化；当温度达到硬凝胶温度时，聚集体会经历硬球结晶过程。无应变时，硬凝胶微区中胶束呈紧密排列；小应变时，动态模量均保持常数；应变超出线性区域时，微区结构破坏呈层状结构，导致代表能量耗散的 G'' 增大；应变继续增大，层状微区沿流动方向排列和滑移，导致 G' 和 G'' 减小。

然而，迄今对 LAOS 流动中所观察的嵌段共聚物的非线性响应的理论鲜有提出。而剪切应力中所产生谐波的机理也需要更进一步的理论解释。相关方面需要运用原位微结构探针[如流变-X 射线小角散射(small angle X-ray scattering, SAXS)和流变-介电同步测试方法等]为补充，这将有助于建立所测得的宏观响应与非线性黏弹行为的微观结构根源间的紧密联系。

5.1.4　嵌段共聚物的剪切取向

在低频或低剪切应力下，嵌段共聚物有序相呈现特征的非终端行为；在高频或高剪切应力下，其行为与均聚物相似，其有序结构导致了体系低频区域的准固态非终端行为[16]。例外的是，排列整齐的层状嵌段共聚物，其低频响应几乎为类液态的，且呈现类似于小分子液晶相的各向异性行为，介于固体和液体之间。层状结构的嵌段共聚物在垂直于层方向上呈现类固体行为，而在其他两个方向呈现类液体行为。层状嵌段共聚物低频区域类固体行为通常来源于缺陷的扰乱作用(disrupting effect of defects)，而高密度的缺陷通常存在于有序的嵌段共聚物相中，尤其是当有序态是由起始的无序态通过淬火(quench)或溶液浇铸(solvent casting)法得到的。只有在剪切流场(包括毛细管中的挤出、平行板间的稳态剪切或大幅振荡剪切)中才可能得到嵌段共聚物的整体有序。嵌段共聚物的剪切取向可以赋予其材料宏观各向异性的性能，而取向度会受取向剪切场的温度、频率和应变幅度影响。

层状嵌段共聚物的流变学和剪切取向研究多围绕两类化学性质不同的二嵌段共聚物开展，即完全饱和聚烯烃嵌段共聚物聚乙烯丙烯-聚乙烯(polyethylenepropylene-polyethylethylene，PEP-PEE)[29,30]和 PS-PI 二嵌段共聚物[31-34]。大幅振荡剪切会导致 PS-PI 和 PEP-PEE 嵌段共聚物的层取向，并使低频区模量更接近终端行为。图 5.8 为 PEP-PEE 嵌段共聚物在大幅振荡剪切中有效 G'、G'' 和双折射系数随时间的演化[29]。一些嵌段共聚物(如 PS-PI)的双折射几乎全是形状双折射，即由两嵌段折射指数间的差异所引起的双折射。然而，PEP-PEE 体系的形状效应不明显，因为 PEP 和 PEE 嵌段的折射指数几乎相同；对于该体系，其本征双折射占主导地位，而本征双折射是由高分子的取向引起的。模量和双折射幅度的降低表明，剪切诱导的取向度随时间的延长而增加；而剪切诱导的取向过程可以分成"快"和"慢"两个过程——开始快速增加，后期缓慢地增加直到 25000 s(即 100 个应变循环)[35]。取向度大小和方向既可以通过双折射表征，也可通过中子或 X 射线散射来获得。取向从来不可能达到完美，无论大幅度的剪切持续多久，都仍然会存在取向误差。

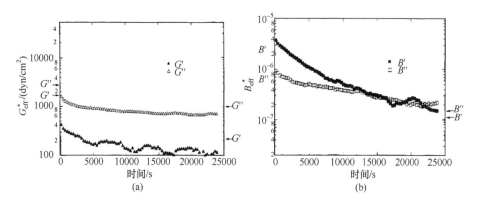

图 5.8   PEP-PEE 层状二嵌段共聚物在大幅振荡剪切（应变γ：0.9，ω：0.02 s^{-1}）取向过程中有效 G' 和 G''（a）、有效双折射同相和异相部分（b）随时间的演化曲线[29]

原则上，剪切流动中层状嵌段聚合物的层有三种可能的简单取向方向[7]（图 5.9）：①平行或"c"取向，层与剪切表面或流变仪夹具平行，层的法线方向与剪切梯度方向平行；②垂直或"a"取向，层的法线方向与涡度轴平行；③横向或"b"取向，层的法线方向与流动方向平行。PEP-PEE 和 PS-PI 样品都是沿着平行或垂直方向取向，依赖于温度和振荡频率。高分子量 PS-PI 通常呈现平行取向和横向取向混合的状态[35]。考虑到层状单畴模量的取向依赖性，取向过程所产生的模量降低在某种程度上也是可以解释的。Koppi 等[30]考察了 PEP-PEE 嵌段共聚物在三个取向方向上各自的 G' 与 G''（图 5.10），其剪切幅度γ_0足够低以确保测试过程中取向方向不会发生变化。当频率低于分子松弛主导模量的临界频率ω_c，垂直和平行取向的低频模量比横向取向的模量低。由于起始完全不取向的样品中包含局部区域的层状沿着高模量的横向方向取向，当这些区域重新沿水平或垂直方向取向时，未取向样品的模量就会降低。PEP-PEE 体系可形成两个不同的取向区域。低频区域可以得到平行取向，而在高频和临近 T_{ODT} 的高温窗口内可以发现垂直取向。另外，低分子量 PS-PI 体系形成三个取向区间[31]（图 5.11）。和 PEP-PEE 一样，低频区域观察到平行取向，而在较高频区域观察到垂直取向[31,35]；然而，在更高的频率下，存在另一个平行取向的区间[30,32]。PS-PI 样品剪切取向前，如果在低于 T_{ODT}（但高于 PS 的 T_g）的条件下退火数小时，则只能观察到低频区域的平行取向；如果样品是从高温的无序、各向同性态淬火到考察温度，再迅速剪切取向，低频区域得到的则是垂直取向而非水平取向[33,35]。取向的热历史依赖性是考虑取向机理的重要线索，而另一重要线索则是临界应变可能引起垂直取向[31]（图 5.11）。

取向对嵌段的结构也是敏感的。在 PS-PI-PS 三嵌段共聚物中，随着取向频率的降低，未观察到由水平取向向垂直取向的转变；在所考察的频率和温度范围内，垂直取向占主导地位[36]。然而，对于 PEP-PEE-PEP 三嵌段共聚物，仅观察到相反的现象：在所有的温度和频率内，都呈现平行取向[37]。

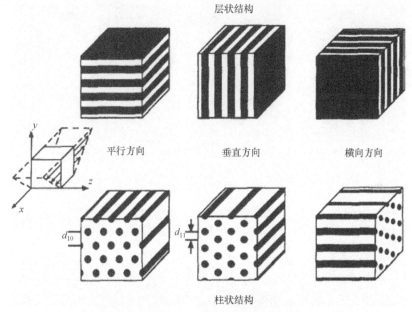

图 5.9　层状相和六角柱状相相对于剪切流动方向呈"平行"、
"垂直"和"横向"取向的定义[7]

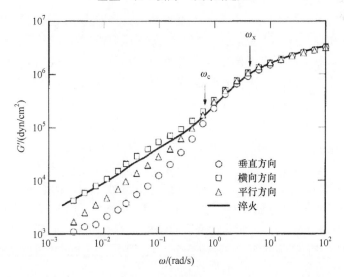

图 5.10　PEP-PEE（$M_n \approx 50000$）的层状样品在 40 ℃时的 G'对ω的依赖性[30]
实线是从无序态（$T_{ODT} = 93$ ℃）淬火的未取向样品，ω_x 是 G' 和 G'' 的交叉频率，
而ω_c 是分子松弛主导模量的临界频率

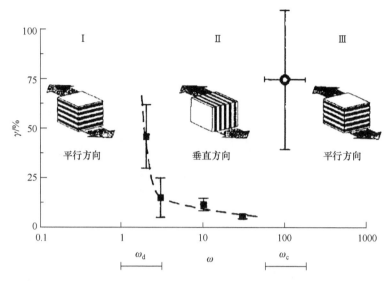

图 5.11   PS-PI 二嵌段共聚物在 136 ℃（略低于 T_{ODT}）时的取向示意图[31]

ω_c 和 ω_d 是从线性黏弹数据中获得的，分别代表了由高频和低频区相对弹性行为向中频区更具耗散性行为的转变

剪切下嵌段共聚物的取向行为很复杂，且对嵌段结构、层间及 ODT 附近的力学差异、频率和应变等因素均很敏感。虽然没有预测所有条件下取向的普适性理论，但已有若干理论可用于解释其中的一些趋势。低分子量 PS-PI 嵌段共聚物的取向示意图（图 5.11）中区域 II 和 III 间的转变发生在 ω_c [31]，而在该频率下无序样品时-温移动的模量与有序样品的模量可以合并（图 5.10）[30]。$\omega > \omega_c$ 时，分子在形变中不能完全松弛；而 $\omega < \omega_c$ 时，分子是松弛的，且应力主要是由于层状图案的形变。因此，高频区域的平行取向一定是由分子形变机理产生的，而低频区域的垂直取向则是由图案形变机理产生的。借助移动因子 a_T 对 PS-PI 嵌段共聚物不同温度下的流变数据进行时-温叠加（图 5.12）[33]。$\omega > a_T\omega_c$ 时，嵌段共聚物的分子特征影响应力，也可能影响取向方向。如前所述，PS-PI 中的 PS 嵌段比 PI 嵌段黏得多，即两嵌段间有巨大的力学差异。因此，由苯乙烯相区形变所产生的分子应力将高于由异戊二烯相区形变所产生的分子应力，且当 $\omega > a_T\omega_c$ 时，这些应力将足够大到影响层取向。尤其是，层状结构的取向可重新分配应变，优先施加到低黏的异戊二烯嵌段，以降低黏性苯乙烯嵌段上的高应力。由于水平取向的层状结构中的黏性苯乙烯嵌段可以滑动，被低黏的异戊二烯嵌段所"润滑"，局部应变的重新分配可能更容易出现在这种结构中，而非垂直取向结构。对于垂直取向而言，每个苯乙烯片层会跨越剪切表面间的间距，并经历整个宏观剪切应变。PS-PI 嵌段共聚物（S12-I9）水平取向样品的复数模量 G^* 和垂直取向样品的模量间存在一个交点（图 5.12）。水平取向样品在高频区域的模量较低（PS 层上的黏弹应力大），而垂直取向样品在低频区域的模量较低。至少对于 PS-PI 体系，取向方向是产生较低模量的方向。

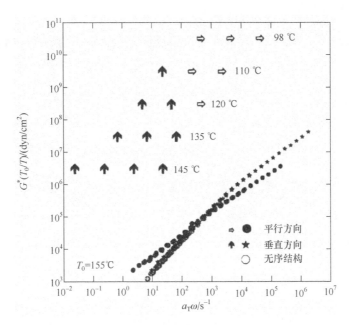

图 5.12　PS-PI 嵌段共聚物在高温无序态和低温沿流动平行或垂直取向有序态下
的 $G^*(T_0/T)$ 对归一化频率 $a_T\omega$的主曲线[33]

箭头展示了经时-温平移的频率，在该频率下通过大幅剪切可以实现平行(侧箭头)和
垂直(向上箭头)取向。在归一化频率 $a_T\omega\approx300$ s^{-1} 以下时，G'在无序态和退火态时不再能叠加

　　PEP-PEE 体系中两嵌段组分的力学差异较小，且两嵌段有近似的玻璃化转变
和缠结密度，故黏度也相近，这恰恰可解释图 5.12 中不同取向条件下$\omega > \omega_c$处的
模量叠加。PEP-PEE 体系的力学差异不明显也可以解释其高频平行取向区存在的
原因。而关于其他具有不同力学差异的嵌段共聚物的研究应该可以用于验证高频
取向所提出的机理。

　　由于嵌段共聚物层状相的对称性和近晶 A 型液晶相的对称性相同，当频率足
够低以致共聚物的松弛不明显(即$\omega < \omega_c$)时，前者的流动性与后者的相近。针对
$\omega > \omega_c$处的平行取向所发现的可信机理，仍可以解释图 5.11 中区域 I 和 II 中的取
向。在这些低频区域，嵌段共聚物的应力应该由层状微结构及其相关联的缺陷控
制，而不是由各个嵌段内的分子形变所控制。图 5.13 给出了嵌段共聚物与近晶相
液晶流变行为的相似性[34]。可见，PS-PI 二嵌段共聚物经大幅振荡剪切取向前、
后的 G' 和 G''，与小分子热致近晶相液晶 8CB 在经同样的频率、应变和时间下剪
切取向前、后的模量接近。小分子热致近晶相液晶(如 8CB)在稳态剪切下呈现出
两个取向区。在高剪切速率和高温下，8CB 在稳态剪切中优先沿垂直方向取向，
与嵌段共聚物在区域 II 中的现象一样。已有理论证明，层波动会使平行取向不稳
定，导致在垂直方向取向[30]。当层沿平行方向取向时，层内波浪状的形变或缺陷

会易于与剪切流动的涡流耦合并导致层的旋转，使平行取向不稳定。垂直取向中波动可能与剪切耦合不强。上述因素可能解释在高速形变（但是速度没有高到发生区域Ⅱ到Ⅲ的转变）时嵌段共聚物和近晶相液晶中存在的剪切诱导垂直取向。

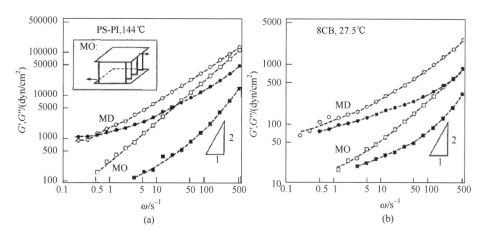

图 5.13   PS-PI 层状嵌段共聚物(a)和近晶 A 型液晶 8CB(b)的模量 G'(实心符号)和
G''(空心符号)在应变为 10%时对ω的依赖性[34]
标着"MD"的曲线是由无序态淬火得到的宏观无序或未取向状态；"MO"则是指在
一个单位幅度和频率为 10 s^{-1} 条件下大幅振荡剪切 20 min 发生取向所达到的宏观有序态

Fredrickson[38]提出了弱分离理论，用以解释二嵌段共聚物的取向行为。其中，接近 T_{ODT} 时在比浓度波动速率高的频率区间(但比分子时间尺度低)，垂直取向是可以预测的，且是位置波动与剪切场耦合的结果。低于 T_{ODT} 时，这些波动很小，而嵌段间微弱的力学差异会控制并有助于水平取向。在稳态流动中的最低剪切速率下，8CB 中既有水平取向区，也有垂直取向区。嵌段共聚物在大幅振荡中几乎完全是水平取向。很明显，这些结果间的差异可能来源于振荡和稳态流动中的差异。低频区域 Ⅰ 内的取向出现，显然是由于近晶缺陷的作用。嵌段共聚物的缺陷与以下观察有关，即如果在体系淬火到层状状态不久后开始发生剪切取向，则无法获得区域Ⅰ，这可能发生在近晶相明确定义的缺陷特征形成之前。这种缺陷如何且为什么导致平行取向，有关解释尚属推测。很显然，剪切流动诱导缺陷的迁移将有助于其平行取向。

因此，取向的三种机理——一种是分子应力控制的频率和温度区间，另外两种则是在来自层状图案的应力控制的条件下，可对低分子量 PS-PI 二嵌段共聚物的取向行为做出的合理解释。PEP-PEE 的取向特征与 PS-PI 的相似，但两嵌段力学差异小导致缺少区域Ⅲ的存在。PS-PI-PS 三嵌段共聚物在所有取向频率范围内，都是以垂直取向为主。这可以用桥接结构来解释：每个 PS-PI-PS 分子两端的苯乙烯嵌段位于不同的苯乙烯层内，而异戊二烯嵌段贯穿中间的异戊二烯层。这个三嵌段分子的另一种构型是异戊二烯线团，而两个苯乙烯嵌段都位于同一个片层内。$f = 0.5$ 时，预计桥接和成环构型出现的可能性均等。平行取向中，桥接构型穿过异戊二烯层应该趋向于减少分配给异戊二烯层的应变分数。然而如前所述，二嵌段中高频区域有助于平行取向，因为剪切主要集中在异戊二烯层，而非更黏的苯乙烯层。三嵌段中由于缺乏异戊二烯层间的桥接，阻碍了这些层的形变，导致平行取向的有利条件失效，这可解释三嵌段 PS-PI-PS 中所有频率下垂直取向的主导地位。此外，通过决定"倒置"的 PI-PS-PI 三嵌段（苯乙烯嵌段在中间）的剪切取向方向来验证上述解释是有趣的。如果上述关于 PS-PI-PS 呈垂直取向的解释是正确的，倒置的 PI-PS-PI 三嵌段应该在高频区域呈现水平取向。

多嵌段共聚物的所有层应串联在一起，不可能在平行方向上以连续剪切的方式彼此滑动，从而抑制该方向的取向。虽然多于三嵌段的多嵌段共聚物的研究尚不多见，但由交替的柔性和刚性单体单元构成的近晶相液晶聚合物在振荡剪切中的流动取向行为已有不少研究[39]。如果一个"嵌段"长度被认为是一个单体单元，且其中一个嵌段的类型是刚性的，那么这类材料类似于多嵌段共聚物。与所预计的多嵌段行为一致，振荡剪切不会导致这类材料产生水平取向。相反，可在高应变区获得所预料的垂直取向，而在低应变区（$\gamma \leqslant 10\%$）出现横向取向或者垂直和横向混合的取向[39]。

一些强分离的缠结两嵌段共聚物在高频区域剪切时，会诱导产生平行和横向混合的取向[35,40]。在这些材料中，横向排列的存在似乎令人惊讶：由于在剪切下横向层发生旋转，且层间距也发生改变，导致这种取向受到强烈抑制；然而，在强分离极限中，热力学力会使链沿与层状结构正交的方向取向；如果剪切速率足够高，能对单个分子施加显著的应力，分子就会沿流动方向排列。这种分子取向仅当共聚物层在横向排列时才与层状分层相符合。

5.2　高分子共混物

无论对于获得综合性能较为理想的高分子材料，还是制备满足某种特殊需要的新型材料，改善其可加工性以及降低生产成本，共混改性均具有重要的意义。大多数高分子材料不是单组分的体系，而是多相/多组分高分子共混体系。通常，高分子共混物可以分为相容、部分相容和不相容三类。相容共混物是指在热力学上能达到分子水平混溶的共混物，如 PS/聚苯醚（polyphenylene oxide，PPO）等。部分相容共混物是指共混物只在某个温度或组成范围内才能相容，如 PMMA/SAN 等。不相容共混物则是在任何温度或组成下都无法形成分子水平的混合状态，而只能以分相的状态存在的共混物，如 PMMA/PS 等。由于不同高分子间的分子结构存在差异，且高分子间的范德瓦耳斯力不利于组分间的相容，大部分的高分子都是不相容或部分相容的。相容性和相分离将直接影响共混体系的微观形态和结构，进而影响所制备材料的使用性能。显然，对多相/多组分高分子共混体系相行为的充分了解，将有助于优化体系的相结构、相区尺寸和最终使用性能[1-3]。

5.2.1 高分子共混物的相容性和相分离

根据热力学基本定律和 Flory-Huggins 格子理论，两种高分子共混在一起时，体系 Helmholtz 混合自由能ΔF_{mix}为[41]

$$\Delta F_{\text{mix}} = \Delta H_{\text{mix}} - T\Delta S_{\text{mix}} \tag{5.4}$$

$$\Delta H_{\text{mix}} = \chi kT\phi(1-\phi) \tag{5.5}$$

$$\Delta S_{\text{mix}} = -k\left[\frac{\phi}{N_{\text{A}}}\ln\phi + \frac{1-\phi}{N_{\text{B}}}\ln(1-\phi)\right] \tag{5.6}$$

式中，ΔH_{mix} 和ΔS_{mix} 分别为混合焓和混合熵；T 为热力学温度；k 为玻尔兹曼常数；ϕ 为其中一种高分子所占的体积分数；N 为聚合度；χ为两种高分子间的 Huggins 相互作用参数。

对于理想的高分子共混物体系，$\Delta H_{\text{mix}} = 0$，则体系热力学稳定性条件为

$$\frac{\partial^2 F_{\text{mix}}}{\partial \phi^2} > 0 \tag{5.7}$$

$$\Delta F_{\text{mix}} < 0 \tag{5.8}$$

满足式(5.7)而不满足式(5.8)的体系处于亚稳态，需要外界做功越过一定的势垒才能发生相分离；当两式都不满足时，体系处于不稳态，外界的微小扰动都会使体系自发相分离。结合式(5.4)～式(5.8)，根据体系混合自由能与温度、组成间的关系，即可绘制出共混体系的相图，从而直观反映共混体系的相容性和相分离行为。图 5.14 为理想二元高分子共混体系 $N_{\text{A}} = N_{\text{B}} = N$ 条件下的相图，其临界相互作用参数$\chi_{\text{c}} = 2/N$，即当外界条件导致临界组成的体系$\chi < 2/N$ 时，体系在任何组成下都是相容的。$\chi > 2/N$ 时，ΔF_{mix} 在任何组成下都小于 0，但存在极大值，且极大值两侧还有两个极小值和拐点。当$\phi < \phi'$或$\phi > \phi''$时，$\frac{\partial^2 F_{\text{mix}}}{\partial \phi^2} > 0$，体系是稳定相容的；当$\phi' < \phi < \phi''$时，在组成为$\phi'$和$\phi''$处自由能最小，这是共混体系可能发生相分离而达到能量最低的稳定态，经相分离而形成组成为ϕ'和ϕ''两相的状态。其中，当$\phi_{\text{sp1}} < \phi < \phi_{\text{sp2}}$ 时，$\frac{\partial^2 F_{\text{mix}}}{\partial \phi^2} < 0$，体系是不稳定的，组成的微小涨落会诱导能量降低继而发生相分离，遵循旋节线分离(spinodal decomposition，SD)机理，形成双连续的两相结构。当$\phi' < \phi < \phi_{\text{sp1}}$ 和$\phi_{\text{sp2}} < \phi < \phi''$时，共混体系的能量不是最低的，但

$\dfrac{\partial^2 F_{\text{mix}}}{\partial \phi^2} > 0$ ，处于亚稳态，微小的涨落并不能导致相分离的发生，只有涨落足够大之后才会出现相分离，并遵循成核增长（nucleation and growth，NG）机理，形成海-岛状的两相结构。连接不同温度下的极小值曲线就是两相共混物的两相共存线 ——双节线（binodal curve），而连接不同温度下拐点的曲线则为两相共混物的亚稳极限线——旋节线（spinodal curve）。

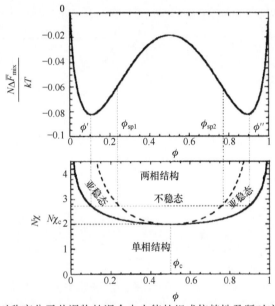

图 5.14　对称高分子共混物的混合自由能的组成依赖性及所对应的相图[41]

通常，均相共混物的黏度与组分间的关联将直接影响混合物的加工性能，而共混物的黏度取决于它的组成。最简单的情况是混合物的零切黏度 $\eta_{0,\text{b}}$ 满足线性（或对数线性）混合规则：

$$\eta_{0,\text{b}} = \phi \eta_{0,1} + (1-\phi)\eta_{0,2} \tag{5.9}$$

$$\lg \eta_{0,\text{b}} = \phi \lg \eta_{0,1} + (1-\phi)\lg \eta_{0,2} \tag{5.10}$$

式中，$\eta_{0,1}$ 和 $\eta_{0,2}$ 分别为两种组分高分子的零切黏度；ϕ 为体积分数。上述线性（或对数线性）混合规则只适用于成分具有相似化学结构和链拓扑结构的共混体系，如茂金属线形低密度聚乙烯（metallocene linear low-density polyethylene，mLLDPE）/茂金属高密度聚乙烯（metallocene high-density polyethylene，mHDPE）共混物 [图 5.15(a)][42]和 1,4-聚丁二烯/1,2-聚丁二烯共混物[图 5.15(b)][43]。事实上，偏离线性（或对数线性）行为更为常见。如果混合两种具有相同链结构但分子量不同的高分子，其共混物的黏度通常大于线性（或对数线性）混合规则[44]，通常表示为正

偏差。基于分子量加和法则可以描述这种现象，即

$$\eta_{0,b}^{1/3.4} = w_1 \eta_{0,1}^{1/3.4} + w_2 \eta_{0,2}^{1/3.4} \tag{5.11}$$

式中，指数 3.4 来自缠结线形高分子零切黏度对分子量的幂律依赖性。当两种组分具有相似的化学结构但不同的链拓扑结构时，也可观察到正偏差，如 mLLDPE/LDPE 共混物[图 5.16(a)][42]，或两组分具有完全不同的化学结构，如 PMMA/SAN 共混物[44]。还有一种偏差情况称为负偏差，即混合物黏度小于线性(或对数线性)加和[45]预测的黏度[图 5.16(b)]。两种偏差都可用 Wu 方程[46]进行经验描述：

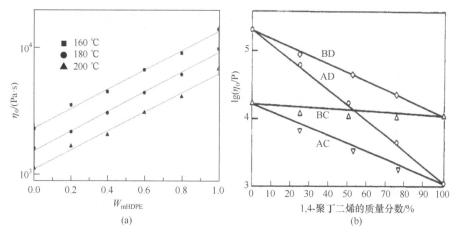

图 5.15   mLLDPE/mHDPE(a)[42]和 1,4-聚丁二烯/1,2-聚丁二烯(b)[43]
共混物零切黏度随组成的变化

BD、AD、BC 和 AC 代表由不同分子量和微结构的 1,2-聚丁二烯组成的共混物

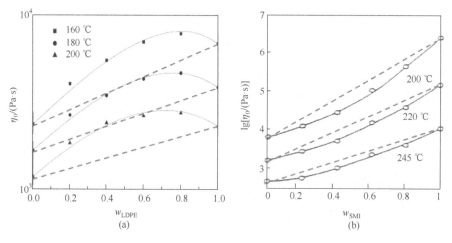

图 5.16   mLLDPE/LDPE(a)[42]和聚苯乙烯-N-苯基马来酰亚胺(polystyrene-N-phenylmaleimide，SMI)/SAN(b)[45]共混体系零切黏度随共混物组成的变化

$$\lg \eta_{0,b} = \phi \lg \eta_{0,1} + (1-\phi) \lg \eta_{0,2} + \phi(1-\phi) \lg \lambda \tag{5.12}$$

或者用一般混合法则[47]来描述：

$$\eta_{0,b}^n = \phi \eta_{0,1}^n + (1-\phi) \eta_{0,2}^n \tag{5.13}$$

式(5.12)中的λ和式(5.13)中的n均为常数。正偏差时，$\lambda > 1$或$n > 1$；负偏差时，$\lambda < 1$或$n < 1$。式(5.12)和式(5.13)均与实验数据相吻合，但尚无法对不同偏差机制提供物理解释。

基于同步链运动的模型(双蛇行模型)预测共混物的黏度为[48]

$$\eta_{0,b} = \eta_{0,1}\phi_1^2 + \eta_{0,2}\phi_2^2 + \frac{4\left(G_{N,1}^0\right)^{1/2}\left(G_{N,2}^0\right)^{1/2}\phi_1\phi_2}{G_{N,1}^0/\eta_{0,1} + G_{N,2}^0/\eta_{0,2}} \tag{5.14}$$

式中，$G_{N,i}^0$为第i个分量的平台模量。重要的是，共混物的黏度不仅取决于组分的黏度，还取决于其彼此缠结的能力(或等同于平台模量)。当$G_{N,1}^0 \approx G_{N,2}^0$时，正偏差可以由式(5.14)预测。需要指出，双蛇行模型是针对由具有相似化学结构的高分子得到的共混物(如 LLDPE/HDPE)而提出的，它不适用于具有不同化学结构的均相共混物。

事实上，组分间的化学结构不同，表明其玻璃化转变温度T_g和单体摩擦系数可能存在差异。在这种情况下，组分 1 大分子链段的局部环境将不同于其纯高分子中的局部环境，且也可能不同于组分 2 大分子链段的局部环境。这种现象有时被称为"动态非均相性"(dynamic heterogeneity)，并与动态不对称性ΔT_g(定义为组分玻璃化转变温度之间的差异)密切相关。引入"自浓度"可解释不同链段的局部环境差异。自浓度则定义为参考体积中链段的浓度[49]。由于链的连通性，自浓度不同于混合物中组分 1 的平均浓度，这决定了共混物中有效的链运动能力。将双蛇行模型与自浓度模型相结合，可得到零切黏度的复杂混合规律[50]。正偏差、负偏差或更复杂的混合规律的出现，归因于组分黏度、动态不对称性、自浓度和温度的差异[50]。

研究高分子共混物相行为的方法包括显微观察、傅里叶变换红外光谱(Fourier transform infrared spectrum，FTIR)、小角中子散射(small-angle neutron scattering，SANS)、小角激光光散射(small angle laser light scattering，SALS)、SAXS、荧光光谱法、动力学分析(dynamic mechanical analysis，DMA)、差示扫描量热法(differential scanning calorimetry，DSC)、流变学方法等[41]。然而，这些常规研究方法均存在不可避免的缺陷：如 DSC 和 DMA 难以准确判定组分的玻璃化转变温度T_g差值小于 20 K 的共混体系的相容性；荧光光谱法仅适用于组分之一可以形成激基缔合物的多组分体系；FTIR 无法检测到非键合作用体系中相关官能团的谱带位移；SANS 法为了扩大反差常常需要对共混组分进行同位素标记(氘代对体系的相容性会产生一定的影响)；SAXS 法由于受体系电子密度差的限制，需要引入重原子，也改变了高分子的结构，进而会影响实验结果；如果高分子共混体系不透明或者组分之间的折射率比较接近的话，SALS 法难以追踪体系的相分离过程。而借助动态流变学方法研究多组分高分子体系相行为时，不受高分子本身结构、化学特性和样品透明与否的限制，且动态测试过程中高分子熔体的结构特征几乎不受影响和破坏。通过改变测试的频率和其他条件，流变学可以将相转变过程的结构形态变化与体系的黏弹响应进行关联，从而探明更小尺度的相转变，判定体系的相分离机理，确定其相分离温度。

5.2.2 部分相容共混体系相分离温度的确定

具有临界相行为的部分相容共混体系，其小幅振荡剪切下的动态模量能够反映相分离过程中体系微观形态结构的精细变化[2,3]。与均相共混物和单组分体系不同的是，非均相高分子在低频末端区会偏离经典标度关系[1]：$G' \propto \omega^2$，$G'' \propto \omega$，且会出现额外的力学松弛过程，导致时-温叠加失效(breakdown of time-temperature superposition)。在相分离边界附近，部分相容共混物浓度涨落逐渐明显，形成不同的相区，且相区间存在着界面张力。因此，可通过时-温叠加失效、Cole-Cole 曲线、G'随温度的变化等方法来确定部分相容共混体系的临界相分离温度[51-59]。

时-温叠加(time-temperature superposition，TTS)原理广泛地应用于均聚高分子体系以及大部分相容高分子共混体系。然而，在某些相容高分子共混体系中，由于不同链段松弛过程具有不同的温度依赖性，TTS 原理可能不适用[51-53]。例如，对于 PS/聚甲基乙烯基醚(polymethylvinyl ether，PVME)体系，TTS 原理在靠近相边界的均相区失效[51]。因此，TTS 原理对于部分相容共混体系适用，则表明其处于均相状态；而 TTS 原理在某个温度下失效，则表明体系发生了相分离，或虽处于均相状态但该温度非常接近临界相分离温度。图 5.17 为 PS/PVME 体系动态模量的主曲线[51]。可以看出，温度较低(≤110 ℃)时，低频区域模量可叠加。图 5.17 的内置图中 G'对 G''的曲线(Han 曲线[52])共混体系在不同温度下的动态模量都可通过平移叠加在一起；高于 120 ℃时，TTS 原理失效，G'开始明显偏离主曲线，并偏离经典的标度关系。随着温度的升高，G'偏离主曲线更加明显，表明体系在相分离过程中形成的两相界面是否与温度相关也可用于判断 TTS 原理是否成立，在某些体系中被认为比动态模量和ω的叠加更敏感[21,51,54,55]。

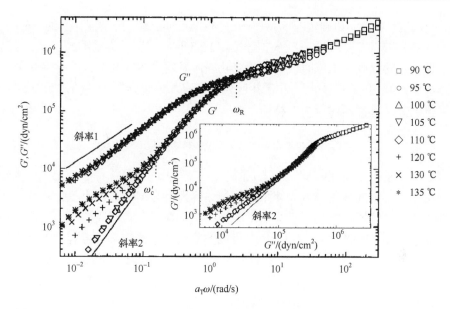

图 5.17　PS/PVME（70/30，质量比）共混体系动态模量主曲线，参考温度是 90 ℃，
插图是 G'-G''关系图[51]

Cole-Cole 曲线（即动态黏度的虚部η''-动态黏度的实部η'曲线）常用于判断共混体系是否发生相分离[53,56]。均相体系的 Cole-Cole 曲线呈现一个半圆弧的形状；若出现拖尾或是双圆弧，则表明体系发生了相分离。故一般认为，用 Cole-Cole 曲线判断体系的相分离更为直观。高频区域的圆弧对应的是共混物基体的松弛。当体系分相时，会在低频区域出现一个小圆弧或是拖尾，这是由共混体系相形态中的液滴松弛所引起的[图 5.18(a)]。在 Cole-Cole 曲线所确定的临界相分离温度下，体系发生的是呈现海-岛相结构的 NG 相分离过程，该临界温度对应的是体系的双节线 binodal

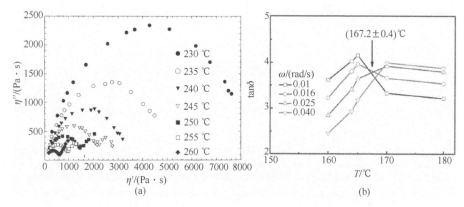

图 5.18　(a) PMMA/SMA（50/50）共混体系的 Cole-Cole 曲线[53]；(b) PMMA/SAN（57/43）共混体系 tanδ的温度依赖性[63]

相分离温度。由此，可确定图 5.18(a)中 PMMA/SMA(50/50)共混体系的 binodal 温度为 240～245 ℃[53]。若进一步缩小测试温度的间隔，可得较为精准的 binodal 温度。

在一定的温度和组成时，部分相容共混体系发生 SD 相分离，并在相分离初期形成双连续的网络结构[1]。在低频区域，具有双连续结构的共混体系中 G'、G'' 与频率的关系具有幂律行为的特征，即

$$G', G'' \propto \omega^a, 0 < a < 1; \quad \tan\delta = G''/G' = \tan\frac{n\pi}{2} \tag{5.15}$$

换言之，低频区域损耗因子 $\tan\delta$ 与频率无关[60,61]。这种幂律特征，尤其是相分离过程中幂律行为的变化与凝胶体系中的黏弹行为极为相似，表明 SD 相分离初期所形成的双连续网络结构与常见的凝胶网络结构接近。在凝胶体系中，不同频率下 $\tan\delta$ 曲线的交点即为凝胶点，也可借助类凝胶法来确定部分相容共混体系的旋节线 spinodal 相分离温度[62,63]。在低频终端区域，不同频率下的 $\tan\delta$ 会在较小的温度区间内重合，意味着在一定温度下 $\tan\delta$ 是与频率无关的常数[图 5.18(b)]。事实上，相关测试会包含一定的实验误差。

除了基于不同温度下频率扫描的结果判断体系是否发生相分离，还可以借助温度扫描直接检测共混体系的动态模量对温度的依赖性[51,57,62,63]。然而，只有动态非对称性共混体系(即两种高分子组分动态性质具有明显差异)在相分离过程中才会引起模量的显著变化，由此可由模量变化趋势的转折判断体系的 binodal 相分离温度[51]。PS/PVME 体系是动态非对称性较为显著的二元共混物，二者的 T_g 差为 125 ℃。图 5.19(a)给出了 PS/PVME(40/60)共混体系在低频($\omega = 0.1$ rad/s)、升温速率为 0.1 ℃/min 时动态性质对温度的依赖性。可见，低温下共混物为均相；随温度的升高，体系链段运动能力增强，故 G' 和 G'' 都随之降低。当温度继续升高至接近相边界处，体系内浓度涨落的扰动更加明显，由此造成的动态模量增加比由运动能力增加而造成的模量降低要明显，总体则表现为相边界处体系的动态模量发生了转折。95～115 ℃是与相分离相关的温度区间，可将此温度区间内的 G'-T 曲线的拐点作为 binodal 相分离温度。上述所确定的 binodal 相分离温度 T_b 与由浊度实验中得到的浊点温度基本一致[图 5.19(b)]。一般讲，由 G' 随温度的变化来确定相分离温度，是由于浓度涨落具有弹性本质，且 G'' 对分子链运动能力和体系浓度涨落的敏感程度要比 G' 小得多。此外，温度扫描过程中所用的频率必须处于低频区间，因为高频区域的模量对体系的微观结构变化不敏感。

对于动态不对称性较小的共混体系(如 PMMA/SAN 和 PMMA/SMA)而言，SMA8/PMMA 体系中浓度涨落和相界面对 G' 的贡献较小，没有观察到 G' 的增加，仅存在 G' 斜率的变化(图 5.20)[53]。这样由 G' 的斜率变化来确定其相分离温度会存在非常大的实验误差。因此，针对不同体系甚至是同一个体系，对于确定 binodal

相分离温度的方法还存在不同的认识。

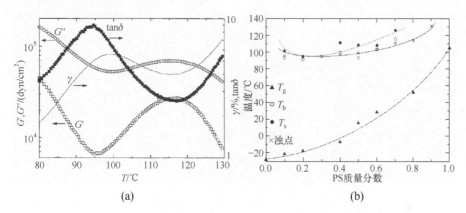

(a)　　　　　　　　　　　　(b)

图 5.19　PS/PVME (40/60) 共混体系的动态模量、损耗因子对温度的依赖性 (a) 和流变学相图、
　　　　浊度实验中获得的浊点温度及 T_g 对组成的依赖性 (b)[55]

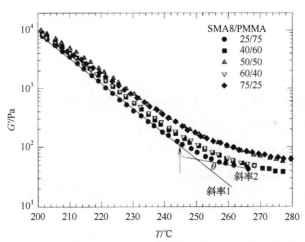

图 5.20　不同组成 SMA8/PMMA 共混体系的 G' 对温度的依赖性[53]

　　基于上述动态模量的温度依赖性，还可获得体系的 spinodal 温度。利用随空
间浓度涨落而变化的有序参数的时间演化关系，可提出嵌段共聚物熔体在其临界
点附近的平均场理论[64]。将平均场理论引申到共混体系中，可得浓度涨落的动态
模量贡献[65,66]：

$$G'(\omega) = \frac{k_B T \omega^2}{15\pi^2} \int_0^{k_c} \frac{k^6 S_0^2(k)}{\omega^2 + 4\overline{\omega}^2(k)} \left[\frac{\partial S_0^{-1}(k)}{\partial k^2} \right]^2 dk \tag{5.16}$$

$$G''(\omega) = \frac{2k_B T \omega}{15\pi^2} \int_0^{k_c} \frac{k^6 S_0^2(k)\overline{\omega}(k)}{\omega^2 + 4\overline{\omega}^2(k)} \left[\frac{\partial S_0^{-1}(k)}{\partial k^2} \right]^2 dk \tag{5.17}$$

式中，$\bar{\omega}(\boldsymbol{k}) = k^2 S_0^{-1}(\boldsymbol{k})\lambda(\boldsymbol{k})$，而 $S_0(\boldsymbol{k})$ 为静态结构因子，$\lambda(\boldsymbol{k})$ 为 Onsager 系数，$\boldsymbol{k}$ 为波矢。代入 de Gennes 推导的静态结构因子公式[67]和 Binder 提出的 Onsager 因子[68]，得

$$\frac{G'(\omega)}{[G''(\omega)]^2} = \frac{30\pi}{k_{\mathrm{B}}T}\left[\frac{a_1^2}{36\phi} + \frac{a_2^2}{36(1-\phi)}\right]^{3/2}(\chi_s - \chi)^{-3/2} \tag{5.18}$$

式中，a_i 为两组分的统计链段长度；χ 为相互作用参数；χ_s 为在 spinodal 相分离时的相互作用参数。假设相互作用参数与温度的关系为 $\chi = A + B/T$，得

$$\left\{\frac{[G''(\omega)]^2}{TG'(\omega)}\right\}^{2/3} = \frac{B}{C}\left(\frac{1}{T_s} - \frac{1}{T}\right) \tag{5.19}$$

式中，$C = \left(\dfrac{45\pi}{k_{\mathrm{B}}}\right)^{2/3}\left(\dfrac{a_1^2}{\phi} + \dfrac{a_2^2}{1-\phi}\right)$。因此，由 $\{[G''(\omega)]^2/TG'(\omega)\}^{2/3}$-$1/T$ 曲线对 $1/T$ 轴的截距即得 spinodal 温度 T_s。图 5.21 显示如何确定 PS/PVME (20/80) 共混体系的 spinodal 温度[53]。临界相分离的线性区域的选择对于 T_s 的计算确定很重要，可能会引起 ± 5 ℃偏差。通常，流变学所记录的是体系在温度变化下的所有响应，包括流动和热力学对剪切应力的贡献。以低温均相体系的应力作为参照背景，外推出高温下体系的背景模量，即可得到不同温度下实际模量与背景模量间的比值，由此估算出浓度涨落导致的额外剪切应力。G_{f}' 和 G_{f}'' 表示浓度波动对剪切应力的贡献，同样也可以用来确定 T_s。结果证明，两种方法确定的 T_s 基本一致。

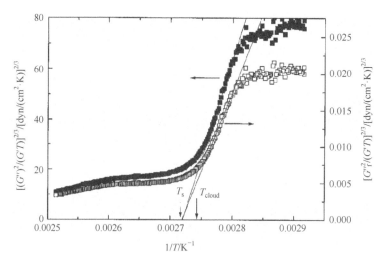

图 5.21　由临界相分离区域的黏弹性变化确定 PS/PVME (20/80) 体系的 spinodal 温度 (■)；由浓度涨落所致的额外剪切应力确定体系的 spinodal 温度 (□)[53]

5.2.3　相分离机理对体系黏弹响应的影响

在不同的温度和组成范围内，部分相容共混体系对应不同的热力学状态，以不同的相分离机理进行分相[1]。无论体系以哪种机理发生相分离，从均相到非均相的过程中共混物均会不断生成相界面，给体系带来额外的界面模量贡献。因此，可采用流变学方法来跟踪相分离的动力学过程。流变学方法的运用需满足两个条件[69]：①相分离的时间尺度要大于流变学测试的时间尺度；②流变测试过程中施加的小幅振荡剪切对相分离过程中形态结构的演变没有影响。而 NG 和 SD 相分离机理所对应的微观结构形态不同，故其所对应的流变行为也有所差异。反言之，通过流变学的响应，即可判断出部分相容共混体系是以哪一种相分离机理进行分相，并形成哪种微观结构。

Vinckier 等[69]研究了不同组成α-甲基苯乙烯丙烯腈共聚物[poly（α-methylstyrene-*co*-acrylonitrile），PαMSAN]/PMMA 共混体系在 220 ℃相分离过程中相形态演变与动态模量间的关系。PαMSAN/ PMMA（85/15）体系是远临界组成，且其相分离温度为 190 ℃，故 220 ℃处于其亚稳区间，该温度下的相分离遵循 NG 机理；PαMSAN/PMMA（60/40）体系是近临界组成，其相分离温度为 175 ℃，220 ℃处于其不稳区间，该温度下的相分离遵循 SD 机理。图 5.22（a）给出了两个共混体系在 220 ℃相分离时动态模量的频率依赖性。可见，PαMSAN/PMMA（85/15）体系在 220 ℃发生 NG 相分离时，呈现出典型的海-岛相结构形态，其低频区域 G' 对频率的依赖性偏离经典标度关系 $G' \propto \omega^2$ [1]；且随着扫描次数的增加（即所对应的热处理时间延长），低频区域 G' 略有增加。PαMSAN/PMMA（60/40）体系在 220 ℃发生

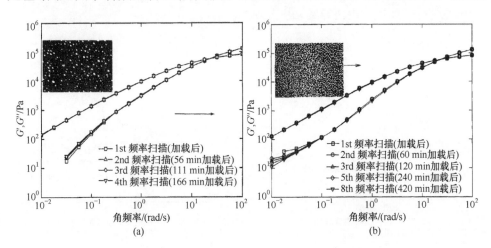

图 5.22　PαMSAN/PMMA（85/15）（a）和 PαMSAN/PMMA（60/40）（b）
体系在 220 ℃相分离时动态模量的频率依赖性[69]
由低频向高频扫描，插图是其相分离时所对应的相形态

SD 相分离时，形成典型的"双连续"结构相形态，其低频区域 G' 对频率的依赖性不明显，且随着扫描次数的增加，低频区域 G' 略有下降[图 5.22(b)]。显然，由频率扫描结果中的低频区域 G' 变化即可判断体系在测试温度下所发生相分离的机理。

考察共混体系在相分离过程中动态模量随时间的变化可以更直观地追踪相分离的动力学过程。上述两个体系在 220 ℃ 下进行时间扫描时，会呈现不同的模量变化趋势：PαMSAN/PMMA(85/15)体系的 G' 随时间延长先有一段小幅上升，然后随时间延长不断上升[图 5.23(a)]；而 PαMSAN/PMMA(60/40)体系的 G' 则随时间延长而不断下降[图 5.23(b)][69]。因为 NG 相分离中成核过程较慢，逐渐产生的相界面会带来额外的界面模量贡献，导致前期模量微幅上升；然而，随着相区的粗化与合并，相界面面积不断减小导致后期模量缓慢下降。而相对于 NG 过程而言，SD 相分离发展很快，故相分离初期产生的双连续结构所带来的界面模量贡献来不及观察到，就进入到相分离后期的相区粗化阶段。因此，通常观察不到 G' 开始上升的过程，而只观察到扩散粗化所导致的 G' 的下降。而在具有上临界共溶温度(upper critical solution temperature，UCST)体系中，如乙烯-己烯共聚物[poly(ethylene-co-hexene)，PEH]/乙烯-丁烯共聚物[poly(ethylene-co-butylene)，PEB]体系[70]，无论是在不稳区发生 SD 相分离还是在亚稳区发生 NG 相分离，其 G' 随时间延长而单调下降(图 5.24)。不稳区主要由浓度涨落控制，其 G' 的下降是浓度涨落减小和界面张力降低的耦合效应；而亚稳区的成核生长主要由扩散控制，界面张力较弱，其 G' 的下降则是界面面积减小和液滴变形性增加的竞争效应。因此，亚稳区 G' 降幅比不稳区小。该亚稳区初期模量的上升难以被检测，可能是因为体系的相分离速度很快导致来不及观测。

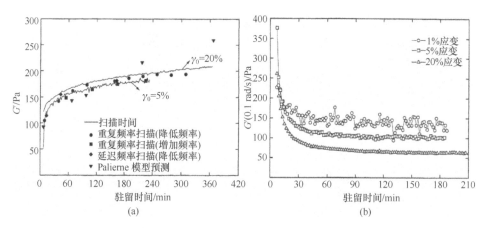

图 5.23　PαMSAN/PMMA(85/15)(a)和 PαMSAN/PMMA(60/40)(b)
共混体系在 220 ℃、0.1rad/s 相分离时动态模量的时间依赖性[69]

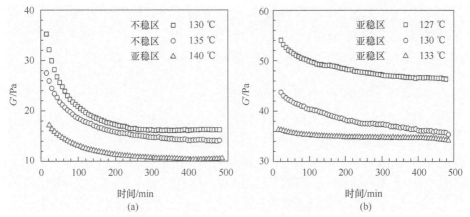

图 5.24 PEH/PEB(50/50)(a)和 PEH/PEB(70/30)(b)体系在
不同温度相分离时动态模量随时间的演化曲线[70]

在变温过程中共混体系以不同的机理发生相分离时,其模量随温度的变化也不相同。图 5.25 为不同组成的低乙烯含量聚异戊二烯(polyisoprene with low ethylene content, LPI)/PB 体系 G' 的温度扫描曲线[71]。其中,LPI/PB (80/20)为远临界组成,而 40/60 则为近临界组成。对上述两个体系从 30 ℃ 到 130 ℃ 分别进行温度扫描,G' 随温度变化的响应存在明显差异。对于远临界组成体系,在升温过程中,体系先由均相区进入到亚稳区开始 NG 相分离,G' 随温度的上升而逐渐上升;随着温度的进一步上升,体系进入不稳区,则以 SD 相分离为主,G' 会有轻微的下降[图 5.25(a)]。对于近临界组成体系,在整个升温过程中,体系由均相区进入到不稳区发生相分离,以 SD 机理为主,G' 随温度升高而降低[图 5.25(b)]。这种近临界和远临界组成体系中不同的流变响应主要归结于其在不同区域(不稳区、亚稳区)中所对应的不同相形态演化机理。

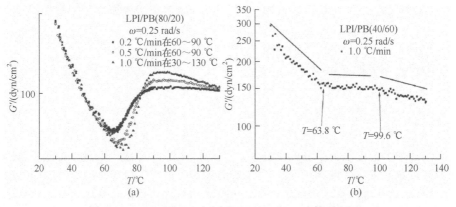

图 5.25 LPI/PB(80/20)(a)和 LPI/PB(40/60)体系(b)在
一定升温速率和 ω 下动态模量随温度的演化曲线[71]

因此，在一定条件下通过对部分相容共混体系进行动态频率、时间和温度扫描，根据其黏弹响应的不同，可进一步区分体系在以哪种机理发生相分离，讨论对应着哪种相分离结构，探明是海-岛相结构还是双连续结构。

5.2.4　纳米粒子填充高分子共混物复合体系的流变学

引入纳米粒子以改善高分子材料的性能已成为其研究热点之一。填料的引入不仅可以增强材料的性能、赋予材料新功能，还会对共混物基体的相容性和相行为产生影响。由于三元纳米复合材料的复杂性，纳米粒子对不同相形态的影响也不同。对于不相容共混物，纳米粒子可作为相容剂来细化相区尺寸并稳定其相形态[72]。此外，纳米粒子也可能增加共混物的液滴尺寸，这取决于纳米粒子的性质和混合条件[73,74]。因此，纳米粒子在共混物中的分布是控制其相形态的重要因素、关键步骤，尤其是当纳米粒子选择性地分布在一个相或组分之间的界面时。另外，纳米粒子的引入对部分相容共混物的相形态也有很大的影响。纳米粒子与共混物中一种组分间的相互作用会改变体系的相行为[63,64,75,76]。一旦共混物基体发生相分离，纳米粒子的存在会增加基体黏度，阻碍体系的相分离动力学。伴随着相分离，纳米粒子也会从均相共混物基体迁移到其中一相中富集。随后，纳米粒子在某一富集相或相界面处的选择性分布也会进一步影响到共混基体的相分离动力学（图 5.26）[77]。

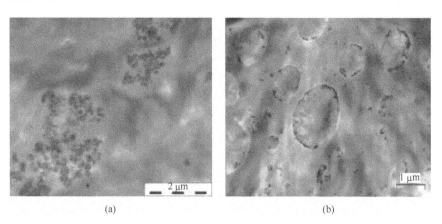

(a)　　　　　　　　　　　　　　(b)

图 5.26　PP/聚乙酸乙烯酯(polyvinyl acetate，EVA)/SiO$_2$复合体系的 TEM 图像[77]
(a) 3wt%亲水 SiO$_2$分布在 EVA 相中；(b) 3wt%疏水 SiO$_2$分布在 PP/EVA 的相界面处

虽然纳米粒子对共混物相形态影响的研究已广泛开展，但其对部分相容高分子共混物相分离的影响尚不明晰。一个可能的原因是，加入纳米粒子的共混物可能变得不透明，使得传统的光学方法(如浑浊度、相差光学显微镜和 SALS 等)无法检测到相分离。事实上，光学方法仍然只适用于填充极低比例纳米粒子的共混物。因流变学方法不受样品透明度的影响，故可选择流变学方法来研究复合体系的相分离。

众所周知，添加纳米粒子会对高分子的流变行为产生影响，而将纳米粒子添加到高分子共混体系，其影响更为复杂，在相当程度上取决于粒子-聚合物相互作用及其选择性分布。目前只有有限的定量实验结果，相应的本构模型不多见。在实际应用中，通过流变学研究相分离时，纳米粒子的影响通常不予特别考虑，而是采用流变方法测定二元高分子共混物的相分离温度，并将其直接应用于纳米粒子填充的三元共混物体系。

对于 binodal 相分离温度 T_b，常用的方法是在变温扫描过程期间利用 G'（或 $\tan\delta$）的变化来获得。对于具有下临界共溶温度（lower critical solution temperature，LCST）共混物，将 G' 对温度的曲线的拐点作为流变相分离温度，这种方法也被用于纳米粒子填充共混物体系。而对于 spinodal 温度 T_s，同样也可以利用适用于两元共混物体系的 Ajji-Choplin 理论[式 (5.19)]，通过线性外推法去获得三元纳米共混物的 T_s。此外，还可以利用不同温度下与频率相关的动态模量测定相分离温度。与二元共混物类似，可将 Cole-Cole 曲线中出现拖尾现象的温度视为 T_b；采用类凝胶行为来确定三元体系的 T_s（图 5.27）[63]。这些方法可以避免温度梯度中的瞬态效应，使相分离温度远低于温度梯度。然而，它仍然受到频率扫描中使用的频率范围的限制。由于在较低频率下，浓度波动和相区的形成对动态模量的贡献较大，因此，如果将频率范围拓展至较低频率时，则由此确定的相分离温度应更为准确。需要注意的是，在上述测定 T_b 和 T_s 的方法中，均忽略了纳米粒子对流变学的贡献，而这在某些情况下有可能会造成很大的误差。一个例子是，体系的流变相分离温度会受到纳米粒子表面性质的很大影响，而在 PMMA/SAN/SiO$_2$ 复合体系中，其浊点温度却没有受到影响[62]。一般来说，由于粒子表面性质的不同，粒子与高分

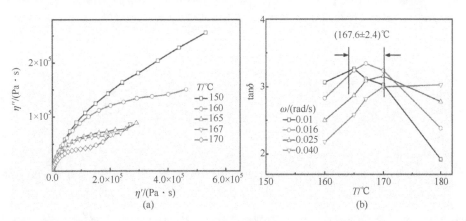

图 5.27　PMMA/SAN/多壁碳纳米管（multiwall carbon nanotube，MWCNT）（57/43/0.2）三元纳米复合体系在不同温度下的 Cole-Cole 曲线 (a) 和在不同频率下的 $\tan\delta$ 对温度的依赖性 (b)[63]

子之间的相互作用也不同。然而，由于不同表面性质的纳米粒子对纳米复合材料流变响应的定量影响尚不清楚，这种影响难以定量评估。

在不相容共混物中，纳米粒子通过不同的机制影响共混物的流变性，这取决于纳米粒子在基体中的分布和分散。如果纳米粒子选择性地分布于其中一个组分时，它将改变该组分高分子的黏弹性，并导致两种高分子之间的黏弹性不匹配。如果纳米粒子选择性地分布于两相之间的界面上，它将像增容剂一样改变体系的界面流变性。其结果是影响体系的相形态稳定性。这些影响也可由从共混物的流变响应中推断出来。

纳米粒子在高分子基体中的分散状态决定纳米复合材料的流变行为。若纳米粒子易于团聚，随着填料含量的增加，低频的动态模量（尤其是 G'）将显著增加。当填料含量超过临界浓度时，可以观察到类凝胶状的流变响应。图 5.28 分别给出

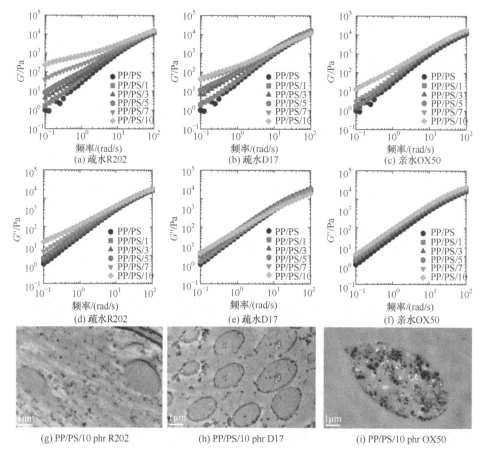

图 5.28   180 ℃下 SiO_2 纳米粒子表面性质和填充量对 PP/PS（80/20）共混物黏弹响应的影响[78]

了不同表面性质的 SiO$_2$ 粒子填充 PP/PS 复合体系的流变响应[78]。SiO$_2$ 含量的增加导致 PP/PS 体系黏性和弹性响应的增加，但是 OX50（亲水气相 SiO$_2$，表面经甲基丙烯酰氧丙基三甲氧基硅烷修饰）对共混物模量的影响较小。由于 D17（表面经二甲基二氯硅烷修饰的疏水沉淀 SiO$_2$）位于界面处和 R202（表面经聚二甲基硅氧烷修饰的疏水气相 SiO$_2$）位于 PP 相，这两种疏水 SiO$_2$ 基于不同的机理改善共混物的相形态，细化其相区结构；但 R202 粒子间相互作用更强，导致其对低频率区域黏弹响应的影响更为明显。当粒子网络效应（粒子-粒子相互作用）主导体系的流体力学（高分子-粒子相互作用）和基体本身的黏弹性效应时，体系的 G' 将在低频区域产生明显的平台。此外，还应考虑界面的影响，流体力学和界面效应的结合可以提高填充不相容共混物的流变响应。至于体系中的分散相形态结构如何影响其黏弹响应，将在后面的章节中进一步介绍。

5.3　共混体系的相形态及流场对相形态的影响

均相共混体系是分子水平上的相容，分散良好，其性能类似于均聚物或无规共聚物。非均相共混体系的性能往往取决于其相形态，而相形态的形成和演化严重依赖于加工过程中的外场作用（剪切史和热历史）。建立外场-相形态-性能间的关联，有助于指导高分子共混体系的加工过程。不相容的二元共混物可以有多种相形态，包括海-岛相结构、复合海-岛相结构、纤维结构、层状结构和双连续结构等。在不同的加工条件下，即使是同一共混体系也会形成不同的相形态。

由于共混体系的结构极为复杂，要完全准确描述整个共混体系的形态并不实际。通常可以有两种近似方法：一是近似认为整个共混物仅有一种基本形态，用于描述比较规则的相形态；二是需要粗化考虑相形态的某些参数的统计性质（如界面面积或界面取向），用于描述不规则的相形态（如双连续结构的共混体系）。对于具有海-岛相结构的不相容共混体系，可以用方法一近似地认为分散相为椭球形。图 5.29 给出了流场下海-岛相结构共混体系相形态的变化[79]。其中图 5.29（a）是未经剪切的共混物形态，其液滴的粒径分布较宽。图 5.29（b）和（c）则给出了在高剪切流场下液滴强烈形变和取向的过程。剪切停止后，纤维状液滴开始收缩，然后缓慢破裂，最终形成大量的小液滴[图 5.29（d）～（f）]。最终的液滴相形态尺寸比初始形态小，且粒径分布更窄。

如果分散相体积分数 $\phi_d \ll 1$，则单个的液滴分散在连续的基体中；随 ϕ_d 增大，共混体系将经历相反转，原先的基体变为分散相，而原先的分散相变为连续相。在相反转点附近，可能会存在双连续结构。定义黏度比 $\lambda = \eta_d / \eta_m$，其中，$\eta_d$ 为分散相黏度；η_m 为基体黏度。当两相发生剪切变稀时，λ 取决于剪切速率 $\dot{\gamma}$。Taylor[80]

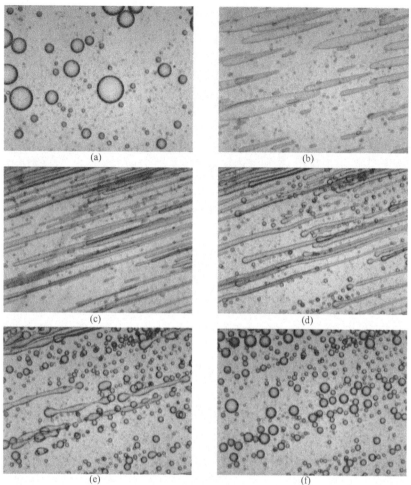

图 5.29 海-岛相 PDMS/PB(50/50)共混体系在剪切前(a),剪切至应变为 180[(b)和(c)],剪切后 8s(d)、25s(e)、89s(f)的相形态演化[79]

在 1932 年提出描述单个液滴形变过程的模型。对半径为 R 的球形液滴而言,在流场作用下的黏性剪切应力和界面张力的相对大小可用毛细管数 $Ca = \eta_m \dot{\gamma} R / \Gamma$ 来表述(其中 Γ 为界面张力)。存在两种作用力相反的效果:外部流场的黏性剪切应力的作用趋势是让液滴发生形变,而两相间的界面张力的作用趋势则是保持液滴原有的形状。

Ca 值可定量描述相形态的变化。Ca 较小时,在一定的形变下,界面张力的作用可以抵消剪切应力,此时液滴为一个稳定的椭球;只要 Ca 不超过液滴破裂临界毛细管数 Ca_c,液滴仅发生形变;而当 $Ca \geqslant Ca_c$ 时,液滴发生破裂;但在不同的黏度比 λ 下,液滴破裂的机理不同。图 5.30 给出了简单剪切流场中液滴破裂的 Ca_c 随 λ 的变化。$\lambda \ll 1$ 时,液滴容易变成 S 形,破裂发生在 S 形液滴的末端;

$\lambda \approx 1$ 时，破裂则发生在液滴中部，此时液滴中部会发生颈缩并逐渐破裂形成两个子液滴和中部的一个随体液滴；当黏度较大时，特别在 $\lambda > 4$ 时，液滴在剪切流场中不会发生破裂。此外，Ca 的大小也会影响到破裂的模式：$Ca \gg Ca_c$ 时，液滴会迅速形变为长纤维，并最终会在 Rayleigh 扰动下破裂生成一系列小液滴。简单剪切流场所对应的曲线可以用以下函数来表示[81]：

$$\lg Ca_c = -0.506 - 0.0995\lg\lambda + 0.124(\lg\lambda)^2 - \frac{0.115}{\lg\lambda - \lg 4.08} \qquad (5.20)$$

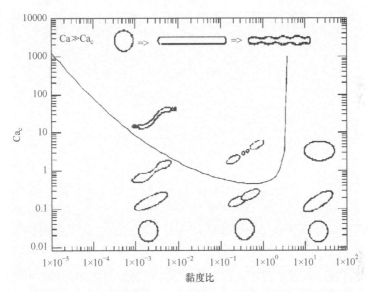

图 5.30　简单剪切流场中液滴破裂的 Ca_c 随黏度比的变化[81]

临界破裂曲线以下的小插图表示液滴在流场下稳定后的形态，而以上的小插图则表示破裂的模式

图 5.30 所表示的 Ca_c 是针对单个分散相粒子而言的。在高分子共混体系中，由于存在粒子间相互作用，Ca_c 会比单个粒子要小。

在混合过程中，分散相逐渐破裂达到最小粒径。当粒径减小时，破裂会变得越来越困难。对于牛顿体系，液滴能够破裂的最小半径可由 Taylor 理论计算[82]：$B_{min} = 2Ca_c\Gamma/(\eta_m\gamma)$。然而，许多研究发现最终(平衡)粒径通常大于 Taylor 值，这是由分散相间的凝聚导致的。实际高分子共混体系的情况远比牛顿流体的凝聚形变过程复杂，主要有两个影响因素：①分散相粒子可能同时受到许多粒子的碰撞；②分散相粒子有一定的黏性和弹性。图 5.31 给出了分散相粒径随分散相浓度的变化[83]。$\phi_d < 0.1\%$ 时，所观察到的粒径值与 Taylor 的理论值接近；随着分散相浓度的增加，分散相的尺寸随之增大，主要是分散相浓度的增加会引起粒子间的凝聚，使其凝聚效应大于破碎效应，同时分散相尺寸分布变宽。由于共混体系相

形态凝聚的影响因素太多(包括两相的流变行为和流场条件),难以建立合适的数学模型,故相关研究多停留在定性阶段。

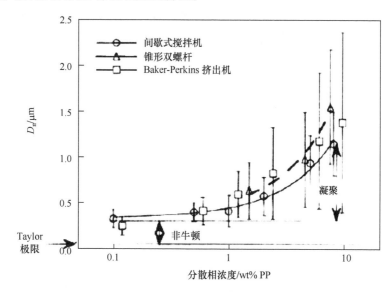

图 5.31   PP 分散相在 PS 基体中的数均粒径随分散相浓度的变化[83]

黏弹性体系中的分散相液滴的形状不仅取决于黏性力、界面张力,还受由弹性所引起的液滴周围压力分布的影响。当黏弹性液滴分散于牛顿基体中时,液滴的法向应力越大,则形变越小,液滴稳定性越高。剪切过程中有些液滴只是拉长,只有当流动停止时才发生破裂;且与牛顿流体液滴相比,黏弹液滴的 Ca_c 较大,故液滴的黏弹性具有稳定液滴的作用[84]。当牛顿液滴分散于黏弹性基体时,介质的法向应力则会增加液滴的形变程度,使液滴趋于不稳定。但也有结果显示,介质的黏弹性使得液滴能够破裂的最小粒径增大,并能稳定液滴[85]。

当液滴和基体均为黏弹性时,van Oene[86]对 Taylor 模型[81,82]进行了进一步修正。除了 λ 和 Γ 对粒子形变有影响外,考虑分散相的第一法向应力差对液滴有稳定作用,并导出动态界面张力:

$$\nu_{12} = \nu_{12}^0 + (d/12)\left[(\tau_{11} - \tau_{22})_d - (\tau_{11} - \tau_{22})_m\right] \tag{5.21}$$

式中,ν_{12}^0 为静态界面张力;$(\tau_{11} - \tau_{22})_i$ 为分散相(i=d)和基体相(i=m)的第一法向应力差。当 $(\tau_{11} - \tau_{22})_d > (\tau_{11} - \tau_{22})_m$ 时,$\nu_{12} > \nu_{12}^0$,分散相液滴的弹性具有稳定液滴的作用,且分散相的第一法向应力差越大时,液滴越稳定。

Han 等[87]研究了黏弹体系在拉伸流和非均匀剪切流中液滴形变与破裂的情况。无论在牛顿介质还是在黏弹介质中,黏弹性液滴比黏性液滴稳定;在稳态拉伸流中,黏弹性液滴比黏性液滴不易形变。但 Varanasi 等[88]发现,黏弹性液滴的

Ca_c 随剪切速率 $\dot\gamma$、液滴弹性的增加而增加；当黏度比一定时存在某一临界剪切速率 $\dot\gamma_c$，若体系 $\dot\gamma < \dot\gamma_c$，黏弹性液滴比牛顿液滴更容易破裂；类似地，当 $\dot\gamma$ 一定时，存在某一特征黏度比 λ_c，若 $\lambda < \lambda_c$，黏弹性液滴比牛顿液滴更容易破裂。Levitt 等 [89] 观测了熔融态高分子黏弹性体系中分散相微粒形变与剪切应变的关系，发现根据两相的黏度比，特别是弹性比的不同，分散相微粒在流场中性方向上不发生形变；而当 $\lambda < 1$，弹性比 < 2 时，存在形变加宽现象（宽度大于原粒径），宽度的增加依赖于两相的弹性差，且正比于两相的第二法向应力差。此外，在两相具有最高 λ 和弹性比时，随总应变的增加，分散相带状物出现折叠-展开-折叠的现象。

由于黏弹性体系固有的复杂性，现尚没有能准确描述其分散相液滴形变的理论，破裂过程中流体弹性所起的作用也不清楚。大多数实验结果表明，黏弹性体系中的弹性因素起了稳定分散相液滴的作用，导致分散过程变得困难。总之，在共混过程中，共混物分散相的破裂与分散相浓度无关，而分散相的凝聚受到分散相浓度极大的影响。共混组分比对相形态的影响比黏度比对相形态的影响大；高含量组分形成基体相，低含量组分形成分散相；中间含量组分一般形成界面互穿共连续相。当共混组分含量相同时，共混物相形态则主要由组分的黏度比决定。双连续形态通常是一种瞬时形态结构，发生在从一种分散形态模式向另一种分散形态模式转化阶段，分散形态的模式依赖于物料配比和在共混温度下组分材料的黏度比。分散相相形态不仅取决于黏性力、界面张力，还受由弹性所引起的液滴周围压力分布的影响。

以上均是在简单、恒定的剪切流场中得到的规律，对于复杂流场并不一定完全适合。例如，在复杂的交变流场中，液滴的破裂机理会更加复杂，不仅仅依赖于剪切强度的大小，对于剪切历史也存在依赖性。

5.4　不相容共混体系的流变动力学模型

通常，在低频末端区域均相高分子体系的黏弹性符合经典标度关系[1]；高分子不相容共混体系的流变行为主要依赖于在共混过程中所形成的相形态结构，故其黏弹响应与形态结构尺寸间的关系可以借助流变模型加以描述。迄今已提出的多类模型，一般都是建立在对相形态具有一定认知和描述的基础上的。如 5.3 节所述，相形态的描述有两种方法：一种是将整个共混物相结构看成是由相同的微结构所构成，在这个认知基础上描述相形态。由此先后有小形变模型、细长体模型和椭球状液滴形变模型。其中，小形变模型可用于描述分散相液滴形状偏离球形不远的情况，而细长体模型 (slender-body model) 建立在分散相液滴形状偏离球形很远，接近于轴对称丝状物的情况。显然，这两类模型的适用范围都比较窄。椭球状液滴形变模型可描述分散相从球形、椭球形到丝状物的多种形状，适用范围更加广泛。另一种对于相形态的描述是用统计的方法综合描述整个体系的相形态特征，如界面面积和取向。建立在此认知基础上的模型有 Doi-Ohta 的界面张量模型[90]和俞炜模型[91]。双连续相体系的相区形态变化（如回缩、破碎及凝聚）较为复杂。由于缺乏本征长度，之前基于面积张量或界面张量所提出的模型，难以描述该类体系的真实流变响应。随后对上述模型的修正也仍是基于分散相的特征长度，故不适用于预测大多数双连续相体系的黏弹响应。当考虑组分的贡献及界面的形变时，可真实反映共混物的微观形态，较好地描述双连续共混体系的流变行为。

5.4.1 小形变模型

Taylor[80]在对高分子共混体系分散相形态的演变进行研究时，考虑了球形分散相在简单剪切和拉伸流场中非常微小的形变，为后来类似的工作提供了思路。描述分散相发生小形变的模型大多以此为基础。

在稳态均匀剪切流场中，分散相液滴的形变度 D 是 Ca 和 λ 的函数。界面张力相对黏性力起支配作用时，$D = \mathrm{Ca}(19\lambda+16)/(16\lambda+16)$，取向角 $\theta = \pi/4$；当界面张力相对黏性力可以忽略时，$D = 5/(4\lambda)$，$\theta = \pi/2$。当 $D > 0.5$ 时，液滴发生破裂，此时 $\mathrm{Ca_c} = 8(\lambda+1)/(19\lambda+16)$。在界面张力和黏性力处于两种极端情况下，上述的小形变理论与实验现象较为吻合，但难以描述黏度比连续变化的体系。Cox[92]对此理论进行了扩展，提出预测形变的公式。对于简单剪切流场，分散相的形变度 D 和取向度 θ 可分别表示为

$$D = \frac{20}{\sqrt{(19\lambda)^2 + \left(\dfrac{20}{\mathrm{Ca}}\right)^2}} \frac{19\lambda+16}{16\lambda+16} \tag{5.22}$$

$$\theta = \frac{\pi}{4} + \frac{1}{2}\tan^{-1}\left(\frac{19\lambda \cdot \mathrm{Ca}}{20}\right) \tag{5.23}$$

对于稳态拉伸流场

$$D = A \cdot \mathrm{Ca}\frac{19\lambda+16}{16\lambda+16} \tag{5.24}$$

式中，A 为流场类型常数，平面双曲流场取值 2，单轴拉伸流场取值 1.5[93]。

Choi 等[94]于 1975 年首先推导了牛顿流体所形成乳液体系的储能模量表达式：

$$G'_b(\omega) = \frac{\eta_0\omega^2(h_1 - h_2)}{1 + \omega^2 h_1^2} \tag{5.25a}$$

$$\eta_0 = \eta_m\left[1 + \frac{(5\lambda+2)}{2(\lambda+1)}\phi + \frac{5(5\lambda+2)^2}{8(\lambda+1)^2}\phi^2\right] \tag{5.25b}$$

$$h_1 = \frac{\eta_0 R}{\Gamma} \frac{(19\lambda + 16)(2\lambda + 3)}{40(\lambda + 1)} \left[1 + \frac{5(19\lambda + 16)}{4(\lambda + 1)(2\lambda + 3)} \phi \right] \tag{5.25c}$$

$$h_2 = \frac{\eta_0 R}{\Gamma} \frac{(19\lambda + 16)(2\lambda + 3)}{40(\lambda + 1)} \left[1 + \frac{3(19\lambda + 16)}{4(\lambda + 1)(2\lambda + 3)} \phi \right] \tag{5.25d}$$

式中，η_m 和 η_0 分别为基体和共混物的零切黏度；Γ、ϕ 和 R 分别为界面张力、分散相体积分数和最大分散液滴半径。实际上，由于共混物的弛豫时间长且存在热不稳定性，很难测定共混物的 η_0，尤其是涉及聚酰胺的共混体系。此外，该模型采用的是最大液滴尺寸，并未考虑液滴的尺寸分布，可能导致模型失效。

Palierne[95]于 1990 年提出另外一个非常重要的小形变模型，可用于描述由不可压缩的黏弹性基体和不可压缩的黏弹性球状分散相所组成的乳液体系的流变行为。该模型首先被应用于描述不相容的高分子共混体系的熔体流变行为，全面考虑了低频区域(终端区域)体系弹性模量的增加[96,97]。假设分散相几乎均为球形且分散相的形变均很小，可推导出相关共混体系的线性黏弹参数。进一步假设基体与分散相之间的界面张力不依赖于剪切和界面面积的变化，且球形液滴半径的分散系数小于 2，则两相乳液复数模量 $G_b^*(\omega)$ 可表示为

$$G_b^*(\omega) = G_m^*(\omega) \frac{1 + 3\phi H(\omega)}{1 - 2\phi H(\omega)} \tag{5.26}$$

其中

$$H(\omega) = \frac{4\left(\dfrac{\Gamma}{\overline{R}_v}\right)[2G_m^*(\omega) + 5G_d^*(\omega)] + [G_d^*(\omega) - G_m^*(\omega)][16G_m^*(\omega) + 19G_d^*(\omega)]}{40\left(\dfrac{\Gamma}{\overline{R}_v}\right)[G_m^*(\omega) + G_d^*(\omega)] + [2G_d^*(\omega) + 3G_m^*(\omega)][16G_m^*(\omega) + 19G_d^*(\omega)]} \tag{5.27}$$

式中，$G_m^*(\omega)$、$G_d^*(\omega)$ 和 $G_b^*(\omega)$ 分别为基体、分散相和共混体系的复数剪切模量；$\overline{R}_v$ 为分散相的体积平均半径。该模型能被应用于多分散的分散相粒子体系，也可简化为一些有用的更简单的模型。然而，这里所采用的是以上等式中描述近似单分散的粒子的公式。

若界面张力的影响为零，式(5.26)则可简化为 Kerner 模型[98]：

$$G_b^* = G_m^* \frac{(2G_d^* + 3G_m^*) + 3\phi(G_d^* - G_m^*)}{(2G_d^* + 3G_m^*) - 2\phi(G_d^* - G_m^*)} \tag{5.28}$$

对于黏弹性流体而言，这个模型仅适用于描述高频区域(几乎没有界面张力的影响)的流变行为。而对于高分子共混体系而言，两相间界面张力的影响不可忽略。表面张力的影响也可通过将一种比 Palierne 模型更为简单的方式引入 Kerner 模型

的表达式中，这样式(5.28)可扩展到乳液的流变学受界面的动力学支配的低频区域。这需要考虑界面上的流动以修正分散液滴的黏弹材料方程。Bousmina[99]在考虑界面张力影响的基础上，将 Kerner 模型扩展到黏弹介质中，推导了含两种黏弹性流体的乳液的复数剪切模量表达式：

$$G_b^* = G_m^* \frac{2\left(G_d^* + \dfrac{\Gamma}{R}\right) + 3G_m^* + 3\phi\left(G_d^* + \dfrac{\Gamma}{R} - G_m^*\right)}{2\left(G_d^* + \dfrac{\Gamma}{R}\right) + 3G_m^* - 2\phi\left(G_d^* + \dfrac{\Gamma}{R} - G_m^*\right)} \tag{5.29}$$

与 Palierne 乳液模型相比，Bousmina 模型[59]可更简单地预测熔融高分子共混体系普遍的黏弹行为，包括低频区域储能模量的平台以及长时区域的松弛现象。两个模型均在具有海-岛相结构的共混体系中得到很好的运用[图 5.32(a)]，但不适用于双连续相体系[图 5.32(b)]。

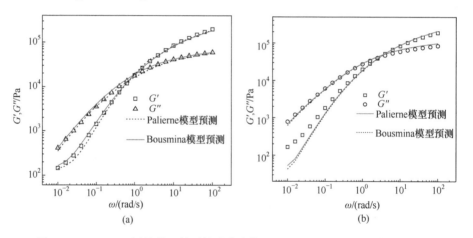

图 5.32   PMMA/α-甲基苯乙烯丙烯腈共聚物(α-MSAN)(80/20)共混体系(a)和
PMMA/α-MSAN(60/40)共混体系(b)动态模量对频率的依赖性[59]
空心符号为实验点，黑色虚线和红色实线则是分别根据 Palierne 模型和 Bousmina 模型拟合的结果

此外，Gramespacher-Meissner 模型(简称 G-M 模型)[100]将共混物的动态模量分为组分的贡献和界面的贡献：

$$G'_{blend} = G'_{components} + G'_{interface} = (\phi_A G'_A + \phi_B G'_B) + \frac{\omega^2 \eta(\tau_1 - \tau_2)}{1 + \omega^2 \tau_1^2} \tag{5.30}$$

$$G''_{blend} = G''_{components} + G''_{interface} = (\phi_A G''_A + \phi_B G''_B) + \frac{\omega \eta(\tau_1 - \tau_2)}{\tau_1(1 + \omega^2 \tau_1^2)} \tag{5.31}$$

$$\tau_1 = \tau_0\left[1 + \phi_A \frac{5(19\lambda + 16)}{4(\lambda + 1)(2\lambda + 3)}\right] \tag{5.32}$$

$$\tau_2 = \tau_0 \left[1 + \phi_A \frac{3(19\lambda + 16)}{4(\lambda + 1)(2\lambda + 3)} \right] \tag{5.33}$$

$$\tau_0 = \frac{\eta_m R}{\Gamma} \frac{(19\lambda + 16)(2\lambda + 3)}{40(\lambda + 1)} \tag{5.34}$$

$$\lambda = \frac{\eta_d}{\eta_m} \tag{5.35}$$

式中，ϕ_A 和 ϕ_B 分别为分散相和基体的体积分数。该模型仅适用于研究微区组成趋于稳定的相分离后期共混体系动态模量与相结构尺寸间的关联，由此还可估算两组分间界面张力的变化。

由于高分子熔体黏度高，在实验过程中建立平衡所需的时间较长，若在高温下加热时间过长将会导致高分子热降解，故继续沿用小分子液体的界面张力测定方法会有很大的困难。本节中所介绍的 Palierne 模型[95]、Bousmina 模型[99]和 G-M 模型[100]中均有界面张力贡献（即界面张力 Γ 对分散相半径 $\bar{R}_v$ 的比值 $\Gamma / \bar{R}_v$）的参数，而分散相粒子的大小可通过透射电子显微镜（transmission electron microscope，TEM）来测定。故如已知相同频率范围内共混体系中各相高分子的动态模量、零切黏度及体系的形态参数，可用上述模型拟合小形变下动态流变数据去推算共混体系的松弛谱，从而获得液滴的特征时间，计算共混体系的界面张力（表 5.1）[101]。

表 5.1　PP/EVA 共混体系根据流变数据得到的 $\Gamma / \bar{R}_v$ 以及所估算的界面张力[101]

共混体系	$\Gamma / \bar{R}_v$ /(mN/m²)	$\bar{R}_v$ /μm	Γ /(mN/m)
PP/EVA03	920	0.81	0.75±0.15
PP/EVA420	425	2.2	0.94±0.17

5.4.2　细长体模型

上述小形变模型可较好地描述分散相形状偏离球形很小的情形，这通常发生在中等或大黏度比体系中，且 Ca 必须很小。对于黏度比很小的体系（$\lambda < 0.01$），或 Ca 很大时，分散相易发生大形变，形成很长的丝状形态，导致小形变理论不再适用于预测这种高度形变分散相液滴的形变和破裂。

分散相发生很大形变会导致形成轴对称的丝状物。通常用丝状物的长度 L 来表征丝的尺寸，且假设丝状物的横截面为圆形（轴对称假设，R_0 为液滴形变前的初始半径）。单轴拉伸流场中分散相液滴发生大形变的液滴的稳态形变满足[102]：

$$Ca\left(\lambda^{1/6}\right)=\frac{1}{\sqrt{20}}\frac{\left(\frac{L}{2R_0}\lambda^{1/3}\right)^{1/2}}{1+0.8\left[\left(\frac{L}{2R_0}\right)\lambda^{1/3}\right]^3} \tag{5.36}$$

液滴破裂时的 Ca_c 满足 $Ca_c\left(\lambda^{1/6}\right)=\frac{1}{3}\frac{5^{1/2}}{2^{7/3}}\approx0.148$。

另一描述分散相液滴长度变化的模型为[103]

$$E_d\equiv\frac{\dot{\varepsilon}_d}{\dot{\varepsilon}_m}=\frac{d\left(\frac{L}{2R_0}\right)\Big/dt}{\dot{\varepsilon}_m\left(\frac{L}{2R_0}\right)}=\frac{1+\left(\frac{L}{2R_0}\right)^{-3}\left(\frac{2}{3\lambda}+\frac{5}{12}-\frac{g}{f Ca}-\frac{g}{4\lambda Ca}\right)}{1+\left(\frac{L}{2R_0}\right)^{-3}\left(\frac{3}{4}+\frac{1}{2\lambda}+\frac{4\lambda}{3f}-\frac{2}{3f}\right)} \tag{5.37}$$

式中，E_d 为无量纲液滴拉伸速率；$g=\dfrac{\left(\dfrac{L}{2R_0}\right)^{1/2}\left[\left(\dfrac{L}{2R_0}\right)^6+2\left(\dfrac{L}{2R_0}\right)^3-3\right]}{2\left(\dfrac{L}{2R_0}\right)^6}$；

$f=\dfrac{1}{\ln\left[2\left(\dfrac{L}{2R_0}\right)^{3/2}\right]}+\dfrac{3/2}{\left\{\ln\left[2\left(\dfrac{L}{2R_0}\right)^{3/2}\right]\right\}^2}$。

处于静态条件下的液滴，$E_d=0$；处于拉伸条件下的液滴，$E_d>0$；处于回缩条件下的液滴，$E_d<0$。当 $E_d=1$ 时，体系将发生仿射形变(图 5.33)。上述模型可很

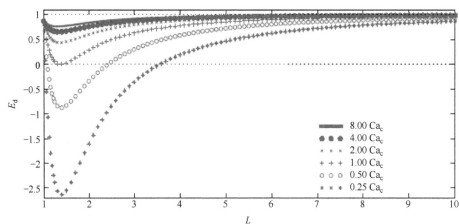

图 5.33 无量纲液滴形变速率 E_d 在不同 Ca 时随无量纲液滴长度 L 的变化[103]

好地描述单轴拉伸流场中在很大的黏度比($10^{-5}\sim10^{2}$)范围内，液滴发生大形变时破裂的 Ca_c 与黏度比λ的关系。

5.4.3　椭球状液滴形变模型

虽然小形变模型和细长体模型均可很好地预测不同条件下液滴的形变与破裂，但其应用范围均存在一定的局限：小形变模型要求表面张力的作用较大以保持液滴的形状始终接近于球形，而细长体模型则要求液滴黏度远低于基体黏度，导致液滴的长径比非常大($L/R\gg1$)，呈丝线状。而液滴的实际形变往往是介于两者之间，可近似用椭球形来描述液滴的形状。由此，提出了一系列基于椭球状液滴形变的模型。这里，椭球形可代表许多不同形状，包括球、线或圆盘。虽然液滴有时会呈现出一些其他形状，如哑铃形(不能很好地近似于椭球形)；椭球形提供了一种方便且普适的理想假设，而且在许多情况下，液滴的实际形状非常接近椭球形。椭球状液滴形变模型主要有两类研究对象：牛顿体系和非牛顿体系。

1. 牛顿体系

针对牛顿体系，主要有两大类模型：①形态学模型——根据椭球状液滴形状的演化方程来计算共混体系的应力；②本构模型——直接确定共混体系应力，而椭球状液滴假设是一种重要的简化。

1)形态学模型

Maffettone-Minale 模型(简称 MM 模型)[104]假定液滴为椭球形，能适应较大的形变，允许任意的界面张力和液滴/基体黏度比，且与描述近球形液滴的小形变模型相匹配。液滴表面可表示为 $\boldsymbol{S}^{*-1}: \boldsymbol{rr}=1$(其中，$\boldsymbol{S}^{*}$ 为液滴的二阶正定对称张量；$\boldsymbol{r}$ 为位置矢量)。无量纲张量 $\boldsymbol{S}(=\boldsymbol{S}^{*}/R^{2})$ 的演化方程为

$$\frac{\mathrm{d}\boldsymbol{S}}{\mathrm{d}t}-\mathrm{Ca}(\boldsymbol{\varOmega}\cdot\boldsymbol{S}-\boldsymbol{S}\cdot\boldsymbol{\varOmega})=-f_1^{\mathrm{MM}}\left[\boldsymbol{S}-g(\boldsymbol{S})\boldsymbol{I}\right]+f_2^{\mathrm{MM}}\mathrm{Ca}(\boldsymbol{D}\cdot\boldsymbol{S}+\boldsymbol{S}\cdot\boldsymbol{D}) \quad (5.38)$$

式中，$\boldsymbol{\varOmega}$为无量纲涡度张量，$\boldsymbol{\varOmega}=1/2(\nabla\boldsymbol{v}-\nabla\boldsymbol{v}^{\mathrm{T}})$；$\boldsymbol{D}$ 为形变张量的无量纲速率，$\boldsymbol{D}=1/2(\nabla\boldsymbol{v}+\nabla\boldsymbol{v}^{\mathrm{T}})$；$\boldsymbol{I}$ 为二阶单位张量；$\nabla\boldsymbol{v}$ 为无量纲速度梯度张量。该模型不考虑液滴的破碎和粗化，且液滴体积不变，故 $\boldsymbol{S}$ 的第三标量不变量(行列式)保持不变。为此，将函数 $g(\boldsymbol{S})=3III_S/II_S$ 引入式(5.38)中{其中，II_S 和 III_S 分别为 $\boldsymbol{S}$ 的第二、三标量不变量，$II_S=[(\boldsymbol{S}:\boldsymbol{I})^2-\boldsymbol{S}^2:\boldsymbol{I}]/2$。式(5.38)给出了简单剪切、平面拉伸和单轴拉伸流动的解析稳态解。Maffettone 和 Minale 确定了 f_i 函数来满足 Taylor 的小形变极限[81]。因此，式(5.38)与 Taylor 的液滴动力学方程保持一致的前提是

$$f_1^{\mathrm{MM}}=\frac{40(\lambda+1)}{(2\lambda+3)(19\lambda+16)} \quad (5.39a)$$

$$f_2^{\mathrm{MM}} = \frac{5}{2\lambda+3} + \frac{3\mathrm{Ca}^2}{2+6\mathrm{Ca}^{2+\delta}}\frac{1}{1+\varepsilon\lambda^2} \tag{5.39b}$$

f_2^{MM} 的定义中添加第二项可改进较高 Ca 下的模型预测，且可更定性地预测 $\mathrm{Ca_c}$ 对λ的依赖性。δ 和 ε 分别是为适用于高λ极限和仿射运动极限而引入的小正数。实际上，对于λ不太高的体系，在 Ca 远离无穷大的流动中，δ 和 ε 可设置为 0 且不影响模型预测。然而，MM 模型无法描述更复杂的流动状况，如最终 Ca 超过临界值的启动和加速实验(液滴在涡度方向上暂时变宽)，或者液滴收缩瞬态实验(其中，初始液滴高度形变且两步松弛机理非常明显)。

此外，基于 MM 模型对液滴形变的预测，采用 Batchelor 方程[式(5.40)]可计算共混物的应力σ:

$$\sigma = -P\boldsymbol{I} + 2\eta_{\mathrm{m}}\boldsymbol{D} + \frac{(\eta_{\mathrm{d}}-\eta_{\mathrm{m}})}{V}\sum_i\int_{S_i}(\boldsymbol{un}+\boldsymbol{nu})\mathrm{d}S + \frac{\varGamma}{V}\sum_i\int_{S_i}\left(\frac{1}{3}\boldsymbol{I}-\boldsymbol{nn}\right)\mathrm{d}S \tag{5.40}$$

式中，$\boldsymbol{P}$ 为流体压力；$\boldsymbol{n}$ 为垂直于液滴界面的单位矢量；$\boldsymbol{u}$ 为界面速度；S 为代表性体积 V 中所包含的界面面积。上述方程可应用于不同的流场中。例如，在简单剪切流场中，可得到稳态剪切条件下的剪切应力与法向应力差[105]:

$$\sigma_{12}^{\mathrm{s}} = \frac{2K\mathrm{Ca}f_1f_2^2}{3(\mathrm{Ca}^2+f_1^2)} \tag{5.41}$$

$$N_1^{\mathrm{s}} = \frac{4K\mathrm{Ca}^2f_2^2}{3(\mathrm{Ca}^2+f_1^2)}, \quad N_2^{\mathrm{s}} = -\frac{1}{2}N_1^{\mathrm{s}} \tag{5.42}$$

$$\eta_{\mathrm{b}} = \frac{2\lambda+3+3(\lambda-1)\varphi}{2\lambda+3-2(\lambda-1)\varphi}\eta_{\mathrm{m}} + \frac{10K\tau f_1f_2^2}{3[2\lambda+3-2(\lambda-1)\varphi](\mathrm{Ca}^2+f_1^2)} \tag{5.43}$$

显然，黏度依赖于剪切速率$\dot{\gamma}$，即预测了共混物黏度的剪切变稀现象。此现象与共混分散相液滴的形变相关，即共混体系流变性质可与分散相液滴的形变和取向程度联系起来。

Jackson-Tucker 模型(简称 JT 模型)[106]假设液滴内的速度张量是由流动项和界面张力项的加和引起的。在零界面张力的简化情况下，液滴内的速度梯度 $\nabla\boldsymbol{v}_{\mathrm{d}}$ 为

$$\nabla\boldsymbol{v}_{\mathrm{d}} = \boldsymbol{\Omega} + (\boldsymbol{B}+\boldsymbol{C}):\boldsymbol{D} \tag{5.44}$$

式中，$\boldsymbol{B}$ 和 $\boldsymbol{C}$ 为根据椭圆积分所得的四阶张量。JT 模型中的界面项可近似从 Eshelby 理论获得。结合式(5.44)中的流动项，可得

$$\nabla\boldsymbol{v}_{\mathrm{d}}^{\mathrm{esh}} = \boldsymbol{\Omega} + (\boldsymbol{B}+\boldsymbol{C}):\boldsymbol{D} - \frac{2\varGamma q}{\pi\eta}(\boldsymbol{B}:\boldsymbol{S}):\boldsymbol{P}' \tag{5.45}$$

式中，S 为四阶张量；P' 为无痕二阶张量；标量因子 $q=40(1+\lambda)/(16+19\lambda)$，可解释为液滴速度的再循环。而根据式 (5.45)，在 λ 较小时会使 Ca_c 的预测值偏低，故 Jackson 和 Tucker 将 Eshelby 模型[式 (5.45)]与细长体模型相结合。他们首先将任意细长体的长度等同于椭球体的长半轴，然后通过引入横截面松弛项使液滴呈非轴对称，得到

$$\nabla v_d^{\text{slend}} = \boldsymbol{\Omega} + \boldsymbol{D}_d^{\text{slend}} + \xi(\boldsymbol{D} \cdot \boldsymbol{mm} - \boldsymbol{mm} \cdot \boldsymbol{D}) + \boldsymbol{D}_d^{\text{axi}} \tag{5.46}$$

式中，$\boldsymbol{D}_d^{\text{slend}}$ 为细长液滴内的形变张量；m 为沿液滴长半轴的单位矢量；ξ 为取向参数；$\boldsymbol{D}_d^{\text{axi}}$ 为截面松弛引起的细长液滴内的形变张量。结合式 (5.45) 和式 (5.46)，可得

$$\nabla v_d = \alpha \nabla v_d^{\text{esh}} + (1-\alpha) \nabla v_d^{\text{slend}} \tag{5.47}$$

式中，$0 \leqslant \alpha \leqslant 1$，是无量纲的主液滴半轴与未变形液滴半径的非线性函数。对于小液滴形变，Eshelby 速度梯度张量占主导地位；对于大液滴形变，细长体梯度张量占主导地位。如果 Ca 是亚临界的，JT 模型在稳态和瞬态下的预测基本与 MM 模型预测一样精确。

俞炜 (W. Yu)-Bousmina 模型 (简称 YB 模型)[107]根据边界积分法得到的界面液滴速度来计算液滴速度梯度张量。假设液滴形变为椭球体或细长体 (视为椭球体的一种特殊情况)，且将界面处的速度分为界面张力贡献和与 JT 模型一致的流动速度。由边界积分方程出发，利用 Eshelby 解，YB 模型得到了由流动引起的界面速度，且与 JT 模型一致。考虑到界面张力项的影响，他们将边界积分方程又分为两个不同的项，分别用上标 α 和 β 来表示。假设两项对界面速度的贡献均与液滴内的平均速度梯度有关，则 $w(x) = \nabla v_d^{\varGamma} \cdot r$。因此，假定速度梯度张量在液滴内部是均匀的，且等于界面处的速度梯度张量。从边界积分方程出发，只有在椭球体的顶点处才能解析出界面速度，经附加的经验修正可得到近似的速度梯度张量，以保证体积恒定；否则，会导致大液滴形变下的破坏。因此，∇v_d 可定义为

$$\nabla v_d = \boldsymbol{\Omega} + (\boldsymbol{B}+\boldsymbol{C}) : \boldsymbol{D} + \nabla v_d^{\varGamma \alpha} + \nabla v_d^{\varGamma \beta} \tag{5.48}$$

YB 模型的稳态预测以及 Ca 亚临界的瞬态形变描述与 MM 模型和 JT 模型的预测同样精确。图 5.34 比较了几种模型对瞬态剪切启动和阶跃应变中液滴形变的预测。YB 模型可更好地描述液滴的加宽行为[图 5.34(a)]，JT 模型对阶跃应变中液滴收缩行为的描述更为精准[图 5.34(b)]，而 MM 模型对液滴收缩形变的预测与实验结果间存在较大偏差。

目前，牛顿体系的模型研究已经较为全面，从最简单的 MM 模型到较复杂的综合模型，还考虑了液滴的合并和分离，可较好地预测绝大部分的实验结果。MM 模型确实为简单的流动提供了稳态预测，且对稳态形态预测和次临界瞬态形态的

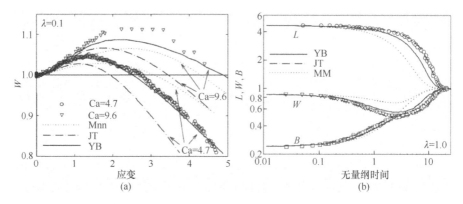

图 5.34 几种模型对于剪切启动(a)和瞬态阶跃剪切(b)中液滴形变的预测
散点是来自 Guido 等的实验结果[109]，Mnn 模型参见后文

预测均很准确。为了预测更复杂的瞬态过程，如液滴加宽或液滴回缩，则应使用更复杂的 JT 模型或 YB 模型。

2) 本构模型

这类模型旨在确定由牛顿流体构成的共混体系的本构模型。弹性界面存在的主要影响是，即使共混物是由牛顿流体组成，也表现出非牛顿特性，所给出的本构模型希望预测该类非牛顿行为。基于 Doi 等[90]提出的适用于具有复杂界面的等密度、等黏度共混体系的唯象理论，等黏度组分间的界面黏滞项为零，则应力由张量 $\boldsymbol{q}$ 控制，即

$$\boldsymbol{q} = \frac{1}{V} \int_S \left(\boldsymbol{nn} - \frac{1}{3} \boldsymbol{I} \right) \mathrm{d}S = \int_{4\pi} \left(\boldsymbol{nn} - \frac{1}{3} \boldsymbol{I} \right) f(\varphi) \mathrm{d}\varphi \tag{5.49}$$

式中，第一个积分定义了各向异性的无痕张量 $\boldsymbol{q}$，是式(5.40)中的界面弹性项，液滴形态不限；V 为总混合体积；S 为总混合界面；$\mathrm{d}\varphi$ 为立体角；$f(\varphi)$ 为单位体积中垂直于 $\boldsymbol{n}$ 的界面面积，单位体积的总界面面积 $Q = \int_{4\pi} f(\varphi) \mathrm{d}\varphi$。Doi-Ohta 理论[90]假设 $\boldsymbol{q}$ 和界面面积 Q 都是由对流项和弛豫项组成，给出其动力学演化方程为

$$\frac{\partial Q}{\partial t} = -\boldsymbol{q} : \nabla \boldsymbol{w} - c_1 \frac{\Gamma}{\eta} Q (\boldsymbol{q} : \boldsymbol{q})^{1/2} \tag{5.50}$$

$$\frac{\partial \boldsymbol{q}}{\partial t} = -\boldsymbol{q} \cdot \nabla \boldsymbol{w} - \nabla \boldsymbol{w}^{\mathrm{T}} \cdot \boldsymbol{q} + \frac{2}{3} (\boldsymbol{q} : \nabla \boldsymbol{w}) \boldsymbol{I} - \frac{Q}{3} (\nabla \boldsymbol{w} + \nabla \boldsymbol{w}^{\mathrm{T}}) + \frac{\boldsymbol{q} : \nabla \boldsymbol{w}}{Q} \boldsymbol{q} - (c_1 + c_2) \frac{\Gamma}{\eta} Q \boldsymbol{q} \tag{5.51}$$

式中，c_1 和 c_2 为唯象常数。式(5.50)的第二项为弛豫项，当体系达到各向同性时，而不是当总界面面积 Q 为零(即对应于宏观相分离状态)时，弛豫过程停止。式(5.51)是通过四阶矩 $\overline{\boldsymbol{nnnn}} : \nabla \boldsymbol{w}$ (其中 $\overline{\boldsymbol{nnnn}} = \int_{4\pi} \overline{\boldsymbol{nnnn}} f(\varphi) \mathrm{d}\varphi$) 的解耦闭合近似得到的。本构方程由式(5.50)、式(5.51)和式(5.40)组成，其中后者的界面项完全由 $\boldsymbol{q}$

描述。目前的本构模型大多基于 Doi-Ohta 理论，导致其应用范围仅限于等黏度共混体系，且无法解释液滴的破坏和粗化。显然，有待于进一步拓展获得更复杂的本构方程，以克服上述缺陷给出令人满意的稳态行为预测。

2. 非牛顿体系

实际加工中经常遇到的是非牛顿组分构成的共混体系，其流变性和形态受组分弹性的影响。在简单剪切流中，与牛顿基体相比，非牛顿基体的弹性更倾向于令液滴沿速度方向取向，而液滴弹性的影响较小，且基体弹性对高流动强度下的稳态液滴形变的影响尚不明确。在平面拉伸流和单轴拉伸流中，基体弹性极大地增强了液滴在静止状态下的形变，而液滴弹性则会降低其形变。此外，瞬态过程也会受到弹性的影响，例如，基体弹性会明显减缓阶跃应变或流动停止时的液滴收缩，且引入了牛顿体系中不存在的更长的松弛机理，而液滴的弹性不会引入更长的松弛时间。从理论上讲，小形变稳态理论可预测二阶流体液滴在二阶流体基体中的形变，由此可将椭球状液滴形变模型扩展到非牛顿体系。

实验观测已经证实，非牛顿体系中的液滴形变基本上保持椭球形，仅在接近液滴破碎的条件下才观察到与椭球形的显著偏差。考虑到非牛顿效应，对 MM 模型进行了修正，在 S 的演化方程中加入了新项，其第一贡献出现在 $O(\mathrm{Ca}^2)$ 处，从而恢复了 Greco 的二阶理论[109]。Minale 模型（简称 Mnn 模型）[110]提出：

$$
\begin{aligned}
&\frac{\partial \boldsymbol{S}}{\partial t}-\mathrm{Ca}(\boldsymbol{\Omega}\cdot\boldsymbol{S}-\boldsymbol{S}\cdot\boldsymbol{\Omega})=-f_1^{\mathrm{Mnn}}(\boldsymbol{S}-g^{\mathrm{Mnn}}\boldsymbol{I})+ \\
&\mathrm{Ca}\left\{f_2^{\mathrm{Mnn}}(\boldsymbol{D}\cdot\boldsymbol{S}+\boldsymbol{S}\cdot\boldsymbol{D})+f_3^{\mathrm{Mnn}}\left[(\boldsymbol{D}\cdot\boldsymbol{S}\cdot\boldsymbol{S}+\boldsymbol{S}\cdot\boldsymbol{S}\cdot\boldsymbol{D})-(\boldsymbol{D}\cdot\boldsymbol{S}+\boldsymbol{S}\cdot\boldsymbol{D})\frac{I_S}{3}\right]\right\}
\end{aligned}
\tag{5.52}
$$

这里，为确保体积恒定，在 S 的演化方程中插入了一个新的函数 g，即

$$
g^{\mathrm{Mnn}}=\left(3-2\mathrm{Ca}\frac{f_3^{\mathrm{Mnn}}}{f_1^{\mathrm{Mnn}}}I_{\boldsymbol{S}\cdot\boldsymbol{D}}\right)\frac{III_S}{II_S}
\tag{5.53}
$$

式中，$I_{\boldsymbol{S}\cdot\boldsymbol{D}}$ 为张量 $\boldsymbol{S}\cdot\boldsymbol{D}$ 的第一标量不变量。f_i^{Mnn} 函数取决于无量纲参数，除 λ 和 Ca 外，还包括非牛顿流体的弹性松弛时间与界面松弛时间之比 $\mathrm{De}=\psi_1 \Gamma/2R\eta^2$（其中，$\psi_1$ 为流体的第一法向应力系数）和第一、第二法向应力差之比 $\psi=-N_2/N_1$。f_i^{Mnn} 函数的确定是为了恢复所有小形变分析极限。Greco 的二阶理论预测即使偏差很小，二阶流体的液滴也不完全为椭球形。因此，Mnn 模型不能完全恢复这样的极限。

Maffettone-Greco 模型（简称 MG 模型）[111]在 MM 模型基础上，提出 $\boldsymbol{Q}$ 演化方程：

$$
\frac{\partial \boldsymbol{Q}}{\partial t}-\mathrm{Ca}(\boldsymbol{\Omega}\cdot\boldsymbol{Q}-\boldsymbol{S}\cdot\boldsymbol{Q})=-f_1^{\mathrm{MG}}(\boldsymbol{Q}-g^{\mathrm{MG}}\boldsymbol{I})-\mathrm{Ca}\left[a(\boldsymbol{D}\cdot\boldsymbol{Q}+\boldsymbol{Q}\cdot\boldsymbol{D})+c\boldsymbol{D}\boldsymbol{I}\right]
\tag{5.54}
$$

由于用张量 $\boldsymbol{Q}$ 表示的 MM 模型的界面张力项与式(5.54)中的界面张力项不同，即使系数 c 设为 0，式(5.54)也无法简化为 MM 模型。在式(5.54)中，为保持液滴体积恒定，g^{MG} 函数可确定为

$$g^{MG}=\left(3-2\mathrm{Ca}\frac{c}{f_1^{MG}}I_{\boldsymbol{D}\cdot\boldsymbol{Q}^{-1}}I\right)\frac{III_Q}{II_Q} \tag{5.55}$$

与 Mnn 模型不同，式(5.55)中的新项已经在 $O(\mathrm{Ca})$ 处给出了它的第一个贡献；因此，选择 f_1^{MG} 函数、a 和 c 需首先恢复其线性极限，随后恢复 Greco 的二阶稳态理论。MG 模型不能准确地恢复 Greco 的二阶稳态理论，在这种情况下，选择对超定系统的两个可能解进行平均，从而确定了其所需函数。

MG 模型对简单剪切稳态取向角的预测仅依赖于 f_1^{MG} 函数；MM 模型的稳态取向角预测依赖于 f_1^{MM} 函数；Mnn 模型的稳态取向角预测依赖于 f_1^{Mnn} 函数。由于 f_1^{MG} 与 f_1^{Mnn} 一致，MG 模型的稳态取向角预测与 Mnn 模型的预测相同，与实验数据非常吻合(图 5.35)[112]。图 5.35 还给出了形变参数 D，其实验结果介于 Mnn 模型和 MG 模型预测之间。MG 模型预测的液滴回缩随基体弹性的增加呈现单一

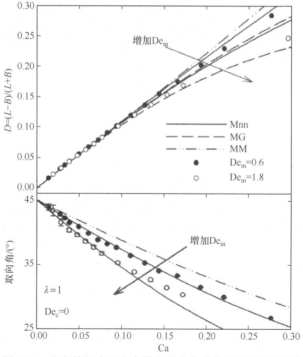

图 5.35   稳态剪切中形变参数与取向角变化及模型预测[112]
其中散点来自 Guido 等的实验结果[114]

的特征时间，但与 Mnn 模型一样，无法预测较长的松弛拖尾。MG 模型和 Mnn 模型均预测液滴流体的弹性相对于基体的弹性是无效的。

非牛顿问题比牛顿问题更不成熟，而且目前能够描述液滴形态动力学的模型也很少。Mnn 模型和 MG 模型具有很强的可比性，基本上可推广到非牛顿体系中。在这种情况下，由于存在解释共混组分非牛顿性所需的附加项，尚未找到解析稳定解。这两种模型均能很好地预测中等形变下的稳态剪切结果，与非牛顿效应更为明显的稳态取向角数据非常吻合；在启动实验中也可很好地预测到中等 Ca 值以内的形变。然而，这两种模型都无法预测在非牛顿基体体系中的液滴回缩实验中所观察到的较长松弛拖尾现象。

5.4.4　双连续相体系常用流变模型

Doi-Ohta 理论[90]提出了半唯象模型来描述等黏度的不相容对称共混物的相形态和流变行为间的关联。模型中关于界面松弛的动力学方程较为简单，无法完全描述海-岛相体系中的形态变化(回缩、破碎及粗化)，难以真实反映海-岛相体系的流变响应。将 Doi-Ohta 理论用于预测双连续相体系中黏弹行为随时间的演化，可部分定量描述振荡剪切下双连续相体系相区粗化导致其动态模量不断下降的趋势[114]。但是，这个理论模型中并未引入相区的特征尺寸，预测结果与实验值间存在一定偏差。一些模型修正[115,116]引入的特征尺寸也多是基于海-岛相结构的，故对于双连续相体系仍不适用。

俞炜等[117]对对称互连骨架结构(symmetrical and interconnected skeleton structural, SISS)模型中共混物的空间结构进行了修正(图 5.36)。考虑共混物界面的贡献，将共混物复数模量看成是组分贡献与界面贡献的综合($G^*_{\text{components}} + G^*_{\text{interface}}$)来描述双连续相体系的熔体流变行为与相区尺寸间的定量关系[91]。其中，组分贡献可通过将 SISS 模型扩展应用于剪切模量：$G^*_{\text{components}} = \left[a^2 b G^*_1 + \left(a^3 + 2ab + a^3 \right) G^*_1 G^*_2 + ab^2 G^*_2 \right] / b G^*_1 + a G^*_2$。其中，$G^*_1$、$G^*_2$ 分别为组分 1、组分 2 的剪切模量；1 相的体积分数为 $v_1 = 3a^2 - 2a^3$；$b = 1-a$。界面贡献可通过三个基元 A、B、C 在流场中应力响应的加和得到：$G'_{\text{interface}} = G'_{s,A} + G'_{s,B} + G'_{s,C}$。其中，对于基元 A，剪切方向沿其轴线方向，梯度方向沿其截面方向，在流场中的界面面积和界面取向的改变都很小，故 $G'_{s,A} = 0$；对于基元 B，剪切方向沿其截面方向，梯度方向沿其轴线方向，通过仿射变形模型可计算出基元 B 的贡献为 $G'_{s,B} = (1/6) \sigma S_v$；对于基元 C，剪切方向与梯度方向均垂直于其轴线方向，其截面为椭圆形，与形变粒子类似，可得出基元 C 的贡献为 $G'_{s,C} = (1/8) \sigma S_v [f_2 w^2 \tau^2 / (f_1^2 + w^2 \tau^2)]$。故共混物的剪切模量为

$$G' = G'_{\text{components}} + \frac{k_C}{6} \sigma S_v \left(\frac{k_B}{k_C} + \frac{3}{4} \frac{f_2 \omega^2 \tau^2}{f_1^2 + \omega^2 \tau^2} \right) \tag{5.56}$$

式中，k_B、k_C 分别为基元 B、基元 C 的取向和形变参数；σ 为界面张力；界面面积 $S_v = S/V = 3\pi ab / 2l_c^3 = 3\pi a'b' / 2l_c$；$f_1$ 和 f_2 为与黏度比 λ 相关的参数；松弛时间 $\tau = \eta_m a / \sigma$，其中 η_m 为基体黏度。

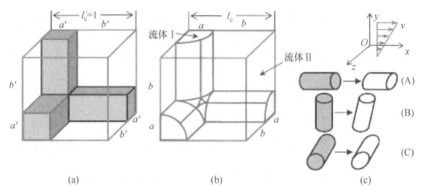

图 5.36　理想双连续形态的示意图[91]

(a)组分的贡献；(b)界面的贡献；(c)界面的形变

　　俞炜[91]利用该模型预测具有不同黏度比的 PS/PEO、PS/SAN、PS/聚乙烯辛烯共聚物 (polyethylene-*co*-octene，POE)、聚乳酸 (polylactic acid，PLA)/PCL、PS/PMMA 体系在整个测试频率范围内的剪切模量(图 5.37)，预测结果能很好地与双连续相共混体系实验数据吻合，优于 Veenstra 模型[118]。尽管该模型考虑了组分的贡献和界面变形的影响，较好地描述双连续相共混体系的熔体流变响应，但在加工工程中双连续结构的取向可能会导致各基元发生旋转和形变，不再正交。故根据实验数据对于取向和形变系数 k_B、k_C 的确定就成为影响模型拟合是否准确

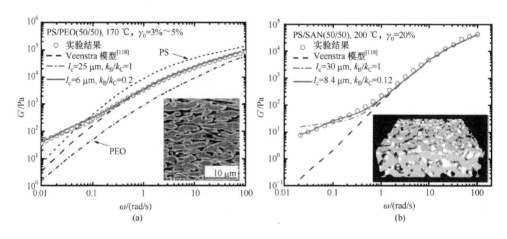

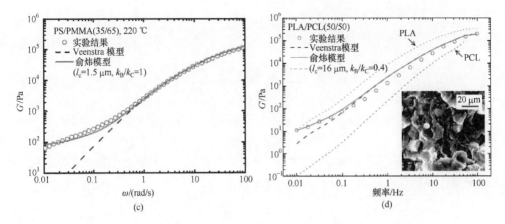

图 5.37　PS/PEO（50/50）(a)、PS/SAN（50/50）(b)、PS/PMMA（35/65）(c) 和
PLA/PCL（50/50）(d) 双连续相体系的 G' 对 ω 依赖性的实验数据和模型拟合[91]

的关键，且双连续结构可能进一步演化为"海-岛"相结构，从而导致实验值和预测值之间产生一定偏差。基于此，针对双连续相体系的流变学模型还有待进一步完善。

5.5　相反转行为

多相共混体系的形态结构通常与体系的组成、各组分的黏弹性、界面张力和加工条件等因素有关[119,120]。随着分散相含量的逐渐增大，共混体系相形态从海-岛相结构转变成连续相结构，发生相反转。由于海-岛相结构与双连续相结构的共混体系性能存在明显差异，相反转浓度的确定对于调控多相共混物的相形态、实现高分子材料的性能优化具有重要的意义。

5.5.1　黏度比模型

Jordhamo 等[121]提出基于两组分黏度的半经验方程，可用零切黏度比表示为

$$\lambda_0 = \frac{\eta_1}{\eta_2} = \frac{\Phi_{1I}}{\Phi_{2I}} \tag{5.57}$$

式中，η_i（i=1,2）为组分 i 的黏度；Φ_{iI} 为组分 i 的相反转浓度。该式可用来定性预测相反转的趋势，但与有些研究结果不吻合[122,123]。由此，Miles 等[124]提出基于一定剪切速率的有效黏度比的关系式：

$$\lambda_e = \frac{\eta_1(\dot{\gamma})}{\eta_2(\dot{\gamma})} = \frac{\Phi_{1I}}{\Phi_{2I}} \tag{5.58}$$

式中，$\eta_i(\dot{\gamma})$（i=1,2）为剪切速率为 $\dot{\gamma}$ 时组分 i 的黏度。该式对于黏度比接近 1 的某些高分子共混体系[如 PS/PMMA、PS/顺式聚丁二烯和 PMMA/EPR 等]是有效的[124,125]。

Metelkin 等[126]应用 Tomotika 相稳定性理论得到高分子共混体系相反转的表达式：

$$\frac{\eta_1(\dot{\gamma})}{\eta_2(\dot{\gamma})} F\left[\frac{\eta_1(\dot{\gamma})}{\eta_2(\dot{\gamma})}\right] = \frac{\Phi_{1I}}{\Phi_{2I}} \tag{5.59}$$

式中，$F(\lambda_e)$ = $1 + 2.25\lg\lambda_e + 1.81(\lg\lambda_e)^2$。只有黏度比接近于 1 的 PS/PMMA 体系对该式适合[127]。

Utracki[128]基于 Krieger 等的理论[129]，提出一个适用于黏度比偏离 1 的共混体系模型，得到该类体系相反转的表达式：

$$\frac{\eta_1(\dot{\gamma})}{\eta_2(\dot{\gamma})} = \left(\frac{\Phi_m - \Phi_{2I}}{\Phi_m - \Phi_{1I}}\right)^{[\eta]\Phi_m} \tag{5.60}$$

式中，$[\eta]$ 和 Φ_m 分别为最大球形压实密度时的特性黏数和体积分数。由于 $[\eta]$ 和 Φ_m 可变，该模型的预测与实验数据能很好地吻合[130]。

利用上述黏度比模型，仅能准确预测出低剪切速率时共混体系的相反转区间；当剪切速率增大时，上述黏度比模型所预测的相反转区间与实际所观察到的相反转区间存在明显误差，表明利用该类模型来预测共混体系的相反转具有局限性。

5.5.2　弹性比模型

Bourry 等[131]基于共混物组分的弹性比，把弹性作为重要参数引入相反转中，用储能模量 G_i' (i = 1,2)表示 i 相的弹性，得到相反转的关系式：

$$\frac{\Phi_{1I}}{\Phi_{2I}} = \frac{G_2'(\omega)}{G_1'(\omega)} \tag{5.61}$$

或者用 $\tan\delta$ 比表示为

$$\frac{\Phi_{1I}}{\Phi_{2I}} = \frac{\tan\delta_1(\omega)}{\tan\delta_2(\omega)} \tag{5.62}$$

式中，$\tan\delta_i = G_i''/G_i'$ (i = 1,2)，表明弹性较大的相在足够高的浓度时，易于包覆弹性较小的相而形成基体。弹性比模型与黏度比模型预测的结果相反，相反转在高浓度范围和高剪切速率时较为准确。但当采用 PMMA/PS 和 PMMA/SAN 共混物进行研究时，发现采用该式预测的弹性比对相反转的影响与实验数据相反[130]。

5.5.3　黏弹性比模型

上述相反转的经验公式均是基于组分的相反转浓度和黏性或弹性，而高分子共混物在熔融状态下属于黏弹性流体。Vanoene 理论[86]表明，第二法向应力大的组分更易于形成分散相。因此，唐涛等[132]提出了基于共混物黏弹性的相反转表达式：

$$\frac{\eta_1(\dot\gamma)}{\eta_2(\dot\gamma)} \cdot \frac{\Phi_{2\mathrm{I}}}{\Phi_{1\mathrm{I}}} \cdot \frac{[N_2(\dot\gamma)]_1}{[N_2(\dot\gamma)]_2} \approx 1 \tag{5.63}$$

式中，$[N_2(\dot\gamma)]_i$ $(i=1,2)$ 为剪切速率为 $\dot\gamma$ 时组分 i 的第二法向应力。该式也可写成

$$\frac{\eta_1(\dot\gamma)}{\eta_2(\dot\gamma)} \cdot \frac{\Phi_{2\mathrm{I}}}{\Phi_{1\mathrm{I}}} \cdot \frac{G_2{}'(\dot\gamma)}{G_1{}'(\dot\gamma)} \approx 1 \tag{5.64}$$

式中，$G_i{}'(\dot\gamma)$ $(i=1,2)$ 为剪切速率为 $\dot\gamma$ 时组分 i 的 G'。该模型在 PP/PC 体系中得到了较好的应用[122]。Bourry 等[131]对 HDPE/PS 共混体系的相形态进行研究时，也认为需要考虑体系的黏性和弹性效应的影响。

5.5.4　扭矩比模型

Mekhilef 等[127]发现，用扭矩比等于体积分数比的 Avgeropoulos 模型来预测相反转区间，比各种采用黏度比模型的半经验公式好。Avgeropoulos 模型[133]表达式为

$$\frac{T_1}{T_2} = \frac{\Phi_{1\mathrm{I}}}{\Phi_{2\mathrm{I}}} \tag{5.65}$$

式中，T_i $(i=1,2)$ 为组分 i 的扭矩。在扭矩比接近 1，即在 $0.6\sim1.7$ 范围时，模型与实验结果有较好的一致性。根据逾渗理论，该模型理论上可在扭矩比为 $0.18\sim5.4$ 范围使用。采用密炼机加工共混体系时，不仅给出了扭矩信息，还包含了作用在体系上所有应力的影响，如剪切应力和拉伸应力，从而便于 Avgeropoulos 模型的应用。Okada 等[134]在对 PA6/马来酸酐接枝改性乙丙橡胶（ethylene propylene rubber grafted withmaleic anhydride，EPR-g-MA）共混物相反转区的研究中，发现 TEM 观察结果与模型预测值相近。Ho 等[135]也发现若扭矩比与黏度比相等，体积分数与扭矩比之间的关系为

$$\frac{\Phi_{1\mathrm{I}}}{\Phi_{2\mathrm{I}}} = 1.22 \left[\frac{\eta_1(\gamma)}{\eta_2(\gamma)} \right]^{0.29} \tag{5.66}$$

该式可由实验数据通过最小二乘法分析获得。

影响高分子共混体系相形态的因素不仅有共混物的组分，还有高分子的材料性能和加工条件；而上述各模型的经验关系式中考虑的相反转因素较为单一，与实验结果间的误差较大。Machado 等[136]考察了三元乙丙橡胶（ethylene propylene diene monomer，EPDM）/PP 共混体系的黏度和弹性比对其相形态和相反转的影响。这里，所有的高分子都以 EPDMX 或 PPX 命名，而 X 为高分子在 65 rad/s 时的复数黏度。根据该共混体系的 SEM 图像（图 5.38），不同黏度比体系呈现出双连续相

形态的组成区域不同，取决于主要相的熔体黏性和弹性[图 5.39(a)]；而体系的相反转组成区域则相对较窄[图 5.39(b)]，主要取决于体系的黏度比和组成。将共混体系组分的动态黏弹性代入到几个经典模型中，可预测体系的相反转组成（图 5.40），与图 5.39(b)中的实验结果间还是存在较为明显的误差。

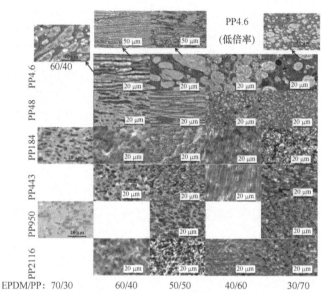

图 5.38　不同组成的 EPDM53/PP 共混体系的 SEM 图像[136]

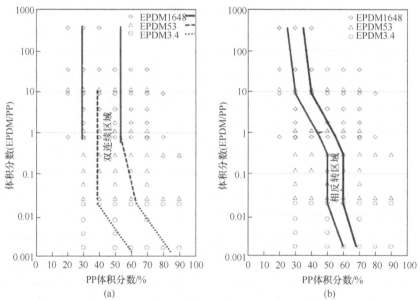

图 5.39　EPDM/PP 共混体系黏度比随 PP 体积分数的相图[136]

(a)双连续区域；(b)相反转区域

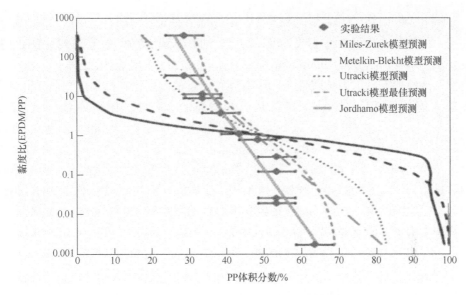

图 5.40　EPDM/PP 黏度比随 PP 体积分数的变化

散点为实验结果，曲线是预测结果[136]。Jordhamo 模型、Miles-Zurek 模型、Metelkin-Blekht 模型、
Utracki 模型预测分别基于式 (5.57)、式 (5.58)、式 (5.59)、式 (5.60)

鉴于此，Willemse 等[137]基于几何形状要求，提出了形成双连续相结构的临界体积分数近似表达式：

$$\frac{1}{\Phi_c} = 1.38 + 0.0213\left(\frac{\eta_m \dot{\gamma}}{\sigma} R_0\right)^{4.2} \tag{5.67}$$

此式是基体黏度 η_m、剪切速率 $\dot{\gamma}$、界面张力 σ 和相区尺寸 R_0 的函数。采用 PS/PE 共混体系进行验证，该模型可定量预测出临界体积分数是高分子黏度的函数这一趋势，且临界体积分数不取决于分散相的黏度。由于相区尺寸必须先由实验确定，故该模型的应用具有一定的局限性。尽管如此，该模型预测结果与实验结果的一致性明显优于其他模型预测结果（表 5.2）。

表 5.2　PS/PE 共混体系的黏度比、实验相转变组成和根据不同模型拟合得到的相转变点[137]

样品	$T/℃$	p	$\Phi_1/\text{vol}\%$ [式 (5.58)]	$\Phi_1/\text{vol}\%$ [式 (5.66)]	$\Phi_2/\text{vol}\%$ [式 (5.67)]	$\Phi_{PS}/\text{vol}\%$ (实验结果)
PS1/PE1	200	0.4	30	48	25	27
PS1/PE2	200	0.8	45	53	64	56
PS2/PE1	200	0.8	44	53	25	27
PS1/PE2	250	0.3	21	46	46	46
PS2/PE2	250	0.7	41	52	46	46

除上述模型外，针对海-岛相形态和双连续形态共混物动态模量的差异，还可提出一种简单的利用 G' 或复数黏度 η^* 对组分的非单调依赖性确定双连续范围的流变方法。通常，当分散相的浓度增加时，低频区域的 G' 和 η^* 会随之增加。由于共混体系液滴形态的浓度依赖性不同于双连续形态的浓度依赖性，G' 和 η^* 会出现局部最大值，而相应的浓度为液滴形态和双连续形态之间的边界（即相转变浓度）[图 5.42(a)]。由此可知，PEO/聚（偏氟乙烯六氟丙烯）[poly（vinylidene fluoride-co-hexafluoropropylene），PVDF-HFP]共混体系在 150 ℃下形成双连续相的 PEO 浓度是 20%～70%。另一种方法则是利用共混体系的 G' 和 G'' 在低频区域的频率依赖性差异。与液滴形态的共混物相比，双连续形态的共混物类似于凝胶中的网络。因此，在低频区域（双对数坐标）中绘制 G' 和 G'' 的斜率或绘制 $\tan\delta$ 对组成的曲线将会产生满足临界凝胶（$G' \propto G'' \propto \omega^n$）的两个交叉点。幂律指数 Δ' 和 Δ''（$G' \propto \omega^{\Delta'}$ 和 $G'' \propto \omega^{\Delta''}$）随次要组分含量增加而减小，$\Delta'=\Delta''$ 时所对应的浓度即为其双连续形态形成的浓度[图 5.41(b)][60]。同样，$\tan\delta$ 与频率无关的浓度也可给出双连续形态的边界浓度。

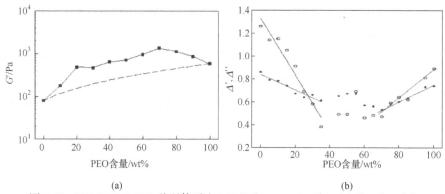

图 5.41　PEO/PVDF-HFP 共混体系在 150 ℃和 0.01rad/s 时 G' (a) 及 Δ' 和 Δ'' (b)
对 PEO 组成的依赖性[60]

在共混过程中，高分子体系的内能不断变化，导致共混体系的不稳定和相形态的演变。这些均与外界输入体系的能量有关。能量的大小与剪切应力、共混体系的黏度与弹性、扭矩等因素有关，受共混物组分、性能及加工条件的影响。因此，从能量角度对不相容共混体系相形态进行研究可能更为有效。

参 考 文 献

[1]　Ferry J D. Viscoelastic Properties of Polymers[M]. New York: John Wiley & Sons, Inc., 1980.

[2]　Zheng Q, Zuo M. Investigation of structure and properties for polymer systems based on dynamic rheological approaches[J]. Chinese J Polym Sci, 2005, 4: 341-354.

[3] 郑强，左敏. 高分子复杂体系的结构与流变行为[J]. 中国科学: 化学, 2007, 37: 515-524.

[4] Bates F S, Fredrickson G H. Block copolymers: designer soft materials[J]. Phys Today, 1999, 52: 32-38.

[5] Bates F S, Hillmyer M A, Lodge T P, Bates C M, Delaney K T, Fredrickson G H. Multiblock polymers: panacea or Pandora's box[J]. Science, 2012, 336: 434-440.

[6] Kim J K, Yang S Y, Lee Y, Kim Y. Functional nanomaterials based on block copolymer self-assembly[J]. Prog Polym Sci, 2010, 35: 1325-1349.

[7] Fredrickson G H, Bates F S. Dynamics of block copolymers: theory and experiment[J]. Annual Rev Mater Sci, 1996, 26: 501-550.

[8] Bates F S, Fredrickson G H. Block copolymer thermodynamics: theory and experiment[J]. Annual Rev Phys Chem, 1990, 41: 525-557.

[9] Hamley I W. The Physics of Block Copolymers[M]. Oxford: Oxford University Press, 1998.

[10] Matsen M W, Bates F S. Unifying weak- and strong-segregation block copolymer theories[J]. Macromolecules, 1996, 29: 1091-1098.

[11] Han C D, Vaidya N Y, Kim D, Shin G, Yamaguchi D, Hashimoto T. Lattice disordering/ordering and demicellization/micellization transitions in highly asymmetric polystyrene-block-polyisoprene copolymers[J]. Macromolecules, 2000, 33: 3767-3780.

[12] Kim J K, Lee H H, Sakurai S, Aida S, Masamoto J, Nomura S, Kitagawa Y, Suda Y. Lattice disordering and domain dissolution transitions in polystyrene-block- poly (ethylene-co-but-1-ene) -block-polystyrene triblock copolymer having a highly asymmetric composition[J]. Macromolecules, 1999, 32: 6707-6717.

[13] Colby R H. Block copolymer dynamics[J]. Curr Opin Colloid In, 1996, 1: 454-465.

[14] Foerster S, Khandpur A K, Zhao J, Bates F S, Hamley I W, Ryan A J, Bras W. Complex phase behavior of polyisoprene-polystyrene diblock copolymers near the order-disorder transition[J]. Macromolecules, 1994, 27: 6922-6935.

[15] Khandpur A K, Foerster S, Bates F S, Hamley I W, Ryan A J, Bras W, Mortensen K. Polyisoprene-polystyrene diblock copolymer phase diagram near the order-disorder transition[J]. Macromolecules, 1995, 28: 8796-8806.

[16] Larson R G. Structure and Rheology of Complex Fluids[M]. Oxford: Oxford University Press, 1999.

[17] Hadjichristidis N, Pispas S, Floudas G. Viscoelastic properties of block copolymers//Abetz V, Hadjichristidis N, Iatrou H, et al. Block Copolymers[M]. New York: John Wiley & Sons, Inc., 2003: 298-312.

[18] Rosedale J H, Bates F S. Rheology of ordered and disordered symmetric poly (ethylenepropylene) - poly (ethylethylene) diblock copolymers[J]. Macromolecules, 1990, 23: 2329-2338.

[19] Kossuth M B, Morse D C, Bates F S. Viscoelastic behavior of cubic phases in block copolymer melts[J]. J Rheol, 1999, 43 (1): 167-196.

[20] Han C D, Baek D M, Kim J K. Effect of microdomain structure on the order-disorder transition temperature of polystyrene-block-polyisoprene-block-polystyrene copolymers[J]. Macromolecules, 1990, 23: 561-570.

[21] Han C D, Baek D M, Kim J K, Ogawa T, Sakamoto N, Hashimoto T. Effect of volume fraction on the order-disorder transition in low molecular weight polystyrene-block-polyisoprene copolymers. 1. Order-disorder transition temperature determined by rheological measurements[J]. Macromolecules, 1995, 28: 5043-5062.

[22] Han C D, Kim J, Kim J K. Determination of the order-disorder transition temperature of block copolymers[J]. Macromolecules, 1989, 22: 383-394.

[23] Han C D, Kim J. Rheological technique for determining the order-disorder transition of block copolymers[J]. J

Polym Sci B Polym Phys, 1987, 25: 1741-1764.

[24]   Floudas G, Vlassopoulos D, Pitsikalis M, Hadjichristidis N, Stamm M. Order-disorder transition and ordering kinetics in binary diblock copolymer mixtures of styrene and isoprene[J]. J Chem Phys, 1996, 104: 2083-2088.

[25]   Floudas G, Hadjichristidis N, Iatrou H, Pakula T, Fischer E W, Floudas G, Hadjichristidis N, Iatrou H, Pakula T, Fischer E W. Microphase separation in model 3-miktoarmstar copolymers (simple graft and terpolymers). 1. Statics and kinetics[J]. Macromolecules, 1994, 27: 7735-7746.

[26]   Hyun K, Kim S H, Ahn K H, Lee S J. Large amplitude oscillatory shear as a way to classify the complex fluids[J]. J Non-Newton Fluid Mech, 2002, 55: 51-65.

[27]   Wilhelm M, Reinheimer P, Ortseifer M. High sensitivity Fourier-transform rheology[J]. Rheol Acta, 1999, 38: 349-356.

[28]   Hyun K, Nam J G, Wilhelm M, Ahn K H, Lee S J. Large amplitude oscillatory shear behavior of PEO-PPO-PEO triblock copolymer solutions[J]. Rheol Acta, 2006, 45: 239-249.

[29]   Kannan R M, Kornfield J A. Evolution of microstructure and viscoelasticity during flow alignment of a lamellar diblock copolymer[J]. Macromolecules, 1994, 27: 1177-1186.

[30]   Koppi K A, Tirrell M, Bates F S, Almdal K, Colby R H. Lamellae orientation in dynamically sheared diblock copolymer melts[J]. J Physiq II, 1992, 2: 1941-1959.

[31]   Wiesner U. Lamellar diblock copolymers under large amplitude oscillatory shear flow: order and dynamics[J]. Macrom Chem Phys, 1997, 198: 3319-3352.

[32]   Chen Z R, Issaian A M, Kornfield J A, Smith S D, Grothaus J T, Satkowski M M. Dynamics of shear-induced alignment of a lamellar diblock. A rheo-optical, electron microscopy, and X-ray scattering study[J]. Macromolecules, 1997, 30: 7096-7114.

[33]   Patel S S, Larson R G, Winey K I, Watanabe H. Shear orientation and rheology of a lamellar polystyrene-polyisoprene block copolymer[J]. Macromolecules, 1995, 28: 4313-4318.

[34]   Larson R G, Winey K I, Patel S S, Watanabe H, Bruinsma R. The rheology of layered liquids: lamellar block copolymers and smectic liquid crystals[J]. Rheol Acta, 1993, 32: 245-253.

[35]   Zhang Y, Wiesner U, Spiess H W. Frequency dependence of orientation in dynamically sheared diblock copolymers[J]. Macromolecules, 1995, 28: 778-781.

[36]   Riise B L, Fredrickson G H, Larson R G, Pearson D S. Rheology and shear-induced alignment of lamellar diblock and triblock copolymers[J]. Macromolecules, 1995, 28: 7653-7659.

[37]   Tepe T, Hajduk D A, Hillmyer M A, Weimann P A, Tirrell M, Bates F S. Influence of shear on a lamellar triblock copolymer near the order-disorder transition[J]. J Rheol, 1997, 41: 1147-1171.

[38]   Fredrickson G H. Steady shear alignment of block copolymers near the isotropic-lamellar transition[J]. J Rheol, 1994, 38: 1045-1067.

[39]   Alt D J, Hudson S D, Garay R O, Fujishiro K. Oscillatory shear alignment of a liquid crystalline polymer[J]. Macromolecules, 1995, 28: 1575-1579.

[40]   Pinheiro B S, Hajduk D A, Gruner S M, Winey K I. Shear-stabilized bi-axial texture and lamellar contraction in both diblock copolymer and diblock copolymer/homopolymer blends[J]. Macromolecules, 1996, 29: 1482-1489.

[41]   Rubinstein M, Colby R H. Polymer Physics[M]. Oxford: Oxford University Press, 2003.

[42]   Liu C Y, Wang J, He J S. Rheological and thermal properties of m-LLDPE blends with m-HDPE and LDPE[J]. Polymer, 2002, 43: 3811-3818.

[43]　Roovers J, Toporowski P M. Rheological study of miscible blends of 1, 4-polybutadiene and 1, 2-polybutadiene (63% 1, 2)[J]. Macromolecules, 1992, 25: 1096-1102.

[44]　Aoki Y, Tanaka T. Viscoelastic properties of miscible poly(methyl methacrylate)/poly(styrene-*co*-acrylonitrile) blends in the molten state[J]. Macromolecules, 1999, 32: 8560-8565.

[45]　Aoki Y. Viscoelastic properties of blends of poly(acrylonitrile-*co*-styrene) and poly[styrene-*co*-(*N*-phenylmaleimide)][J]. Macromolecules, 1990, 23: 2309-2312.

[46]　Wu S. Entanglement between dissimilar chains in compatible polymer blends: poly(methyl methacrylate) and poly(vinylidene fluoride)[J]. J Polym Sci: Polym Phys, 1987, 25: 2511-2529.

[47]　Nielsen N E. Mechanical Properties of Polymers and Composites[M]. New York: Marcel Dekker, 1974.

[48]　Tsenoglou C. Molecular weight polydispersity effects on the viscoelasticity of entangled linear polymers[J]. Macromolecules, 1991, 24: 1762-1767.

[49]　Lodge T P, McLeish T C B. Self-concentrations and effective glass transition temperatures in polymer blends[J]. Macromolecules, 2000, 33: 5278-5284.

[50]　Haley J C, Lodge T P. A framework for predicting the viscosity of miscible polymer blends[J]. J Rheol, 2004, 48: 463-486.

[51]　Kapnistos M, Hinrichs A, Vlassopoulos D, Anastasiadis S H, Stammer A, Wolf B A. Rheology of a lower critical solution temperature binary polymer blend in the homogeneous, phase-separated, and transitional regimes[J]. Macromolecules, 1996, 29: 7155-7163.

[52]　Joen H S, Nakatani A I, Han C C, Colby R H. Melt rheology of lower critical solution temperature polybutadiene/polyisoprene blends[J]. Macromolecules, 2000, 33: 9732-9739.

[53]　Chopra D, Kontopoulu M, Vlassopoulos D, Hatzikiriakos S G. Effect of maleic anhydride content on the rheology and phase behavior of poly(styrene-*co*-maleic anhydride)/poly(methyl methacrylate) blends[J]. Rheol Acta, 2002, 41: 10-24.

[54]　Kim J K, Lee H H, Son H W, Han C D. Phase behavior and rheology of polystyrene/poly(α-methylstyrene) and polystyrene/poly(vinyl methyl ether) blend systems[J]. Macromolecules, 1998, 31: 8566-8578.

[55]　Sharma J, Clarke N. Miscibility determination of a lower critical solution temperature polymer blend by rheology[J]. The Journal of Physical Chemistry B, 2004, 108: 13220-13230.

[56]　Zheng Q, Du M, Yang B B, Wu G. Relationship between dynamic rheological behavior and phase separation of poly(methyl methacrylate)/poly(styrene-*co*-acrylonitrile) blends[J]. Polymer, 2001, 42: 5743-5747.

[57]　Zuo M, Peng M, Zheng Q. Study on nonlinear phase-separation for PMMA/α-MSAN blends by dynamic rheological and small angle light scattering measurements[J]. J Polym Sci B Polym Phys, 2006, 44: 1547-1555.

[58]　Du M, Gong J H, Zheng Q. Dynamic rheological behavior and morphology near phase-separated region for a LCST-type of binary polymer blends[J]. Polymer, 2004, 45: 6725-6730.

[59]　Zuo M, Zheng Q. Phase morphologies and viscoelastic relaxation behaviors for a LCST polymer blend composed of poly(methyl methacrylate) and poly(α-methyl styrene-*co*-acrylonitrile)[J]. Macromol Chem Phys, 2006, 207: 1927-1937.

[60]　Castro M, Prochazka F, Carrot C. Cocontinuity in immiscible polymer blends: a gel approach[J]. J Rheol, 2005, 49: 149-160.

[61]　Polios I S, Soliman M, Lee C, Gido S P, Schmidt-Rohr K, Winter H H. Late stages of phase separation in a binary polymer blend studied by rheology, optical and electron microscopy, and solid state NMR[J]. Macromolecules,

1997, 30: 4470-4480.

[62]   Huang C W, Gao J P, Yu W, Zhou C X. Phase separation of poly (methyl methacrylate)/poly (styrene-*co*-acrylonitrile) blends with controlled distribution of silica nanoparticles [J]. Macromolecules, 2012, 45: 8420-8429.

[63]   Li H H, Zuo M, Liu T, Chen Q, Zhang J F, Zheng Q. Effect of multi-walled carbon nanotubes on the morphology evolution, conductivity and rheological behaviors of poly (methyl methacrylate)/poly (styrene-*co*-acrylonitrile) blends during isothermal annealing[J]. RSC Adv, 2016, 6: 10099-10113.

[64]   Fredrickson G H, Larson R G. Viscoelasticity of homogeneous polymer melts near a critical point [J]. J Chem Phys, 1987, 86: 1553-1560.

[65]   Ajji A, Choplin L, Prud'Homme R E. Rheology and phase separation in polystyrene/poly (vinyl methyl ether) blends[J]. J Polym Sci B Polym Phys, 1988, 26: 2279-2289.

[66]   Ajji A, Choplin L, Prud'Homme R E. Rheology of polystyrene/poly (vinyl methyl ether) blends near the phase transition[J]. J Polym Sci B Polym Phys, 1991, 29: 1573-1578.

[67]   de Gennes P G. Scaling Concepts in Polymer Physics[M]. New York: Cornell University Press, Ithaca, 1979.

[68]   Binder K. Collective diffusion, nucleation, and spinodal decomposition in polymer mixtures[J]. J Chem Phys, 1983, 79: 6387-6409.

[69]   Vinckier I, Laun H M. Manifestation of phase separation processes in oscillatory shear: droplet-matrix systems versus co-continuous morphologies[J]. Rheol Acta, 1999, 38: 274-286.

[70]   Niu Y H, Wang Z G. Rheologically determined phase diagram and dynamically investigated phase separation kinetics of polyolefin blends[J]. Macromolecules, 2006, 39: 4175-4183.

[71]   Zhang R Y, Cheng H, Zhang C G, Sun T C, Dong X, Han C C. Phase separation mechanism of polybutadiene/polyisoprene blends under oscillatory shear flow[J]. Macromolecules, 2008, 41: 6818-6829.

[72]   Binks B P. Particles as surfactants-similarities and differences[J]. Curr Opin Colloid In, 2002, 7: 21-41.

[73]   Thareja P, Moritz K, Velankar S S. Interfacially active particles in droplet/matrix blends of model immiscible homopolymers: particles can increase or decrease drop size[J]. Rheol Acta, 2010, 49: 285-298.

[74]   Filippone G, Acierno D. Clustering of coated droplets in clay-filled polymer blends[J]. Macrom Mater Eng, 2012, 297: 923-928.

[75]   Nesterov A E, Lipatov Y S. Compatibilizing effect of a filler in binary polymer mixtures[J]. Polymer, 1999, 40:1347-1349.

[76]   Huang Y J, Jiang S J, Li G X, Chen D H. Effect of fillers on the phase stability of binary polymer blends: a dynamic shear rheology study[J]. Acta Mater, 2005, 53: 5117-5124.

[77]   Elias L, Fenouillot F, Majeste J C, Martin G, Cassagnau P. Migration of nanosilica particles in polymer blends[J]. J Polym Sci B Polym Phys, 2008, 46: 1976-1983.

[78]   Salehiyan R, Song H Y, Choi W J, Hyun K. Characterization of effects of silica nanoparticles on (80/20) PP/PS blends via nonlinear rheological properties from Fourier transform rheology[J]. Macromolecules, 2015, 48: 4669-4679.

[79]   Iza M, Bousmina M. Nonlinear rheology of immiscible polymer blends: step strain experiments[J]. J Rheol, 2000, 44:1363-1384.

[80]   Taylor G I. The viscosity of a fluid containing small drops of another fluid[J]. P Roy Soc Lond A Mat 1932, 138: 41-48.

[81]   Grace H P. Dispersion phenomena in high viscosity immiscible fluid systems and application of static mixers as

dispersion devices in such systems[J]. Chem Eng Commun, 1982, 14: 225-277.

[82]　Taylor G I. The formation of emulsions indefinable fields of flow [J]. P Roy Soc Lond A Mat, 1934, 146: 501-523.

[83]　Sundararajs U, Macosko C W. Drop breakup and coalescence in polymer blends: the effects of concentration and compatibilization[J]. Macromolecules, 1995, 28: 2647-2657.

[84]　Elmendorp J J, Maalcke R J. A study on polymer blending microrheology[J]. Polym Eng Sci, 1985, 25: 1041-1104.

[85]　Flumerfelt R W. Drop breakup in simple shear fields of viscoelastic fluids[J]. Ind Eng Chem Fundam, 1972, 11: 312-318.

[86]　van Oene H. Modes of dispersion of viscosity fluids in flow[J]. J Colloid Interf Sci, 1972, 40: 448-467.

[87]　Han C D, Funatsu K. An experimental study of droplet deformation and breakup in pressure driven flows through converging and uniform channels[J]. J Rheol, 1978, 22: 113-133.

[88]　Varanasi P P, Ryan M E, Stroeve P. Experimental study on the breakup of model viscoelastic drops in uniform shear flow[J]. Ind Eng Chem Res, 1994, 33:1858-1866.

[89]　Levitt L, Macosko C W, Pearson S D. Influence of normal stress difference on polymer drop deformation[J]. Polym Eng Sci, 1996, 36: 1647-1655.

[90]　Doi M, Ohta T. Dynamics and rheology of complex interfaces. I [J]. J Chem Phys, 1991, 95: 1242-1248.

[91]　Yu W, Zhou W, Zhou C X. Linear viscoelasticity of polymer blends with co-continuous morphology[J]. Polymer, 2010, 51: 2091-2098.

[92]　Cox R G. The deformation of a drop in a general time-dependent fluid flow[J]. J Fluid Mech, 1969, 37: 601-623.

[93]　Delaby I, Ernst B, Muller R. Drop deformation during elongational flow in blends of viscoelastic fluids. Small deformation theory and comparison with experimental results[J]. Rheol Acta, 1995, 34: 523-533.

[94]　Choi S J, Schowalter W R. Rheological properties of nondilute suspensions of deformable particles[J]. Phys Fluids, 1975, 18: 420-427.

[95]　Palierne J F. Linear rheology of viscoelastic emulsions with interfacial tension[J]. Rheol Acta, 1990, 29: 204-214.

[96]　Graebling D, Muller R. Rheological behavior of polydimethylsiloxane/polyoxyethylene blends in the melt. Emulsion model of two viscoelastic liquids[J]. J Rheol, 1990, 34: 193-205.

[97]　Graebling D, Muller R, Palierne J F. Linear viscoelastic behavior of some incompatible polymer blends in the melt. Interpretation of data with a model of emulsion of viscoelastic liquids[J]. Macromolecules, 1993, 26: 320-329.

[98]　Kerner E H. The elastic and thermoelastic properties of composite media[J]. Proc Royal Soc B: Biolog Sci, 1956, 69: 808-813.

[99]　Bousmina M. Rheology of polymer blends: linear model for viscoelastic emulsions[J]. Rheol Acta, 1999, 38: 73-83.

[100]　Gramespacher H, Meissner J. Interfacial tension between polymer melt measured by shear oscillations of their blend[J]. J Rheol, 1992, 36: 1127-1141.

[101]　Elias L, Fenouillot F, Majeste J C, Alcouffe P, Cassagnau P. Immiscible polymer blends stabilized with nano-silica particles: rheology and effective interfacial tension[J]. Polymer, 2008, 49: 4378-4385.

[102]　Acrivos A, Lo T S. Deformation and breakup of a single slender drop in an extensional flow[J]. J Fluid Mech, 1978, 86: 641-672.

[103]　Stegeman Y W. Time Dependent Behavior of Droplets in Elongational Flows[M]. Eindhoven: Eindhoven University of Technology, 2002.

[104]　Maffettone P L, Minale M. Equation of change for ellipsoidal drops in viscous flow[J]. J Non-Newton Fluid Mech,

1998, 78: 227-241.

[105] Yu W, Bousmina M, Grmela M, Palierne J F, Zhou C X. Quantitative relationship between rheology and morphology in emulsions[J]. J Rheol, 2002, 46: 1381-1399.

[106] Jackson N E, Tucker C L. Amodel for large deformationof an ellipsoidal droplet with interfacial tension[J]. J Rheol, 2003, 47: 659-682.

[107] Yu W, Bousmina M, Grmela M, Zhou C X. Modeling of oscillatory shear flow of emulsions under small and large deformation fields[J]. J Rheol, 2002, 46: 1401-1418.

[108] Yu W, Bousmina M. Ellipsoidal model for droplet deformation in emulsions[J]. J Rheol, 2003, 47: 1011-1039.

[109] Guido S, Minale M, Maffettone P L. Drop shape dynamics under shear-flow reversal[J]. J Rheol, 2000, 44: 1385-1399.

[110] Greco F. Drop deformation for non-Newtonian fluids inslow flows[J]. J Non-Newton Fluid Mech, 2002, 107:111-131.

[111] Minale M. Deformation of a non-Newtonian ellipsoidaldrop in a non-Newtonian matrix: extension of Maffettone-Minale model[J]. J Non-Newton Fluid Mech, 2004, 123:151-160.

[112] Maffettone P L, Greco F. Ellipsoidal drop model for singledrop dynamics with non-Newtonian fluids[J]. J Rheol, 2004, 48:83-100.

[113] Minale M. Models for the deformation of a single ellipsoidaldrop: a review[J]. Rheol Acta, 2010, 49: 789-806.

[114] Guido S, Simeone M, Greco F. Deformation of a newtoniandrop in a viscoelastic matrix under steady shear flow. Experimental validation of slow flow theory[J]. J Non-Newton Fluid Mech, 2003, 114:65-82.

[115] Vinckier I, Laun H M. Assessment of the Doi-Ohta theory for co-continuous blends under oscillatory flow[J]. J Rheol, 2001, 45: 1373-1385.

[116] Lee H M, Park O O. Rheology and dynamics of immiscible polymer blends[J]. J Rheol, 1994, 38: 1405-1425.

[117] Zhou C X, Yu W. A rheological model for the interface of immiscible polymer melt in blending process[J]. Can J Chem Eng, 2003, 81: 1067-1074.

[118] Veenstra H, Verkooijen P C, van Lent B J, van Dam J, de Boer A P, Nijhof A P H. On the mechanical properties of co-continuous polymer blends: experimental and modelling[J]. Polymer, 2000, 41: 1817-1826.

[119] Willemse R C, de Boer A P, van Dam J, Gotsis A D. Co-continuous morphologies in polymer blends: the influence of the interfacial tension[J]. Polymer, 1999, 40: 827-834.

[120] He J S, Bu W S, Zeng J J. Co-phase continuity in immiscible binary polymer blends[J]. Polymer, 1997, 38: 6347-6353.

[121] Jordhamo G M, Manson J A, Sperling L H. Phase continuity and inversion in polymer blends and simultaneous interpenetrating networks[J]. Polym Eng Sci, 1986, 26: 517-524.

[122] Favis B D, Chalifoux J P. Influence of composition on the morphology of polypropylene/polycarbonate blends[J]. Polymer, 1988, 29: 1761-1767.

[123] Yang K, Han C D. Effects of shear flow and annealing on the morphology of rapidly precipitated immiscible blends of polystyrene and polyisoprene[J]. Polymer, 1996, 37: 5795-5805.

[124] Miles I S, Zurek A. Preparation, structure, and properties of two-phase co-continuous polymer blends[J]. Polym Eng Sci, 1988, 28: 796-805.

[125] Levij M, Maurer F H J. Morphology and rheological properties of polypropylene-linear low density polyethylene blends[J]. Polym Eng Sci, 1988, 28: 670-678.

[126] Metelkin V I, Blekht V S. Formation of a continuous phase heterogeneous polymer[J]. Colloid J USSR, 1984, 46: 425-429.

[127] Mekhilef N, Verhoogt H. Phase inversion and dual-phase continuity in polymer blends: theoretical predictions and experimental results[J]. Polymer, 1996, 37: 4069-4077.

[128] Utracki L A. On the viscosity-concentration dependence of immiscible polymer blends[J]. J Rheol, 1991, 35: 1615-1637.

[129] Krieger I M, Dougherty T J. A mechanism for non-Newtonian flow in suspension of rigid spheres[J]. Trans Soc Rheol, 1959, 3: 137-152.

[130] Steinmann S, Gronski W, Friedrich C. Cocontinuous polymer blends: influence of viscosity and elasticity ratios of the constituent polymers on phase inversion[J]. Polymer, 2001, 42: 6619-6629.

[131] Bourry D, Favis B D. Cocontinuity and phase inversion in HDPE/PS blends: influence of interfacial modification and elasticity[J]. J Polym Sci B Polym Phys, 1998, 36: 1889-1899.

[132] 唐涛, 陈辉, 黄葆同. 二元不相容共混物相形态控制[J]. 高分子材料科学与工程, 1995, 11: 60-63.

[133] Avgeropoulos G N, Weissert F C, Biddison P H, Böhm G G A. Heterogeneous blends of polymers. Rheology and morphology[J]. Rubber Chem Tech, 1976, 49: 93-104.

[134] Okada O, Keskkula H, Paul D R. Mechanical properties of blends of maleated ethylene-propylene rubber and nylon 6[J]. Polymer, 2001, 42: 8715-8725.

[135] Ho R M, Wu C H, Su A C. Morphology of plastic/rubber blends[J]. Polym Eng Sci, 1990, 30: 511-518.

[136] Antunes C F, van Duin M, Machado A V. Morphology and phase inversion of EPDM/PP blends: effect of viscosity and elasticity[J]. Polym Test, 2011, 30: 907-915.

[137] Willemse R C, Posthuma de Boer A, van Dam J, Gotsis A D. Co-continuous morphologies in polymer blends: a new model[J]. Polymer, 1998, 39: 5879-5887.

第6章

填充改性高分子材料流变学

高分子流变学研究黏弹行为及其与高分子结构、加工性能间的关系[1]。根据施力方式，流变学研究方法一般分为连续旋转稳态剪切流测试、瞬时应力或应变幅度下依时性黏弹响应测试、小幅（$\gamma_0 \to 0$）动态振荡剪切测试等三种模式[2,3]。频率 $\omega \to 0$ 时，均相高分子体系小振幅动态流变行为符合线性黏弹性理论[4]，储能模量 G'、损耗模量 G'' 与频率的关系曲线满足标度关系 $G' \propto \omega^2$、$G'' \propto \omega$。填充改性高分子是典型的非均相体系，其流变行为颇为复杂（图6.1）。在低应变幅度下，低频（或长时）终端区域黏弹响应通常偏离线性黏弹理论，"第二平台"行为显著[5-8]。在一定频率下，随应变幅度 γ_0 增加，填充改性高分子材料呈现非线性黏弹性。一般而言，线性黏弹性对粒子的分散状态敏感[9-16]，常用于评价表面改性、界面相互作用对粒子分散性及分子弛豫行为的影响[11,12]，而非线性流变行为对界面相互作用与微观结构变化极为敏感，可反映填充改性高分子材料的加工性质和动态使用性能。

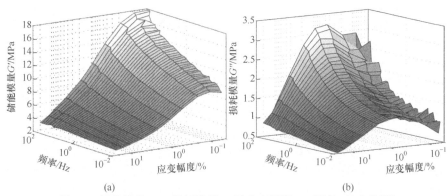

(a)   (b)

图6.1　储能模量 G'、损耗模量 G'' 随应变幅度 γ_0、频率 ω 的变化[24]

填充改性高分子材料的流变行为与基体化学结构、粒子聚集结构及高分子-粒子界面相互作用密切相关，且强烈依赖于粒子体积分数 φ 和结构（如拓扑、表面性质、粒径等）[9,17-23]。其典型的流变学现象包括：

（1）补强效应。粒子填充导致低频模量、低剪切速率下黏度随粒子体积分数增大而非线性变化。粒子表面改性可提高粒子-基体间亲和性，抑制粒子团聚，降低熔体黏度与模量。

(2)类液-类固转变。高填充(粒子体积分数高于逾渗阈值 φ_c)时，填充改性高分子材料在低频区域出现"第二平台"、类液-类固转变等现象。纳米粒子填充体系在极低粒子体积分数下即出现类液-类固转变。

(3)剪切变稀行为。粒子填充显著影响流变行为的剪切速率依赖性，填充改性高分子材料往往在低剪切速率下即呈现剪切变稀行为；一些体系在低剪切速率下发生屈服，屈服应力(yield stress)表现为随粒子尺寸降低、随粒子体积分数增大而增加。

(4)熔体弹性减弱。稳态流动法向应力差和挤出膨大比往往随粒子体积分数增加而降低。

本章介绍填充改性高分子材料的补强机理、分子弛豫行为、线性流变行为和非线性流变行为及其相关机理。

6.1　补强机理

6.1.1　类液-类固转变

粒子填充导致高分子熔体 G'、G''、复数模量 G^* 与复数黏度 η^* 增大。随 φ 增加，低频区域长时弛豫特征发生显著改变，熔体从简单的黏弹性流体向高弹性固体转变。填充体系 G'-ω 关系曲线中低频"第二平台"模量及损耗角正切 $\tan\delta$-ω 关系曲线的特征损耗峰均表明，粒子可能在基体中形成网络结构[7,13]。

类液-类固转变的判据包括：δ-G^*关系曲线、Cole-Cole 曲线(损耗黏度 η''-储能黏度 η')、η^*-G^*关系曲线(图 6.2)。根据 δ-G^*关系曲线，低填充类液体系 δ 接近 90°，而 φ_c 附近低模量端 δ 显著降低；根据 Cole-Cole 曲线，低填充类液体系呈现高分子松弛所决定的半圆形，而高填充类固体系在高黏端出现拖尾现象，对应填料结构长时弛豫。根据 η^*-G^*关系曲线，类液体系具有稳态黏度；随逾渗网络的形成，类固体系出现屈服应力，且其低模量侧的黏度行为发散。填充体系类液-类固转变的具体原因尚有争议，可能的机理有[25]：粒子表面吸附分子链的松弛变慢，粒子间长链的桥结，低、中浓度粒子所形成的"拥挤网络"(jamming network)，高浓度粒子间的胶体与摩擦相互作用及间接接触粒子间润滑条件的破坏等。然而，这些结论均是在忽略高分子弛豫特征的前提下得出的，因而是不可靠的。应注意的是，这三个所谓的类液-类固转变判据，是基于线性黏弹性流变数据的简单的数学变换所提出的，并不能给出严格的、可信的证据。

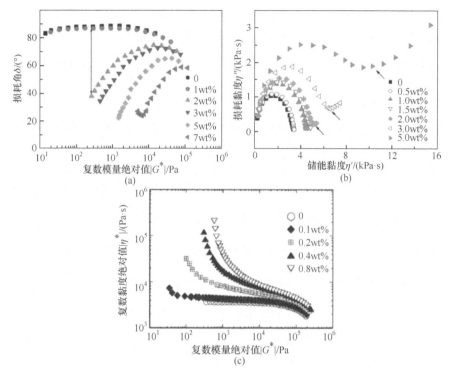

图 6.2   三个类液-类固转变判据

(a)δ-G^*关系曲线,碳纳米管填充聚对苯二甲酸丁二醇酯(polybutylene terephthalate, PBT)[26];(b)Cole-Cole 曲线,
碳纳米管填充 PCL[27];(c)η^*-G^*关系曲线,碳纳米管填充 PCL[12],图中百分数显示碳纳米管的质量分数

6.1.2   "零切黏度"与"平衡模量"

许多研究基于"线性黏弹模量"来探讨填充改性高分子材料的补强机理。然而,填充改性高分子材料的"线性黏弹性"存在与否,仍有争议。50 年多前,Payne[28]注意到高填充混炼胶的屈服问题。非线性流变测试结果表明,高填充混炼胶可能不存在线性黏弹响应[29]。门尼黏度计或毛细管流变仪测试结果表明,高填充混炼胶可在 1～10 MPa 应力范围内发生屈服。此外,高填充混炼胶在极低剪切速率(10^{-5} s^{-1},对应应力为 10 MPa)下既不出现牛顿黏度平台,也不发生屈服[30]。近似地,应在足够低的剪切速率下讨论"零切黏度",或在足够低的动态应变幅度下讨论"平衡模量"。然而,基于所谓的"零切黏度"或"平衡模量"来讨论补强机理时,必须考虑测试剪切速率、频率的影响。许多文献报道的结果和教科书采用的模型,均未考虑剪切速率、频率的影响。因而有关补强机理的讨论,特别是涉及平衡态粒子团聚体几何、分维度、粒子网络结构等的描述,可信程度不高。

虽然粒子形状、尺寸影响最大堆积分数,但填充改性高分子材料黏度随 φ 的变化基本符合统一规律,例如,粒子通常引起悬浮液黏度或低幅模量单调升高

（图 6.3）。低填充悬浮液黏度满足 Einstein 方程或 Smallwood 方程。φ 较高时，常用 φ^2 或最大粒子堆积分数 φ_{m} 来校正粒子-粒子相互作用的影响。仅考虑粒子几何效应时，常采用 Einstein-Smallwood 方程、Guth-Gold 方程修正形式（引入三体相互作用[31]、粒子有效体积分数[32]、粒子聚集体各向异性参数[33]等）来描述黏度（模量）随 φ 的变化[34]。φ 高于临界体积分数 φ_{c} 时，炭黑（CB）、白炭黑（主要成分为 SiO_2）等活性粒子在基体中团聚，形成团聚体或粒子网络结构。其补强效果可能取决于粒子簇-粒子簇团聚（cluster-cluster aggregation，CCA）[35]或刚度逾渗（rigidity percolation）过程[36]。

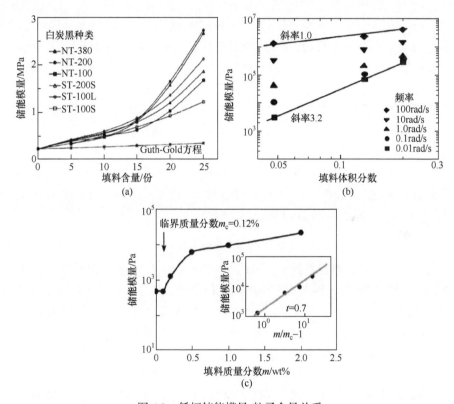

图 6.3 低幅储能模量-粒子含量关系

(a)白炭黑填充聚乙酸乙烯酯（90 ℃、5 Hz）[37]；(b)白炭黑填充聚丁二烯（10 ℃、γ_0 = 0.5%）[38]；
(c)碳纳米管填充聚甲基丙烯酸甲酯（0.5 rad/s、γ_0 = 0.5%）[39]

6.1.3 流体动力学补强

流体动力学理论假设：粒子会干扰不可压缩连续相介质的流动，产生额外的能量耗散，导致悬浮体系宏观黏度增加[40]。对于刚性粒子悬浮体系，Einstein[41]提出相对黏度（η_{r}）线性方程：

$$\eta_r = 1 + [\eta]\varphi \tag{6.1}$$

式中，$[\eta]$为特性黏度。若刚性球形粒子分散于牛顿流体中，其$[\eta]$通常为 2.5[42]。悬浮体系存在溶剂化过程，连续相介质在粒子表面形成包覆层（或称溶剂化层、吸附层等），常用有效体积分数 φ_{eff} 代替 φ[40]。无论连续介质为液体还是固体，Einstein 方程可描述刚性粒子悬浮体系的其他物理性质，如杨氏模量、介电常数等[40]。然而，Einstein 方程仅适用于忽略粒子间相互作用、粒子均匀分散、稳定悬浮、浓度极低的刚性粒子悬浮体系。在亚浓体系，流体动力学相互作用更为显著，其相对黏度可表示为一般形式：

$$\eta_r = 1 + [\eta]\varphi + C_2\varphi^2 + C_3\varphi^3 + \cdots \tag{6.2}$$

式中，$O(1)$项源于溶剂应力；$O(\varphi)$项源于孤立粒子的贡献；$O(\varphi^2)$项包含远场相互作用和近场流体力学作用分布函数的积分加权；$O(\varphi^3)$等更高次项一般较少考虑。通过计算三体流体动力学相互作用[43]，发现 C_2=5.0、C_3=9.1。基于全流体动力学相互作用计算[44]，得 C_2=4.8、C_3=6.4。一系列理论工作基于硬球粒子的简单排列行为来预测系数 C_2（也称为 Huggins 系数）。在高频（流体动力学极限）、低频（流体动力学效应与结构化效应同时起作用）条件下，系数 C_2 的"精确"数值解分别为 5.0、5.9 [45,46]。在低剪切条件下，硬球悬浮体系有限剪切模量、有效黏度的 C_2 系数分别为 6.2、7.6[47]。Guth-Gold 模型[40]考虑了高浓度粒子间的相互扰动，预测 $C_2 = 14.1$，即著名的 Guth-Gold 方程：

$$\eta_r = 1 + 2.5\varphi + 14.1\varphi^2 \tag{6.3}$$

大量理论结果表明，系数 C_2 一般为 2.5～15.6，广为接受的值为 7.3～14.1。另外，C_2 与粒子-高分子界面相互作用以及粒子间二体、三体（排空力）、多体相互作用等有关。对于阱形势弱吸引相互作用型黏性球来说，C_2=5.9，低于硬球体系[48]。相互作用较强（$4k_BT$）时，C_2 显著增加（～100 倍）。相反，排斥相互作用仅使 C_2 略大于硬球体系（如 $4k_BT$ 排斥能，仅使 C_2 增加 5%）。接近于紧密接触时，黏性球间流体动力学相互作用存在奇点，其迁移系数对短程吸引势强度较为敏感。径向分布函数偏离硬球分布时，黏性球的 C_2 可表达为 C_2=5.9+1.9/B（零频率）、C_2=5.0+1.1/B（高频率）[49]。其中，B 为无尺度 Baxter 相互作用参数（或称为黏滞度参数），一般为正值，反映粒子间短程相互作用。若本体应力包括流体动力学相互作用以及布朗运动和粒子间势的贡献，则 C_2=6.2+3.8/B[50]。对于 CB、SiO$_2$ 等活性填料粒子，填充程度较高时，补强效应与链状粒子聚集结构紧密相关，远高于 Guth-Gold 模型预测结果。常引入长径（宽）比 f 来扩展 Guth-Gold 模型[40]：

$$\eta_r = 1 + 0.67(f\varphi) + 1.62(f\varphi)^2 \tag{6.4}$$

长径(宽)比的概念在其他流体动力学表达中经常使用。

以下简述其他常用或不常用的经典流体动力学方程。这些方程试图描述更宽粒子含量范围内的黏度或模量变化。假设浓悬浮液体系中所有粒子引入的流体动力学效应可叠加，Arrhenius[51]提出 Einstein 方程微分形式：

$$\frac{\mathrm{d}\eta}{\eta}=[\eta]\mathrm{d}\varphi \tag{6.5a}$$

$\mathrm{d}\varphi$ 足够小时，Einstein 方程成立。式(6.5a)的积分形式即为 Arrhenius 方程：

$$\ln\eta_\mathrm{r}=[\eta]\varphi \tag{6.5b}$$

刚性粒子不可能占满悬浮体系的所有空间，其最大填充体积分数为 φ_m，随粒子各向异性增加而迅速减小。Krieger 等[52]在 Arrhenius 方程基础上引入粒子拥挤因子 $1/\varphi_\mathrm{m}$，得到：

$$\frac{\mathrm{d}\eta}{\eta}=\frac{[\eta]\mathrm{d}\varphi}{1-\varphi/\varphi_\mathrm{m}} \tag{6.6a}$$

其积分形式即为 Krieger-Dougherty 方程：

$$\eta_\mathrm{r}=(1-\varphi/\varphi_\mathrm{m})^{-\varphi_\mathrm{m}[\eta]} \tag{6.6b}$$

在 Krieger-Dougherty 相对黏度的一阶微分方程的基础上，Mooney[53]提出二阶微分方程：

$$\frac{\mathrm{d}\eta}{\eta}=\frac{[\eta]\mathrm{d}\varphi}{(1-\varphi/\varphi_\mathrm{m})^2} \tag{6.7a}$$

其积分形式为 Mooney 方程：

$$\ln\eta_\mathrm{r}=\frac{[\eta]\varphi}{1-\varphi/\varphi_\mathrm{m}} \tag{6.7b}$$

若忽略粒子拥挤效应，式(6.7b)可简化为 Barnea-Mizrahi 方程[54]：

$$\ln\eta_\mathrm{r}=\frac{[\eta]\varphi}{1-\varphi} \tag{6.8}$$

Sudduth[55-58]提出相对黏度广义微分方程：

$$\frac{\mathrm{d}\eta}{\eta}=\frac{[\eta]\mathrm{d}\varphi}{\left(1-\varphi/\varphi_\mathrm{m}\right)^n} \tag{6.9a}$$

式中，$n=0$、1、2 时分别退化为 Arrhenius 方程、Kreiger-Dougherty 方程和 Mooney 方程。$n\neq1$ 时，式(6.9a)的积分形式为

$$\ln \eta_r = [\eta]\varphi_m \frac{\left(1-\varphi/\varphi_m\right)^{1-n}-1}{n-1} \qquad (6.9b)$$

其 MacLaurin 级数展开形式为

$$\eta_r = 1+[\eta]\varphi+\frac{[\eta]}{2}\left([\eta]+\frac{n}{\varphi_m}\right)\varphi^2+\frac{[\eta]}{6}\left([\eta]^2+3[\eta]\frac{n}{\varphi_m}+\frac{n}{\varphi_m}\frac{n+1}{\varphi_m}\right)\varphi^3+\cdots \qquad (6.9c)$$

Cheng 等[59]提出另一种广义微分黏度方程：

$$\frac{d\eta}{\eta}=\frac{[\eta]d\varphi}{(1-\varphi)^n} \qquad (6.10a)$$

当 $n=0$、1、2 时分别退化为 Arrhenius 方程、Bruggeman 方程和 Barnea-Mizrahi 方程。$n \ne 1$ 时，式(6.10a)的积分形式为

$$\ln \eta_r = [\eta]\frac{(1-\varphi)^{1-n}-1}{n-1} \qquad (6.10b)$$

经 MacLaurin 级数展开后，其 $C_2=3.12+1.25n$、$C_3=2.60+3.54n+0.42n^2$。

考虑多个硬球运动之间的相互干扰[60]，得到

$$\eta_r = 1+\frac{2.5\varphi}{1-\varphi} \qquad (6.11)$$

此式($C_2=2.5$)适用于非布朗粒子高速运动[61]，或球形粒子不可压缩悬浮体系平均场近似条件[62,63]。对于单分散球形粒子浓悬浮体系，Hsueh 与 Becher[64]得到：

$$\eta_r = 1+\frac{2.5\varphi}{1-\varphi}+\frac{3}{5}\left(\frac{2.5\varphi}{1-\varphi}\right)^2 \qquad (6.12)$$

对应 $C_2=6.2$、$C_3=10$。Furuse 等[65,66]在 Einstein 方程的基础上引入能量耗散速度，得到：

$$\eta_r = 1+\frac{2.5\varphi}{1-\varphi}+\frac{6}{25}\left(\frac{2.5\varphi}{1-\varphi}\right)^2 \qquad (6.13)$$

对应 $C_2=4.0$、$C_3=5.5$。将 Einstein 方程拓展到浓悬浮体系[66]，考虑耗散能向热能的转变，得到

$$\eta_r = 1+\frac{2.5\varphi}{1-\varphi}+\frac{8}{25}\left(\frac{2.5\varphi}{1-\varphi}\right)^2+\frac{4}{125}\left(\frac{2.5\varphi}{1-\varphi}\right)^3 \qquad (6.14)$$

式(6.11)～式(6.14)可看作 Saito 方程的扩展。Bedeaux 等[67,68]考虑粒子间热力学相互作用，在 Saito 方程中引入 φ 依赖性 Saito 函数 $S(\varphi)=S_1\varphi+S_2\varphi^2+S_3\varphi^3+\cdots$，得到

$$\eta_r = 1 + [\eta]\varphi \frac{1 + S(\varphi)}{1 - 0.4[\eta]\varphi[1 + S(\varphi)]} \tag{6.15}$$

对应 $C_2 = 2.5(1 + S_1)$。Saito 函数描述两个或多个粒子间的相互作用，或粒子表面摩擦力的力矩，其一有用的近似可表达为：$S(\varphi) = (C_2/[\eta] - 0.4[\eta])\varphi$[61]，其他高频应用的函数形式包括：$S(\varphi) = \varphi - 0.19\varphi^2$[69]、$S(\varphi) = \varphi + 0.63\varphi^2$[43]、$S(\varphi) = 1.41\varphi - 1.19\varphi^2$[70]、$S(\varphi) = \varphi + 0.95\varphi^2 - 2.15\varphi^3$[68]、$S(\varphi) = \varphi + \varphi^2 - 2.3\varphi^3$[71]等。因少有涉及稳态黏度的 Saito 函数，van der Werff 等[70]建议高速、低速条件下 Saito 函数可分别取 $S(\varphi) = 1.42\varphi - 0.55\varphi^2$、$S(\varphi) = 2.21\varphi - 1.47\varphi^2$。

为描述粒子硬度的影响，宋义虎等[72]在 Mooney 方程中引入粒子硬度参数 k_R：

$$\ln\eta_r = \frac{k_R[\eta]\varphi}{1 - \varphi/\varphi_m} \tag{6.16a}$$

对于刚性粒子，$k_R = 1$；对于与基体模量相同的虚拟粒子，$k_R = 0$。式(6.16a)的 MacLaurin 展开式为

$$\eta_r = 1 + k_R[\eta]\varphi + \frac{k_R^2[\eta]^2}{2} + \frac{k_R[\eta]}{\varphi_m}\varphi^2 + \cdots \tag{6.16b}$$

在 $\varphi \to 0$ 时，式(6.16b)退化为 Pal 方程[73]：

$$\eta_r = 1 + k_R[\eta]\varphi \tag{6.17}$$

且 $k_R = 5(K-1)/(2K+3)$。其中，$K = G_f/G_m$，G_f、G_m 分别为粒子、基体弹性模量。

上述经典流体动力学方程是理想条件下的理论表达形式，适用于球形刚性粒子、不可压缩连续相流体、孤立粒子稳定悬浮体系等条件。经大量工作修正、扩展，这些理论表达可扩大其应用范围，如包括粒子团聚、界面吸附、非刚性粒子等复杂情况。一般来说，粒子聚集可造成粒子间流体运动受困。在不考虑界面吸附情况下，可采用"虚"有效体积分数 φ_{ef}，即

$$\varphi_{ef} = \frac{\varphi}{1 + \varphi - \varphi/\varphi_m} \tag{6.18a}$$

来修正流体动力学表达式[63]。假设受困流体含量正比于 φ，粒子聚集体含量可表示为 $\varphi_{agg} = 1 + \varphi - \varphi/\varphi_m$[74,75]。Graham 等[76]采用

$$\varphi_{ef} = \varphi\left\{1 + \left(\frac{1}{\varphi_m} - 1\right)\left[1 - \left(1 - \frac{\varphi}{\varphi_m}\right)^2\right]\right\}^{1/2} \tag{6.18b}$$

描述受困流体与粒子共同形成的聚集体的流体动力学效应。考虑粒子半径 R、聚集体半径 R_a、聚集体分维度 d_f，则[77,78]

$$\varphi_{ef} = \varphi \left(R_a / R \right)^{3-d_f} \qquad (6.18c)$$

根据自洽场近似，φ_{ef} 等于粒子真实体积分数与粒子间受困流体的体积分数之和[79]：

$$\varphi_{ef} = \varphi / \varphi_m + \frac{1-\varphi / \varphi_m}{1-\varphi / \varphi_m + \varphi_c / \varphi_m} \left(1 - \frac{R}{R_a} \right) \qquad (6.18d)$$

除"虚"有效体积分数外，常用局部有效体积分数 φ_e 来描述粒子补强行为。φ_e 可定义为[80]

$$\varphi_e = \varphi / \kappa \qquad (6.19)$$

式中，κ 为粒子聚集体内的局部粒子体积分数。若粒子表面溶剂（基体）界面层厚度为 $\varDelta$，则 φ_e 可表示为[81]

$$\varphi_e = \varphi [(1+2\varDelta / R)^3 - 6(\varDelta / R)^2] \qquad (6.20a)$$

$\varDelta \ll R$ 时，有

$$\varphi_e = \varphi (1+6\varDelta / R) \qquad (6.20b)$$

若吸附链形成紧密堆积结构，填充体系可按硬球悬浮体系处理，φ_e 为[82,83]

$$\varphi_e = \varphi (1+\varDelta / R)^3 \qquad (6.20c)$$

且 $[\eta]$ 与粒子-高分子界面滑移无关，可表示为[84]

$$[\eta] = 2.5 \left(1+\varDelta/R \right)^3 \qquad (6.21)$$

粒子/橡胶在混炼胶中，粒子-橡胶相互作用导致结合胶的形成。φ_e 应包括填料体积分数和结合胶体积分数的二分之一[85]。Majesté 和 Vincent[86]建议：

$$\varphi_e = \varphi (1-\varphi_{bd} / \varphi_{bdm})^{1/3} \qquad (6.22)$$

式中，φ_{bd} 为结合胶含量，φ_{bdm} 为其最大值。

6.1.4　非流体动力学补强

因粒子-高分子界面短程范德瓦耳斯吸引力、长程静电排斥力、排空斥力和耗散引力等相互作用，高分子可吸附在粒子表面，并形成受限层（链段松弛时间长于自由橡胶相），甚至玻璃化层（玻璃化转变温度无限高）。粒子可通过直接接触或经吸附链桥接而形成分形聚集体团簇[87]。φ 达到阈值 φ_c 后，粒子聚集体经由逾渗（percolating）或拥堵（jamming）机理而形成分形粒子网络结构等。这些结构化效应均对补强有贡献。

基于扩散控制的聚集模型，可模拟粒子通过复杂的行走、支化而生成聚集体的过程。在该模型中，所有的生长过程均源自单个不可移动的生长位点，且仅临近的单个粒子可参与聚集体生长[88]。基于扩散控制的团簇聚集模型，也可模拟粒

子及其团簇的聚集过程。该模型中粒子簇的聚集速率由碰撞速率决定，临近粒子簇一旦接触即合并为更大的团簇[89]。在反应控制的团簇聚集模型中，聚集过程受碰撞概率控制，粒子团簇必须越过排斥势垒后才能彼此接触并形成不可逆连接[90]。在相互连接之前，团簇必须发生大量碰撞，尝试所有可能构象。当 $\varphi > \varphi_c$ 时，粒子簇形成分形网络结构，显著影响补强效应。CCA 模型预测"平衡模量" $G_0 = \lim_{\omega \to 0} G'(\omega)$ 符合胶体凝胶弹性标度理论[35,91,92]：

$$G_0 \propto \varphi^x \tag{6.23}$$

其标度指数 x 与粒子簇结构有关，表 6.1 给出了其理论预测值。需要指出，由于观察条件(频率、应变幅度、温度)的任意性，填充改性高分子复合材料流变的实验研究，很难准确确定标度指数并根据其实验值定量探讨粒子簇的分形结构。

表 6.1　标度指数 x 的理论值

理论值	适用条件
$(3+d_{fB})/(3-d_f)$	纳米粒子在其平衡位置涨落[35,93]
$5/(3-d_f)$	非涨落分维粒子的半稀悬浮体系[94]
$(7+2d_{fB}-2d_f)/(3-d_f)$	分维体屈服模型[92]
$(2\varepsilon+2\delta+1)/(3-d_f)$	分维聚集体凝胶[95]
$[(d_{fB}+3)-\zeta(d_{fB}+2)]/(3-d_f)$	3D 分维体[96-98]
4.5	3D 体系，反应限制的粒子簇聚集模型(粒子絮凝网络所决定的弱连接极限)[99,100]
3.5	3D 体系，扩散限制的粒子簇聚集模型(粒子簇所决定的强连接极限)[99,100]

注：粒子骨架分形维度 $d_{fB}=1.0\sim1.6$，一般取 1.3[35,92,101,102]；粒子网络分形维度 d_f 一般取 1.8；参数 δ (0~2)与粒子簇中可变形连接的数目有关；参数 ε (0~1)与连接键的可弯曲度有关[95]；参数 $\zeta=0$ 对应强连接极限(团簇间连接强度高于团簇自身强度)，$\zeta=1$ 对应弱连接极限[96-98]

若粒子沿压缩方向形成"力链"，悬浮体系被认为发生拥堵转变[103]。若粒子受应力驱动而形成拥堵状态，填充体系则发生动态拥堵转变(如剪切增稠液黏性因快速冲击而显著增加)，表现为类固体。与固体不同的是，应力增大或应力作用方向的改变均可能导致拥堵状态的消失。Liu 等[104]提出拥堵转变相图，认为如沙堆、剃须刀泡沫、乳液、高分子纳米复合材料等均可发生统一的拥堵转变。此转变与温度、密度及载荷(应力)有关，仅在密度足够大的条件下出现，而升高温度或增加应力均可导致这些体系转变为去拥堵(dejamming)状态。拥堵模型认为，悬浮体系的流变行为与粒子接触网络的几何有关。粒子紧密接触造成黏度发散，类似于发生可形变-不可形变相转变[105]。粒子簇的形成，造成运动液体受困，黏度发散行为加速。与大分子链松弛相比，驱动拥堵材料松弛的动力学过程一般要慢 10 个数量级以上[106]。根据硬球体系的 Stoke 动力学模拟，流体动力学力造成粒子簇尺寸在 φ_m 处趋于无穷大，可表示为 $[1-(\varphi/\varphi_m)^{1/2}]^{-1}$ 函数[107]。需要指出，基于所谓的拥堵相图讨论沙堆和高分子纳米复合材料流变行为的一致性是不可取的，因为高分子基体的作用完全被忽略了。迄今，笃信所谓"拥堵转变"的学者，甚至没有提出所谓的"平衡模量"的准确表达。一些学者选择由式(6.23)给出的标度理论方程来描述"拥堵转变"过程的"平衡模量"[108]，另一些学者则选择以下经验方程来描述粒子浓度趋于拥堵态时流体动力学耗散或摩擦所引起的模量(黏度)发散行为，即

$$G_0 \propto (\varphi_c - \varphi)^{-z} \tag{6.24}$$

式中，标度指数 z 与微观相互作用紧密相关，其理论预测值为 1.0～4.0[109]（表 6.2）。φ_c 为与 φ_m 无关的拥堵转变临界填料体积分数。注意式(6.24)与一些流体动力学表达是相同的。例如，取 $\varphi_c=[\eta]^{-1}$，平均场近似结果($z=1.0$)与 Ford 方程[110-112]是等价的；取 $\varphi_c=\varphi_m$，式(6.24)在 $z=\varphi_m[\eta]$ 时等于 Krieger-Dougherty 方程[113,114]，在 $z=[\eta]$ 时等价于 Roscoe 方程[115,116]，在 $z=2.5$ 时等价于 Landell 方程[117]，在 $z=2.0$ 时等价于 Quemada 方程[118,119]，在 $z=1.8$ 时等价于 Orr-Dalla Valle 方程[117]。常采用 Krieger-Dougherty 描述混炼胶黏度[120,121]，但 φ_c 值远低于硬球体系的经典值(0.64)。

表 6.2   指数 z 的理论值

理论值	适用条件
1.0	粒子间润滑膜决定的耗散行为[122]；Ford 方程，$\varphi_c=[\eta]^{-1}$[110-112]
2.0	一级相变决定的粒子成簇过程[123]；非放射位移造成的耗散增强行为[124]
2.2	粒子沿特定几何轨迹运动造成的耗散行为[105]；流速异常涨落造成的黏度突增[125]
2.8	流动构型类似于最大应力呈各向异性的拥堵结构，且额外应力增量造成去稳定化[126]
4.0	无摩擦粒子通过触点而产生弹性承力簇[125]

de Gennes[127]指出，φ 足够高时，布朗运动不显著的球形粒子逐渐形成团簇结构。φ 高于逾渗阈值 φ_c 时，团簇之间相互接触而形成"渗透"整个材料体系的无限大团簇结构，即刚性逾渗网络[128]。虽然本书对拥堵转变临界填料体积分数、逾渗阈值的指代符号写法相同，二者的物理含义是不同的。不可否认，如同沙堆可

承力，刚性逾渗网络也具有特定的力学响应。例如，将十八碳链改性的亚微米球形 SiO_2 粒子悬浮于正十六烷中，随温度降低，该体系形成具有可测屈服应力和弹性模量的分维网络 (d_f=2.1)[129]，这为逾渗网络结构提供了直观的例子。在加工过程中，CB 等活性纳米粒子可吸附高分子并形成紧密吸附链、松散吸附链[130,131]，在高分子基体中发生絮凝和网络化[132]，为粒子结构化和界面相互作用提供了证据。Kerner-Nielsen 模型[133,134]被用以描述 φ 稍高于 φ_c 时的粒子团聚与网络化行为[135,136]。对于聚丙烯酸丁酯而言，无规分散的亚微米级 PS 硬粒子在 $\varphi > \varphi_c$ 时导致橡胶平台区呈现显著的补强效应[137]。若在 PS 粒子松弛温度以上进行热处理，补强效果还将进一步提高。若粒子-高分子界面相互作用较强，分子链在粒子表面吸附寿命较长，所形成的粒子-高分子网络可有效传递应力。粒子可作为网络节点，而粒子-高分子网络发生逾渗时补强效应最强[138]。若粒子表面固定化层发生逾渗，则可有效隔离聚集体[139]，此时补强效应也可能最强。

Quemada[118]与 de Gennes[127]建议采用刚度逾渗模型[36]描述非稀悬浮体系的补强效应。该模型可经验性地解释各种悬浮体系"平衡模量"，以及稳态黏度在 $\varphi > \varphi_c$ 时的发散行为[140]，有时甚至适用于从 φ_c 到远超过理论预期的浓度范围内的"平衡模量"[141]。当 $\varphi > \varphi_c$ 时，粒子网络的物理性能无疑由无限大粒子簇所决定[141]。根据凝胶理论，逾渗体系的"平衡模量"为[142]

$$G_0 \propto (\varphi - \varphi_c)^y \tag{6.25}$$

式中，指数 y 与相邻粒子间连接及承力机制有关。对于刚性粒子三维逾渗网络，y 的理论值一般为 2.10～3.75[36]（表 6.3）。对于硬粒子接触网络，广泛接受的理论值一般为 3.30～3.75[143-146]。然而，y 的实验值范围极宽 (0.7～4.1)[93,147-155]。理论模型的修正可在一定程度上拓展 y 的理论值范围，如考虑粒子接触网络中逾渗键的自由旋转，$y = 2.1$；考虑承力簇侧枝的可拉伸性，$y = 4.3$[156]。基于高分子场论和非格子模型模拟，若粒子网络的形成是由高分子调控的（典型的随机逾渗网络），其分维度 d_f=2.5，$y = 1.88$；若粒子网络是由强粒子-粒子相互作用调控的，其指数较高 ($y = 5.3$)[157]。Filippone 等[158]认为，y 值与粒子网络强度反映高分子-粒子相互作用；强亲和性 (good affinity) 体系的 y 值较低，弱相互作用体系在 φ_c 附近粒子网络弹性低。应注意，粒子补强效应是有条件依赖性的。因实验测试难以达到"平衡态"，动态流变测试所得的 y 的实验值一定与测试的频率 ω、应变幅度 γ_0 有关。填充改性高分子材料的低频流变行为反映粒子逾渗网络结构，而高频流变行为则反映高分子运动，建议分别采用 CCA 模型与 Krieger-Dougherty 方程来描述低频、高频 G' 与 φ 的关系[159]。然而，对于不同的高分子和不同分子量的高分子基体，在不同测试温度下的弛豫过程是不同的，基于实验频率窗口难以界定何谓"高频"，何谓"低频"[109]。

表 6.3　指数 y 的理论值

理论值	适用条件
1.9	高分子桥接的粒子网络(d_f=2.5)，随机逾渗网络[168]
2.1	基于能相互作用的粒子网络，逾渗键可抵抗拉伸变形，但可独立旋转[36]
3.8	逾渗键可承受应力，其侧枝可经受拉伸变形[97]
4.3	格子模型，逾渗键可弯曲[36,156]
5.0	瑞士奶酪模型[169]
2.10～3.75	取决于粒子簇承力机制[36]

　　此外，φ_c 代表粒子网络化所需的最小浓度，取决于粒子拓扑结构与粒子-高分子间界面相互作用。粒子网络可由粒子簇之间直接接触而形成，也可由吸附链桥接而形成。在一些导电粒子填充体系中，利用流变学方法确定的 φ_c 可能低于、等于或高于电阻法所确定的值[39,160-165]，二者无明显关联。考虑流变测试结果的条件依赖性和数据分析的任意性，二者的差异是可以理解的。另外，粒子结构与分散性也显著影响 φ_c。初级粒子分形结构发达时，φ_c 可能很低[93,166,167]。基于平均场橡胶弹性理论(y=3)，将 $G_0^{1/3}$ 对 φ 作图，外推至 G_0=0 Pa，可确定 φ_c[167]。所得 φ_c 值接近于 d_f=1.8 时的理论预测值 $\varphi_c=\left(R_a/R\right)^{d_f-3}$。

6.1.5　时间-浓度叠加原理

　　一般认为，黏度或模量与高分子、流体动力学效应、粒子-高分子界面相互作用、粒子网络等四部分相关，如图 6.4(a)中低应变幅度部分所示。若应变幅度足

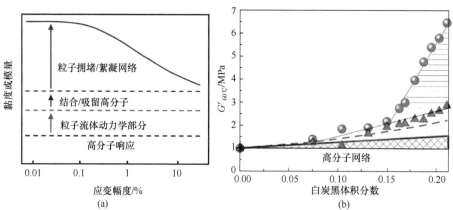

图 6.4　(a)填充改性高分子材料黏度或模量贡献示意图；(b)白炭黑填充溶液聚合丁苯胶在 $\dot\gamma_0\to0$(圆圈)、$\dot\gamma_0\to\infty$(上三角)下的储能模量(60 ℃)[176]

(b)显示"粒子网络"(水平线阴影部分)、玻璃化层与包合胶(垂直线阴影部分)、粒子流体动力学效应(交叉线阴影部分)，细实线表示橡胶平台模量(非填充网络极限)，粗实线表示 Einstein-Smallwood 方程预测结果，粗虚线表示 Guth-Gold 方程预测结果

够低且动态应力不破坏粒子聚集体结构，填充高分子体系处于线性黏弹区，具有恒定的模量值，如图 6.4(a)中低应变幅度部分所示。

无论是流体动力学方程还是 CCA 模型、Jamming 模型、逾渗模型，仅考虑了粒子在基体中的几何排列与聚集，均忽略了大分子链对粒子的拓扑屏蔽效应[93]以及粒子对大分子链弛豫行为的影响。粒子填充可能导致结合橡胶或界面受限层的形成[38]，降低弹性有效链段长度[170]。刚性粒子的存在，同时产生显著的应变放大效应(strain amplification effect)，即粒子间隙中高分子基体的局部应变远大于宏观应变[171]。流体动力学理论常混淆应变放大效应、补强效应，而 CCA 模型、Jamming 模型、逾渗模型则很少考虑界面作用对应变放大效应、补强效应的影响，且无法预测低频模量平台(类液-类固转变)产生的位置，更无法解释填充改性对能量耗散行为的影响。为解释界面相互作用的贡献，这些模型常采用有效体积分数，但仍无法解释诸多流体动力学模型的适用浓度范围以及 CCA 模型、Jamming 模型、逾渗模型中指数(x、y、z)理论值与实验值之间的巨大差异。

常从填充改性高分子材料微观结构来解释这些理论与实践结果的差异。第一种观点认为，填充改性高分子材料微观结构复杂，其补强行为不遵循简单的流体力学效应及其修正形式(引入三体相互作用[172]、粒子有效体积分数[32]、粒子聚集体各向异性参数[33]等)或 Jamming 模型、逾渗模型等。需"分段"讨论流变行为，如采用 Guth-Gold 方程描述流体力学补强效应(低应变幅度模量，$\varphi < \varphi_c$；高应变幅度模量，全组成)，但必须考虑结合/吸留(bound/occluded)高分子的额外贡献($\varphi > \varphi_c$ 时显著)[85]、粒子逾渗或拥挤网络($\varphi > \varphi_c$)的补强效应[图 6.4(b)]。第二种观点认为，粒子-粒子相互作用可能不是粒子补强的主要原因。例如，将分维纳米粒子聚集体视为等价有效球，可采用"三相复合材料球"模型来定量解释纳米复合材料在较宽粒子浓度范围内的补强效应[173]。第三种观点认为，粒子填充改性高分子材料的流变行为与一般悬浮体系(非高分子基)存在本质上的不同。高分子基体在极宽的频率、应变幅度范围内呈现极其复杂的弛豫行为，且流变响应受温度显著影响。假设 $\varphi > \varphi_c$ 时存在逾渗网络结构，其弛豫行为与高分子基体相互叠加，导致填充改性高分子材料线性流变行为具有频率、应变幅度、温度等依赖性。这些依赖性，一方面影响黏度、模量的测试结果及其解析，另一方面也使粒子填充改性高分子材料在较低的应变幅度下即呈现显著的非线性黏弹性。

事实上，无论是动态流变还是稳态流变，粒子填充改性高分子材料模量(黏度)测试结果与频率(剪切速率)密切相关。填充改性所造成的 G'、G'' 随 φ 的变化(采用相对储能模量 R'、相对损耗模量 R'' 表示)，具有频率依赖性，即与高分子弛豫行为密切相关。宋义虎、郑强等[109,174,175]发现，填充改性高分子材料的补强与耗散行为符合时间-浓度叠加(time-concentration superposition，TCS)原理。将不同频率下的 R'-φ、R''-φ 关系沿 φ 轴平移，可形成叠加曲线。叠加曲线在临界体积分数

φ_c 以下斜率为 1，在 $\varphi > \varphi_c$ 时符合标度律（图 6.5）。此 φ_c 不是传统意义上的几何逾渗转变或几何拥堵转变，而具有显著的频率依赖性，反映线性流变学行为的流体动力学-非流体动力学转变。可见，填充改性高分子材料的线性流变行为符合时间 - 浓度叠加原理。在高频或低浓度下，流变行为符合流体动力学机理；在低频或高浓度下，流变行为满足标度律；二者间的转变取决于高分子弛豫行为。

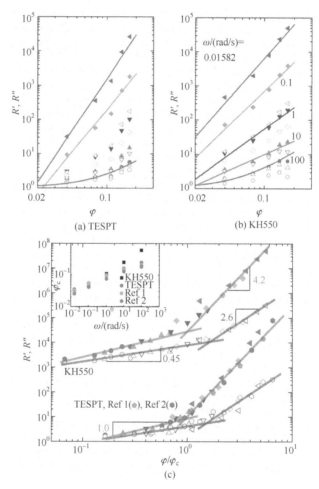

图 6.5   白炭黑填充天然胶的相对储能模量 (R')、损耗模量 (R'') 及其时间-浓度叠加主曲线
混炼胶含硅烷偶联剂 TESPT，或 KH550，或不含硅烷偶联剂[1,2]。插图显示基体流体动力学-非流体动力学转变临界浓度 (φ_c) 的频率 (ω) 依赖性[174]

6.1.6   非 Einstein 行为

以上模型均无法解释填充所造成的降黏问题。Malinskii 等[177]于 1974 年首次报道少量粒子 $(\varphi \leqslant 0.02)$ 填充所导致的降黏现象，将其归因于分子链在粒子表面吸

附及其所造成的界面自由体积的增加。近年来，纳米粒子可降低缠结高分子黏度现象的研究备受关注[178]。对于有机复合体系来说，高度交联的 PS 纳米球（3～5 nm）可降低线形 PS（52 kg/mol）熔体（170 ℃）终端黏度；50% PS 纳米球造成黏度降低 4 倍[179]。降黏是典型的非 Einstein 行为，其机理尚不清楚，可能与高分子构象变化、自由体积增加[179,180]、缠结结构变化[181]（缠结密度的稀释效应[180]）、分子链解缠结[182]）、分子链平动加速[183,184]等有关。对于缠结硅橡胶熔体，增塑（降黏）-增强（增黏）转变发生在粒子/高分子尺寸比远小于 1（0.17～0.18）时[183]。粒子半间距、粒子直径均小于高分子旋转半径时，分散体系呈热力学稳定状态，高分子因溶胀（分子旋转半径增大）而降黏[185,186]。粒子直径小于高分子缠结空间时，其扩散速度比 Stokes-Einstein 方程预测快 200 倍，降黏效应显著[187]。

6.2　分子弛豫行为

6.2.1　结构杂化

粒子填充可影响高分子弛豫行为。然而，有关粒子对高分子弛豫行为影响的研究尚无明确结论，且有的结论之间明显相互矛盾。在橡胶纳米复合材料中，分子链可扩散进入 CB 等高次结构填料的孔隙中，其动力学受限[188]，并与粒子共同形成三维"结构化"形态[189]。90 年前即发现，CB 含量高的混炼胶中存在不溶于良溶剂的粒子-橡胶凝胶（particle-rubber gel），其所含的橡胶组分被称为"结合胶"（bound rubber）。CB 含量较低（φ 低于或稍高于 φ_c）时，孤立 CB 聚集体吸附橡胶分子而形成可分散于溶剂的粒子-橡胶分散体（particle-rubber dispersions），其尺寸与粒子聚集体相当[190]。萃取后的混炼胶与普通硫化胶的行为相似，但其因结合胶含量较高、缺陷较多而强度降低[191]，且破碎后无法再次热成形。混炼胶中存在多种动力学行为不同的橡胶组分。混炼胶中存在紧密结合胶（受限组分）、松散结合胶（中等受限组分，包裹粒子聚集体）和自由橡胶或非结合橡胶（非受限组分）等能动性各不相同的组分[192-197]。非受限链一端与结合胶相连，另一端或者为自由端或者与其他粒子聚集体相连[198]。长 25～50 nm（与高分子量橡胶分子线团尺寸50 nm 相当）的丝状松散结合胶桥接不同的粒子/橡胶单元[199]，与非结合橡胶（包括可萃取组分）形成相互贯穿的三维网络（图 6.6）。也可将橡胶组分划分为结合胶（强吸附受限链段）、结合胶-非受限组分界面相、非受限组分（图 6.7）[198]。然而，由于纳米粒子的存在会严重干扰分子弛豫行为的检测结果，这些分子动力学分类并不严格。有些材料的结合胶至少含固定化和中等能动性两种组分[192]，有些则含固定化（紧密结合）、相对自由（松散结合）两种成分[192]。采用 ^{1}H 核磁共振横向弛豫谱可检测到低填充（20～40 份 CB）三元乙丙胶混炼胶的界面相残余二阶矩[198]，但高填充（60～70 份 CB）时检测不到界面相弛豫。在 CB/天然胶混炼胶中，紧密结合胶、松散结合胶含量均随粒子含量的增加而增加[130]。在80～110份CB填充的丁苯胶混炼胶中，结合胶中67%～80%组分为紧密结合胶，且结合胶、紧密结合胶含量均随粒子含量和结构度而增大[131]。

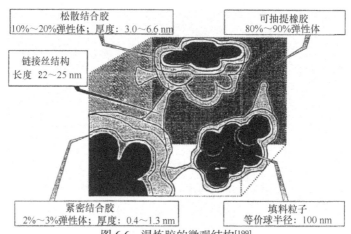

图 6.6　混炼胶的微观结构[199]

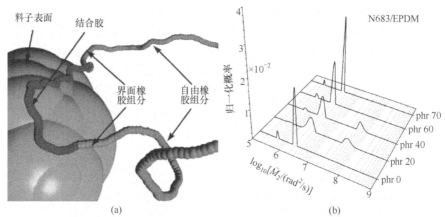

图6.7　(a)粒子表面及其附近分子链的不同成分；(b)CB填充三元乙丙胶混炼胶的归一化 ^{1}H 核磁共振横向弛豫谱二阶残余距 $\tilde{M}_2$ 随CB含量的变化[198]

取决于粒子分散性及粒子-高分子界面相互作用，粒子表面吸附链可形成结合高分子(bound polymer)[200]，包括受限橡胶壳(restrained rubbery shell)[201-205]、玻璃化层(glassy layer)等[206-209]。然而，有关纳米粒子对高分子 T_g、α 弛豫的研究结果之间存在显著差异。一些强相互作用填充体系可能检测不出 α 弛豫，也可能检出本体链与吸附链松弛所对应的两个 T_g[206-209]。这表明，纳米粒子也可能不影响界面附近链段动力学[200,201]。在球形 SiO_2 纳米粒子填充 PS 中，分子链总体上处于无扰构象(unperturbed conformation)[210]。

6.2.2　链段松弛

粒子分散状态、间距与比表面积等均影响分子链 α 弛豫行为。纳米粒子均匀分散时，运动受限的吸附链在粒子表面形成 1~3 nm 厚的固定化层，导致 T_g 升高、α 弛豫变慢[211-214]，如均匀分散的 SiO_2（~10 nm）使天然胶受限链 α 弛豫比本体慢 2~3 个数量级[215]。粒子聚集体具有的优异补强效果，但对分子动力学无显著影响[215]。间距小于线形分子链尺寸时，纳米粒子可同时降低黏度与 T_g[179]。但是，该结论不具有普适性。有时降黏与 T_g 升高现象同时存在；有时 T_g 降低的同时 α 弛豫动力学保持不变。

高分子纳米复合材料分子弛豫特性的测试结果与采用方法有关。粒子表面玻璃化层组分不发生 α 弛豫[216]，但一般无法采用 DSC 法检测到含量较低的固定化紧密结合胶组分[193]。例如，CB 为 50 份时，单分散聚丁二烯混炼胶及其 CB 粒子凝胶的 T_g 几乎相同，说明 CB 不影响基体的 α 弛豫[217]；CB/丁苯胶混炼胶的 T_g 也与生胶相同[218]。DMA 结果显示，粒子表面吸附分子的受限运动可影响混炼胶玻璃化转变，使其在高温侧或低频区域变宽[219]，模量-温度曲线显示低能动性吸附链的弛豫特性[220]。粒子形成拥挤网络时，$\tan\delta$ 峰强度与高温侧形状均发生变化[221]。高温（T_g 以上）区域出现的次级 $\tan\delta$ 峰可归属为粒子表面固定化层[222,223]或松散结合胶组分[224]的玻璃化转变，但尚存争议。准弹性中子散射谱（quasi-elastic neutron scattering spectrum）研究结果表明，粒子显著降低高分子弹性（动力学受限）组分的能动性[224]，而 T_g 区间的变化并不意味着 T_g 发生变化[225,226]。正电子湮灭谱（positron annihilation spectrum）研究结果表明，CB/三元乙丙胶混炼胶的界面区行为与橡胶本体是一样的[227]。纳米尺度上的分子链固定化作用不足以影响链段松弛，填充体系的高温 $\tan\delta$ 峰源于粒子物理交联所导致的不完整的终端松弛[228]。可以认为，粒子填充高分子体系的各种 T_g 变化（升高、降低或不变）或链段弛豫时间变化（增加或不变），可能反映粒子-高分子界面相互作用，但更多与任意选择的测试方法和测试条件以及模棱两可的数据分析方法有关[217]，不具有指导性。需注意的是，（纳米）粒子可能造成其附近分子链运动受限，甚至禁止 α 弛豫（玻璃化层中高分子的玻璃化转变温度无穷高），但不影响远离粒子的本体相中的分子链弛豫行为。即使在粒子凝胶中，能动性自由组分仍是填充改性高分子材料重要的组成[229]。

在填充高分子体系中，粒子间玻璃状高分子桥接链（glassy-like polymer bridges）的长度随粒子比表面积、φ 增加而降低[219]。玻璃化层影响 G' 的温度或频率依赖性[230]，从而影响"粒子网络"动力学与复合材料的低频黏弹性[231]。另外，粒子间桥接组分或固定化层的软化可能是复合材料动态软化的原因之一[230]。高分子基体的动态行为一般服从 Vogel-Fulcher 方程，而粒子-粒子相互作用、粒子间玻璃状高分子桥接链的动态行为符合 Arrhenius 热活化过程。粒子网络化、粒子表面高分子动力学变慢效应[231]、玻璃状高分子桥接链热活化效应[219]和基体-"粒子网络"松弛耦合效应[231]，常造成填充高分子体系动态流变时间-温度叠加原理失效，因而建立黏弹性主曲线时需要引入模量称动因子。

6.3 线性流变行为

6.3.1 时间-浓度叠加原理

参照时间-温度叠加原理，人们利用 TCS 原理研究粒子对填充改性高分子材料稳态与动态流变行为的影响。该原理不是填充高分子体系流变学的主流研究方法，其研究结果也一直存在争议，但其核心思想对理解填充高分子体系流变行为，特别是粒子、高分子及其界面相互作用的贡献具有启发意义。该原理源于Coussot[232]在水性黏土悬浮液稳态流变行为研究方面的开创性工作。采用约化剪切应力(τ/τ_c)-约化应变速率($\eta\dot{\gamma}/\tau_c$)图，可归一化悬浮液的流动曲线(η 为稳态黏度)。图 6.8、图 6.9 给出了三种填充高分子体系动态流变行为研究结果。

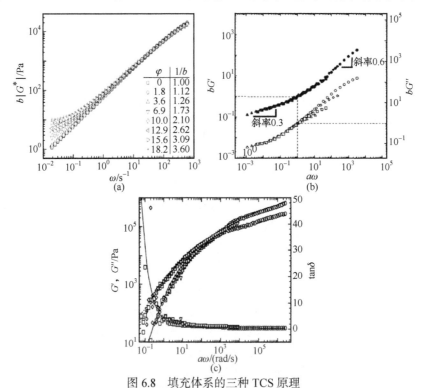

图 6.8 填充体系的三种 TCS 原理

(a)基于模量轴平移的 G^*频率谱(CaCO$_3$填充聚二甲基硅氧烷[233])；(b)基于模量轴、频率轴平移的 G'、G''频率谱(TiO$_2$填充 PP[153])；(c)基于频率轴平移的 G'、G''频率谱(木粉填充 PP[234])。a、b 为称动因子

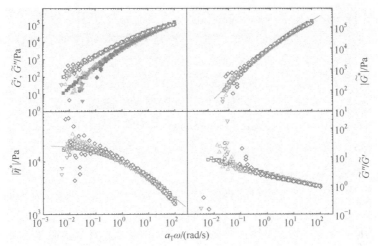

图 6.9　约化流变参数 $\widetilde{G'} = a_G(G' - G_0')$、$\widetilde{G''} = a_G(G'' - G_0'')$、$|\widetilde{G^*}| = a_G(|G^*| - G_0^*)$、

$|\widetilde{\eta^*}| = a_G(|\eta^*| - G_0^* / \omega)$、$\widetilde{G''}/\widetilde{G'}$ 与约化频率 $a_T\omega$ 的叠加曲线[243]

CB 填充 HDPE，$\varphi = 0 \sim 0.13$，160 ℃。a_T 为不同温度下的频率称动因子

　　第一类 TCS 原理是基于模量平移法来构建类液体线性流变行为叠加曲线。该法引入模量称动因子 a_m，也称应变放大因子 A_f，通过数据纵向平移将类液悬浮液的动态流变数据叠加到悬浮剂（或基体）上，获得 TCS 动态频率谱[235]。该法成功应用于一系列粒子分散体系，说明至少低含量（$\varphi < \varphi_c$）粒子不改变悬浮剂的高频动力学[120,233,236]。一般而言，粒子填充高分子体系高频（如 $\omega > 20$ rad/s）流变行为主要取决于高分子熔体，模量曲线与基体平行且 tanδ 曲线与基体重合，因而采用悬浮体系与悬浮剂的高频复数模量$|G^*|$或 G' 比值来定义 a_m 或 A_f。但是，该原理在粒子动力学主导的低频区域失效，且模量称动因子 a_m 或应变放大因子 A_f 缺乏严格的定义和明确的确定方法。

　　第二类 TCS 原理基于模量、频率平移法来构建类固体线性流变行为叠加曲线。将油性 CB 悬浮液的动态流变数据分别沿模量轴、频率轴平移（称动因子 a_m 与 a_ω），可获得类固悬浮体系（$\varphi > \varphi_c$）TCS 曲线[154]，说明 $\varphi > \varphi_c$ 时纳米粒子聚集体在基体中可能形成三维弹性网络，其动力学与高分子基体相互独立。该法成功应用于一些粒子分散体、填充改性高分子材料[153,237-242]。甚至于不同纳米粒子填充的 PS 熔体，其 G' 也可叠加成主曲线[4]。经验上，纵向称动因子可取静态屈服模量 G_c，横向称动因子可取 η/G_c。该原理揭示了粒子网络的贡献及其对高分子弛豫行为的推迟作用，但在高分子动力学决定的高频区域失效。然而，认为粒子拓扑结构、粒子-高分子界面作用等不影响类固体系中粒子网络的黏弹性质，即类固体系黏弹性遵循所谓的普适性规则的看法，是不可接受的。

　　第三类 TCS 原理基于频率平移法来构建类液体、类固体线性流变行为叠加曲线。例如，将木粉填充 PP 材料的动态流变曲线沿 ω 轴平移，不做任何模量校正，得到以 PP 熔体为参考浓度（$\varphi = 0$）、涵盖类液与类固浓度范围的 TCS 叠加曲线[234]。该法适用的频率范围有限，完全忽略填料自身的流变学贡献，对几乎所有填充改性高分子体系在一般频率范围内的动态流变行为不具适用性。

第四类 TCS 原理是含屈服模量修正项的模量平移法。宋义虎等[243]考虑粒子相结构屈服，采用复数屈服模量（$G_0^* = \lim\limits_{\omega \to 0} G^*$）来修正第一类 TCS 原理，得到适用于类液、类固体系的第四类 TCS 原理。忽略粒子相结构屈服时，第四类 TCS 原理等价于第一类 TCS 原理。

一般认为，粒子填充高分子体系类液（$\varphi < \varphi_c$）、类固（$\varphi > \varphi_c$）行为的物理起源不同，其中类固行为反映粒子（逾渗、拥堵、物理凝胶）网络结构。粒子干扰其附近的应力场，导致分子链松弛谱改变，推迟分子链弛豫，从而影响高分子黏弹性 [244]。同时，粒子通过界面相互作用而形成粒子团聚体、粒子表面吸附层，导致部分分子运动受限。然而，纳米尺度的吸附层与宏观黏弹性并不直接相关[221]。基于粒子-粒子、粒子-高分子界面相互作用的唯象模型[245]和分子模型[246]，以及基于粒子表面玻璃化层的微流变模型[247]，均无法解释粒子填充高分子体系在较宽温度、频率范围内的线性流变行为。因链段运动与分子链运动时间相差较远，TCS 原理适用于分子链尺度上的终端松弛，在链段尺度上是失效的[248]。普遍接受的观点是：填充可能影响粒子周围的分子弛豫，而远离粒子处分子链仍呈现本体行为。根据第一类、第四类 TCS 原理，粒子不影响类液、类固体中高分子本体相的动力学行为。若将粒子表面吸附层特别是玻璃化层纳入粒子相的一部分，这两类 TCS 原理的假设是合理的，但第四类 TCS 原理更是考虑了与粒子相关的屈服应力。

6.3.2 线性流变的 TCS 原理

填充改性高分子复合材料熔体中，分散于软基体中的硬粒子不可形变，但可改变粒子周围应力场，对粒子间基体的微观应变有放大效应[171]。粒子-高分子间的界面相互作用，使复合材料微观结构与基体大分子动力学呈现分布梯度，其中基体可分为远离粒子的橡胶态本体区域（自由分子）与粒子表面的吸附层[204,205]。粒子表面若形成玻璃化层，可隔离粒子与本体相间相互作用，因而本体相高分子是自由的，其动力学不随 φ 而变化。即使是吸附链，其远离粒子、处于本体相中的链部分，其弛豫行为与粒子无关。然而，本体相微观形变对宏观模量的贡献因应变放大效应而变大。应变放大因子 A_f 可采用中子散射等实验测定，用于解释橡胶补强[249]与填充改性高分子材料的高频模量[250]，但常与补强因子混淆[251]。假设粒子-高分子界面结合完好，连续介质理论[244]预测填充改性高分子熔体的复数模量为 $G^*(\omega,\varphi) = A_f(\omega,\varphi) G_m^*(\omega)$ [其中，$G_m^*(\omega)$ 为基体复模量]，$A_f(\omega,\varphi)$ 与 ω、φ 有关。

宋义虎等[25,252]将补强效应与 A_f、粒子相结构(分散与聚集)相结合,提出"两相"流变模型。该模型假设:粒子相结构在频域上稳定,即粒子及其聚集体的分散状态不随 ω 而变化,基体动态黏弹行为服从时间-浓度可分离原则[253,254]$G^*(\omega,\varphi)=A_f(\varphi)$ $G_m^*(\omega)$。这里,$A_f(\varphi)$ 为 φ 依赖性应变放大因子。φ 足够大时,大尺寸粒子聚集体或粒子团簇(cluster)形成贯穿于基体的粒子网络[255]。刚性聚集体骨架可敏感地响应小形变刺激[256],而粒子团簇由于热激励而处于形成-破坏动态平衡[257],且决定填充体系的静态弹性[92]。在线性动态流变上,粒子相对终端平台贡献可表达为复数模量 $G_f^*(\omega,\varphi)$ 的弱频率依赖性[257]。假设粒子相与基体对复合材料应力 σ 有独立贡献,Leonov[258]提出"两相"流变模型来分离基体微观流动对应的应力 σ_m 和吸引相互作用型粒子对应的应力 σ_f:

$$\sigma = A_f(\varphi)\sigma_m + \sigma_f \qquad (6.26)$$

忽略自由本体相的黏弹性变化,填充改性高分子体系复数模量可表示为

$$G^*(\omega,\varphi) = A_f(\varphi)G_m^*(\omega) + G_f^*(\omega,\varphi) \qquad (6.27)$$

忽略 $G_f^*(\omega,\varphi)$ 的频率依赖性,"两相"流变模型可简化为第四类 TCS 原理,但不能较好地解释低频 $\tan\delta$[243]。

假定 $G_f^*(\omega,\varphi)$ 的频率依赖性与 φ 有关[25],"两相"流变模型可解释一系列填充高分子熔体(含不同化学结构的高分子、不同拓扑结构的填料)的类液、类固线性黏弹性函数(图 6.10)。该模型适用范围广,不仅适用于填充高分子熔体的终端行为,也适用于多分散性高分子体系的非终端行为[259]。该模型统一了类液、类固填充体的线性黏弹行为,即所谓类液、类固填充体系的流变行为的物理起源是相同的,服从统一的粒子聚集-拥挤-玻璃化转变[260]。

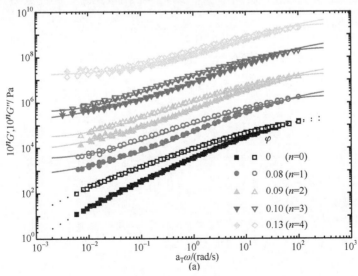

$10^n G', 10^n G''/Pa$

$a_T\omega/(rad/s)$

φ

■ □	0	$(n=0)$
● ○	0.08	$(n=1)$
▲ △	0.09	$(n=2)$
▼ ▽	0.10	$(n=3)$
◆ ◇	0.13	$(n=4)$

(a)

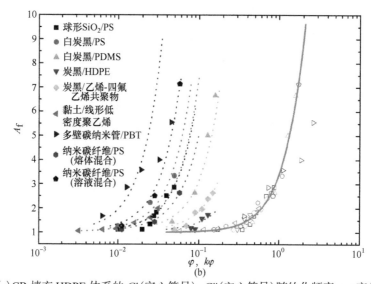

图 6.10 (a) CB 填充 HDPE 体系的 G'（实心符号）、G''（空心符号）随约化频率 $a_T\omega$ 变化叠加曲线
（160 ℃）；(b) 不同纳米复合体系 A_f 随 φ（实心符号）、$k\varphi$（空心符号）的变化[25]

(a) 中数据经纵向平移 10^n 倍，实心为两相模型拟合结果；(b) 中点划线、实线分别为 Guth-Gold 方程、CCA 模型
拟合结果，参数 k 是根据 Guth-Gold 拟合所得粒子聚集体形状因子

宋义虎等[175]结合流体动力学与胶体凝胶理论，推导出线性流变行为 TCS 原理方程。在 $\omega < 1/\lambda_f$ 时，采用胶体凝胶黏弹性[261-266]近似粒子相复数模量 $G_f^*(\omega, \varphi)$，有

$$G_f^*(\omega,\varphi) = S_f(\varphi)\Gamma[1-n(\varphi)]\{\cos[n(\varphi)\pi/2] + i\sin[n(\varphi)\pi/2]\}\omega^{n(\varphi)} \quad (6.28)$$

式中，$\Gamma[1-n(\varphi)]$ 为伽马函数；$n(\varphi)$ 为松弛指数；λ_f 为胶体凝胶构筑单元的特征时间。根据 CCA 模型，胶体凝胶刚度 $S_f(\varphi)$ 与弹簧常数 (k_0) 之间的关系为[267]

$$S_f(\varphi) \propto \frac{k_0}{D}\varphi^x \quad (6.29)$$

结合式 (6.27)、式 (6.28) 和式 (6.29)，得相对复数模量为：

$$R'(\omega,\varphi) = A_f(\varphi) + C\cos[n(\varphi)\pi/2]\frac{\varphi^x\omega^{n(\varphi)}}{G_m'(\omega)} \quad (6.30a)$$

$$R''(\omega,\varphi) = A_f(\varphi) + C\sin[n(\varphi)\pi/2]\frac{\varphi^x\omega^{n(\varphi)}}{G_m''(\omega)} \quad (6.30b)$$

式中，C 是与频率、粒子体积分数无关的常数。式 (6.30) 中第一项代表流体动力学效应，第二项代表粒子相贡献，二者在频率依赖性临界粒子体积分数 $\varphi_c'(\omega)$、$\varphi_c''(\omega)$ 处大致相等，则

$$\varphi_c'(\omega) \propto \frac{A_f(\varphi_c)}{\cos[n(\varphi_c)\pi/2]}[G_m'(\omega)]^{1/x}\,\omega^{-n(\varphi_c)/x} \quad (6.31a)$$

$$\varphi_c''(\omega) \propto \frac{A_{\rm f}(\varphi_{\rm c})}{\sin\left[n(\varphi_{\rm c})\pi/2\right]}\left[G_m''(\omega)\right]^{1/x}\omega^{-n(\varphi_{\rm c})/x} \tag{6.31b}$$

因而

$$R'(\omega,\varphi) = A_{\rm f}(\varphi) + CA_{\rm f}(\varphi_{\rm c})\frac{\cos\left[n(\varphi)\pi/2\right]}{\cos\left[n(\varphi_{\rm c})\pi/2\right]}\left[\frac{\varphi}{\varphi_{\rm c}'(\omega)}\right]^{x}\omega^{n(\varphi)-n(\varphi_{\rm c})} \tag{6.32a}$$

$$R''(\omega,\varphi) = A_{\rm f}(\varphi) + CA_{\rm f}(\varphi_{\rm c})\frac{\sin\left[n(\varphi)\pi/2\right]}{\sin\left[n(\varphi_{\rm c})\pi/2\right]}\left[\frac{\varphi}{\varphi_{\rm c}''(\omega)}\right]^{x}\omega^{n(\varphi)-n(\varphi_{\rm c})} \tag{6.32b}$$

假设基体在恒定 $A_{\rm f}(\varphi_{\rm c})$ 值处发生流体动力学-非流体动力学转变，忽略松弛指数 $n(\varphi)$ 的 φ 依赖性，则相对复数模量的时间-浓度叠加原理可表示为

$$R'(\omega,\varphi) = A_{\rm f}(\varphi) + CA_{\rm f}(\varphi_{\rm c})\left[\frac{\varphi}{\varphi_{\rm c}'(\omega)}\right]^{x} \tag{6.33a}$$

$$R''(\omega,\varphi) = A_{\rm f}(\varphi) + CA_{\rm f}(\varphi_{\rm c})\left[\frac{\varphi}{\varphi_{\rm c}''(\omega)}\right]^{x} \tag{6.33b}$$

上述原理在 SiO$_2$/聚 2-乙烯吡啶[poly（2-vinylpyridine），P2VP]、CB/PS 复合材料中得到了验证（图 6.11）[175]。

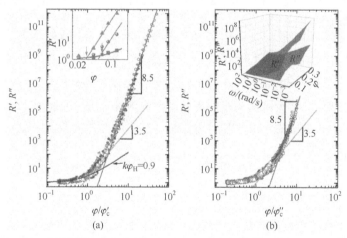

图 6.11　SiO$_2$/P2VP（小符号；空心符号：36 kg/mol；实心符号：97 kg/mol；半空心符号：219 kg/mol）、CB/PS 复合材料（大符号；空心符号：95 kg/mol；实心符号：152 kg/mol；半空心符号：212 kg/mol）的 $R'(\omega,\varphi)$-$\varphi/\varphi_{\rm c}'(\omega)$ 关系、$R''(\omega,\varphi)$-$\varphi/\varphi_{\rm c}''(\omega)$ 关系[175]

(a)中插图显示 100 rad/s（正方形符号）、0.25 rad/s（圆形符号）、0.025 rad/s（上三角形符号）CB/PS（95 kg/mol）复合材料 $R'(\omega,\varphi)$ 随 φ 的变化。(b)中插图显示 SiO$_2$/P2VP（219 kg/mol）复合材料 $R'(\omega,\varphi)$、$R''(\omega,\varphi)$。曲线为 Guth 方程预测结果，直线为标度律预测结果。(a)中插图箭头表示 Guth 方程-标度律分界线，用以确定 $\varphi_{\rm c}'(\omega)$

在高分子纳米复合材料中，分子链扩散系数 D 随粒子体积分数增加而降低[268]。粒子-粒子壁间距与分子链 2 倍均方回转半径的比值 $d_{\rm ww}/2R_{\rm g}$，即受限参数，决定

分子链扩散变慢的程度[269]。对于 SiO₂ 填充的 PS 和 PMMA，归一化分子链扩散系数 D/D_0 与 $d_{ww}/2R_g$ 的关系可叠加(图 6.12)[269-272]。这里 D_0 为纯高分子的扩散系数。考虑

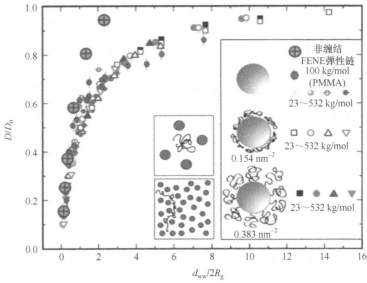

图 6.12   苯基三甲氧基硅烷改性 SiO₂(R_a=6.4 nm，14.4 nm)/PS[269-271]、SiO₂/PMMA[272]、PS 接枝改性 SiO₂/PS 纳米复合材料[271]归一化分子链扩散系数(D/D_0)与受限参数($d_{ww}/2R_g$)的关系[273] 图中也显示非吸引型粒子间受限非缠结高分子有限伸展非线性弹性(FENE)链粗粒化分子动力学模拟结果

粒子填充对大分子链终端流动时间 $\tau_c(\varphi)$ 的影响，"两相"流变模型可表达为[174]

$$G^*(\omega,\varphi)=(1-\varphi)A_f G_m^*(\omega\tau_c)+\varphi G_f^*(\omega\tau_c,\varphi) \tag{6.34}$$

基于此模型，可构建填充改性高分子材料熔体非终端区流变行为叠加曲线，如动态模量、复数黏度、松弛时间谱(图 6.13)。该叠加曲线反映受限高分子在应

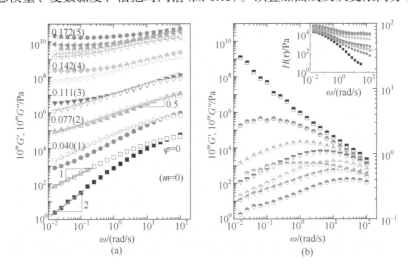

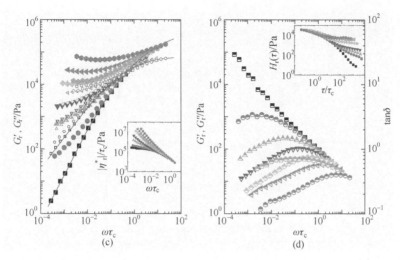

图 6.13　SiO$_2$填充天然胶线性流变行为[(a)、(b)]及其非终端流动区叠加主曲线[(c)、(d)][174]

$$G_r^*(\omega,\varphi)=G^*(\omega,\varphi)/\left[(1-\varphi)A_r(\varphi)\right],\left|\eta_r^*(\omega,\varphi)\right|/\tau_c(\varphi)=\left|\eta^*(\omega,\varphi)\right|/\left[(1-\varphi)A_r(\varphi)\tau_c(\varphi)\right],$$

$$H_r(\tau)=H(\tau)/\left[(1-\varphi)A_r(\varphi)\right],\ \tau_c(\varphi)为分子链终端流动时间，\eta^*(\omega,\varphi)为复数黏度，H(\tau)为松弛时间谱$$

变放大条件下的线性流变响应。随频率降低，实测流变曲线偏离受限高分子线性流变响应曲线，其偏离程度、偏离频率则与粒子含量有关。

6.3.3　"四相"流变模型

　　"四相"流变模型考虑受限界面层对纳米复合材料线性流变的贡献(图 6.14)。界面相含量随填充量而增加，显示强受限动力学行为[274]。

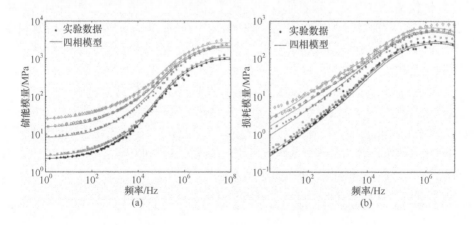

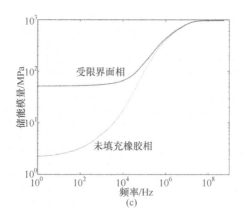

图 6.14　丁苯胶纳米复合材料的线性流变行为[274]

实线为四相模型拟合结果，(c)显示受限界面相与基体的线性流变行为

6.4　非线性流变行为

6.4.1　Payne 效应

周期形变中，低填充的高分子熔体在低应变幅度γ_0下具有恒定模量值。超过临界应变幅度γ_c后，储能模量 $G'(\gamma_0)$ 随γ_0增加而降低。这种行为即为应变软化，或称"Payne 效应"。损耗模量 $G''(\gamma_0)$ 在 $G'(\gamma_0)$ 开始降低时呈最大值，即弱应变过冲行为（weak strain overshoot，WSO），或与 $G'(\gamma_0)$ 同步降低[275]。Payne 效应是橡胶材料在诸如轮胎滚动等周期形变下能量耗散、热-机耦合（如生热）的主要原因，几十年来备受关注。诸多研究者运用 Payne 效应幅度（低应变幅度、高应变幅度下弹性模量差$\Delta G'$）概念来表征粒子分散性，指导高性能纳米复合材料如抗磨耗、低滚动阻力、低油耗绿色轮胎的生产。一方面，在较大γ_0下高分子熔体因解缠结、分子取向而呈现非线性黏弹特征。另一方面，在低γ_0下高填充高分子材料可能观察不到恒定模量。相对于基体，填充高分子熔体在更低γ_0下即呈现非线性黏弹行为。Payne 效应研究有许多认识误区，主要源于 60 年多前 Waring[276]针对 CB 填充硫化胶非线性黏弹性所提出的观点：周期形变中一种以上的黏着键（cohesive bond）发生触变性破坏，大幅形变滞后造成炭结构破坏，导致硫化胶刚性降低[277]。Payne 效应幅度因体系而异，和粒子形状与粒径、粒子间相互作用、高分子基体化学结构及粒子-高分子相互作用等密切相关。

6.4.2　Payne 效应的影响因素

Payne 效应与频率、温度、预载荷等密切相关，而混炼条件、材料热处理、粒子结构（比表面积、表面活性、尺寸）等均影响所谓的"Payne 效应幅度"$\Delta G'$。

一般而言，促进粒子均匀分散、提高粒子-高分子界面相互作用的材料改性方法和加工技术，如 SiO$_2$ 表面改性[278]、橡胶分子链硅烷改性[279]或末端官能化改性[280-282]，以及利用官能化大分子助剂调控粒子-高分子界面相互作用等，均可促进粒子分散，促进高分子在粒子表面形成吸附层，从而降低 $\Delta G'$[283]，提高流变行为的稳定性与 Payne 效应的临界应变幅度。其中，锡末端改性溶液聚合丁苯胶可使混炼胶 G''、$\tan\delta$ 降低 60 %，使炭黑网络对滞后损失的贡献降低 85 %[284]。采用界面改性降低粒子-粒子相互作用，有利于填料粒子分散，而增强粒子-高分子相互作用，则有利于提高补强效果[285]；虽然二者均可降低 $\Delta G'$[286]，但仅后者可显著降低 $\tan\delta$。

6.4.3　Payne 效应唯象模型

Payne 效应是研究填充改性高分子材料动态行为的重要窗口，也是填充改性高分子材料非线性流变行为研究的重点内容。填充改性高分子材料的 Payne 效应具有普适性表现，但其物理机制长期存在争议。已提出的机理可归纳为以下四大学说。

1. 粒子-粒子相互作用学说

该学说的典型代表为 Payne 模型[287]，认为占主导地位的粒子-粒子相互作用决定粒子网络结构的刚性。刚性"粒子网络"决定低 γ_0 模量；高 γ_0 剪切作用则造成粒子聚集体或网络结构发生类似于胶体触变行为的破坏，使得填充改性高分子熔体动态模量显著降低[287]。粒子相结构变化破坏能与粒子间范德瓦耳斯-伦敦吸引能相当。van de Walle-Tricot-Gerspacher 模型[288]认为，应力作用造成粒子聚集体从"结合"(bound)向"非结合"(unbound)状态转变，从而造成高分子连续体能量损耗速率增大，$G''(\gamma)$ 出现最大值[288]。该模型将复合体系黏弹性分解为基体线性黏弹行为和聚集体间接触点所决定的非线性黏弹行为。在周期性形变中，聚集体接触处于破坏-形成动态过程，聚集体间分子链摩擦产生能量耗散行为(图 6.15)。相互接触聚集体的微观复数模量为 $g^* = g' + ig''$。小幅形变($\gamma_0 < \gamma_b$)不发生滞后和能量损失。开始发生滞后($\gamma_0 = \gamma_b$)时，能量损失 $E_1 \propto g_0 \gamma_b \Delta\gamma$(其中，$g_0$ 为聚集体接触力 F 对 γ_0 的斜率，$\Delta\gamma$ 为滞后圈宽度)。根据 $G'' \propto E_1/\gamma_0^2$，$\gamma_0 < \gamma_b$、$\gamma_0 > \gamma_b$ 时微观尺度损耗模量可分别表示为 $g''(\gamma_0)=0$、E_1/γ_0^2。若滞后圈宽度较小，$\gamma_0 < \gamma_b$、$\gamma_0 > \gamma_b$ 时微观尺度储能模量可分别表示为 $g'(\gamma_0)=g_0$、$g_0(\gamma_b/\gamma_0)^3$。将微观黏弹性函数写为

$$g^* = g_0 s'(\gamma_0) + ig_0 \Delta\gamma / \gamma_b s''(\gamma_0) \tag{6.35}$$

式中，$\gamma_0 < \gamma_b$ 时，$s'(\gamma_0)=1$，$s''(\gamma_0)=0$；$\gamma_0 > \gamma_b$ 时，$s'(\gamma_0)=(\gamma_b/\gamma_0)^3$，$s''(\gamma_0)=(\gamma_b/\gamma_0)^2$。考虑粒子取向、间距相对应变方向的分布，宏观填充体系的过余复数

模量为

$$G^*(\gamma_0) = \int_0^\infty g_0 s'(\gamma_0) N(\gamma_b) \mathrm{d}\gamma_b + \mathrm{i}\int_0^\infty g_0 h s''(\gamma_0) N(\gamma_b) \mathrm{d}\gamma_b \tag{6.36}$$

式中，h 为常数，是滞后圈宽度与 γ_b 之比；$N(\gamma_b)$ 为分布函数。大量弱键结构难以从少量强键结构中分辨出来，故将 g_0、$N(\gamma_b)$ 相结合，定义新的分布函数 $W(\gamma_b) = g_0 N(\gamma_b)$，则

$$G^*(\gamma_0) = \int_0^\infty W(\gamma_b) s'(\gamma_0) \mathrm{d}\gamma_b + \mathrm{i}h\int_0^\infty W(\gamma_b) s''(\gamma_0) \mathrm{d}\gamma_b + G_m^* \tag{6.37}$$

式中，G_m^* 为基体复数模量。基于式(6.37)，复合体系动态模量可写为

$$G'(\gamma_0) = \int_0^{\gamma_b} (\gamma_b/\gamma_0)^3 W(\gamma_b) \mathrm{d}\gamma_b + \int_{\gamma_b}^\infty W(\gamma_b) \mathrm{d}\gamma_b + G_m' \tag{6.38a}$$

$$G''(\gamma_0) = h\int_0^{\gamma_b} (\gamma_b/\gamma_0)^2 W(\gamma_b) \mathrm{d}\gamma_b + G_m'' \tag{6.38b}$$

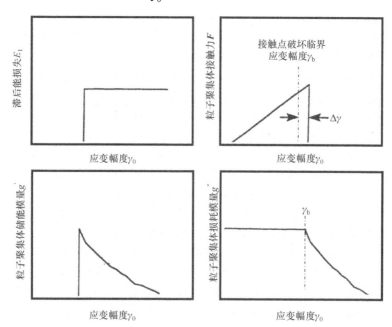

图 6.15　van de Walle-Tricot-Gerspacher 模型的滞后圈与微观复数模量[288]

纽链-结节-簇滴(links-nodes-blobs，LNB)模型[289,290]基于逾渗理论来解释填充体系动态行为的应变依赖性。该模型将初级粒子聚集体及其团簇结构视为不可形变的刚性簇滴，其最小尺寸为初级聚集体；密实聚集体之间纤细的团簇结构以及柔性连接链构成纽链，其最小尺寸对应密实聚集体之间的紧密接触。在外力作用下，纽链发生形变，并在大形变幅度下发生破坏。纽链和纽链构成 LNB 链，其两

个最近结点间的平均长度 ξ_p 对应逾渗临界长度。LNB 结构的屈服和破坏是滞后的重要来源。模量的应变敏感程度取决于粒子簇连通性。纳米复合材料 $G^*(\gamma_0)$ 可表示为

$$G'(\gamma_0) = G'_\infty(\varphi) + \xi_p^{2-d}\frac{Q\gamma_b}{a^2}\int_{\gamma=2\gamma_0}^{\infty}\frac{f_{1a}(\gamma)}{\gamma}\mathrm{d}\gamma \tag{6.39a}$$

$$G''(\gamma_0) = G''_\infty(\varphi) + \left[G''_0(\varphi) - G''_\infty(\varphi)\right]\int_{\gamma=2\gamma_0}^{\infty}g_{1a}(\gamma)\mathrm{d}\gamma + \xi_p^{2-d}\frac{Q\gamma_b}{2\pi(\gamma_0 a)^2}\int_{\gamma=2\gamma_{app}}^{2\gamma_0}\gamma f_{1a}(\gamma)\mathrm{d}\gamma$$

$$\tag{6.39b}$$

式中，γ_{app} 为表观屈服应变幅度，对应非线性临界应变幅度；γ_b 为相邻粒子间范德瓦耳斯力破坏所对应的应变幅度；$f_{1a}(\gamma)$ 为二级聚集体的粒子-粒子键密度分布函数；Q 为与相邻粒子间范德瓦耳斯力有关的弹性常数。LNB 链在 γ_{app} 附近发生破坏，因而 LNB 模型无法准确预测 γ_{app} 及其附近的流变行为[291]。另外，LNB 模型的密度分布函数是未知的，模型应用时不得不作数学简化，如将密度分布函数写成指数形式。

显微观察证实了应变作用下的粒子结构变化[292]。根据导电-流变同步测试研究，导电粒子填充改性高分子材料导电与流变行为依赖于熔体的应变幅度 γ_0，且在 γ_0 超过临界应变时均显著降低，说明粒子网络结构破坏可能与 Payne 效应有关 [293,294]。

2. 粒子-高分子界面相互作用学说

该学说包括分子链滑移模型[295]、Maier-Göritz 可变网络密度模型[296]、粒子网络结点 (particle network junction) 模型[297]、结合胶/缠结模型[298]、局域化玻璃层 (localized glassy layer) 模型[247]等。该学说假设填充改性高分子体系的非线性流变与粒子聚集体、粒子网络无关，而取决于界面相互作用[37]。只有粒子尺寸、间距与高分子尺寸相当时，粒子-高分子相互作用才影响动力学行为[299]。分子链滑移模型[295,300]认为，填充改性高分子体系呈两相结构，粒子表面吸附链在外力作用下发生滑移，致使材料软化，而能量损失主要源于界面分子链与粒子间相对运动所产生的摩擦热。Maier-Göritz 可变网络密度模型[296]认为，大分子链在粒子表面形成强、弱两类吸附点，其中弱(不稳定)吸附链在应力下发生脱附(活化能处于范德瓦耳斯作用范围[37])，造成相邻粒子聚集体间平均接触点数目随 γ_0 而降低，因而吸附所产生的有效缠结点得以部分释放[301]。假设填充改性高分子材料的有效网络密度 N 由化学交联密度 N_c、稳定吸附链密度 N_{st}、不稳定吸附链密度 N_1 构成，且不稳定吸附链初始密度为 N_{10}，解吸附速率正比于 γ_0，则根据熵弹性理论得

$$G'(\gamma_0) = (N_c + N_{st})kT + \frac{N_{10}kT}{1 + c\gamma_0} \tag{6.40}$$

式中，k 为玻尔兹曼常数；T 为热力学温度；c 为材料常数。该模型可解释 SiO_2/天然胶硫化胶复合材料的 $G'(\gamma)$（图 6.16），但无法解释 $G''(\gamma)$ 及其过冲峰[302]。

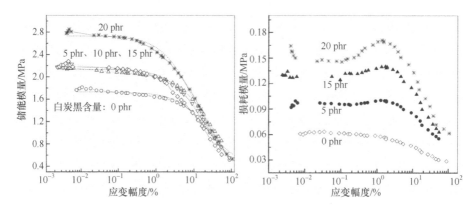

图 6.16 SiO_2/天然胶硫化胶纳米复合材料非线性流变行为[302]
phr 代表质量份，虚线显示可变网络密度模型拟合结果

粒子网络结点模型[297]假设粒子通过结点橡胶(junction rubbers)相连而形成"粒子网络"，小 γ_0 周期形变的滞后反比于结点宽度(聚集体间距)。这主要源于结点分子链摩擦，而不是粒子-高分子界面滑移。结合胶/缠结模型[298]、局域化玻璃层模型[247]均假设粒子表面存在"类玻璃"(glass-like)层，复合材料呈三相(分散粒子-界面层-连续相)结构。除高 γ_0 下的流体力学效应外，结合胶/自由橡胶缠结模型[298]认为，紧密结合胶/自由橡胶缠结网络对低 γ_0 补强具有额外贡献，Payne 效应主要与结合胶-自由橡胶过渡区有效交联(缠结)点的动态破坏-形成过程有关。局域化玻璃层模型认为，粒子表面玻璃层重叠、粒子团簇-玻璃层发生逾渗[247]时，补强效果较强，复合体系的模量依赖于玻璃桥结寿命；界面层银纹化[303]产生非线性黏弹性，当桥结寿命低于形变周期时，体系发生 Payne 效应。

3. 粒子网络说

该学说认为粒子仿射位移在一定 γ_0 下转变为剪切位移，以释放局部应力集中并进行粒子团聚体重组(滞后的重要原因[304])。Kraus 唯象模型[305]假设粒子团聚-解团聚是填充高分子体系非线性流变行为的主要原因，其 γ_0 依赖性动态模量可描述诸多填充高分子体系的 Payne 效应[306-309]：

$$G' = \frac{G'_0 - G'_\infty}{1 + (\gamma_0 / \gamma_c)^{2m}} + G'_\infty \tag{6.41a}$$

$$G'' = \frac{2(G''_m - G''_\infty)(\gamma_0 / \gamma_c)^m}{1+(\gamma_0 / \gamma_c)^{2m}} + G''_\infty \tag{6.41b}$$

式中，G'_0 为线性区储能模量；G''_m 为 γ_c 处损耗模量；G'_∞ 和 G''_∞ 分别为无穷大应变幅度下的储能模量和损耗模量；m 为描述模量衰减过程的指数。该模型假设，在每一动态加载周期内，粒子网络破坏速率正比于 $N\gamma_0^m$，而形成速率正比于 $(N_0 - N)\gamma_0^{-m}$，二者在 γ_c 处相等。其中，N 为粒子-粒子接触数，N_0 为其初始值。Heinrich 等[306]、Vieweg 等[307]发现，炭黑填充天然胶、丁苯胶的 m 值为 0.5~0.6，与炭黑种类无关，可能反映粒子网络的几何特征。Kraus 唯象模型可从粒子簇网络模型推导出来[310]。假设粒子簇形成自相似网络，凝胶点附近尺寸为 b 的聚集体构成尺度为 ξ 的粒子簇，粒子簇中弹性活性 (elastically active) 聚集体的数目 N、粒子簇尺度 ξ 间的关系为 $N \propto (\xi/b)^c$（其中，c 为分维度，表征连通性）。力学逾渗簇弹性骨架的分维度 $c=1.7$。假设 ξ 反比于应力，填料非线性模量 $G(a) \propto a^{-(c-2)/(c-2)}$，其中参数 a 正比于形变程度。对于周期性形变，过余储能模量为

$$\frac{G'(a) - E}{G'_0 - E} = \frac{1}{1 + a_c^{-2} a^{-2(c-2)/(c-1)}} \tag{6.42}$$

式中，E 为与材料模量相关的参数；a_c 为临界应变参数。Ulmer[311]发现，Kraus 模型可描述很多粒子填充高分子体系的 Payne 效应，但对 $G''(\gamma_0)$ 的描述不如 $G'(\gamma_0)$ 准确。为合理描述 $G''(\gamma_0)$，可增加如 $\Delta G''_2 \exp(-\gamma_0 / \gamma_2)$ 等修正项（其中 $\Delta G''_2$、γ_2 为未知参数）。Nagaraja 等[312]考虑玻璃化链桥的变形与破坏行为，对 Kraus 模型进行修正：

$$G''_\gamma = \frac{G''_0 - G''_\infty}{1+(\gamma_0 / \gamma_c)^{2m}} + \frac{2(G''_m - G''_\infty)(\gamma_0 / \gamma_c)^m}{1+(\gamma_0 / \gamma_c)^{2m}} + G''_\infty \tag{6.43}$$

4. 互穿网络说

该学说假设粒子簇/吸附链形成贯穿于橡胶连续相的骨架，应变导致粒子簇附近结合胶发生变化，进一步造成粒子网络破坏[313]。

需要指出，以上四大学说均无法解释高分子基体（缠结分子量以上）以及极低填充体系（不存在粒子聚集体、粒子网络结构）的 Payne 效应。虽然局域化应力作用可能造成粒子团簇破坏、软化、重组（粒子-团簇或聚集体结构重新形成[28]），相邻聚集体间桥结数目随 γ_0 而降低（Kraus 模型[305]），这些触变、屈服[301]行为是局域化的。在忽略高分子基体非线性黏弹性的前提下，过度强调粒子网络或界面破坏过程，既不能从根本上解释 Payne 效应的起源，也不能为 Payne 效应的调控提供确切的指导。

6.4.4   基体主导的非线性黏弹性

缠结高分子及其低填充体系也发生 Payne 效应, 主要涉及分子链解缠结、取向等[37,314]。因 Payne 效应最初是在高填充橡胶硫化体系中发现的, 研究者想当然地忽略了交联橡胶网络的非线性行为, 认为 Payne 效应是填充改性的直接结果。事实上, 该观点是错误的。在真实的硫化胶材料中, 橡胶交联网络并不是理想网络, 而含有各种网络缺陷。不含填料时, 虽然交联可提高动态模量, 降低 tanδ, 并引起弱应变过冲峰, 硫化胶与生胶的 Payne 效应临界应变是相同的(图 6.17)。利用"两相"流变模型, 通过数据平移可建立 Payne 效应[315](图 6.18)与非线性应力松弛[316]叠加曲线(图 6.19)。非线性流变叠加曲线是以基体非线性流变数据为基础的, 其平移操作可采用应变放大因子来解释。因而, Payne 效应本质上是由高分子基体的非线性黏弹性决定的, 而不是粒子网络破坏或粒子-高分子界面相互作用的破坏所导致的。

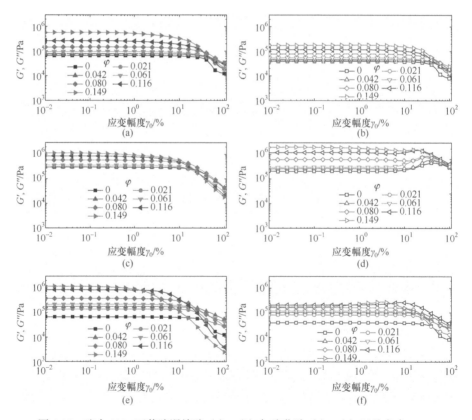

图 6.17   疏水 SiO_2/丁苯胶混炼胶[(a)、(b)]与硫化胶[(c)、(d)]以及亲水 SiO_2/
丁苯胶混炼胶[(e)、(f)]的 Payne 效应曲线[37,314]

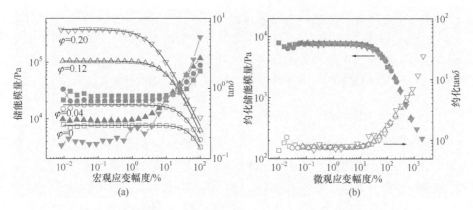

图 6.18　SiO$_2$/溶液聚合丁苯橡胶混炼胶的 Payne 效应及其叠加曲线[315]

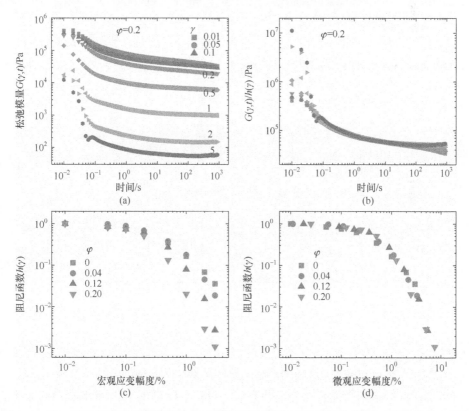

图 6.19　SiO$_2$/溶液聚合丁苯胶混炼胶(φ=0.2)的松弛模量(a)与叠加曲线(b)、溶液聚合丁苯胶及其 SiO$_2$ 混炼胶的阻尼函数(c)与叠加曲线(d)[316]

　　填充改性高分子材料的 Payne 效应是基体主导的,"粒子相"通过其对基体微观变形的应变放大作用[316]而实现补强,并同时增强非线性流变特征。少有体系显示填料自身的 Payne 效应，如纳米碳纤维填充 PS 熔体显示两段($\gamma_0 < 10\%$、$\gamma_0 > 30\%$)软化行为[293]，其中$\gamma_0 > 30\%$下非线性行为取决于基体，而粒子-粒子相互作用仅在低γ_0下具有明显可见的额外的非线性贡献。引入应变依赖性的应变放大因子、"粒子相"特征模量[317]，可描述"粒子相"结构软化机制。

6.4.5 非线性黏弹性的"黏弹性"原理

粒子-粒子相互作用学说[28,296,301]、粒子网络说[304]、粒子-高分子界面相互作用学说[37,301]、互穿网络说[313]均被用于解释或部分解释 Payne 效应机理，而基体非线性黏弹性可能对 Payne 效应更重要。除流体力学效应外，吸留高分子(occluded polymer)、物理缠结(化学交联)网络、粒子结构等均随应变幅度增大而遭受不同程度的破坏[195]。然而，现有理论尚无法解释 Payne 效应的频率[318]与应变速率依赖性[319]以及缓慢的可逆回复行为[38]。

非线性黏弹性理论不区分粒子、界面、基体破坏过程的细节，认为 Payne 效应是复合材料在动态剪切作用下结构演化的结果。Hao 等[320]提出基于分维 Maxwell 单元的非线性黏弹模型，采用本征时间尺度表示黏度变化，将过应力(over stress)对应的复数模量表达为

$$G'_{\text{ov}} = \sum_{k=1}^{M} G_k \frac{\left(\dfrac{\omega z_{0k}}{a_k}\right)^{2\alpha_k} + \left(\dfrac{\omega z_{0k}}{a_k}\right)^{\alpha_k}\cos\left(\dfrac{\alpha_k \pi}{2}\right)}{1 + 2\left(\dfrac{\omega z_{0k}}{a_k}\right)^{\alpha_k}\cos\left(\dfrac{\alpha_k \pi}{2}\right) + \left(\dfrac{\omega z_{0k}}{a_k}\right)^{2\alpha_k}} \tag{6.44a}$$

$$G''_{\text{ov}} = \sum_{k=1}^{M} G_k \frac{\left(\dfrac{\omega z_{0k}}{a_k}\right)^{\alpha_k}\sin\left(\dfrac{\alpha_k \pi}{2}\right)}{1 + 2\left(\dfrac{\omega z_{0k}}{a_k}\right)^{\alpha_k}\cos\left(\dfrac{\alpha_k \pi}{2}\right) + \left(\dfrac{\omega z_{0k}}{a_k}\right)^{2\alpha_k}} \tag{6.44b}$$

$$a_k^{\alpha_k} = 2(1-\beta_k)d_k\gamma_0(\omega\tau_k)^{\alpha_k} / \pi + 1 \tag{6.44c}$$

式中，α_k 为分数维度；z_{0k} 为过应力特性时间；a_k 为描述材料微观结构变化的变量；β_k 和 d_k 为材料常数；τ_k 为材料结构动力学变化常数。

Lion 等[321]采用本征时间表示纳米复合材料结构演化，基于有限黏弹性本构近似来处理 Payne 效应的频率、应变幅度依赖性。将材料结构近似为线性弹簧(模量为 μ_{eq})与分维 Maxwell 单元(模量 μ_{ov} 的弹簧与黏度 $\varepsilon^\beta \mu_{\text{ov}}$ 分维黏壶串联)并联结构(Prony 结构)：

$$\sigma = \sigma_{\text{ov}} + \mu_{\text{eq}}\varepsilon \tag{6.45a}$$

$$\sigma_{ov} + \zeta^\beta \frac{d^\beta \sigma_{ov}}{dt^\beta} = \mu_{ov} \zeta^\beta \frac{d^\beta \sigma_{ov}}{dt^\beta} \tag{6.45b}$$

式中，σ、ε 分别为应力、应变；ζ 为 Maxwell 单元松弛时间；d^β/dt^β 为分维微分算子。在预应变为 λ_0、动态剪切应变幅度 γ_0、频率 ω 下，有

$$G'(\lambda_0, \omega, \gamma_0) = \mu_{eq}\left(\lambda_0^2 + \frac{2}{\lambda_0}\right) + 3\mu_{ov} \frac{(\omega\xi/a)^{2\beta} + (\omega\xi/a)^\beta \cos(\beta\pi/2)}{(\omega\xi/a)^{2\beta} + 2(\omega\xi/a)^\beta \cos(\beta\pi/2) + 1} \tag{6.46a}$$

$$G''(\lambda_0, \omega, \gamma_0) = 3\mu_{ov} \frac{(\omega\xi/a)^\beta \cos(\beta\pi/2)}{(\omega\xi/a)^{2\beta} + 2(\omega\xi/a)^\beta \cos(\beta\pi/2) + 1} \tag{6.46b}$$

$$a(\omega, \gamma_0) = 1 + b\frac{2}{\pi}\gamma_0(\omega\tau)^\alpha \tag{6.46c}$$

式中，b 为常数，$\tau = 1$ s。

Höfer 等[24]提出有限非线性黏弹性本构近似方法，将应力表示为一维 Prony 微分方程：

$$\sigma = G_0\gamma_0 + \sum_{k=1}^{M} \sigma_{ovk} \tag{6.47a}$$

$$\dot{\sigma}_{ovk} + \frac{\dot{z}_{0k}}{z_{0k}}\sigma_{ovk} = 2G_{0k}\gamma_0\omega\cos(\omega t) \tag{6.47b}$$

$$\dot{z}_{0k} = \alpha_k\left[\tau_k\gamma_0\omega|\cos(\omega t)| + 1\right] + (1-\alpha_k)\left(\sum_{i=1}^{L} d_{ki}\frac{2\omega\gamma_0}{\pi} + 1\right) \tag{6.47c}$$

式中，$2G_{0k}$ 为模量；$z_{0k} = \eta_k/2G_{0k}$，为松弛时间；α_k、τ_k、d_{ki} 为材料常数。材料动态模量为

$$G^* = G_0 + \sum_{k=1}^{M} G_{ov}^* \tag{6.48}$$

式中，G_{ov}^* 为过应力对应的复数模量，在不考虑松弛过程情况下

$$G'_{ov} = \frac{2z_{0k}^2 G_{0k}}{z_{0k}^2 + \left[\frac{1}{\omega} + \frac{2}{\pi}\gamma_0(1-\alpha_k)\sum_{i=1}^{L} d_{ki} + \frac{8}{3\pi}\alpha_k\tau_k\gamma_0\right]\left[\frac{1}{\omega} + \frac{2}{\pi}\gamma_0(1-\alpha_k)\sum_{i=1}^{L} d_{ki} + \frac{4}{3\pi}\alpha_k\tau_k\gamma_0\right]} \tag{6.49a}$$

$$G''_{ov} = \frac{2z_{0k}G_{0k}\left[\frac{1}{\omega} + \frac{2}{\pi}\gamma_0(1-\alpha_k)\sum_{i=1}^{L} d_{ki} + \frac{4}{3\pi}\alpha_k\tau_k\gamma_0\right]}{z_{0k}^2 + \left[\frac{1}{\omega} + \frac{2}{\pi}\gamma_0(1-\alpha_k)\sum_{i=1}^{L} d_{ki} + \frac{8}{3\pi}\alpha_k\tau_k\gamma_0\right]\left[\frac{1}{\omega} + \frac{2}{\pi}\gamma_0(1-\alpha_k)\sum_{i=1}^{L} d_{ki} + \frac{4}{3\pi}\alpha_k\tau_k\gamma_0\right]} \tag{6.49b}$$

该表达可刻画填充改性高分子材料非线性流变的一些基本特征(图 6.20)。

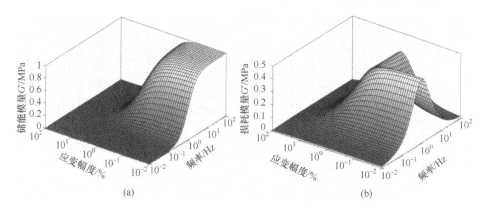

图 6.20　单一过应力所对应的模量

$\tau_k = z_{0k} = 1$，$G_{0k} = 0.5$ MPa，$\sum d_{ki} = 1$，$\alpha_k = 0$

6.4.6　非线性黏弹性的弹性应力和黏性应力分量

在动态形变中，应力可按 Fourier 变换分解为弹性应力 σ' 和黏性应力 σ''[322]：

$$\sigma = \sigma_1 \sin(\omega t + \delta_1) + \sigma_3 \sin(3\omega t + \delta_3) + \sigma_5 \sin(5\omega t + \delta_3) + \cdots \tag{6.50a}$$

$$\sigma' = G'_1(\omega)\gamma_0 \sin(\omega t) + G'_3(\omega)\gamma_0^3 \sin(3\omega t) + G'_5(\omega)\gamma_0^5 \sin(5\omega t) + \cdots \tag{6.50b}$$

$$\sigma' = G''_1(\omega)\gamma_0 \cos(\omega t) + G''_3(\omega)\gamma_0^3 \cos(3\omega t) + G''_5(\omega)\gamma_0^5 \cos(5\omega t) + \cdots \tag{6.50c}$$

式中，δ_n 为 n 阶相角，$n = 1$，2，3，$\cdots$。根据应力分解，可得到弹性应力-应变关系(弹性 Lissajous 图)、黏性应力-应变速率关系(黏性 Lissajous 图)[323]，进一步定义非线性弹性模量 $\left(G'_M = \dfrac{\sigma}{\gamma} \bigg|_{\gamma = \pm\gamma_0} , \ G'_L = \dfrac{\mathrm{d}\sigma}{\mathrm{d}\gamma} \bigg|_{\gamma = 0} \right)$、动态黏度 $\left(\eta'_M = \dfrac{\mathrm{d}\sigma}{\mathrm{d}\dot{\gamma}} \bigg|_{\dot{\gamma} = 0} , \right.$

$\left. \eta'_L = \dfrac{\sigma}{\dot{\gamma}} \bigg|_{\dot{\gamma} = \pm\dot{\gamma}_0} \right)$ (图 6.21)。定义应变硬化参数 $S = G'_L / G'_M - 1$，其值在线性黏弹区为零，在圈内(一个动态加载周期)硬化、软化条件下分别为正值、负值；定义剪切增稠参数 $T = \eta'_L / \eta'_M - 1$，其值在线性黏弹区为零，在圈内增稠、变稀条件下分别为正值、负值。图 6.22 给出聚偏氟乙烯(polyvinylidene fluoride，PVDF)及其纳米复合材料的 S 和 T 参数随应变幅度的演化曲线。这些材料在非线性黏弹区具有正 S 值和负 T 值，说明 Payne 效应伴随圈内应变硬化和剪切变稀行为[323]。在大应变幅度下，填料可降低 S、T 值，说明填料可降低分子链拉伸程度，同时增强剪切变稀程度。

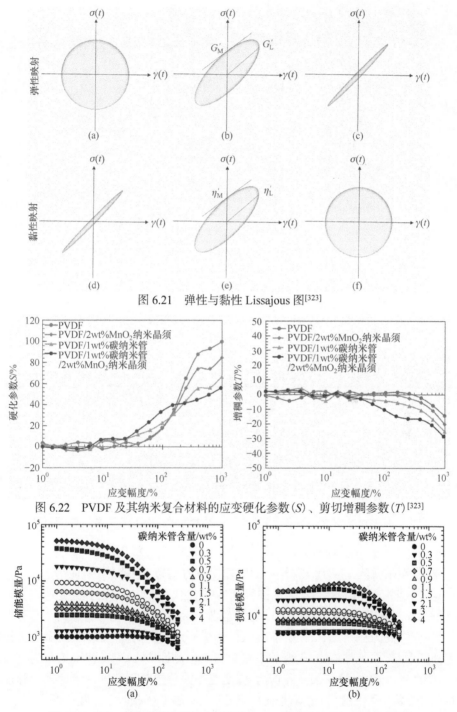

图 6.21　弹性与黏性 Lissajous 图[323]

图 6.22　PVDF 及其纳米复合材料的应变硬化参数(S)、剪切增稠参数(T)[323]

图 6.23　PCL/多壁碳纳米管复合材料的 Payne 效应(130 ℃，1 rad/s)[322]

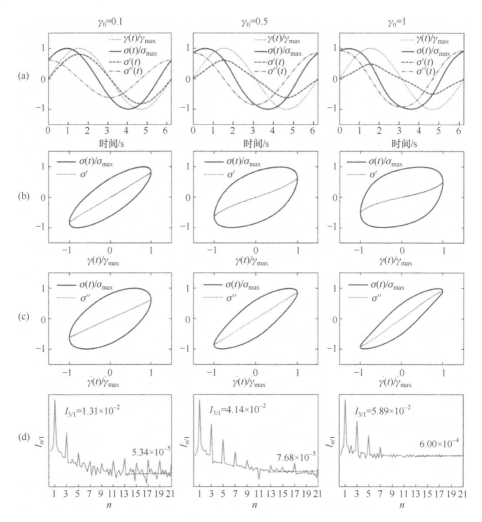

图 6.24   3 wt% 多壁碳纳米管填充 PCL 复合材料的应力-应变关系与 Fourier 谱

$$\left[I\left(n\omega_1 \right) / I\left(\omega_1 \right) I_{n/1} \right]^{[322]}$$

在线性黏弹区，应力、弹性应力、黏性应力均为正弦状[322]，应力-应变关系、应力-应变速率关系为椭圆形，而弹性应力-应变关系、黏性应力-应变速率关系为直线（图 6.23 和图 6.24）。在 Payne 效应临界应变处，应力和黏性应力为正弦状，而弹性应力变为三角形，应力-应变关系为椭圆形，应力-应变速率关系发生扭曲（非椭圆形），而弹性应力-应变关系偏离直线，黏性应力-应变速率关系为直线。在非线性区，应力-应变关系、应力-应变速率关系扭曲程度进一步增大，弹性应力-应变关系、黏性应力-应变速率关系均偏离直线。一般而言，随应变幅度增加，Fourier 谱高次谐波非线性程度增加。常用三次谐波与一次谐波比值 $I_{3/1}$ 来表示

Payne 效应的非线性程度 (图 6.25)。$I_{3/1}$ 随粒子含量而增加，并在高 γ_0 下达到饱和值。非线性参数 $Q = I_{3/1}/\gamma_0^2$ 则随 γ_0 而降低，随粒子含量而增加。

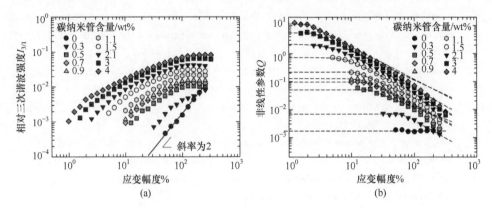

图 6.25   PCL/多壁碳纳米管纳米复合材料相对三次谐波强度 $I_{3/1}$ 与 Q 值 (130 ℃，1 rad/s)[322]

虚线为拟合结果 $[Q = Q_0[1 + (c_1 g_0)^{c_2}]^{(c_3-1)c_2}$，这里 Q_0、c_1、c_2 和 c_3 为拟合参数

利用 Chebyshev 多项式分解动态应力[323]，则有

$$\sigma'(\omega, \gamma_0) = \gamma_0 \sum e_n(\omega, \gamma_0) T_n(\gamma / \gamma_0) \tag{6.51a}$$

$$\sigma'(\omega, \gamma_0) = \dot{\gamma}_0 \sum v_n(\omega, \gamma_0) T_n(\dot{\gamma} / \dot{\gamma}_0) \tag{6.51b}$$

式中，T_n 为 n 阶 Chebyshev 函数；"e" 和 "v" 为标准弹性和黏性贡献的 Chebyshev 权重系数。通常 Chebyshev 权重系数随阶次 n 增加而降低，三阶系数 e_3、v_3 在很大程度上决定弹性与黏性曲线的形状。根据 Chebyshev 权重系数，可区分不同的圈内非线性行为：应变硬化 ($e_3 > 0$)、应变软化 ($e_3 < 0$)、剪切增稠 ($v_3 > 0$)、剪切变稀 ($v_3 < 0$)。

参 考 文 献

[1]   吴其晔, 巫静安. 高分子材料流变学[M]. 北京: 高等教育出版社, 2002.

[2]   于同隐. 高聚物的黏弹性[M]. 上海: 上海科学技术出版社, 1986.

[3]   周持兴. 聚合物流变实验与实用[M]. 上海: 上海交通大学出版社, 2003.

[4]   Ferry J D. Viscoelastic Properties of Polymer[M]. New York: John Wiley & Sons, Inc., 1980.

[5]   King J A, Morrison F A, Keith J M, Miller M G, Smith R C, Cruz M, Neuhalfen A M, Barton R L. Electrical conductivity and rheology of carbon-filled liquid crystal polymer composites[J]. J Appl Polym Sci, 2006, 101: 2680-2688.

[6]   Lakdawala K, Salovey R. Rheology of polymers containing carbon-black[J]. Polym Eng Sci, 1987, 27: 1035-1042.

[7]   Wu G, Song Y, Zheng Q, Du M, Zhang P J. Dynamic rheological properties for HDPE/CB composite melts[J]. J Appl Polym Sci, 2003, 88: 2160-2167.

[8]   Friedrich C, Scheuchenpflug W, Neuhausler S, Rosch J. Morphological and rheological properties of PS melts

filled with grafted and ungrafted class beads[J]. J Appl Polym Sci, 1995, 57: 499-508.

[9]   Wang M, Wang W Z, Liu T X, Zhang W D. Melt rheological properties of nylon 6/multi-walled carbon nanotube composites[J]. Compos Sci Technol, 2008, 68: 2498-2502.

[10]   Zhang Q H, Fang F, Zhao X, Li Y Z, Zhu M F, Chen D J. Use of dynamic rheological behavior to estimate the dispersion of carbon nanotubes in carbon nanotube/polymer composites[J]. J Phys Chem B, 2008, 112: 12606-12611.

[11]   Mitchell C A, Bahr J L, Arepalli S, Tour J M, Krishnamoorti R. Dispersion of functionalized carbon nanotubes in polystyrene[J]. Macromolecules, 2002, 35: 8825-8830.

[12]   Mitchell C A, Krishnamoorti R. Dispersion of single-walled carbon nanotubes in poly(ε-caprolactone)[J]. Macromolecules, 2007, 40: 1538-1545.

[13]   Wu G, Zheng Q. Estimation of the agglomeration structure for conductive particles and fiber-filled high-density polyethylene through dynamic rheological measurements[J]. J Polym Sci B Polym Phys, 2004, 42: 1199-1205.

[14]   Zhang Q H, Lippits D R, Rastogi S. Dispersion and rheological aspects of SWNTs in ultrahigh molecular weight polyethylene[J]. Macromolecules, 2006, 39: 658-666.

[15]   Wang Y, Yu M J. Effect of volume loading and surface treatment on the thixotropic behavior of polypropylene filled with calcium carbonate[J]. Polym Composite, 2000, 21: 1-12.

[16]   Das A, Stockelhuber K W, Jurk R, Saphiannikova M, Fritzsche J, Lorenz H, Kluppel M, Heinrich G. Modified and unmodified multiwalled carbon nanotubes in high performance solution-styrene-butadiene and butadiene rubber blends[J]. Polymer, 2008, 49: 5276-5283.

[17]   Wang W J, Shangguan Y G, Zhao L, Yu J, He L, Tan H, Zheng Q. The linear viscoelastic behaviors of nylon 1212 blends toughened with elastomer[J]. J Appl Polym Sci, 2008, 108: 1744-1754.

[18]   Cassagnau P. Melt rheology of organoclay and fumed silica nanocomposites[J]. Polymer, 2008, 49: 2183.

[19]   Zhou M, Song Y H, Sun J, He L, Tan H, Zheng Q. Effect of selane coupling agents on dynamic rheological properties for unvulcanized SSBR/silica compounds[J]. Acta Polym Sin, 2007, 7(2):153-157.

[20]   Potschke P, Fornes T D, Paul D R. Rheological behavior of multiwalled carbon nanotube/polycarbonate composites[J]. Polymer, 2002, 43: 3247-3255.

[21]   Via M D, Morrison F A, King J A, Caspary J A, Mills O P, Bogucki G R. Comparison of rheological properties of carbon nanotube/polycarbonate and carbon black/polycarbonate composites[J]. J Appl Polym Sci, 2011, 121: 1040-1051.

[22]   Sumfleth J, Buschhorn S T, Schulte K. Comparison of rheological and electrical percolation phenomena in carbon black and carbon nanotube filled epoxy polymers[J]. J Mater Sci, 2011, 46: 659-669.

[23]   Kota A K, Cipriano B H, Duesterberg M K, Gershon A L, Powell D, Raghavan S R, Bruck H A. Electrical and rheological percolation in polystyrene/MWCNT nanocomposites[J]. Macromolecules, 2007, 40: 7400-7406.

[24]   Höfer P, Lion A. Modelling of frequency- and amplitude-dependent material properties of filler-reinforced rubber[J]. J Mech Phys Solids, 2009, 57: 500-520.

[25]   Song Y H, Zheng Q. Linear viscoelasticity of polymer melts filled with nano-sized fillers[J]. Polymer, 2010, 51: 3262-3268.

[26]   Wu D F, Wu L, Zhang M. Rheology of multi-walled carbon nanotube/poly(butylene terephthalate) composites[J]. J Polym Sci B Polym Phys, 2007, 45: 2239-2251.

[27]   Wu D F, Wu L, Sun Y, Zhang M. Rheological properties and crystallization behavior of multi-walled carbon

nanotube/poly (ε-caprolactone) composites[J]. J Polym Sci B Polym Phys, 2007, 45: 3137-3147.

[28]　Payne A R. A note on the existence of a yield point in the dynamic modulus of loaded vulcanizates[J]. J Appl Polym Sci, 1960, 3: 127.

[29]　Leblanc J L. Investigating the non-linear viscoelastic behavior of filled rubber compounds through fourier transform rheometry[J]. Rubber Chem Technol, 2005, 78: 54-75.

[30]　Barres C, Leblanc J L. Recent developments in shear rheometry of uncured rubber compounds I. Design, construction and validation of a sliding cylinder rheometer[J]. Polym Test, 2000, 19: 177-191.

[31]　Lee D I. The viscosity of concentrated suspensions[J]. Thans Soc Rheol, 1969, 13: 273-288.

[32]　Brennan J J, Jermyn T E, Boonstra B B. Carbon black-polymer interaction: a measure of reinforcement[J]. J Appl Polym Sci, 1964, 8: 2687-2706.

[33]　Pliskin I, Tokita N. Bound rubber in elastomers: analysis of elastomer-filler interaction and its effect on viscosity and modulus of composite systems[J]. J Appl Polym Sc, 1972, 16: 473-492.

[34]　Ahmed A, Jones F R. A review of particulate reinforcement theories for polymer composites[J]. J Mater Sci, 1990, 25: 4933-4942.

[35]　Kluppel M. The role of disorder in filler reinforcement of elastomers on various length scales[J]. Adv Polym Sci, 2003, 164: 1-86.

[36]　Sahimi M, Arbabi S. Mechanics of disordered solids. Ⅱ. Percolation on elastic networks with bond-bending forces[J]. Phys Rev B, 1993, 47: 703-712.

[37]　Sternstein S S, Zhu A J. Reinforcement mechanism of nanofilled polymer melts as elucidated by nonlinear viscoelastic behavior[J]. Macromolecules, 2002, 35: 7262-7273.

[38]　Zhu Z Y, Thompson T, Wang S Q, von Meerwall E D, Halasa A. Investigating linear and nonlinear viscoelastic behavior using model silica-particle-filled polybutadiene[J]. Macromolecules, 2005, 38: 8816-8824.

[39]　Du F, Scogna R C, Zhou W, Brand S, Fischer J E, Winey K I. Nanotube networks in polymer nanocomposites: rheology and electrical conductivity[J]. Macromolecules, 2004, 37: 9048-9055.

[40]　Guth E. Theory of filler reinforcement[J]. J Appl Phys,1945, 16: 20-25.

[41]　Einstein A. On the motion of small particles suspended in liquids at rest required by the molecular—kinetic theory of heat[J]. Annalen der Physik, 1905, 17: 549-560.

[42]　Song Y H, Zheng Q. A guide for hydrodynamic reinforcement effect in nanoparticle filled polymers[J]. Critical Rev Solid State Mater Sci, 2016, 41: 318-346.

[43]　Cichocki B, Ekiel-Jeżewska M L, Wajnryb E. Three-particle contribution to effective viscosity of hard-sphere suspensions[J]. J Chem Phys, 2003, 119: 606-619.

[44]　Thomas C U, Muthukumar M. Three-body hydrodynamic effects on viscosity of suspensions of spheres[J]. J Chem Phys, 1991, 94: 5180-5189.

[45]　Cichocki B, Felderhof B U. Linear viscoelasticity of semidilute hard-sphere suspensions[J]. Phys Rev A, 1991, 43: 5405-5411.

[46]　Cichocki B, Felderhof B U. Linear viscoelasticity of colloidal suspensions[J]. Phys Rev A, 1992, 46: 7723-7732.

[47]　Batchelor G K, Green J T. The determination of the bulk stress in a suspension of spherical particles to order C_2[J]. J Fluid Mech, 1972, 56: 401-427.

[48]　Bergenholtz J, Wagner N J. The Huggins coefficient for the square-well colloidal fluid[J]. Ind Eng Chem Res, 1994, 33: 2391-2397.

[49]　Cichocki B, Felderhof B U. Diffusion coefficients and effective viscosity of suspensions of sticky hard spheres with hydrodynamic interactions[J]. J Chem Phys, 1990, 93: 4427-4432.

[50]　Russel W B. The Huggins coefficient as a means for characterizing suspended particles[J]. J Chem Soc, Faraday Trans 2: Molecul Chem Phys, 1984, 80: 31-41.

[51]　Arrhenius S. The viscosity of solutions[J]. Biochem J, 1917, 11 (2) :112-133.

[52]　Selvakumar R D, Dhinakaran S. Effective viscosity of nanofluids: a modified Krieger-Dougherty model based on particle size distribution(PSD) analysis[J]. J Mole Liq, 2017,225:20-27.

[53]　Mooney M. The viscosity of a concentrated suspension of spherical particles[J]. J Colloid Sci, 1951, 6: 162-170.

[54]　Barnea E, Mizrahi J. On the "effective" viscosity of liquid-liquid dispersions[J]. Ind Eng Chem Fundam, 1976, 15: 120-125.

[55]　Sudduth R D. A generalized model to predict the viscosity of solutions with suspended particles. Ⅰ [J]. J Appl Polym Sci, 1993, 48: 25-36.

[56]　Sudduth R D. A generalized model to predict the viscosity of solutions with suspended particles. Ⅲ. Effects of particle interaction and particle size distribution[J]. J Appl Polym Sci, 1993, 50: 123-147.

[57]　Sudduth R D. A new method to predict the maximum packing fraction and the viscosity of solutions with a size distribution of suspended particles. Ⅱ [J]. J Appl Polym Sci, 1993, 48: 37-55.

[58]　Sudduth R D. A generalized model to predict the viscosity of solutions with suspended particles.Ⅳ. Determination of optimum particle-by-particle volume fractions[J]. J Appl Polym Sci, 1994, 52: 985-996.

[59]　Cheng N S, Law A W K. Exponential formula for computing effective viscosity[J]. Powder Technol, 2003, 129: 156-160.

[60]　Saitô N. Concentration dependence of the viscosity of high polymer solutions. Ⅰ [J]. J Phys Soc Jpn, 1950, 5: 4-8.

[61]　Hsueh C H, Wei W C J. Effective viscosity of semidilute suspensions of rigid ellipsoids[J]. J Appl Phys, 2010, 107: 024905.

[62]　Mendoza C I, Santamaría-Holek I. The rheology of hard sphere suspensions at arbitrary volume fractions: an improved differential viscosity model[J]. J Chem Phys, 2009, 130: 044904.

[63]　Santamaria-Holek I, Mendoza C I. The rheology of concentrated suspensions of arbitrarily-shaped particles[J]. J Colloid Interf Sci, 2010, 346: 118-126.

[64]　Hsueh C H, Becher P F. Effective viscosity of suspensions of spheres[J]. J Am Ceram Soc, 2005, 88: 1046-1049.

[65]　Furuse H. Viscosity of concentrated solution[J]. Jpn J Appl Phys, 1972, 11: 1537.

[66]　Toda K, Furuse H. Extension of Einstein's viscosity equation to that for concentrated dispersions of solutes and particles[J]. J Biosci Bioeng, 2006, 102: 524-528.

[67]　Bedeaux D. The effective viscosity for a suspension of spheres[J]. J Colloid Interf Sci, 1987, 118: 80-86.

[68]　Smeets J, Koper G J M, van der Ploeg J P M, Bedeaux D. Viscosity of droplet-phase water/AOT/isooctane microemulsions: solid sphere behavior and aggregation[J]. Langmuir, 1994, 10: 1387-1392.

[69]　Lionberger R A, Russel W B. High frequency modulus of hard sphere colloids[J]. J Rheol, 1994, 38: 1885-1908.

[70]　van der Werff J C, de Kruif C G, Blom C, Mellema J. Linear viscoelastic behavior of dense hard-sphere dispersions[J]. Phys Rev A, 1989, 39: 795-807.

[71]　Ladd A J C. Hydrodynamic transport coefficients of random dispersions of hard spheres[J]. J Chem Phys, 1990, 93: 3484-3494.

[72]　Xu B, Xu H L, Song H Y, Zheng Q. Segmental dynamics and linear rheology of nearly athermal all-polystyrene

nanocomposites[J]. Comp Sci Techn, 2019, 177: 111-117.

[73]　Pal R. Viscous behavior of concentrated emulsions of two immiscible Newtonian fluids with interfacial tension[J]. J Colloid Interf Sci, 2003, 263: 296-305.

[74]　Chougnet A, Audibert A, Moan M. Linear and non-linear rheological behaviour of cement and silica suspensions. Effect of polymer addition[J]. Rheol Acta, 2007, 46: 793-802.

[75]　Tsenoglou C. Scaling concepts in suspension rheology[J]. J Rheol, 1990, 34: 15-24.

[76]　Graham A L, Steele R D, Bird R B. Particle clusters in concentrated suspensions. 3. Prediction of suspension viscosity[J]. Ind Eng Chem Fundam, 1984, 23: 420-425.

[77]　Chen H S, Ding Y, He Y, Tan C. Rheological behaviour of ethylene glycol based titania nanofluids[J]. Chem Phys Lett, 2007, 444: 333-337.

[78]　Chen H S, Ding Y, Tan C. Rheological behaviour of nanofluids[J]. New J Phys, 2007, 9: 367.

[79]　Faroughi S, Huber C. A generalized equation for rheology of emulsions and suspensions of deformable particles subjected to simple shear at low Reynolds number[J]. Rheol Acta, 2015, 54: 85-108.

[80]　Banc A, Genix A C, Chirat M, Dupas C, Caillol S, Sztucki M, Oberdisse J. Tuning structure and rheology of silica-latex nanocomposites with the molecular weight of matrix chains: a coupled SAXS-TEM-simulation approach[J]. Macromolecules, 2014, 47: 3219-3230.

[81]　White J L, Crowder J W. The influence of carbon black on the extrusion characteristics and rheological properties of elastomers: polybutadiene and butadiene-styrene copolymer[J]. J Appl Polym Sci, 1974, 18: 1013-1038.

[82]　Qin K, Zaman A A. Viscosity of concentrated colloidal suspensions: comparison of bidisperse models[J]. J Colloid Interf Sci, 2003, 266: 461-467.

[83]　Zhou Z, Scales P J, Boger D V. Chemical and physical control of the rheology of concentrated metal oxide suspensions[J]. Chem Eng Sci, 2001, 56: 2901-2920.

[84]　Wang M, Hill R J. Anomalous bulk viscosity of polymer-nanocomposite melts[J]. Soft Matter, 2009, 5: 3940-3953.

[85]　Medalia A I. Effective degree of immobilization of rubber occluded within carbon black aggregates[J]. Rubber Chem Technol, 1972, 45: 1171-1194.

[86]　Majesté J C, Vincent F. A kinetic model for silica-filled rubber reinforcement[J]. J Rheol, 2015, 59: 405-427.

[87]　Jouault N, Zhao D, Kumar S K. Role of casting solvent on nanoparticle dispersion in polymer nanocomposites[J]. Macromolecules, 2014, 47: 5246-5255.

[88]　Witten T A, Sander L M. Diffusion-limited aggregation, a kinetic critical phenomenon[J]. Phys Rev Lett, 1981, 47: 1400-1403.

[89]　Meakin P. Formation of fractal clusters and networks by irreversible diffusion-limited aggregation[J]. Phys Rev Lett, 1983, 51: 1119-1122.

[90]　Meakin P. Reaction-limited cluster-cluster aggregation in dimensionalities[J]. Phys Rev A, 1988, 38: 4799-4814.

[91]　Shih W Y, Shih W H, Aksay L A. Elastic and yield behavior of strongly flocculated colloids[J]. J Am Cera Soc, 2010, 82: 616-624.

[92]　Potanin A A, Derooij R, van den Ende D, Mellema J. Microrheological modeling of weakly aggregated dispersions[J]. J Chem Phys, 1995, 102: 5845-5853.

[93]　Cassagnau P. Payne effect and shear elasticity of silica-filled polymers in concentrated solutions and in molten state[J]. Polymer, 2003, 44: 2455-2462.

[94]　Piau J M, Dorget M, Palierne J F. Shear elasticity and yield stress of silica-silicone physical gels: fractal

approach[J]. J Rheol, 1999, 43: 305-314.

[95]   Mellema M, van Opheusden J H J, van Vliet T. Categorization of rheological scaling models for particle gels applied to casein gels[J]. J Rheol, 2002, 46: 11-29.

[96]   Wu H, Morbidelli M. A model relating structure of colloidal gels to their elastic properties[J]. Langmuir, 2001, 17: 1030-1036.

[97]   Shih W H, Shih W, Kim S I, Liu J W, Aksay I A. Scaling behavior of the elastic properties of colloidal gels[J]. Phys Rev A, 1990, 42: 4772-4779.

[98]   Ureña-Benavides E E, Kayatin M J, Davis V A. Dispersion and rheology of multiwalled carbon nanotubes in unsaturated polyester resin[J]. Macromolecules, 2013, 46: 1642-1650.

[99]   Buscall R, Mills P D A, Goodwin J W, Lawson D W. Scaling behaviour of the rheology of aggregate networks formed from colloidal particles[J]. J Chem Soc, Faraday Trans 1, 1988, 84: 4249-4260.

[100]   Kotsilkova R. Thermoset Nanocomposites for Engineering Applications[M]. Shropshire: Smithers Rapra Press, 2007.

[101]   Heinrich G, Kluppel M. Recent advances in the theory of filler networking in elastomers[J]. Adv Polym Sci, 2002, 160: 1-44.

[102]   Klüppel M. Elasticity of fractal filler networks in elastomers[J]. Macromol Symp, 2003, 194: 39-45.

[103]   Cates M E, Wittmer J P, Bouchaud J P, Claudin P. Jamming, force chains, and fragile matter[J]. Phys Rev Lett, 1998, 81: 1841-1844.

[104]   Liu A J, Nagel S R. Nonlinear dynamics: jamming is not just cool any more[J]. Nature, 1998, 396: 21-22.

[105]   Lerner E, Düring G, Wyart M. A unified framework for non-Brownian suspension flows and soft amorphous solids[J]. Proc Natl Acad Sci USA, 2012, 109: 4798-4803.

[106]   Richter S, Saphiannikova M, Stöckelhuber K W, Heinrich G. Jamming in filled polymer systems[J]. Macromol Symp, 2010, 291-292: 193-201.

[107]   Gopalakrishnan V, Zukoski C F. Effect of attractions on shear thickening in dense suspensions[J]. J Rheol, 2004, 48: 1321-1344.

[108]   Robertson C G, Wang X. Isoenergetic jamming transition in particle-filled systems[J]. Phys Rev Lett, 2005, 95: 075703.

[109]   Song Y H, Zheng Q. Concepts and conflicts in nanoparticles reinforcement to polymers beyond hydrodynamics[J]. Prog Mater Sci, 2016, 84: 1-58.

[110]   Ford T F. Viscosity-concentration and fluidity-concentration relationships for suspensions of spherical particles in Newtonian liquids[J]. J Phys Chem, 1960, 64: 1168-1174.

[111]   Lundgren T S. Slow flow through stationary random beds and suspensions of spheres[J]. J Fluid Mech, 1972, 51: 273-299.

[112]   Oliver D R, Ward S G. Relationship between relative viscosity and volume concentration of stable suspensions of spherical particles[J]. Nature, 1953, 171: 396-397.

[113]   Krieger I M, Dougherty T J. A mechanism for non-Newtonian flow in suspensions of rigid spheres[J]. Trans Soc Rheol, 1959, 3: 137-152.

[114]   Krieger I M. Rheology of monodisperse latices[J]. Adv Colloid Interface Sci, 1972, 3: 111-136.

[115]   Brinkman H C. The viscosity of concentrated suspensions and solutions[J]. J Chem Phys, 1952, 20: 571-571.

[116]   Roscoe R. The viscosity of suspensions of rigid spheres[J]. British J Appl Phys, 1952, 3: 267.

[117] Kandyrin L B, Kuleznev V N. Dependence of viscosity on the composition of concentrated dispersions and the free volume concept of disperse systems[J]. Adv Polym Sci, 1992, 103: 103-147.

[118] Quemada D. Rheology of concentrated disperse systems and minimum energy dissipation principle[J]. Rheol Acta, 1977, 16: 82-94.

[119] Quemada D. Rheology of concentrated disperse systems Ⅱ. A model for non-Newtonian shear viscosity in steady flows[J]. Rheol Acta, 1978, 17: 632-642.

[120] Mongruel A, Cartault M. Nonlinear rheology of styrene-butadiene rubber filled with carbon-black or silica particles[J]. J Rheol, 2006, 50: 115-135.

[121] Crié A, Baritaud C, Valette R, Vergnes B. Rheological behavior of uncured styrene-butadiene rubber at low temperatures, pure and filled with carbon black[J]. Polym Eng Sci, 2015, 55: 2156-2162.

[122] Mills P, Snabre P. Apparent viscosity and particle pressure of a concentrated suspension of non-Brownian hard spheres near the jamming transition[J]. Eur Phys J E, 2009, 30: 309-316.

[123] Bonnoit C, Darnige T, Clement E, Lindner A. Inclined plane rheometry of a dense granular suspension[J]. J Rheol, 2010, 54: 65-79.

[124] Trulsson M, Andreotti B, Claudin P. Transition from the viscous to inertial regime in dense suspensions[J]. Phys Rev Lett, 2012, 109: 118305.

[125] Andreotti B, Barrat J L, Heussinger C. Shear flow of non-Brownian suspensions close to jamming[J]. Phys Rev Lett, 2012, 109: 105901.

[126] de Giuli E, Düring G, Lerner E, Wyart M. Unified theory of inertial granular flows and non-Brownian suspensions[J]. Phys Rev E, 2015, 91: 062206.

[127] de Gennes P G. Conjectures on the transition from Poiseuille to plug flow in suspensions[J]. J Phys France, 1979, 40: 783-787.

[128] Gallier S, Lemaire E, Peter S F, Lobry L. Percolation in Suspensions and de Gennes conjectures[J]. Phy Rev E, 2015, 92: 020301.

[129] Chen M, Russel W B. Characteristics of flocculated silica dispersions[J]. J Colloid Interf Sci, 1991, 141: 564-577.

[130] Asai S, Kaneki H, Sumita M, Miyasaka K. Effect of oxidized carbon black on the mechanical properties and molecular motions of natural rubber studied by pulse NMR[J]. J Appl Polym Sci, 1991, 43: 1253-1257.

[131] Choi S S. Effect of bound rubber on characteristics of highly filled styrene-butadiene rubber compounds with different types of carbon black[J]. J Appl Polym Sci, 2004, 93: 1001-1006.

[132] Kato A, Shimanuki J, Kohjiya S, Ikeda Y. Three-dimensional morphology of carbon black in NR vulcanizates as revealed by 3D-TEM and dielectric measurements[J]. Rubber Chem Technol, 2006, 79: 653-673.

[133] Kerner E H. The elastic and thermo-elastic properties of composite media[J]. Proc Phys Soc B, 1956, 69: 808.

[134] Nielsen L E. Generalized equation for the elastic moduli of composite materials[J]. J Appl Phys, 1970, 41: 4626-4627.

[135] Brown G M, Ellyin F. Assessing the predictive capability of two-phase models for the mechanical behavior of alumina/epoxy nanocomposites[J]. J Appl Polym Sci, 2005, 98: 869-879.

[136] Tibbetts G G, McHugh J J. Mechanical properties of vapor-grown carbon fiber composites with thermoplastic matrices[J]. J Mater Res, 1999, 14: 2871-2880.

[137] Chabert E, Bornert M, Bourgeat-Lami E, Cavaillé J Y, Dendievel R, Gauthier C, Putaux J L, Zaoui A. Filler-filler interactions and viscoelastic behavior of polymer nanocomposites[J]. Mater Sci Eng A, 2004, 381: 320-330.

[138] Moll J F, Akcora P, Rungta A, Gong S, Colby R H, Benicewicz B C, Kumar S K. Mechanical reinforcement in polymer melts filled with polymer grafted nanoparticles[J]. Macromolecules, 2011, 44: 7473-7477.

[139] Baeza G P, Oberdisse J, Alegria A, Saalwächter K, Couty M, Genix A C. Depercolation of aggregates upon polymer grafting in simplified industrial nanocomposites studied with dielectric spectroscopy[J]. Polymer, 2015, 73: 131-138.

[140] Bicerano J, Douglas J F, Brune D A. Model for the viscosity of particle dispersions[J]. J Macrom Sci Part C, 1999, 39: 561-642.

[141] Coussot P. Rheophysics of pastes: a review of microscopic modelling approaches[J]. Soft Matter, 2007, 3: 528-540.

[142] Hough L A, Islam M F, Janmey P A, Yodh A G. Viscoelasticity of single wall carbon nanotube suspensions[J]. Phys Rev Lett, 2004, 93: 168102.

[143] Kantor Y, Webman I. Elastic properties of random percolating systems[J]. Phys Rev Lett, 1984, 52: 1891-1894.

[144] Feng S C, Sahimi M. Position-space renormalization for elastic percolation networks with bond-bending forces[J]. Phys Rev B, 1985, 31: 1671-1673.

[145] Arbabi S, Sahimi M. Elastic properties of three-dimensional percolation networks with stretching and bond-bending forces[J]. Phys Rev B, 1988, 38: 7173-7176.

[146] Kim H, Macosko C W. Morphology and properties of polyester/exfoliated graphite nanocomposites[J]. Macromolecules, 2008, 41: 3317-3327.

[147] Wilbrink M W L, Michels M A J, Vellinga W P, Meijer H E H. Rigidity percolation in dispersions with a structured viscoelastic matrix[J]. Phys Rev E, 2005, 71: 031402.

[148] Grant M C, Russel W B. Volume-fraction dependence of elastic-moduli and transition-temperatures for colloidal silica-gels[J]. Phys Rev E, 1993, 47: 2606-2614.

[149] Hobbie E K. Shear rheology of carbon nanotube suspensions[J].Rheol Acta, 2010, 49: 323-334.

[150] Yanez J A, Laarz E, Bergstrom L. Viscoelastic properties of particle gels[J]. J Colloid Interf Sci, 1999, 209: 162-172.

[151] Kanai H, Navarrette R C, Macosko C W, Scriven L E. Fragile networks and rheology of concentrated suspensions[J]. Rheol Acta, 1992, 31: 333-344.

[152] Trappe V, Prasad V, Cipelletti L, Segre P N, Weitz D A. Jamming phase diagram for attractive particles[J]. Nature, 2001, 411: 772-775.

[153] Romeo G, Filippone G, Fernandez-Nieves A, Russo P, Acierno D. Elasticity and dynamics of particle gels in non-Newtonian melts[J]. Rheol Acta, 2008, 47: 989-997.

[154] Trappe V, Weitz D A. Scaling of the viscoelasticity of weakly attractive particles[J]. Phys Rev Lett, 2000, 85: 449-452.

[155] Marceau S, Dubois P, Fulchiron R, Cassagnau P. Viscoelasticity of Brownian carbon nanotubes in PDMS semidilute regime[J]. Macromolecules, 2009, 42: 1433-1438.

[156] Arbabi S, Sahimi M. Mechanics of disordered solids. Ⅰ. Percolation on elastic networks with central forces[J]. Phys Rev B, 1993, 47: 695-702.

[157] Surve M, Pryamitsyn V, Ganesan V. Polymer-bridged gels of nanoparticles in solutions of adsorbing polymers[J]. J Chem Phys, 2006, 125: 0649031-0649035.

[158] Filippone G, Salzano de Luna M. A unifying approach for the linear viscoelasticity of polymer nanocomposites[J]. Macromolecules, 2012, 45: 8853-8860.

[159] Vermant J, Ceccia S, Dolgovskij M K, Maffettone P L, Macosko C W. Quantifying dispersion of layered nanocomposites via melt rheology[J]. J Rheol, 2007, 51: 429-450.

[160] Hu G, Zhao C, Zhang S, Yang M, Wang Z. Low percolation thresholds of electrical conductivity and rheology in poly (ethylene terephthalate) through the networks of multi-walled carbon nanotubes[J]. Polymer, 2006, 47: 480-488.

[161] Liao K H, Qian Y, Macosko C W. Ultralow percolation graphene/polyurethane acrylate nanocomposites[J]. Polymer, 2012, 53: 3756-3761.

[162] Gelves G A, Lin B, Sundararaj U, Haber J A. Electrical and rheological percolation of polymer nanocomposites prepared with functionalized copper nanowires[J]. Nanotechnology, 2008, 19: 215712.

[163] Penu C, Hu G H, Fernandez A, Marchal P, Choplin L. Rheological and electrical percolation thresholds of carbon nanotube/polymer nanocomposites[J]. Polym Eng Sci, 2012, 52: 2173-2181.

[164] Florin Barzic R, Irina Barzic A, Dumitrascu G. Percolation network formation in poly (4-vinylpyridine) /aluminum nitride nanocomposites: rheological, dielectric, and thermal investigations[J]. Polym Composite, 2014, 35: 1543-1552.

[165] Kalgaonkar R A, Jog J P. Copolyester nanocomposites based on carbon nanotubes: reinforcement effect of carbon nanotubes on viscoelastic and dielectric properties of nanocomposites[J]. Polym Int, 2008, 57: 114-123.

[166] Le Strat D, Dalmas F, Randriamahefa S, Jestin J, Wintgens V. Mechanical reinforcement in model elastomer nanocomposites with tuned microstructure and interactions[J]. Polymer, 2013, 54: 1466-1479.

[167] Zhao D, Ge S, Senses E, Akcora P, Jestin J, Kumar S K. Role of filler shape and connectivity on the viscoelastic behavior in polymer nanocomposites[J]. Macromolecules, 2015, 48: 5433-5438.

[168] Surve M, Pryamitsyn V, Ganesan V. Universality in structure and elasticity of polymer-nanoparticle gels[J]. Phys Rev Lett, 2006, 96: 177805.

[169] Benguigui L. Lattice and continuum percolation transport exponents: experiments in 2-dimensions[J]. Phys Rev B, 1986, 34: 8176-8178.

[170] Luo H, Kluppel M, Schneider H. Study of filled SBR elastomers using NMR and mechanical measurements[J]. Macromolecules, 2004, 37: 8000-8009.

[171] Rault J, Marchal J, Judeinstein P, Albouy P A. Stress-induced crystallization and reinforcement in filled natural rubbers: ^{2}H NMR study[J]. Macromolecules, 2006, 39: 8356-8368.

[172] Brouwers H J H. Viscosity of a concentrated suspension of rigid monosized particles[J]. Phys Rev E, 2010, 81: 051402.

[173] Raos G. Application of the Christensen-Lo model to the reinforcement of elastomers by fractal fillers[J]. Macromol Theor Simul, 2003, 12: 17-23.

[174] Song Y H, Zeng L B, Zheng Q. Reconsideration of the rheology of silica filled natural rubber compounds[J]. J Phys Chem B, 2017, 121: 5867-5875.

[175] Song Y H, Zheng Q. Size-dependent linear rheology of silica filled poly (2-vinylpyridine) [J]. Polymer, 2017, 130: 74-78.

[176] Mujtaba A, Keller M, Ilisch S, Radusch H J, Thurn-Albrecht T, Saalwachter K, Beiner M. Mechanical properties and cross-link density of styrene-butadiene model composites containing fillers with bimodal particle size distribution[J]. Macromolecules, 2012, 45: 6504-6515.

[177] Prokopenko V V, Petkevich O K, Malinskii Y M, Bakeev N F. Effect of small additions of solid fillers on the

rheological properties of polymer[J]. Dokl Akad Nauk SSSR, 1974, 214: 389-392.

[178] Zhu J H, Wei S Y, Patil R, Rutman D, Kucknoor A S, Wang A, Guo Z H. Ionic liquid assisted electrospinning of quantum dots/elastomer composite nanofibers[J]. Polymer, 2011, 52: 1954-1962.

[179] Mackay M E, Dao T T, Tuteja A, Ho D L, van Horn B, Kim H C, Hawker C J. Nanoscale effects leading to non-Einstein-like decrease in viscosity[J]. Nat Mater, 2003, 2: 762-766.

[180] Cosgrove T, Roberts C, Choi Y, Schmidt R G, Gordon G V, Goodwin A J, Kretschmer A. Relaxation studies of high molecular weight poly(dimethylsiloxane)s blended with polysilicate nanoparticles[J]. Langmuir, 2002, 18: 10075-10079.

[181] Tuteja A, Mackay M E, Hawker C J, van Horn B. Effect of ideal, organic nanoparticles on the flow properties of linear polymers: non-Einstein-like behavior[J]. Macromolecules, 2005, 38: 8000-8011.

[182] Schneider G J, Nusser K, Willner L, Falus P, Richter D. Dynamics of entangled chains in polymer nanocomposites[J]. Macromolecules, 2011, 44: 5857-5860.

[183] Schmidt R G, Gordon G V, Dreiss C A, Cosgrove T, Krukonis V J, Williams K, Wetmore P M. A critical size ratio for viscosity reduction in poly(dimethylsiloxane)-polysilicate nanocomposites[J]. Macromolecules, 2010, 43: 10143-10151.

[184] Gordon G V, Schmidt R G, Quintero M, Benton N J, Cosgrove T, Krukonis V J, Williams K, Wetmore P M. Impact of polymer molecular weight on the dynamics of poly(dimethylsiloxane)-polysilicate nanocomposites[J]. Macromolecules, 2010, 43: 10132-10142.

[185] Tuteja A, Duxbury P M, Mackay M E. Multifunctional nanocomposites with reduced viscosity[J]. Macromolecules, 2007, 40: 9427-9434.

[186] Mackay M E, Tuteja A, Duxbury P M, Hawker C J, van Horn B, Guan Z B, Chen G H, Krishnan R S. General strategies for nanoparticle dispersion[J]. Science, 2006, 311: 1740-1743.

[187] Tuteja A, Mackay M E, Narayanan S, Asokan S, Wong M S. Breakdown of the continuum Stokes-Einstein relation for nanoparticle diffusion[J]. Nano Lett, 2007, 7: 1276-1281.

[188] Jacobi M M, Braum M V, Rocha T L A C, Schuster R H. Lightly epoxidized polybutadiene with efficient interaction to precipitated silica[J]. Kaut Gummi Kunstst, 2007, 60: 460-466.

[189] Ban L L, Hess W M, Papazian L A. New studies of carbon-rubber gel[J]. Rubber Chem Technol, 1974, 47: 858-894.

[190] Wolff S, Wang M J, Tan E H. Filler elastomer interactions. 7. Study on bound rubber[J]. Rubber Chem Technol, 1993, 66: 163-177.

[191] Hamed G R, Hatfield S. On the role of bound rubber in carbon-black reinforcement[J]. Rubber Chem Technol, 1989, 62: 143-156.

[192] Kaufman S, Slichter W P, Davis D D. Nuclear magnetic resonance study of rubber-carbon black interactions[J]. J Polym Sci A, 1971, 9: 829-839.

[193] Kenny J C, Mcbrierty V J, Rigbi Z, Douglass D C. Carbon-black filled natural-rubber. 1. Structural investigations[J]. Macromolecules, 1991, 24: 436-443.

[194] Obrien J, Cashell E, Wardell G E, Mcbrierty V J. NMR investigation of interaction between carbon-black and cis-polybutadiene[J]. Macromolecules, 1976, 9: 653-660.

[195] Litvinov V M, Steeman P A M. EPDM-carbon black interactions and the reinforcement mechanisms, as studied by low-resolution ^{1}H NMR[J]. Macromolecules, 1999, 32: 8476-8490.

[196] Luchow H, Breier E, Gronski W. Characterization of polymer adsorption on disordered filler surfaces by transversal ^{1}H NMR relaxation[J]. Rubber Chem Technol, 1997, 70: 747-758.

[197] Svensson L G, Svanson S E. An NMR investigation of the interaction between carbon-black and *cis*-polyisoprene[J]. Rubber Chem Technol, 1980, 53: 975-981.

[198] Moldovan D, Fechete R, Demco D E, Culea E, Blümich B, Herrmann V, Heinz M. The heterogeneity of segmental dynamics of filled EPDM by ^{1}H transverse relaxation NMR[J]. J Magnet Reson, 2011, 208: 156-162.

[199] Leblanc J L. Elastomer-filler interactions and the rheology of filled rubber compounds[J]. J Appl Polym Sci, 2000, 78: 1541-1550.

[200] Bogoslovov R B, Roland C M, Ellis A R, Randall A M, Robertson C G. Effect of silica nanoparticles on the local segmental dynamics in poly(vinyl acetate)[J]. Macromolecules, 2008, 41: 1289-1296.

[201] Robertson C G, Roland C M. Glass transition and interfacial segmental dynamics inpolymer-particle composites[J]. Rubber Chem Technol, 2008, 81: 506-522.

[202] Wang M J. Effect of polymer-filler and filler-filler interactions on dynamic properties of filled vulcanizates[J]. Rubber Chem Technol, 1998, 71: 520-589.

[203] Dutta N K, Choudhury N R, Haidar B, Vidal A, Donnet J B, Delmotte L, Chezeau J M. High resolution solid-state n.m.r. investigation of the filler-rubber interaction: 1. High speed ^{1}H magic-angle spinning NMR spectroscopy in carbon black filled styrene-butadiene rubber[J]. Polymer, 1994, 35: 4293-4299.

[204] Berriot J, Montes H, Lequeux F, Long D, Sotta P. Evidence for the shift of the glass transition near the particles in silica-filled elastomers[J]. Macromolecules, 2002, 35: 9756-9762.

[205] Montes H, Lequeux F, Berriot J. Influence of the glass transition temperature gradient on the nonlinear viscoelastic behavior in reinforced elastomers[J]. Macromolecules, 2003, 36: 8107-8118.

[206] Yim A, Chahal R S, St Pierre L E. The effect of polymer-filler interaction energy on the T_g of filled polymers[J]. J Colloid Interf Sci, 1973, 43: 583-590.

[207] Landry C J T, Coltrain B K, Landry M R, Fitzgerald J J, Long V K. Poly(vinyl acetate)/silica filled materials: material properties of *in situ vs* fumed silica particles[J]. Macromolecules, 1993, 26: 3702-3712.

[208] Oh H, Green P F. Polymer chain dynamics and glass transition in athermal polymer/nanoparticle mixtures[J]. Nat Mater, 2009, 8: 139-143.

[209] Arrighi V, Mcewen I J, Qian H, et al. The glass transition and interfacial layer in styrene-butadiene rubber containing silica nanofiller[J]. Polymer, 2003, 44: 6259-6266.

[210] Sen S, Xie Y P, Kumar S K, Yang H C, Bansal A, Ho D L, Hall L, Hooper J B, Schweizer K S. Chain conformations and bound-layer correlations in polymer nanocomposites[J]. Phys Rev Lett, 2007, 98: 128302.

[211] Harton S E, Kumar S K, Yang H C, Koga T, Hicks K, Lee E, Mijovic J, Liu M, Vallery R S, Gidley D W. Immobilized polymer layers on spherical nanoparticles[J]. Macromolecules, 2010, 43: 3415-3421.

[212] Sargsyan A, Tonoyan A, Davtyan S, Schick C. The amount of immobilized polymer in PMMA SiO$_2$ nanocomposites determined from calorimetric data[J]. Eur Polym J, 2007, 43: 3113-3127.

[213] Fragiadakis D, Pissis P. Glass transition and segmental dynamics in poly(dimethylsiloxane)/silica nanocomposites studied by various techniques[J]. J Non-Cryst Solids, 2007, 353: 4344-4352.

[214] Fragiadakis D, Pissis P, Bokobza L. Glass transition and molecular dynamics in poly(dimethylsiloxane)/silica nanocomposites[J]. Polymer, 2005, 46: 6001-6008.

[215] Fragiadakis D, Bokobza L, Pissis P. Dynamics near the filler surface in natural rubber-silica nanocomposites[J].

Polymer, 2011, 52: 3175-3182.

[216] Mansencal R, Haidar B, Vidal A, Delmotte L, Chezeau J M. High-resolution solid-state NMR investigation of the filler-rubber interaction: 2. High-speed ^{1}H magic-angle spinning NMR spectroscopy in carbon-black-filled polybutadiene[J]. Polym Int, 2001, 50: 387-394.

[217] Lin W Y, Blum F D. Segmental dynamics of interfacial poly(methyl acrylate)-d$_3$ in composites by deuterium NMR spectroscopy[J]. J Am Chem Soc, 2001, 123: 2032-2037.

[218] Kraus G, Gruver J T. Thermal expansion, free volume, and molecular mobility in a carbon black-filled elastomer[J]. J Polym Sci, Part A: Polym Phys, 1970, 8: 571.

[219] Fritzsche J, Klüppel M. Structural dynamics and interfacial properties of filler-reinforced elastomers[J]. J Phys: Condens Mat, 2011, 23: 035104.

[220] Zhai J X, Wang H, Shi X Y, Zhao S G. Effects of carbon black on chain mobility and dynamic mechanical properties of solution polymerized styrene-butadiene rubber[J]. J Macromol Sci B, 2012, 51: 496-509.

[221] Robertson C G, Lin C J, Rackaitis M, Roland C M. Influence of particle size and polymer-filler coupling on viscoelastic glass transition of particle-reinforced polymers[J]. Macromolecules, 2008, 41: 2727-2731.

[222] Tsagaropoulos G, Eisenberg A. Direct observation of 2 glass transitions in silica-filled polymers: implications for the morphology of random ionomers[J]. Macromolecules, 1995, 28: 396-398.

[223] Tsagaropoulos G, Eisenberg A. Dynamic-mechanical study of the factors affecting the 2 glass-transition behavior of filled polymers: similarities and differences with random ionomers[J]. Macromolecules, 1995, 28: 6067-6077.

[224] Gagliardi S, Arrighi V, Ferguson R, Telling M T F. Restricted dynamics in polymer-filler systems[J]. Physica B, 2001, 301: 110-114.

[225] Sridhar V, Chaudhary R N P, Tripathy D K. Relaxation behavior of carbon silica dual phase filler reinforced chlorobutyl vulcanizates[J]. J Appl Polym Sci, 2006, 101: 4320-4327.

[226] Sridhar V, Chaudhary R N P, Tripathy D K. Effect of fillers on the relaxation behavior of chlorobutyl vulcanizates[J]. J Appl Polym Sci, 2006, 100: 3161-3173.

[227] Bielinski D M, Slusarski L, Dobrowolski O, Glab P, Dryzek E, Dryzek J. Studies of filler agglomeration by AFM and PAS: Part Ⅱ: carbon black mixes[J]. Kaut Gummi Kunstst, 2005, 58: 239-245.

[228] Robertson C G, Rackaitis M. Further consideration of viscoelastic two glass transition behavior of nanoparticle-filled polymers[J]. Macromolecules, 2011, 44: 1177-1181.

[229] Xu H L, Song Y H, Jia E W, Zheng Q. Dynamics heterogeneity in silica-filled nitrile butadiene rubber[J]. J Appl Polym Sci, 2018, 135: 46223.

[230] Heinrich G, Kluppel H. The role of polymer-filler interphase in reinforcement of elastomers[J]. Kaut Gummi Kunstst, 2004, 57: 452-454.

[231] Kluppel M. Evaluation of viscoelastic master curves of filled elastomers and applications to fracture mechanics[J]. J Phys: Condens Mat, 2009, 21 (3):035104.

[232] Coussot P. Structural similarity and transition from newtonian to non-Newtonian behavior for clay-water suspensions[J]. Phys Rev Lett, 1995, 74: 3971-3974.

[233] Xu X M, Tao X L, Gao C H, Zheng Q. Studies on the steady and dynamic rheological properties of poly (dimethyl-siloxane) filled with calcium carbonate based on superposition of its relative functions[J]. J Appl Polym Sci, 2008, 107: 1590-1597.

[234] Marcovich N E, Reboredo M M, Kenny J, Aranguren M I. Rheology of particle suspensions in viscoelastic media.

Wood flour-polypropylene melt[J]. Rheol Acta, 2004, 43: 293-303.

[235] Faitel'son L A, Yakobson É É. Rheology of filled polymers. Steady-state shear flow and periodic deformation. 1. Relaxation time spectra, viscosity[J]. Mech Compos Mater, 1977, 13: 898-906.

[236] Gleissle W, Hochstein B. Validity of the Cox-Merz rule for concentrated suspensions[J]. J Rheol, 2003, 47: 897-910.

[237] Romeo G, Filippone G, Russo P, et al. Effects of particle dimension and matrix viscosity on the colloidal aggregation in weakly interacting polymer-nanoparticle composites: a linear viscoelastic analysis[J]. Polym Bull, 2009, 63: 883-898.

[238] Jager K M, Eggen S S. Scaling of the viscoelasticity of highly filled carbon black polyethylene composites above the melting point[J]. Polymer, 2004, 45: 7681-7692.

[239] Hobbie E K, Fry D J. Nonequilibrium phase diagram of sticky nanotube suspensions[J]. Phys Rev Lett, 2006, 97(3): 036101.

[240] Daga V K, Wagner N J. Linear viscoelastic master curves of neat and laponite-filled poly(ethylene oxide)-water solutions[J]. Rheol Acta, 2006, 45: 813-824.

[241] Hobbie E K, Fry D J. Rheology of concentrated carbon nanotube suspensions[J]. J Chem Phys, 2007, 126: 1249071-1249075.

[242] Chatterjee T, Krishnamoorti R. Dynamic consequences of the fractal network of nanotube-poly(ethylene oxide) nanocomposites[J]. Phys Rev E, 2007, 75: 0504031-0504034.

[243] Song Y H, Zheng Q, Cao Q. On time-temperature-concentration superposition principle for dynamic rheology of carbon black filled polymers[J]. J Rheol, 2009, 53: 1379-1388.

[244] Pryamitsyn V, Ganesan V. Origins of linear viscoelastic behavior of polymer-nanoparticle composites[J]. Macromolecules, 2006, 39: 844-856.

[245] Kagarise C, Koelling K W, Wang Y R, Bechtel S E. A unified model for polystyrene-nanorod and polystyrene-nanoplatelet melt composites[J]. Rheol Acta, 2008, 47: 1061-1076.

[246] Sarvestani A S, Picu C R. Network model for the viscoelastic behavior of polymer nanocomposites[J]. Polymer, 2004, 45: 7779-7790.

[247] Merabia S, Sotta P, Long D R. A microscopic model for the reinforcement and the nonlinear behavior of filled elastomers and thermoplastic elastomers (Payne and Mullins effects)[J]. Macromolecules, 2008, 41: 8252-8266.

[248] Liu J, Cao D P, Zhang L Q, Wang W C. Time-temperature and time-concentration superposition of nanofilled elastomers: a molecular dynamics study[J]. Macromolecules, 2009, 42: 2831-2842.

[249] Heinrich G, Kluppel M, Vilgis T A. Reinforcement of elastomers[J]. Curr Opin Solid Struc Mater, 2002, 6: 195-203.

[250] Osman M A, Atallah A. Effect of the particle size on the viscoelastic properties of filled polyethylene[J]. Polymer, 2006, 47: 2357-2368.

[251] Song Y H, Zheng Q. Linear rheology of nanofilled polymers[J]. J Rhol, 2015, 59: 155-191.

[252] 宋义虎, 孙晋, 郑强. SSBR/SiO$_2$混炼胶的动态黏弹行为[J]. 高分子学报, 2009, 18: 729-734.

[253] Osman M A, Atallah A, Schweizer T, Ottinger H C. Particle-particle and particle-matrix interactions in calcite filled high-density polyethylene-steady shear[J]. J Rheol, 2004, 48: 1167-1184.

[254] Mullins L, Tobin N R. Stress softening in rubber vulcanizates. I. Use of a strain-amplification factor to describe the elastic behavior of filler-reinforced vulcanized rubber[J]. J Appl Polym Sci, 1965, 9: 2993-3009.

[255] Reichert W F, Goritz D, Duschl E J. The double network, a model describing filled elastomers[J]. Polymer, 1993, 34: 1216-1221.

[256] Bandyopadhyaya R, Rong W Z, Friedlander S K. Dynamics of chain aggregates of carbon nanoparticles in isolation and in polymer films: implications for nanocomposite materials[J]. Chem Mater, 2004, 16: 3147-3154.

[257] Wolthers W, van den Ende D, Breedveld V, Duits M H G, Potanin A A, Wientjes R H W, Mellema J. Linear viscoelastic behavior of aggregated colloidal dispersions[J]. Phys Rev E, 1997, 56: 5726-5733.

[258] Leonov A I. On the rheology of filled polymers[J]. J Rheol, 1990, 34: 1039-1068.

[259] Song Y H, Zheng Q. Application of two phase model to linear viscoelasticity of reinforced rubbers[J]. Polymer, 2011, 52: 593-596.

[260] Song Y H, Zheng Q. Application of two phase model to linear dynamic rheology of filled polymer melts[J]. Polymer, 2011, 52: 6173-6179.

[261] Winter H H, Mours M. Rheology of polymers near liquid-solid transitions[J]. Adv Polym Sci, 1997, 134:165-234.

[262] Song Y H, Tan Y Q, Zheng Q. Linear rheology of carbon black filled polystyrene[J]. Polymer, 2017, 112: 35-42.

[263] Chen Q, Gong S, Moll J, Zhao D, Kumar S K, Colby R H. Mechanical reinforcement of polymer nanocomposites from percolation of a nanoparticle network[J]. ACS Macro Lett, 2015, 4: 398-402.

[264] Nusser K, Schneider G J, Pyckhout-Hintzen W, Richter D. Viscosity decrease and reinforcement in polymer-silsesquioxane composites[J]. Macromolecules, 2011, 44: 7820-7830.

[265] Nusser K, Schneider G J, Richter D. Rheology and anomalous flow properties of poly (ethylene-*alt*-propylene) - silica nanocomposites[J]. Macromolecules, 2013, 46: 6263-6272.

[266] Nusser K, Schneider G J, Richter D. Microscopic origin of the terminal relaxation time in polymer nanocomposites: an experimental precedent[J]. Soft Matter, 2011, 7: 7988-7991.

[267] Manley S, Davidovitch B, Davies N R, Cipelletti L, Bailey A E, Christianson R J, Gasser U, Prasad V, Segre P N, Doherty M P, Sankaran S, Jankovsky A L, Shiley B, Bowen J, Eggers J, Kurta C, Lorik T, Weitz D A. Time-dependent strength of colloidal gels[J]. Phys Rev Lett, 2005, 95 (4) : 048302.

[268] Padmanabhan V. Percolation of high-density polymer regions in nanocomposites: the underlying property for mechanical reinforcement[J]. J Chem Phys, 2013, 139: 144904.

[269] Gam S, Meth J S, Zane S G, Chi C, Wood B A, Winey K I, Clarke N, Composto R J. Polymer diffusion in a polymer nanocomposite: effect of nanoparticle size and polydispersity[J]. Soft Matter, 2012, 8: 6512-6520.

[270] Gam S, Meth J S, Zane S G, Chi C, Wood B A, Seitz M E, Winey K I, Clarke N, Composto R J. Macromolecular diffusion in a crowded polymer nanocomposite[J]. Macromolecules, 2011, 44: 3494-3501.

[271] Choi J, Hore M J A, Clarke N, Winey K I, Composto R J. Nanoparticle brush architecture controls polymer diffusion in nanocomposites[J]. Macromolecules, 2014, 47: 2404-2410.

[272] Lin C C, Gam S, Meth J S, Clarke N, Winey K I, Composto R J. Do attractive polymer-nanoparticle interactions retard polymer diffusion in nanocomposites?[J]. Macromolecules, 2013, 46: 4502-4509.

[273] Li Y, Kroger M, Liu W K. Dynamic structure of unentangled polymer chains in the vicinity of non-attractive nanoparticles[J]. Soft Matter, 2014, 10: 1723-1737.

[274] Diani J, Gilormini P, Merckel Y, Vion-Loisel F. Micromechanical modeling of the linear viscoelasticity of carbon-black filled styrene butadiene rubbers: the role of the filler-rubber interphase[J]. Mech Mater, 2013, 59: 65-72.

[275] Payne A R, Whittaker R E, Smith J F. Effect of vulcanization on low-strain dynamic properties of filled rubbers[J].

J Appl Polym Sci, 1972, 16: 1191.

[276] Waring J R S. Dynamic study of reinforcement[J]. Ind Eng Chem, 1951, 43: 352-362.

[277] Waring J R S. Dynamic testing in compression. Comparison of the I.C.I. electrical compression vibrator and the I.G. mechanical vibrator in the dynamic testing of rubber[J]. Trans Instit Rubber Indus, 1950, 26: 4-26.

[278] Robertson C G, Lin C J, Bogoslovov R B, Rackaitis M, Sadhukhan P, Quinn J D, Roland C M. Flocculation, reinforcement, and glass transition effects in silica-filled styrene-butadiene rubber[J]. Rubber Chem Technol, 2011, 84: 507-519.

[279] Bailly M, Kontopoulou M, El Mabrouk K. Effect of polymer/filler interactions on the structure and rheological properties of ethylene-octene copolymer/nanosilica composites[J]. Polymer, 2010, 51: 5506-5515.

[280] Bohm G A, Tomaszewski W, Cole W, Hogan T. Furthering the understanding of the non linear response of filler reinforced elastomers[J]. Polymer, 2010, 51: 2057-2068.

[281] Lin C J, Hogan T E, Hergenrother W L. On the filler flocculation in silica and carbon black filled rubbers: part Ⅱ. Filler flocculation and polymer-filler interaction[J]. Rubber Chem Technol, 2004, 77: 90-114.

[282] Wang L, Zhao S H, Li A, Zhang X Y. Study on the structure and properties of SSBR with large-volume functional groups at the end of chains[J]. Polymer, 2010, 51: 2084-2090.

[283] Montes H, Chaussee T, Papon A, Lequeux F, Guy L. Particles in model filled rubber: dispersion and mechanical properties[J]. Eur Phys J E, 2010, 31: 263-268.

[284] Ulmer J D, Hergenrother W L, Lawson D F. Hysteresis contributions in carbon black-filled rubbers containing conventional and tin end-modified polymers[J]. Rubber Chem Technol, 1998, 71: 637-667.

[285] Vidal A, Hao S Z, Donnet J B. Modification of carbon-black surfaces: effects on elastomer reinforcement[J]. Kaut Gummi Kunstst, 1991, 44: 419-423.

[286] Scurati A, Lin C J. The hysteresis temperature and strain dependences in filled rubbers[J]. Rubber Chem Technol, 2006, 79: 170-197.

[287] Payne A R. The dynamic properties of carbon black-loaded natural rubber vulcanizates. Part Ⅰ [J]. J Appl Polym Sci, 1962, 6: 57-63.

[288] van de Walle A, Tricot C, Gerspacher M. Modeling carbon black reinforcement in rubber compounds[J]. Kaut Gummi Kunstst, 1996, 49: 172-179.

[289] Lin C R, Lee Y D. Strain-dependent dynamic properties of filled rubber network systems[J]. Macromol Theor Simul, 1996, 5: 1075-1104.

[290] Lin C R, Lee Y D. Strain-dependent dynamic properties of filled rubber network systems. 2. The physical meaning of parameters in the L-N-B model and their applicability[J]. Macromol Theor Simul, 1997, 6: 339-350.

[291] Lion A. Strain-dependent dynamic propertie of filled rubber a non-linear v : scoelastic approach based on structural variables[J]. Rubber Chem Techon, 1999,72: 410-429.

[292] Yatsuyanagi F, Suzuki N, Ito M, Kaidou H. Effects of secondary structure of fillers on the mechanical properties of silica filled rubber systems[J]. Polymer, 2001, 42: 9523-9529.

[293] Zhao L, Yang H M, Song Y H, Zhou Y J, Hu G H, Zheng Q. Non-linear viscoelasticity of vapor grown carbon nanofiber/polystyrene composites[J]. J Mater Sci, 2011, 46: 2495-2502.

[294] Liu Z H, Song Y H, Zhou J F, Zheng Q. Simultaneous measurement of rheological and conductive properties of carbon black filled ethylene-tetrafluorothylene copolymer[J]. J Mater Sci, 2007, 42: 8757-8759.

[295] Houwink R. Slipping of molecules during the deformation of reinforced rubber[J]. Rubber Chem Technol, 1956,

29: 888-893.

[296] Maier P G, Göritz D. Molecular interpretation of the Payne effect[J]. Kaut Gummi Kunstst, 1996, 49: 18-21.

[297] Ouyang G B. Modulus, hysteresis and the Payne effect[J]. Kaut Gummi Kunstst, 2006, 59: 332-343.

[298] Funt J M. Dynamic testing and reinforcement of rubber[J]. Rubber Chem Technol, 1988, 61: 842-865.

[299] Pryamitsyn V, Ganesan V. Mechanisms of steady-shear rheology in polymernanoparticle composites[J]. J Rheol, 2006, 50: 655-683.

[300] Dannenberg E M. Molecular slippage mechanism of reinforcement[J]. Trans Inst Rubber Ind, 1966, 42: 26.

[301] Leblanc J L. Simplified modeling calculations to enlighten the mechanical properties（modulus）of carbon black filled diene rubber compounds[J]. J Appl Polym Sci, 2011, 122: 599-607.

[302] Meera A P, Said S, Grohens Y, Thomas S. Nonlinear viscoelastic behavior of silica-filled natural rubber nanocomposites[J]. J Phys Chem C, 2009, 113: 17997-18002.

[303] Fukahori Y. The mechanics and mechanism of the carbon black reinforcement of elastomers[J]. Rubber Chem Technol, 2003, 76: 548-565.

[304] Rharbi Y, Cabane B, Vacher A, Joanicot M, Boue F. Modes of deformation in a soft hard nanocomposite: a SANS study[J]. Europhy Lett, 1999, 46: 472-478.

[305] Kraus G. Mechanical losses in carbon-black-filled rubbers[J]. Appl Polym Symp, 1984, 39: 75-92.

[306] Heinrich G, Vilgis T A. Effect of filler networking on the dynamic-mechanical properties of cross-linked polymer solids[J]. Macromol Symp, 1995, 93: 253-260.

[307] Vieweg S, Unger R, Schroter K, Donth E, Heinrich G. Frequency and temperature-dependence of the small-strain behavior of carbon-black filled vulcanizates[J]. Polym Networks Blends, 1995, 5: 199-204.

[308] Vieweg S, Unger R, Heinrich G, Donth E. Comparison of dynamic shear properties of styrene-butadiene vulcanizates filled with carbon black or polymeric fillers[J]. J Appl Polym Sci, 1999, 73: 495-503.

[309] Luo W B, Hu X L, Wang C H, Li Q F. Frequency- and strain-amplitude-dependent dynamical mechanical properties and hysteresis loss of CB-filled vulcanized natural rubber[J]. Int J Mech Sci, 2010, 52: 168-174.

[310] Huber G, Vilgis T A, Heinrich G. Universal properties in the dynamical deformation of filled rubbers[J]. J Phys: Condens Mat, 1996, 8: L409-L412.

[311] Ulmer J D. Strain dependence of dynamic mechanical properties of carbon black-filled rubber compounds[J]. Rubber Chem Technol, 1996, 69: 15-47.

[312] Nagaraja S M, Mujtaba A, Beiner M. Quantification of different contributions to dissipation in elastomer nanoparticle composites[J]. Polymer, 2017, 111: 48-52.

[313] Drozdov A D, Dorfmann A. The Payne effect for particle-reinforced elastomers[J]. Polym Eng Sci, 2002, 42: 591-604.

[314] Cassagnau P, Melis F. Non-linear viscoelastic behavior and modulus recovery in silica filled polymers[J]. Polymer, 2003, 44: 6607-6615.

[315] Sun J, Song Y H, Zheng Q, Tan H, Yu J, Li H. Nonlinear rheological behavior of silica filled solution-polymerized styrene butadiene rubber[J]. J Polym Sci Polym Phys, 2007, 45: 2594-2602.

[316] Sun J, Li H, Song Y H, Zheng Q, He L, Yu J. Nonlinear stress relaxation of silica filled solution-polymerized styrene-butadiene rubber compounds[J]. J Appl Polym Sci, 2009, 112: 3569-3574.

[317] 宋义虎, 郑强. 气相生长碳纤维填充聚苯乙烯的熔体动态流变行为[J]. 高分子学报, 2012, 21: 1383-1388.

[318] Martin R, Alexander L. Amplitude dependence of filler-reinforced rubber: experiments, constitutive modelling and

FEM-Implementation[J]. Int J Solids Struct, 2010, 47: 2918-2936.

[319] Chazeau L, Brown J D, Yanyo L C, Sternstein S S. Modulus recovery kinetics end other insights into the Payne effect for filled elastomers[J]. Polym Composite, 2000, 21: 202-222.

[320] Hao D X, Li D X, Liao Y H. A finite viscoelastic constitutive model for filled rubber-like materials[J]. Int J Solids Struct, 2015, 64-65: 232-245.

[321] Lion A, Kardelky C. The Payne effect in finite viscoelasticity: constitutive modelling based on fractional derivatives and intrinsic time scales[J]. Int J Plast, 2004, 20: 1313-1345.

[322] Lim H T, Ahn K H, Hong J S, Hyun K. Nonlinear viscoelasticity of polymer nanocomposites under large amplitude oscillatory shear flow[J]. J Rheol, 2013, 57: 767-789.

[323] Kamkar M, Aliabadian E, Zeraati A S, Sundararaj U. Application of nonlinear rheology to assess the effect of secondary nanofiller on network structure of hybrid polymer nanocomposites[J]. Phys Fluids, 2018, 30: 023102.

关键词索引